炼油技术常用数据手册

罗家弼　编

中国石化出版社

内 容 提 要

本书为炼油工艺与工程常用技术数据手册，其中包括原油性质、石油产品的质量指标、纯烃和石油馏分的特性、常用物质的性质、安全与环保卫生、设备和配管材料、工艺数据与计算、单位换算等8个部分。

本书汇集了炼油工作者常用的大量基础数据、图表和计算公式，内容实用，数据可靠，编排精练，查找方便。

本书的读者对象主要为从事炼油厂设计、生产、建设和工厂技术管理的工程技术人员，有关内容也适用于石油和石油化工企业广大生产人员及大专院校师生。

图书在版编目(CIP)数据

炼油技术常用数据手册／罗家弼编. —北京：中国石化出版社，2016.3

ISBN 978-7-5114-3708-2

Ⅰ.①炼… Ⅱ.①罗… Ⅲ.①石油炼制-技术手册 Ⅳ.①TE62-62

中国版本图书馆CIP数据核字(2016)第018628号

中国石化出版社出版发行

地址：北京市东城区安定门外大街58号

邮编：100011　电话：(010)84271850

读者服务部电话：(010)84289974

http://www.sinopec-press.com

E-mail:press@sinopec.com

北京富泰印刷有限责任公司印刷

全国各地新华书店经销

*

700×1000毫米 16开本 23.5印张 457千字

2016年4月第1版　2016年4月第1次印刷

定价：68.00元

序

从事现代科技工作的同志，离不开各种各样的数据，这些数据往往散见于各种书籍和文献杂志，查找费时费力，从而影响工作效率。古人云："工欲善其事，必先利其器"，如果能有查找方便、实用正确的数据手册作为工具书，将是广大科技工作者的福音，可惜炼油科技方面尚未有这样的数据手册。中国石化出版社组织出版《炼油技术常用数据手册》，填补了这一空白，实在是一件大好事。

各行各业科技工作者所需的常用数据，有很大差异，要想以有限的篇幅编制一本各行业通用的手册，那是不切实际的，因此将本书内容限定为炼油技术常用数据，无疑是必要和正确的。

数据手册作为工具书，贵在方便、实用、可靠，要达到这一目标，编者就需要从浩如烟海的大量数据中进行筛选，对不同来源的数据要进行比较甄别，对不合规范的度量单位进行换算，那种以为编制手册只是简单的收集、录用，没有什么工作量，实在是一种误解。

本书编者长期从事炼油科技工作，有丰富的专业知识和实践经验，对炼油科技工作者需要哪些常用数据，熟知于心，相信编者所选择的内容肯定能符合炼油科技工作者的需求。

要特别指出的是本书编者早已过退休年龄，出于对炼油事业的热爱和对社会主义核心价值观"爱国敬业"的践行，不顾年事已高，还不辞辛劳，花费大量精力编制本书，这种精神值得大家学习，对编者的辛勤劳动，也表示感谢。

徐承恩

编者的话

炼油技术人员在工作中经常需要查寻各种技术数据。中国石化出版社出版的这本工具书，把经常要用到的数据和图表资料整编在一起，可以大大地方便炼油技术工作者在日常工作中使用。

本书汇集了石油炼制工艺与工程有关的常用基础数据、图表和计算公式，内容丰富精练，查阅方便快捷。为了不使书籍过于厚重，复杂的计算和不常用的资料不在编写的范围之内。编写这本手册追求的目标是实用。好用、好查、好带是它的特点。希望本书能成为炼油技术工作者喜爱的，得心应手的日常工具，可以放在案头、手边和提包里常备常用。

本书内容力求切合实际，数据准确、来源可靠。收集的数据和图表都注明了文献来源，从标准规范中摘录的内容在题目后注明了标准编号。随着时间的推移，标准常有更新，因此读者在使用本书所录的标准数据时，要查明是否有更新的版本。

本书在编写过程中，中国石化工程建设有限公司的同事们从各方面给与了很大支持。徐承恩院士对手册内容提出了不少重要的指导意见，并为本书作序；杨启业院士和曹东学、郑世贵、赵怡、朱昌莹、王玉翠、张德姜、仇恩沧、霍宏伟、朱敬镐、袁毅夫、李出和、陈开辈、黄小平、孙毅、苏为群、王倩、高莉萍、周晓辉、易建彬、姜晓花、吴德飞等很多技术专家积极参与了编审工作，提供了不少宝贵的意见和资料；胡德铭教授对本书的数据进行了认真细致的核对，花费了大量时间。在此对他们热情的指导和帮助，表示诚挚的感谢。

编写这样一本为炼油技术工作者服务的工具书，内容庞大繁杂，要求适用性强而篇幅适中，是一次新的尝试。编者在编写过程中曾广泛征求意见，反复修改完善，但由于经验不足，难免考虑不周，欢迎读者批评指正。

目　　录

1　原油性质

原油是很复杂的烃类混合物，各地原油性质差别很大，同一种原油在不同时间采出性质也会发生变化，这里列出了我国常见的国产和进口原油的性质(原油评价数据)，以供参考，具体工作中应以实际加工原油的分析数据为准。

1.1　原油的分类

1.1.1　按相对密度分类[1]

类　别	API 度	相对密度d_4^{20}	类　别	API 度	相对密度d_4^{20}
轻质原油	>34	<0. 851	重质原油	20~10	0. 930~0. 996
中质原油	34~20	0. 851~0. 930	超重原油	<10	>0. 996

1.1.2　按特性因数分类[1]

类　别	特性因数	类　别	特性因数
石蜡基原油	>12. 1	环烷基原油	<11. 5
中间基原油	11. 5~12. 1		

1.1.3　按关键馏分分类[1,12]

把原油放在特定的简易蒸馏设备中，按规定条件蒸馏，取轻、重两个馏分分别作为轻关键馏分和重关键馏分，根据这两个馏分的相对密度或 API 度来确定原油的基属，这是美国矿务局提出的方法。

关键馏分	指　标	石　蜡　基	中　间　基	环　烷　基
轻关键馏分 250~275℃ 101. 3kPa	API 度	>40	33~40	<33
	$d_{15.6}^{15.6}$	<0. 8251	0. 8251~0. 8602	>0. 8602
	d_4^{20}	<0. 8207	0. 8207~0. 8560	>0. 8560
重关键馏分 274~300℃ 5. 33kPa	API 度	>30	20~30	<20
	$d_{15.6}^{15.6}$	<0. 8762	0. 8762~0. 9340	>0. 9340
	d_4^{20}	<0. 8721	0. 8721~0. 9302	>0. 9302

按美国矿务局法划分的原油类别：

轻关键馏分	重关键馏分	原油类型	轻关键馏分	重关键馏分	原油类型
石蜡基	石蜡基	石蜡基	中间基	环烷基	中间-环烷基
石蜡基	中间基	石蜡-中间基	环烷基	中间基	环烷-中间基
中间基	石蜡基	中间-石蜡基	环烷基	环烷基	环烷基
中间基	中间基	中间基			

1.1.4　按硫含量分类[1]

类　　别	硫含量/%	类　　别	硫含量/%
低硫原油	<0.5	高硫原油	>2.0
含硫原油	0.5～2.0		

1.1.5　按酸值分类[12]

类　　别	酸值/(mgKOH/g)	类　　别	酸值/(mgKOH/g)
低酸原油	<0.5	高酸原油	>1.0
含酸原油	0.5～1.0		

1.1.6　按蜡含量分类[1]

类　　别	蜡含量/%	类　　别	蜡含量/%
低蜡原油	<2.5	高蜡原油	>10
含蜡原油	2.5～10		

1.1.7　按氮含量分类[1]

类　　别	氮含量/%	类　　别	氮含量/%
低氮原油	<0.25	高氮原油	>0.25

1.1.8　按胶质含量分类[1]

类　　别	胶质含量/%	类　　别	胶质含量/%
低胶原油	<5	多胶原油	>15
含胶原油	5～15		

1.2　我国主要原油性质

项　　目	大庆(管输) 2009	胜利 2007	大港 2000	吐哈 1996	塔河 2010	塔里木 2007	长庆 2009
原油							
密度(20℃)/(g/cm^3)	0.8577	0.9256	0.9056	0.8269	0.9501	0.8644	0.8474

续表

项　　目	大庆(管输) 2009	胜利 2007	大港 2000	吐哈 1996	塔河 2010	塔里木 2007	长庆 2009
黏度(50℃)/(mm²/s)	14.75[①]	142.5	61.8	3.1	788.3	9.9	6.5
硫含量(质量分数)/%	0.23	0.95	0.155	0.03	2.14	0.81	0.09
总氮/(μg/g)	1800	5500	1736	92	4074	1300	1700
凝点/℃	26	12	25	13	-3	-6	22
酸值/(mgKON/g)	0.05	1.61	0.81	0.02	0.3	0.22	0.04
蜡含量(质量分数)/%	24.6	8.1	15.93	9.37	3.3	5.2	12.9
残炭/%	2.75	6.88	6.81	0.66	16.3	6.15	2.46
盐含量/(mgNaCl/L)	4	35.4	10.2		338.6	19.9	9
Ni/(μg/g)	3.5	22.6	29.3	6.3	31.2	5.9	2.6
V/(μg/g)	1.5	1.7	0.26	25.4	192	34.7	0.6
特性因数 *K*	12.3	11.8			11.7	12	12.2
原油类别	石蜡基	中间基	中间基	石蜡基	中间基	中间基	石蜡基
石脑油							
沸点范围/℃	15~180	15~180	0~180	0~180	15~180	15~180	15~180
质量收率/%	11.77	4.68	5.5	22.1	7.56	17.04	16.9
密度(20℃)/(g/cm³)	0.7232	0.7495	0.7472	0.7435	0.7327	0.7218	0.7354
硫含量(质量分数)/%	0.0109	0.0205	0.0054	0.001	0.032	0.0034	0.01
总氮/(μg/g)	0.3	0.4	1		14	0.4	1
链烷烃(质量分数)/%	61.18	50.11	49.11	67.38	63.37	68.83	50.61
环烷烃(质量分数)/%	32.29	37.43	41.26	21.9	27.16	20.74	42.14
芳烃(质量分数)/%	6.24	12.15	9.63	10.72	8.84	9.97	6.26
相关指数(*BMCI*)	14.18	24.68	20.12	20.81	13.75	10.96	17.26
柴油							
沸点范围/℃	180~350	180~350	180~350	180~350	180~350	180~350	180~350
质量收率/%	23.72	18.46	20.03	36.34	19.98	29.87	28.14
密度(20℃)/(g/cm³)	0.8208	0.845	0.8415	0.8128	0.8447	0.8267	0.819
硫含量(质量分数)/%	0.11	0.38	0.065	0.0115	0.567	0.23	0.0445
总氮/(μg/g)	30	171	85	8	110	26	105
黏度(20℃)/(mm²/s)	4	4.92	4.78	3.57	4.87	3.98	4.09
凝点/℃(倾点/℃)	-8	-18	(-4)	(-23)	<-30	-20	-8
十六烷指数	56.3	50.62	50.31	57.97	48.77	54.02	63.03
相关指数(*BMCI*)	23.98	33.29	32.21	21.08	34.55	26.94	23.16

续表

项　目	大庆(管输) 2009	胜利 2007	大港 2000	吐哈 1996	塔河 2010	塔里木 2007	长庆 2009
蜡油							
沸点范围/℃	350~540	350~540	350~540	350~540	350~540	350~540	350~540
质量收率/%	31.87	35.67	36.53	31.09	27.61	27.65	34.19
密度(20℃)/(g/cm³)	0.8735	0.9178	0.8923	0.8652	0.9286	0.9015	0.8852
黏度(50℃)/(mm²/s)	8.57①	50.95	45.16①	20.64①	118.5①	34.18	22.36
黏度(100℃)/(mm²/s)	5.55	8.91	7.11	5.48	9.73	7.06	5.7
硫含量(质量分数)/%	0.27	0.64	0.139	0.0304	1.54	0.85	0.097
总氮/(μg/g)	500	2700	759	126	1363	800	1070
残炭/%	0.07	0.23	0.08		0.39	0.18	0.07
凝点/℃(倾点/℃)	44	38	(48)	(6)	32	30	38
减压渣油							
沸点范围/℃	>540	>540	>540	>540	>540	>540	>540
质量收率/%	31.93	41.17	37.94	10.21	43.97	24.68	18.57
密度(20℃)/(g/cm³)	0.9356	0.9959	0.9774	0.9601	1.0723	1.1062	0.9564
硫含量(质量分数)/%	0.37	1.5	0.24	0.115	4.8	2	0.22
总氮/(μg/g)	4900	8200	3800	495	7151	3600	6400
黏度(100℃)/(mm²/s)	165.4	1849	772.6	227.9			177
沥青质(质量分数)/%	0.1	0.6	0.08		32.5	14.8	3.9
Ni/(μg/g)	12.4	54.8	94.89	29.3	72.7	27.3	14.4
V/(μg/g)	5.4	4.2	0.65	117.5	436	151	4.5
残炭/%	9.56	16.9	17.87	7.18	36	23.6	14.1
凝点/℃(倾点/℃)	34	37	(39)		>50	>50	39

① 40℃黏度。

1.3 国外主要原油性质

(1) 中东地区原油

项　目	伊朗轻油 2009	伊朗重油 2008	沙特轻油 2009	沙特中油 2008	沙特重油 2008	阿联酋迪拜 1995	科威特 2006	阿曼 2010
原油								
密度(20℃)/(g/cm³)	0.8571	0.8764	0.8544	0.8693	0.8862	0.8666	0.87	0.8623
黏度(50℃)/(mm²/s)	6.1①	9.87	5.77①	8.19	18.68①	5.2	7.84	31.78
硫含量(质量分数)/%	1.5	2.02	2	2.48	3.1	1.935	2.8	1.52

续表

项　　目	伊朗轻油 2009	伊朗重油 2008	沙特轻油 2009	沙特中油 2008	沙特重油 2008	阿联酋迪拜 1995	科威特 2006	阿曼 2010
总氮/(μg/g)	1690	2174	1000	1000	1300	1626	1300	1500
凝点/℃	-14	-30	-31	-15	-50	-24	-50	-34
酸值/(mgKOH/g)	0.12	0.11	0.05	0.22	0.24	0.05	0.15	0.65
蜡含量(质量分数)/%	2.6	5.6	3.8	2.8	3		2.7	5.40
残炭/%	4.35	6.19	4.32	6.15	8	4.24	6.2	4.91
盐含量/(mgNaCl/L)	33.3	26.9	1.7	3.3	13		11.1	2.5
Ni/(μg/g)	16.5	25.7	3	28.8	17.7	13	11.1	11.17
V/(μg/g)	44.7	85.7	10.2	35.1	55	43	32.9	9.45
特性因数 *K*	11.8	11.7	11.9	11.9	11.9		11.9	12.3
原油类别	中间基	中间基	中间基	中间基	中间基	中间基	中间基	中间基
石脑油								
沸点范围/℃	15~180	0~180	15~180	0~180	15~180	0~180	15~180	15~180
质量收率/%	20.56	16.36	20.86	20.38	16	20.24	19.39	16.45
密度(20℃)/(g/cm^3)	0.7294	0.7297	0.7156	0.7165	0.7124	0.7262	0.7148	0.7149
硫含量(质量分数)/%	0.045	0.108	0.04	0.049	0.024	0.14	0.038	0.034
总氮/(μg/g)	2	1	0.4	1	1		0.3	<0.5
链烷烃(质量分数)/%	61.03	61.55	73.01	72.59	75.25	60.59	74.22	69.33
环烷烃(质量分数)/%	25.33	25.42	13.91	15.93	13	28.05	14.93	20.99
芳烃(质量分数)/%	13.24	13.01	12.71	11.48	11.32	11.36	10.26	9.68
相关指数(*BMCI*)	15.16	14	9.51	11.7	7.76	16.52	9.48	13.08
柴油								
沸点范围/℃	180~350	180~350	180~350	180~350	180~350	180~350	180~350	180~350
质量收率/%	30.64	26.23	29.61	30.03	24.55	31.22	26.55	23.62
密度(20℃)/(g/cm^3)	0.833	0.8326	0.8264	0.8344	0.8295	0.8368	0.829	0.8224
硫含量(质量分数)/%	0.702	0.945	0.87	1.11	1.08	1.11	1.1	0.49
总氮/(μg/g)	106	87	63	49	24	89	29	23
黏度(20℃)/(mm^2/s)	3.85	3.64	3.61	4.37	3.90	3.59	3.72	4.05
凝点/℃(倾点/℃)	-26	-29	-24	-15	-24	(-20)	-26	-32
十六烷指数	52.86	50.2	52.47	52.8	51.85	47.5	56.83	55.36
相关指数(*BMCI*)	30.83	31.26	27.49	29.44	29.11	33.6	28.87	23.16

续表

项　　目	伊朗轻油 2009	伊朗重油 2008	沙特轻油 2009	沙特中油 2008	沙特重油 2008	阿联酋迪拜 1995	科威特 2006	阿曼 2010
蜡油								
沸点范围/℃	350~540	350~540	350~540	350~540	350~540	350~540	350~540	350~540
质量收率/%	25.93	28.89	27.06	22.72	25.41	27.88	25.57	28.39
密度(20℃)/(g/cm^3)	0.9116	0.9213	0.9198	0.9214	0.9238	0.9263	0.9202	0.8938
黏度/(mm^2/s)								
40℃	48.23	126	48.94	74.8	61.56	69.05		42.79
100℃	6.69	7.04	6.69	8.8	7.41	7.21	6.99	6.21
硫含量(质量分数)/%	1.86	2.04	2.73	1.98	3.1	2.66	3.1	1.33
总氮/(μg/g)	1500	1533	500	750	600	1569	899	2600
残炭/%	0.28	0.16	0.19	0.36	0.23		0.31	0.13
凝点/℃(倾点/℃)	31		28	31	24	(34)	30	22
减压渣油								
沸点范围/℃	>540	>540	>540	>540	>540	>540	>540	>540
质量收率/%	20.16	28.52	21.28	26.56	33.13	20.66	28.21	30.54
密度(20℃)/(g/cm^3)	1.0162	1.0405	1.0205	1.0278	1.0353	1.0336	1.0307	0.984
硫含量(质量分数)/%	3.7	3.97	4.4	4.75	6.1	3.96	6.06	2.89
总氮/(μg/g)	6500	6034	3800	3600	3000	5621	3700	3800
黏度(100℃)/(mm^2/s)	1374		910	3451	15632	2234	>3000	1657.4
沥青质(质量分数)/%	24.4	8.4	7.3	14.88	16.3	9.24	11.1	2.16
Ni/(μg/g)	82.6	87.5	15.4	70.8	52	65	42.5	34.69
V/(μg/g)	232	292	51	183.7	164	206	119.8	29.1
残炭/%	21.8	22.73	21	22.54	25	20.53	23.29	16.35
凝点/℃(倾点/℃)	50	>50	26	15	>50	(50)	40	41

① 40℃黏度。

(2) 非洲、亚洲、欧洲及美洲原油

项　　目	苏丹尼罗 2005	安哥拉奎都 2005	印度尼西亚米纳斯 2009	俄罗斯西伯利亚 2005	英国布伦特 2009	美国 WTEX 1994	委内瑞拉梅萨 2009	墨西哥玛雅 2010
原油								
密度(20℃)/(g/cm^3)	0.8479	0.9278	0.8586	0.8384	0.8338	0.8241	0.8727	0.9244

续表

项　目	苏丹尼罗2005	安哥拉奎都2005	印度尼西亚米纳斯2009	俄罗斯西伯利亚2005	英国布伦特2009	美国WTEX1994	委内瑞拉梅萨2009	墨西哥玛雅2010
黏度(50℃)/(mm^2/s)	17.12	43.49	10.66	0.57	2.92	2.60	8.41	71.48
硫含量(质量分数)/%	0.05	0.7	0.09	0.63	0.38	0.29	1.39	3.83
总氮/(μg/g)	1100	4000	1288	1200	947.6	750.5	3200	3300
凝点/℃(倾点/℃)	34	−38	(33.89)	−26	(−2.22)	(−23.3)	−24	−26
酸值/(mgKOH/g)	0.28	2.25	0.12	0.02	0.05	0.09	0.62	0.18
蜡含量(质量分数)/%	28.6	2.1		2.5			4.3	5.3
残炭/%	3.57	6.16	3.5	2.35	2.0	1.2	6	12.5
盐含量/(mgNaCl/L)	24.8	12.1		6			4.8	14.5
Ni/(μg/g)	5.7	49.1	13	8	1	1	26.3	55.1
V/(μg/g)	0.1	41	0	8.6	6	2	85.5	274
特性因数 *K*	12.6	11.4	12.58	11.9	12.21	12.29	11.8	11.7
原油类别	石蜡基	环烷基	石蜡基	中间基	石蜡基	石蜡基	中间基	中间基
石脑油								
沸点范围/℃	0~180	0~180	65~165	0~180	65~165	65~165	15~180	15~180
质量收率/%	9.25	7.02	6.02	26.65	17.69	18.82	21.08	12.8
密度(20℃)/(g/cm^3)	0.7231	0.7619	0.7384	0.7154	0.7483	0.7339	0.7315	0.7313
硫含量(质量分数)/%	0.0014	0.0362	0.00	0.0033	0.00	0.05	0.0242	0.144
总氮/(μg/g)	0.4	1		0.4			2.7	3
链烷烃(质量分数)/%	77.39	42.5	62.17	58.58	52.50	54.45	53.75	63.68
环烷烃(质量分数)/%	17.74	47.03	32.99	29.75	34.43	37.75	31.58	22.55
芳烃(质量分数)/%	3.55	9.43	4.84	11.14	13.07	7.80	14.08	13.31
相关指数(*BMCI*)	8.75	27.64		14.45			18.06	14.91
柴油								
沸点范围/℃	180~350	180~350	240~360	180~350	240~360	240~360	180~350	180~350
质量收率/%	25.63	27.76	16.09	32.16	19.49	20.34	25.09	22.03
密度(20℃)/(g/cm^3)	0.8025	0.8727	0.8274	0.8371	0.8480	0.8485	0.8459	0.8406
硫含量(质量分数)/%	0.009	0.21	0.05	0.28	0.22	0.26	0.66	1.65
总氮/(μg/g)	5	57	33.01	26	61.32	65.65	124	161
黏度(20℃)/(mm^2/s)	4.04	4.89		4.07			4.20	3.95
凝点/℃(倾点/℃)	−7	−39	(3.41)	−27	(−9.65)	(−14.57)	<−30	−26
十六烷指数	62.94	40.13	57.73	48.17	50.32	50.07	46.71	48.47
相关指数(*BMCI*)	15.52	47.93		33.05			36.34	34.13
蜡油								
沸点范围/℃	350~540	350~540	360~500	350~540	360~500	360~500	350~540	350~540
质量收率/%	32.42	34.57	32.45	26.22	23.67	21.16	24.89	23.19

续表

项目	苏丹尼罗 2005	安哥拉奎都 2005	印度尼西亚米纳斯 2009	俄罗斯西伯利亚 2005	英国布伦特 2009	美国WTEX 1994	委内瑞拉梅萨 2009	墨西哥玛雅 2010
密度(20℃)/(g/cm³)	0.8568	0.9461	0.8630	0.9202	0.8995	0.8980	0.9219	0.9309
黏度(50℃)/(mm²/s)	33.8			35.28			70.42	66.3①
黏度(100℃)/(mm²/s)	5.13	25.82		7.31			7.72	7.57
硫含量(质量分数)/%	0.05	0.71	0.09	1.02	0.58	0.50	1.2	3.17
总氮/(μg/g)	300	3300	440.7	1300	953.4	941.2	2029	1725
残炭/%	0.07	0.53		0.05			0.2	0.44
凝点/℃(倾点/℃)	45	25	(43.88)	25	(31.79)	(30.03)	36	32
减压渣油								
沸点范围/℃	>540	>540	>565	>540	>565	>565	>540	>540
质量收率/%	32.71	30.3	23.82	14.48	11.01	9.19	27.08	40.31
密度(20℃)/(g/cm³)	0.9239	1.021	0.9572	1.021	0.9990	0.9781	1.0187	1.0651
硫含量(质量分数)/%	0.1	1.2	0.199	1.83	1.30	0.94	3.37	5.98
总氮/(μg/g)	2500	8300	4440	6600	5341	4405	9100	12600
黏度(100℃)/(mm²/s)	174.3	>3000	676.9	1407	987.2	314.5		
沥青质(质量分数)/%	0.4	6.1	2.56	4.11	4.44	0.51	13.7	23.1
Ni/(μg/g)	18.9	160	52.77	47.2	10.81	12.06	93.3	137
V/(μg/g)	0.9	134	0.26	49	50.03	21.92	313	687
残炭/%	11.1	21.1	14.69	13.72	17.98	12.93	22.1	30.5
凝点/℃(倾点/℃)	57	>50		36			>50	>50

① 40℃黏度。

1.4 原油的馏分组成[1]

原油名称	馏分组成(质量分数)/%			
	初馏点~200℃	200~350℃	350~500℃	>500℃
大庆	11.5	19.7	26.0	42.8
胜利	7.6	17.5	27.5	47.4
孤岛	6.1	14.9	27.2	51.8
辽河	9.4	21.5	29.2	39.9
华北	6.1	19.9	34.9	39.1
中原	19.4	25.1	23.2	32.3
新疆	15.4	26.0	29.9	29.7
新疆库尔勒	19.6	31.1	26.1	23.2

续表

原油名称	馏分组成(质量分数)/%			
	初馏点~200℃	200~350℃	350~500℃	>500℃
新疆九区	2.4	19.3	29.6	51.1
单家寺	1.2	12.2	18.3	68.3
沙特(轻质)	23.3	26.3	25.1	25.3
沙特(混合)	20.7	24.5	23.2	31.6
也门(麦瑞波)	31.5	30.6	23.2	14.7
英国(北海)	29.0	27.6	25.4	18.0
印度尼西亚(米纳斯)	11.9	30.2	24.8	33.1

1.5 原油各馏分中的硫分布[1]

1.5.1 我国原油各馏分中的硫分布

馏分(沸程)/℃	硫含量/(μg/g)						
	大庆	胜利	孤岛	辽河	中原	吐哈	轮一联
原　油	1000	8000	20900	2400	5200	300	8598
<200	108	200	1600	60	200	20	30
200~250	142	1900	5200	130	1300	110	250
250~300	208	3900	8800	460	2200	200	980
300~350	457	4600	12300	880	2800	300	3020
350~400	537	4600	14200	1190	3400	350	5540
400~450	627	6300	11020	1100	3400	440	6640
450~500	802	5700	13300	1460	4300	680	8570
>500(渣油)	1700	13500	29300	3600	9400	940	16700
$\frac{渣油中硫}{原油中硫}$/%	74.7	73.3	75.0	70.0	68.0	30.1	38.1

1.5.2 国外原油各馏分中的硫分布

馏分(沸程)/℃	硫含量/(μg/g)						
	伊朗轻质	沙特中质	沙特重质	沙特轻质	阿联酋	阿曼①	安哥拉
原　油	14000	24200	28500	18000	8300	9500	2170
<200	800	700	790	410	270	300	80
200~250	4300	2840	3230	1730	1030	1400	250
250~300	9300	8120	10960	10310	5600	2900	540

续表

馏分(沸程)/℃	硫含量/(μg/g)						
	伊朗轻质	沙特中质	沙特重质	沙特轻质	阿联酋	阿曼①	安哥拉
300~350	14400	14230	20400	16110	9300	6200	750
350~400	17000	19590	25200	22100	11600	7400	1090
400~450	17000	22420	27100	23400	12500	9200	1100
450~500	20000	25400	30100	25700	13500	11600	1250
>500(渣油)	34000	38100	55000	39300	16000	21700	2400
渣油中硫/原油中硫/%	55.9	48.2	57.3	43.4	30.6	66.1	38.8

① 阿曼原油的馏分切割温度稍有差异。

1.6 原油各馏分中的氮分布[1]

馏分(沸程)/℃	氮含量/(μg/g)							
	大庆	胜利	孤岛	中原	二连	轮南	伊朗轻质	阿曼
原油	1600	4100	4300	1700	3600	1100	1200	1600
<200	0.8	3.0	2.4	1.6	<24	1.3	2.7	1.7
200~250	6.4	12.4	17.6	11.0	47	4.7	9.5	2.6
250~300	12.4	77.4	44.3	41.0	148	15.5	87.5	8.4
300~350	67.0	111	199	102	531	—	558	94.4
350~400	176	776	927	280	1221	240	1072	132
400~450	414	1000	1060	440	1700	615	1518	906
450~500	705	1600	1710	660	1900	1265	1948	1300
>500(渣油)	2900	8500	8800	5300	5400	2800	3700	5200
渣油中氮/原油中氮/%	90.9	92.2	92.5	93.5	89.2	64.9	70.4	88.9

2　石油产品质量指标

石油产品的质量指标以我国现行国家标准或行业标准为准，有关化验分析方法等要求和说明详见相关标准。随着时间的推移，标准会有更新，使用时要注意是否有更新的标准数据颁布。

2.1　车用汽油(GB 17930—2013)

车用汽油		车用汽油(Ⅲ)			车用汽油(Ⅳ)			车用汽油(Ⅴ)		
项　目		质量指标			质量指标			质量指标		
		90	93	97	90	93	97	89	92	95
抗爆性										
研究法辛烷值(RON)	不小于	90	93	97	90	93	97	89	92	95
抗爆指数[(RON+MON)/2]	不小于	85	88	报告	85	88	报告	84	87	90
铅含量[①]/(g/L)	不大于	0.005			0.005			0.005		
馏程										
10%蒸发温度/℃	不高于	70			70			70		
50%蒸发温度/℃	不高于	120			120			120		
90%蒸发温度/℃	不高于	190			190			190		
终馏点/℃	不高于	205			205			205		
残留量(体积分数)/%	不大于	2			2			2		
蒸气压/kPa										
11月1日至4月30日	不大于	88			42~85			45~85		
5月1日至10月31日	不大于	72			40~68			40~65		
胶质含量/(mg/100mL)	不大于									
未洗胶质含量(加入清洁剂前)		30			30			30		
溶剂洗胶质含量		5			5			5		
诱导期/min	不小于	480			480			480		
硫含量/(mg/kg)	不大于	150			50			10		
硫醇(满足下列指标之一，即判断为合格)										
博士试验		通过			通过			通过		
硫醇硫含量(质量分数)/%不大于		0.001			0.001			0.001		
铜片腐蚀(50℃，3h)/级	不大于	1			1			1		
水溶性酸或碱		无			无			无		

续表

车用汽油 项　　目		车用汽油(Ⅲ) 质量指标			车用汽油(Ⅳ) 质量指标			车用汽油(Ⅴ) 质量指标		
		90	93	97	90	93	97	89	92	95
机械杂质及水分		无			无			无		
苯含量(体积分数)/%	不大于	1.0			1.0			1.0		
芳烃含量①(体积分数)/%	不大于	40			40			40		
烯烃含量①(体积分数)/%	不大于	30			28			24		
氧含量(质量分数)/%	不大于	2.7			2.7			2.7		
甲醇含量(质量分数)/%	不大于	0.3			0.3			0.3		
锰含量②/(g/L)	不大于	0.016			0.008			0.002		
铁含量③/(g/L)	不大于	0.01			0.01			0.01		
密度(20℃)/(kg/m^3)		—			—			720~775		

①对于车用汽油(Ⅲ)和(Ⅳ)中的97号汽油和(Ⅴ)中的95号汽油，在烯烃、芳烃总含量控制不变的前提下，可允许芳烃的最大值为42%(体积分数)。

②车用汽油(Ⅲ)和(Ⅳ)中锰含量是指以甲基环戊二烯三羰基锰形式存在的总锰含量，不得加入其他类型的含锰添加剂。车用汽油(Ⅴ)中不得人为加入含锰的添加剂。

③车用汽油中，不得人为加入甲醇以及含铅或含铁的添加剂。

2.2 车用甲醇汽油(M85)(GB/T 23799—2009)

项　　目		质量指标
外观		橘红色透明液体，不分层， 不含悬浮和沉降的机械杂质
甲醇+多碳醇(C_2~C_8)(体积分数)/%		84~86
烃化合物+脂肪族醚(体积分数)/%		14~16
蒸气压/kPa 11月1日至4月30日 5月1日至10月31日	 不大于 不大于	 78 68
铅含量/(mg/L)	不大于	2.5
硫含量/(mg/kg)	不大于	80
多碳醇(C_2~C_8)(体积分数)/%	不大于	2
酸度(按乙酸计算)/(mg/kg)	不大于	50
实际胶质/(mg/100mL)	不大于	5
未洗胶质/(mg/100mL)	不大于	20
有机氯含量/(mg/kg)	不大于	2

续表

项　　目		质量指标
无机氯含量(以 Cl^- 计)/(mg/kg)	不大于	1
钠含量/(mg/kg)	不大于	2
水分(质量分数)/%	不大于	0.5
锰含量/(mg/L)	不大于	2.9

2.3　车用乙醇汽油(E10)(GB 18351—2015)

车用乙醇汽油(E10)(Ⅳ)按研究法辛烷值分为90、93和97三个牌号，车用乙醇汽油(E10)(Ⅴ)按研究法辛烷值分为89、92、95和98四个牌号。车用乙醇汽油(E10)(Ⅴ)从2015年开始逐步引入，车用乙醇汽油(E10)(Ⅳ)技术要求于2017年1月1日起废止。

项　　目		质量指标						
		(Ⅳ)			(Ⅴ)			
		90	93	97	89	92	95	98
抗爆性								
研究法辛烷值(RON)	不小于	90	93	97	89	92	95	98
抗爆指数(RON+MON)/2	不小于	85	88	报告	84	87	90	93
铅含量[③]/(g/L)	不大于	0.005			0.005			
馏程：								
10%蒸发温度/℃	不高于	70			70			
50%蒸发温度/℃	不高于	120			120			
90%蒸发温度/℃	不高于	190			190			
终馏点/℃	不高于	205			205			
残留量(体积分数)/%	不大于	2			2			
蒸气压/kPa								
11月1日至4月30日		42～85			45～85			
5月1日至10月30日		40～68			40～65			
胶质含量/(mg/100mL)	不大于							
未洗胶质含量(加入清净剂前)		30			30			
溶剂洗胶质含量		5			5			
诱导期/min	不小于	480			480			
硫含量/(mg/kg)	不大于	50			10			

续表

项　目		质量指标						
		(Ⅳ)			(Ⅴ)			
		90	93	97	89	92	95	98
硫醇(满足下列指标之一，即判断为合格)：								
博士试验		通过			通过			
硫醇硫含量(质量分数)/%	不大于	0.001			0.001			
铜片腐蚀(50℃，3h)/级	不大于	1			1			
水溶性酸或碱		无			无			
机械杂质		无			无			
水分(质量分数)/%	不大于	0.20			0.20			
乙醇含量(体积分数)/%		10.0±2.0			10.0±2.0			
其他有机含氧化合物(质量分数)/%	不大于	0.5			0.5			
苯含量(体积分数)/%	不大于	1.0			1.0			
芳烃含量(体积分数)①/%	不大于	40			40			
烯烃含量(体积分数)①/%	不大于	28			24			
锰含量②/(g/L)	不大于	0.008			0.002			
铁含量③/(g/L)	不大于	0.010			0.010			
密度(20℃)/(kg/m³)		—			720~775			

① 对于95号、97号和98号车用乙醇汽油(E10)，在烯烃、芳烃总含量控制不变的前提下，可允许芳烃含量的最大值为42%(体积分数)。

② 车用乙醇汽油(E10)(Ⅳ)中锰含量是指车用乙醇汽油(E10)中以甲基环戊二烯三羰基锰形式存在的总锰含量，不得加入其他类型的含锰添加剂。车用乙醇汽油(E10)(Ⅴ)中不得人为加入含錳的添加剂。

③ 车用乙醇汽油(E10)中，不得人为加入含铅或含铁的添加剂。

2.4 航空活塞式发动机燃料(GB 1787—2008)

项　目		质量指标		
		75号	95号	100号
马达法辛烷值	不小于	75	95	99.5
品度	不小于	—	130	130
四乙基铅/(g/kg)	不大于	—	3.2	2.4
净热值/(MJ/kg)	不小于	—	43.5	43.5
颜色		无色	桔黄色	
密度(20℃)/(kg/m³)		报告		

续表

项目		质量指标		
		75号	95号	100号
馏程				
初馏点/℃	不低于	40		报告
10%蒸发温度/℃	不高于	80		75
40%蒸发温度/℃	不低于	—		75
50%蒸发温度/℃	不高于	105		105
90%蒸发温度/℃	不高于	145		135
终馏点/℃	不高于	180		170
10%与50%蒸发温度之和/℃	不低于	—		135
残留量(体积分数)/%	不大于	1.5		1.5
损失量(体积分数)/%	不大于	1.5		1.5
饱和蒸气压/kPa		27~48		38~49
酸度(以KOH计)/(mg/g)	不大于	1.0		
冰点/℃	不高于	-58.0		
碘值/(gI_2/100g)	不大于	12		
硫含量(质量分数)/%	不大于	0.05		
实际胶质/(mg/100mL)	不大于	3		
氧化安定性(5h老化)				
潜在胶质(mg/100mL)	不大于	6		
显见铅沉淀(mg/100mL)	不大于	—	3	
铜片腐蚀(100℃，2h)/级	不大于	1		
水溶性酸或碱		无		
机械杂质及水分		无		
芳烃含量(体积分数)/%	不大于	30	35	
水反应	不大于			
体积变化/mL		±2		

2.5 煤油(GB 253—2008)

项目		质量指标	
		1	2
色度/号	不小于	+25	+16
硫醇硫(质量分数)/%	不大于	0.003	
硫含量(质量分数)/%	不大于	0.04	0.10

续表

项　　目		质量指标	
		1	2
馏程			
10%馏出温度/℃	不高于	205	
终馏点/℃	不高于	300	
闪点(闭口)/℃	不低于	38	
冰点/℃	不高于	-30	
运动黏度(40℃)/(mm^2/s)		1.0~1.9	
铜片腐蚀(100℃，3h)/级	不大于	1	
机械杂质及水分		无	
水溶性酸或碱		无	
密度(20℃)/(kg/m^3)	不大于	840	
燃烧性			
1)16h试验			
平均燃烧速率/(g/h)		18~26	—
火焰宽度变化/mm	不大于	6	—
火焰高度降低/mm	不大于	5	—
灯罩附着物颜色	不深于	轻微白色	—
或2)8h试验+烟点			
8h试验		合格	合格
烟点/mm	不小于	25	20

2.6　喷气燃料(GB 438—77，GB 1788—79，GB 6537—2006)

喷气燃料代号		1号	2号	3号
标准号		GB 438—77 (1988修改)	GB1788—79 (1988修改)	GB 6537—2006
项　　目		质量指标		
外观		—	—	室温下清澈透明，目视无不溶解水及固体物质
密度(20℃)/(kg/m^3)		不小于775	不小于775	775~830
颜色/赛波特号	不小于			+25①

续表

喷气燃料代号		1号	2号	3号
组成				
总酸值/(mgKOH/g)	不大于	—	—	0.015
酸度/(mgKOH/100mL)	不大于	1.0	1.0	—
碘值/(gI_2/100g)	不大于	3.5	4.2	—
芳烃含量(体积分数)/%	不大于	20	20	20.0[②]
烯烃含量(体积分数)/%	不大于			5.0
总硫含量(质量分数)/%	不大于	0.20	0.20	0.20
硫醇性硫(质量分数)/%	不大于	0.005	0.002	0.0020
或博士试验		—	—	通过
直馏组分(体积分数)/%		—	—	报告
加氢精制组分(体积分数)/%		—	—	报告
加氢裂化组分(体积分数)/%		—	—	报告
挥发性				
馏程				
初馏点/℃	不高于	150	150	报告
10%回收温度/℃	不高于	165	165	205
20%回收温度/℃	不高于	—	—	报告
50%回收温度/℃	不高于	195	195	232
90%回收温度/℃	不高于	230	230	报告
98 回收温度/℃	不高于	250	250	—
终馏点/℃	不高于	—	—	300
残留量(体积分数)/%	不大于	—	—	1.5
损失量(体积分数)/%	不大于	—	—	1.5
残留量及损失量/%	不大于	2.0	2.0	—
闪点(闭口)/℃	不低于	28	28	38
流动性				
冰点/℃	不高于	—	—	-47
结晶点/℃	不高于	-60	-50	—
运动黏度/(mm^2/s)				
20℃	不小于	1.25	1.25	1.25[③]
-20℃	不大于	—	—	8.0
-40℃	不大于	8.0	8.0	—
燃烧性				
净热值/(MJ/kg)	不小于	42.9	42.9	42.8
烟点/mm	不小于	25	25	25.0
或烟点最小为 20mm 时,				
萘系烃含量(体积分数)/%	不大于	3.0	3.0	3.0
或辉光值	不小于	45	45	45

2 产品指标

续表

喷气燃料代号		1号	2号	3号
腐蚀性				
铜片腐蚀(100℃，2h)/级	不大于	合格	合格	1
铜片腐蚀(50℃，4h)/级	不大于	1	1	1④
安定性				
热安定性(260℃，2.5h)				
压力降/kPa	不大于	—	—	3.3
管壁评级		—	—	小于3，且无孔雀蓝色或异常沉淀物
洁净性				
实际胶质/(mg/100mL)	不大于	5	5	7
水反应体积变化/mL	不大于	1	1	
界面情况/级	不大于	1b	1b	1b
分离程度/级	不大于	实测	实测	2⑤
固体颗粒污染物含量/(mg/L)	不大于			1.0
机械杂质及水分		无	无	
水溶性酸或碱		无	无	
导电性				
电导率(20℃)/(pS/m)		—	—	50~450⑥
水分离指数				
未加抗静电剂	不小于			85
加入抗静电剂	不小于			70
润滑性				
磨痕直径(WSD)/mm	不大于	—	—	0.65⑦
灰分/%	不大于	—	0.005	—

①对于民用航空燃料，从炼油厂输送到客户，输送过程中的颜色变化不允许超出以下要求：初始赛波特颜色大于+25，变化不大于8；初始赛波特颜色在25~15之间，变化不大于5；初始赛波特颜色小于15时，变化不大于3；

②对于民用航空燃料的芳烃含量(体积分数)规定为不大于25.0%；

③对于民用航空燃料，20℃的黏度指标不作要求；

④对于民用航空燃料，此项指标可不要求；

⑤对于民用航空燃料，不要求报告分离程度；

⑥如燃料不要求加抗静电剂，对此项指标不作要求，燃料离厂时要求大于150pS/m；

⑦民用航空燃料要求WSD不大于0.85mm。

2.7 车用柴油(GB 19147—2013)

车用柴油(Ⅲ)、车用柴油(Ⅳ)和车用柴油(Ⅴ)的技术要求：

项目		5号	0号	-10号	-20号	-35号	-50号
氧化安定性(以总不溶物计)/(mg/100mL)	不大于	2.5					
硫含量/(mg/kg)	不大于	注①					
酸度(以KOH计)/(mg/100mL)	不大于	7					
10%蒸余物残炭(质量分数)/%	不大于	0.3					
灰分(质量分数)/%	不大于	0.01					
铜片腐蚀(50℃，3h)/级	不大于	1					
水分(体积分数)/%	不大于	痕迹					
机械杂质		无					
润滑性 校正磨痕直径(60℃)/μm	不大于	460					
多环芳烃含量(质量分数)/%	不大于	11					
运动黏度(20℃)/(mm^2/s)		3.0~8.0		2.5~8.0		1.8~7.0	
凝点/℃	不高于	5	0	-10	-20	-35	-50
冷滤点/℃	不高于	8	4	-5	-14	-29	-44
闪点(闭口)/℃	不低于	55			50	45	
着火性(需满足下列要求之一) 十六烷值 十六烷指数	 不小于 不小于	 注② 46			 注③ 46	 注④ 43	
馏程 50%回收温度/℃ 90%回收温度/℃ 95%回收温度/℃	 不高于 不高于 不高于	 300 355 365					
密度(20℃)/(kg/m^3)		810~850			790~840		
脂肪酸甲脂(体积分数)/%	不大于	1.0					

①车用柴油(Ⅲ)350，车用柴油(Ⅳ)50，车用柴油(Ⅴ)10；

②车用柴油(Ⅲ)49，车用柴油(Ⅳ)49，车用柴油(Ⅴ)51；

③车用柴油(Ⅲ)46，车用柴油(Ⅳ)46，车用柴油(Ⅴ)49；

④车用柴油(Ⅲ)45，车用柴油(Ⅳ)45，车用柴油(Ⅴ)47。

2.8 普通柴油(GB 252—2015)

项　目		5号	0号	-10号	-20号	-35号	-50号
色度/号		3.5					
氧化安定性(以总不溶物计)/(mg/100mL)	不大于	2.5					
硫含量/(mg/kg)	不大于	350（2017年6月30日以前） 50（2017年7月1日开始） 10（2018年1月1日开始）					
酸度/(mgKOH/100mL)	不大于	7					
10%蒸余物残炭(质量分数)/%不大于		0.3					
灰分(质量分数)/%	不大于	0.01					
铜片腐蚀(50℃，3h)/级	不大于	1					
水分(体积分数)/%	不大于	痕迹					
机械杂质		无					
运动黏度(20℃)/(mm^2/s)		3.0~8.0			2.5~8.0	1.8~7.0	
凝点/℃	不高于	5	0	-10	-20	-35	-50
冷滤点/℃	不高于	8	4	-5	-14	-29	-44
闪点(闭口)/℃	不低于	55				45	
着火性(应满足下列要求之一)							
十六烷值	不小于	45					
十六烷指数	不小于	43					
馏程							
50%回收温度/℃	不高于	300					
90%回收温度/℃	不高于	355					
95%回收温度/℃	不高于	365					
润滑性 校正磨痕直径(60℃)/μm	不大于	460					
密度(20℃)/(kg/m^3)		报告					
脂肪酸甲酯(体积分数)/%	不大于	1.0					

2.9 船用燃料油(GB/T 17411—2012)

船用燃料油包括船用柴油机及锅炉用石油燃料油，本标准规定了船用馏分燃料油(DMX，DMA，DMZ，DMB)和船用残渣燃料油(RMA10，RMB30，RMD80，RME180，

RMG180，RMG380，RMG500，RMG700，RMK380，RMK500，RMK700）。

以下列出的是船用馏分燃料油的技术要求：

项目		品种 ISO-F			
		DMX	DMA	DMZ	DMB
运动黏度（40℃）/（mm^2/s）	不大于 不小于	5.500 1.400	6.000 2.000	6.000 3.000	11.00 2.000
密度（满足下列要求之一）/（kg/m^3） 15℃ 20℃	 不大于 不大于	 — —	 890.0 886.5	 890.0 886.5	 900.0 896.5
十六烷指数	不小于	45	40	40	35
硫含量（质量分数）/%	不大于	1.00	1.50	1.50	1.50
闪点（闭口）/℃	不低于	43.0	60.0	60.0	60.0
硫化氢/（mg/kg）	不大于	2.00	2.00	2.00	2.00
酸值（以 KOH 计）/（mg/g）	不大于	0.5	0.5	0.5	0.5
总沉积物（热过滤法）（质量分数）/%	不大于	—	—	—	0.10①
氧化安定性/（g/m^3）	不大于	25	25	25	25②
10%蒸余物残炭（质量分数）/% 残炭（质量分数）/%	不大于 不大于	0.30 —	0.30 —	0.30 —	— 0.30
浊点/℃	不大于	-16	—	—	—
倾点/℃ Ⅰ Ⅱ	不高于	 — 	 -6 0	 -6 0	 0 6
外观		清澈透明			①②③
水分（体积分数）/%	不大于	—	—		0.3①
灰分（质量分数）/%	不大于	0.010	0.010	0.010	0.010
润滑性 磨痕直径（60℃）/μm	 不大于	 520	 520	 520	 520③

①如果样品不透明，要求做总沉积物（热过滤法）和水分试验，如果样品透明，总沉积物（热过滤法）和水分试验可以不做；

②如果样品不透明，试验可不作，氧化安定性试验不适用；

③如果样品不透明，试验可不作，润滑性试验不适用。

2.10 炉用燃料油(GB 25989—2010)

序号	项目	馏分型		残渣型			
		F-D1	FD-2	F-R1	F-R2	F-R3	F-R4
1	运动黏度/(mm²/s) 40℃ 100℃	 ≯5.5 —	 >5.5~24.0 —	 — 5.0~15.0	 — >15.0~25.0	 — >25.0~50	 — >50~185
2	闪点/℃ 不低于 闭口 开口	 55 —	 60 —	 80 —	 80 —	 80 —	 — 120
3	硫含量(质量分数)/% 不大于	1.0	1.5	1.5	2.5	2.5	2.5
4	水和沉淀物(体积分数)/% 不大于	0.50	0.50	1.00	1.00	2.00	3.0
5	灰分(质量分数)/% 不大于	0.05	0.10	报告	报告	报告	报告
6	酸值(以KOH计)/(mg/g) 不大于	报告		2.0			
7	馏程(250℃回收体积分数)/%	—		报告			
8	倾点/℃	报告					
9	密度(20℃)/(kg/m³)	报告					
10	水溶性酸或碱	报告					

注：表中馏分型炉用燃料油的第1项、第2项、第3项、第4项和第5项技术要求为强制性的，残渣型炉用燃料油的第1项、第2项、第3项和第6项技术要求为强制性的，其余为推荐性的。

2.11 润滑通用基础油[6]

(1) HVI基础油

该类基础油黏度指数不小于95，可用于调配黏温性能要求较高的润滑油。

项目 \ 黏度等级牌号	HVI									
	75	100	150	200	350	400	500	650	120BS	150BS
运动黏度/(mm²/s) 40℃	13~15	20~22	28~32	38~42	65~72	74~82	95~107	120~135	报告	报告

续表

项目 \ 黏度等级牌号	HVI									
	75	100	150	200	350	400	500	650	120BS	150BS
100℃	报告	报告	报告	报告	报告	报告	报告	报告	25~28	30~33
外观	透明	透明	透明	透明	透明	透明	透明	透明	透明	透明
色度/号 不大于	0.5	1.0	1.5	2.0	3.0	3.5	4.0	5.0	5.0	6.0
黏度指数 不小于	100	100	100	98	95	95	95	95	95	95
闪点(开口)/℃ 不低于	175	185	200	210	220	225	235	255	265	290
倾点/℃ 不高于	-9	-9	-9	-9	-5	-5	-5	-5	-5	-5
中和值/(mgKOH/g) 不大于	0.02	0.02	0.02	0.02	0.03	0.03	0.03	0.03	0.03	0.03
残炭/% 不大于	—	—	—	—	0.10	0.10	0.15	0.25	0.6	0.7
密度(20℃)/(kg/m^3)	报告	报告	报告	报告	报告	报告	报告	报告	报告	报告
苯胺点/℃	报告	报告	报告	报告	报告	报告	报告	报告	报告	报告
硫含量/%	报告	报告	报告	报告	报告	报告	报告	报告	报告	报告
氮含量/%	报告	报告	报告	报告	报告	报告	报告	报告	报告	报告
碱性氮	报告	报告	报告	报告	报告	报告	报告	报告	报告	报告
蒸发损失(Noack 法, 250℃, 1h)/%	—	报告	报告	报告	—	—	—	—	—	—
氧化安定性(旋转氧弹法, 150℃)/min 不小于	180	180	180	180	180	180	130	130	110	110

(2) MVI 基础油

该类基础油黏度指数不小于 60，可用于调配黏温性能要求不很高的润滑油。

项目 \ 黏度等级牌号(按赛氏通用黏度划分)	MVI										
	75	100	150	250	350	500	600	750	900	90BS	125/140BS
运动黏度/(mm^2/s)											
40℃	13~15	18~21	28~32	42~55	65~75	90~102	110~125	130~150	155~180	报告	报告
100℃	报告	报告	报告	报告	报告	报告	报告	报告	报告	16~22	26~30
外观	透明	透明	透明	透明	透明	透明	透明	透明	透明	透明	透明
色度/号 不大于	0.5	1.0	1.5	2.0	3.0	3.5	4.0	4.5	5.0	5.5	6.0

续表

项目 \ 黏度等级牌号(按赛氏通用黏度划分)	MVI										
	75	100	150	250	350	500	600	750	900	90BS	125/140BS
黏度指数　不小于	60	60	60	60	60	60	60	60	60	60	65
闪点(开口)/℃　不低于	150	165	170	190	200	215	220	225	235	240	255
倾点/℃　不高于	-9	-9	-9	-9	-5	-5	-5	-5	-5	-5	-5
中和值/(mgKOH/g)　不大于	0.05	0.05	0.05	0.05	0.05	0.05	0.05	0.05	0.07	0.1	0.1
残炭/%　不大于	—	—	—	—	0.02	0.03	0.035	0.04	0.1	0.3	0.5
密度(20℃)/(kg/m^3)	报告	报告	报告	报告	报告	报告	报告	报告	报告	报告	报告
苯胺点/℃	报告	报告	报告	报告	报告	报告	报告	报告	报告	报告	报告
硫含量/%	报告	报告	报告	报告	报告	报告	报告	报告	报告	报告	报告
氮含量/%	报告	报告	报告	报告	报告	报告	报告	报告	报告	报告	报告
碱性氮/%	报告	报告	报告	报告	报告	报告	报告	报告	报告	报告	报告
蒸发损失(Noack法，250℃，1h)/%	—	报告	报告	—	—	—	—	—	—	—	—
氧化安定性(旋转氧弹法，150℃)/min 不小于	180	180	180	180	180	130	130	130	130	130	110

(3) LVI 基础油

该类基础油黏度指数低，可用于调配不要求黏度指数的润滑油，如变压器油、冷冻机油等低凝点润滑油。

项目 \ 黏度等级牌号(按赛氏通用黏度划分)	LVI									
	60	75	100	150	300	500	900	1200	90BS	230/250BS
运动黏度/(mm^2/s) 40℃	9~10	13~15	18~21	28~32	50~55	90~102	160~180	200~230	报告	报告
100℃	报告	报告	报告	报告	报告	报告	报告	报告	16~20	≯40
外观	透明	透明	透明	透明	透明	透明	透明	透明	透明	-
色度/号　不大于	0.5	0.5	1.0	1.0	1.5	2.0	2.5	3.5	4.0	8.0
闪点(开口)/℃　不低于	140	150	160	165	185	195	215	225	235	240
倾点/℃　不高于	-45	-40	-35	-30	-25	-23	-15	-9	-5	0

续表

黏度等级牌号(按赛氏通用黏度划分) / 项目	LVI									
	60	75	100	150	300	500	900	1200	90BS	230/250BS
中和值/(mgKOH/g) 不大于	0.02	0.02	0.02	0.02	0.03	0.03	0.07	0.1	0.2	0.2
残炭/% 不大于	—	—	—	—	0.01	0.02	0.04	0.35	0.40	0.5
密度(20℃)/(kg/m³)	报告	报告	报告	报告	报告	报告	报告	报告	报告	报告
苯胺点/℃	报告	报告	报告	报告	报告	报告	报告	报告	报告	报告
硫含量/%	报告	报告	报告	报告	报告	报告	报告	报告	报告	报告
氮含量/%	报告	报告	报告	报告	报告	报告	报告	报告	报告	报告
碱性氮/%	报告	报告	报告	报告	报告	报告	报告	报告	报告	报告
氧化安定性(旋转氧弹法,150℃)/min 不小于	180	180	180	180	180	130	130	130	130	130

2.12 植物油抽提溶剂(GB 16629—2008)

项目		指标
馏程/℃		
初馏点	不低于	61
干点	不高于	76
苯含量(质量分数)/%	不大于	0.1
密度(20℃)/(kg/m³)		655~680
溴指数	不大于	100
色度/号	不小于	+30
不挥发物/(mg/100mL)	不大于	1.0
硫含量(质量分数)/%	不大于	0.0005
机械杂质及水分		无
铜片腐蚀(50℃,3h)/级	不大于	1

2.13 橡胶工业用溶剂油(SH 0004—90,1998年确认)

项目	质量指标		
	优级品	一级品	合格品
密度(20℃)/(kg/m³) 不大于	700	730	—

续表

项　目		质量指标		
		优级品	一级品	合格品
馏程				
初馏点/℃	不低于	80	80	80
110℃馏出量/%	不小于	98	93	—
120℃馏出量/%	不小于	—	98	98
残留量/%	不大于	1.0	1.5	—
溴值/(gBr/100g)	不大于	0.12	0.14	0.31
芳香烃含量/%	不大于	1.5	3.0	3.0
硫含量/%	不大于	0.018	0.020	0.050
博士试验		通过		—
水溶性酸或碱		无		
机械杂质及水分		无		
油渍试验		合格		

2.14　油漆工业用溶剂油(SH 0005—90，1988年确认)

项　目		质量指标	
		一级品	合格品
外观		透明，无悬浮物和机械杂质及不溶解水	
闪点(闭口)/℃	不低于	33	33
色度/号	不小于	+25	—
芳烃含量/%	不大于	15	15
贝壳松脂丁醇值		报告	—
溴值/(gBr/100g)	不大于	5	—
博士试验		通过	—
馏程/℃			
初馏点	不低于	140	140
98%馏出温度	不高于	200	200
铜片腐蚀/级			
100℃，3h	不大于	1	—
50℃，3h	不大于	—	1
密度(20℃)/(kg/m³)	不小于	750	—
	不大于	816	790

2.15 液化石油气(GB 11174—2011)

项目		质量指标		
		商品丙烷	商品丙丁烷混合物	商品丁烷
密度(15℃)/(kg/m³)		报告		
蒸气压(37.8℃)/kPa	不大于	1430	1380	485
烃类组分含量(体积分数)/%				
C_3	不小于	95	—	—
C_4及C_4以上	不大于	2.5	—	—
C_3+C_4	不小于	—	95	95
C_5及C_5以上	不大于	—	3.0	2.0
残留物				
蒸发残留物/(mL/100mL)	不大于	0.05		
油渍观察		通过		
铜片腐蚀(40℃，1h)/级	不大于	1		
总硫含量/(mg/m³)	不大于	343		
硫化氢(需满足下列要求之一)				
乙酸铅法		无		
层析法/(mg/m³)	不大于	10		
游离水		无		

2.16 车用液化石油气(GB 19159—2012)

项目		质量指标
密度(15℃)/(kg/m³)		报告
马达法辛烷值(MON)	不小于	89.0
二烯烃(包括1，3-丁二烯)(摩尔分数)/%	不大于	0.5
硫化氢		无
铜片腐蚀(40℃，1h)/级	不大于	1
总硫含量(含赋臭剂)/(mg/kg)	不大于	50
蒸发残留物/(mg/kg)	不大于	60
C_5及以上组分(质量分数)/%	不大于	2.0
蒸气压(40℃，表压)/kPa	不大于	1550

续表

项　　目		质 量 指 标
最低蒸气压(表压)为 150kPa 的温度/℃		
-10 号	不高于	-10
-5 号	不高于	-5
0 号	不高于	0
10 号	不高于	10
20 号	不高于	20
游离水		通过
气味		体积浓度达到燃烧下限的 20%时有明显异味

2.17　聚合级丙烯(GB/T 7716—2014)

指 标 名 称		指　　标		
		优等品	一等品	合格品
丙烯含量 ψ(体积分数)/%	≥	99.6	99.2	98.6
烷烃含量 ψ(体积分数)/%		报告	报告	报告
乙烯含量/(mL/m³)	≤	20	50	100
乙炔含量/(mL/m³)	≤	2	5	5
甲基乙炔+丙二烯含量/(mL/m³)	≤	5	10	20
氧含量/(mL/m³)	≤	5	10	10
一氧化碳含量/(mL/m³)	≤	2	5	5
二氧化碳含量/(mL/m³)	≤	5	10	10
丁烯+丁二烯含量/(mL/m³)	≤	5	20	20
硫含量/(mg/kg)	≤	1	5	8
水含量/(mg/kg)	≤	10①	10①	双方商定
甲醇含量/(mg/kg)	≤	10	10	10
二甲醚含量/(mg/kg)②	≤	2	5	报告

① 该指标也可以由供需双方协商确定。

② 该项目仅适用于甲醇制烯烃、甲醇制丙烯工艺。

2.18　乙烯装置专用石脑油(Q/SH 0565—2013)

项　　目		质 量 指 标	
		Ⅰ类	Ⅱ类
颜色/赛波特号	不小于	+20	
密度(20℃)/(kg/m³)		650~750	

续表

项　　目		质 量 指 标	
		Ⅰ类	Ⅱ类
饱和蒸气压/kPa	不大于	90	
馏程/℃			
初馏点	不低于	25	
50%馏出温度		报告	
终馏点	不高于	204	
族组成(PONA值，质量分数)/%			
烷烃(P)含量	不小于	65	
正构烷烃(n-P)含量	不小于	30	
烯烃(O)含量	不大于	1.0	
芳香烃(A)含量		报告	
环烷烃(N)含量		报告	
硫含量/(mg/kg)	不大于	650	
砷含量/(μg/kg)	不大于	20	
铅含量/(μg/kg)	不大于	150	
氯含量/(mg/kg)	不大于	1	3
含氧化合物/(mg/kg)	不大于	50	
汞含量/(μg/kg)	不大于	1	

2.19 石油苯(GB/T 3405—2011)

项　　目		质 量 指 标	
		石油苯-535	石油苯-545
外观		透明液体，无不溶水及机械杂质	
颜色/(铂-钴色号)	不深于	20	20
纯度(质量分数)/%	不小于	99.80	99.90
甲苯(质量分数)/%	不大于	0.10	0.05
非芳烃(质量分数)/%	不大于	0.15	0.10
噻吩/(mg/kg)	不大于	报告	0.6
酸洗比色		酸层颜色不深于1000mL稀酸中含0.20g重铬酸钾的标准溶液	酸层颜色不深于1000mL稀酸中含0.10g重铬酸钾的标准溶液
总硫含量/(mg/kg)	不大于	2	1

续表

项　目		质量指标	
		石油苯-535	石油苯-545
溴指数/(mgBr/100g)	不大于	—	20
结晶点(干基)/℃	不低于	5.35	5.45
1，4-二氧己烷(质量分数)/%		由供需双方商定	
氮含量/(mg/kg)		由供需双方商定	
水含量/(mg/kg)		由供需双方商定	
密度(20℃)/(kg/m³)		报告	
中性试验		中性	

2.20 石油甲苯(GB/T 3406—2010)

项　目		质量指标	
		Ⅰ号	Ⅱ号
外观		透明液体，无不溶水及机械杂质	
颜色/铂-钴色号	不深于	10	20
密度(20℃)/(kg/m³)		—	865~868
纯度(质量分数)/%	不小于	99.9	
烃类杂质含量(质量分数)/%			
苯	不大于	0.03	0.10
C_8芳烃	不大于	0.05	0.10
非芳烃	不大于	0.1	0.25
酸洗比色		酸层颜色不深于1000mL稀酸中含0.2g重铬酸钾的标准溶液	
总硫含量/(mg/kg)	不大于	2	
蒸发残余物/(mg/100mL)	不大于	3	
中性试验		中性	
溴指数/(mg/100g)		由供需双方商定	

2.21 石油混合二甲苯(GB/T 3407—2010)

项　目		质量指标	
		3℃混合二甲苯	5℃混合二甲苯
外观		透明液体，无不溶水及机械杂质	
颜色/铂-钴色号	不深于	20	

续表

项目		质量指标	
		3℃混合二甲苯	5℃混合二甲苯
密度(20℃)/(kg/m³)		862~868	860~870
馏程/℃			
初馏点	不低于	137.5	137
终馏点	不高于	141.5	143
总馏程范围	不大于	3	5
酸洗比色		酸层颜色不深于1000mL稀酸中含0.3g重铬酸钾的标准溶液	酸层颜色不深于1000mL稀酸中含0.5g重铬酸钾的标准溶液
总硫含量/(mg/kg)	不大于	2	
蒸发残余物/(mg/100mL)	不大于	3	
铜片腐蚀		通过	
中性试验		中性	
溴指数/(mgBr/100g)		由供需双方商定	

2.22 PX装置用混合二甲苯(Q/SH PRD0404—2011)

项目		指标
外观		清澈透明，无机械杂质及游离水
颜色/铂-钴色号	≤	20
密度(20℃)/(kg/m³)		860~870
馏程(在101.3kPa下)/℃		
初馏点	≥	137
终馏点	≤	143
总馏程范围	≤	5
对二甲苯含量(质量分数)/%	≥	18
乙苯含量(质量分数)/%	≤	19
甲苯含量(质量分数)/%	≤	0.5
C_9和C_9以上芳烃含量(质量分数)/%	≤	1.0
非芳烃含量(质量分数)/%	≤	2.0
酸洗比色	≤	酸层颜色不深于1000mL稀酸中含0.5g重铬酸钾的标准溶液
溴指数/(mgBr/100g)	≤	50
中性试验		中性

续表

项　　目		指　　标
蒸发残余物/(mg/100mL)		3
铜片腐蚀		通过
总硫含量/(mg/kg)	≤	1
氯含量/(mg/kg)	≤	1
氮含量/(mg/kg)	≤	1
砷含量/(μg/kg)	≤	1
铅含量/(μg/kg)	≤	10
铜含量/(μg/kg)	≤	5

2.23　石油对二甲苯(SH/T 1486.1—2008)

项　　目		指　　标	
		优等品	一等品
外观		清澈透明，无机械杂质，无游离水	
纯度(质量分数)/%	≥	99.7	99.5
非芳烃含量(质量分数)/%	≤	0.10	
甲苯含量(质量分数)/%	≤	0.10	
乙苯含量(质量分数)/%	≤	0.20	0.30
间二甲苯含量(质量分数)/%	≤	0.20	0.30
邻二甲苯含量(质量分数)/%	≤	0.10	
总硫含量/(mg/kg)	≤	1.0	2.0
颜色/铂-钴色号	≤	10	
酸洗比色		酸层颜色应不深于重铬酸钾含量为0.10g/L标准比色液的颜色	
溴指数/(mgBr/100g)	≤	200	
馏程(在101.3kPa下，包括138.3℃)/℃	≤	1.0	

2.24　石油邻二甲苯(SH/T 1613.1—95)

项　　目		指　　标	
		优等品	一等品
外观		清晰，无沉淀物	清晰，无沉淀物
纯度(质量分数)/%	≥	98	95
非芳烃+C_9芳烃(质量分数)/%	≤	1.0	1.5

续表

项目		指标	
		优等品	一等品
色度/铂-钴色号	≤	10	20
酸洗比色		酸层颜色应不深于重铬酸钾含量为0.15g/L标准比色液的颜色	
总硫含量/(mg/kg)	≤	5	5
水溶性酸碱		无	无
馏程(101.325kPa)/℃	≤	2(包括144.4)	2(包括144.4)
不挥发物/(mg/100mL)	≤	2	5

2.25 石油间二甲苯(SH/T 1766.1—2008)

项目		指标
外观		清澈透明无沉淀
纯度(质量分数)/%	≥	99.50
乙苯(质量分数)/%	≤	0.10
对二甲苯+邻二甲苯(质量分数)/%	≤	0.45
非芳烃(质量分数)/%	≤	0.10
总硫含量/(mg/kg)	≤	2
色度/铂-钴号	≤	10
溴指数/(mgBr/100g)	≤	10

2.26 工业用乙苯(SH/T 1140—2001)

序号	项目	指标	
		优等品	一等品
1	外观	无色透明均匀液体，无机械杂质和游离水	
2	密度(20℃)/(kg/m³)	866~870	
3	水浸出物酸碱性(pH值)	6.0~8.0	

续表

序号	项目		指标	
			优等品	一等品
4	纯度(质量分数)/%	≥	99.70	99.50
5	二甲苯(质量分数)/%	≤	0.10	0.15
6	异丙苯(质量分数)/%	≤	0.03	0.05
7	二乙苯(质量分数)/%	≤	0.001	0.001
8	硫(质量分数)/%	≤	0.0003	不测定

2.27 建筑石油沥青(GB/T 494—2010)

项目		质量指标		
		10号	30号	40号
针入度(25℃, 100g, 5s)/(1/10mm)		10~25	26~35	36~50
针入度(46℃, 100g, 5s)/(1/10mm)		报告	报告	报告
针入度(0℃, 200g, 5s)/(1/10mm)	不小于	3	6	6
延度(25℃, 5cm/min)/cm	不小于	1.5	2.5	3.5
软化点(环球法)/℃	不低于	95	75	60
溶解度(三氯乙烯)/%	不小于	99.0		
蒸发后质量变化(163℃, 5h)/%	不大于	1		
蒸发后25℃针入度比/%	不小于	65		
闪点(开口杯法)/℃	不低于	260		

2.28 重交通道路石油沥青(GB/T 15180—2010)

项目		质量指标					
		AH-130	AH-110	AH-90	AH-70	AH-50	AH-30
针入度(25℃, 100g, 5s)/(1/10mm)		120~140	100~120	80~100	60~80	40~60	20~40
延度(15℃)/cm	不小于	100	100	100	100	80	报告
软化点/℃		38~51	40~53	42~55	44~57	45~58	50~65
溶解度/%	不小于	99.0	99.0	99.0	99.0	99.0	99.0
闪点/℃	不小于	230					260

续表

项目		质量指标					
		AH-130	AH-110	AH-90	AH-70	AH-50	AH-30
密度(25℃)/(kg/m³)		报告					
蜡含量/%	不大于	3.0	3.0	3.0	3.0	3.0	3.0
薄膜烘箱试验(163℃，5h)							
质量变化/%	不大于	1.3	1.2	1.0	0.8	0.6	0.5
针入度比/%	不小于	45	48	50	55	58	60
延度(15℃)/cm	不小于	100	50	40	30	报告	报告

2.29 延迟石油焦(生焦)(SH 0527—92)

项目		质量指标						
		一级品	合格品					
			1A	1B	2A	2B	3A	3B
硫含量/%	不大于	0.5	0.5	0.8	1.0	1.5	2.0	3.0
挥发分/%	不大于	12	12	14	14	17	18	20
灰分/%	不大于	0.3	0.3	0.5	0.5	0.5	0.8	1.2
水分/%	不大于	3						
真密度/(g/cm³)		2.08~2.13	报告					
粉焦量(块粒 8mm 以下)/%	不大于	25	报告					
硅含量/%	不大于	0.08						
矾含量/%	不大于	0.015						
铁含量/%	不大于	0.08						

2.30 食品级石蜡(GB 7189—2010)

项目		质量指标															
		食品石蜡								食品包装石蜡							
牌号		52号	54号	56号	58号	60号	62号	64号	66号	52号	54号	56号	58号	60号	62号	64号	66号
熔点/℃	不低于	52	54	56	58	60	62	64	66	52	54	56	58	60	62	64	66
	低于	54	56	58	60	62	64	66	68	54	56	58	60	62	64	66	68

续表

项　目		质量指标			
		食品石蜡		食品包装石蜡	
含油量(质量分数)/%	不大于	0.5		1.2	
颜色/赛波特号	不小于	+28		+26	
光安定性/号	不大于	4		5	
针入度(25℃)/(1/10mm)	不大于	18	16	20	18
运动黏度(100℃)/(mm^2/s)		报告		报告	
嗅味/号	不大于	0		1	
水溶性酸或碱		无		无	
机械杂质及水		无		无	
易炭化物		通过		-	
稠环芳烃 紫外吸光度/cm					
280~289nm	不大于	0.15		0.15	
290~299nm	不大于	0.12		0.12	
330~359nm	不大于	0.08		0.08	
360~400nm	不大于	0.02		0.02	

2.31 工业硫黄(固体产品)(GB/T 2449.1—2014)

项　目			技术指标		
			优等品	一等品	合格品
硫(S)(以干基计的质量分数)/%		≥	99.95	99.50	99.00
水分的质量分数/%		≤	2.0	2.0	2.0
灰分(以干基计的质量分数)/%		≤	0.03	0.10	0.20
酸度(以 H_2SO_4 干基计的质量分数)/%		≤	0.003	0.005	0.02
有机物(以 C 干基计的质量分数)/%		≤	0.03	0.30	0.80
砷(As)(以干基计的的质量分数)/%		≤	0.0001	0.01	0.05
铁(Fe)(以干基计的的质量分数)/%		≤	0.003	0.005	—
筛余物的质量分数/% (仅用于粉状硫黄)	粒径大于 150μm	≤	0	0	3.0
	粒径为 75~150μm	≤	0.5	1.0	4.0

3　纯烃和石油馏分的特性

纯烃和石油馏分的理化性质是炼油工作者经常需要查找的数据，这里汇集了一些可常用数据的图表，其中包括纯烃的理化性质、石油及烃类的密度、辛烷值、自燃点、比热容、热焓、相变焓、黏度、蒸气压、气液平衡常数等，并对一些油品的特性术语作了说明。

3.1　油品特性术语

3.1.1　基本理化性质

特性因数(Characterization factor)[2]——特性因数是表征烃类及石油馏分化学性质的一种指标，其定义为：

$$K=\frac{1.216\sqrt[3]{T}}{d_{15.6}^{15.6}}$$

式中　K——特性因数；

T——沸点，K(对石油馏分来说，最早用的是分子平均沸点，后改用立方平均沸点，现在一般使用中平均沸点)。

纯烃的特性因数中，烷烃最高，芳香烃最低。对于石油馏分，K 值越高，相应饱和度越大。

相关指数(*BMCI*)[1]——相关指数适用于表征石油馏分的烃组成特点。石油馏分在用作乙烯原料时，常用其相关指数估计裂解性能的优劣，芳香性越强，*BMCI* 值越高，乙烯收率越低。

$$BMCI=\frac{48640}{T}+473.7d-456.8$$

式中　$BMCI$——相关指数；

T——油样的体积平均沸点，K；

d——油样 15.6℃时的相对密度。

偏心因数(Acentric factor)[2]——偏心因数是表征物质分子大小和形状的一个特征参数，用于关联物质的物理及热力性质。

苯胺点(Aniline point)[3]——苯胺点表示石油馏分与同等体积苯胺互溶的最低温度。苯胺点越高，油品中的烷烃含量越高，反之，芳香烃含量越高。

密度(Density)[4]——单位体积物质的质量称为密度。油品的密度与温度有关，我国规定油品在 20℃时的密度称为标准密度。

相对密度(Relative density)[4]——物质的相对密度是指物质在给定温度下的密度

与规定温度下标准物质的密度之比。我国一般用20℃油品的密度与4℃纯水的密度之比表示，符号为d_4^{20}。欧美用15.6℃(60℉)作为油品和纯水的规定温度，用$d_{15.6}^{15.6}$表示，还常用API度表示油品的相对密度。

动力黏度(Dynamic viscosity)[4]——动力黏度又称绝对黏度，是衡量物质黏性大小的指标，即相邻两层流体相对运动时产生的内摩擦力。

运动黏度(Kinematic viscosity)[4]——运动黏度是指流体的动力黏度与该流体在同一温度和压力下的密度之比。

$$\nu_t = \frac{\mu_t}{\rho_t}$$

式中 ν_t——油品在温度t时的运动黏度，m^2/s；

μ_t——油品在温度t时的动力黏度，Pa·s；

ρ_t——油品在温度t时的密度，kg/m^3。

恩氏黏度(Engler viscosity)[4]——试样在规定温度下，从恩氏黏度计中流出200mL所需要的时间与20℃蒸馏水流出相同体积所需时间之比称为恩氏黏度。恩氏黏度的单位为条件度，用°E表示。

黏度指数(Viscosity index)[4]——黏度指数(Ⅵ)是衡量油品黏度随温度变化的一个相对比较值，表示油品的黏温特性。黏度指数越高，表示油品的黏温特性越好。

残炭(Carbon residue)[4]——油品在规定的仪器中隔绝空气加热，使其蒸发、裂解和缩合所形成的残留物，称为残炭。残炭用残留物占油品的质量分数表示，是评价油品在高温条件下生成焦炭倾向的指标。

灰分(Ash content)[4]——灰分指的是在规定条件下，油品被炭化后的残留物经煅烧所得的无机物，即油品在规定条件下灼烧后所剩的不燃物质，用质量分数表示。

3.1.2 油品蒸发性能[4]

馏程(Distillation range)——石油产品是一个主要由多种烃类组成的复杂混合物，没有恒定的沸点，其沸点表现为一很宽的范围，称为沸程。油品在规定的条件下蒸馏，从初馏点到终馏点这一温度范围，叫做馏程。在某一温度范围蒸出的馏出物，称为馏分(Fraction)。

恩氏蒸馏(Engler distillation)——油品馏程一般用简单的，没有精馏作用的恩氏蒸馏设备测定，温度从低到高渐次气化，以连续增高沸点的混合物形式蒸出，仅能粗略判断油品轻重情况，称为恩氏蒸馏。

实沸点蒸馏(True boiling point distillation)——采用分离精确度较高的蒸馏设备，将原油按沸点高低切割成多个窄馏分，馏出温度接近馏出物质的真实沸点，称为实沸点蒸馏。

雷德蒸气压(Reid vapor pressure)——在一定的温度下，气液两相处于平衡状态时的蒸气压力称为饱和蒸气压。用特定的仪器，在37.8℃恒温浴中，定期振荡，直到压力恒定，此时测得的油品蒸汽压称为雷德蒸气压。

3.1.3 油品燃烧性能[4,5]

闪点(Flash point)——使用专门仪器在规定的条件下，将可燃性液体加热，其蒸气与空气形成的混合气与火焰接触，发生瞬间闪火的最低温度，称为闪点。闪点的测定分为闭口杯法和开口杯法。闭口杯法多用于轻质油品，其测定条件与轻质油品实际储存和使用条件相似。对于多数润滑油和重质油，它们含轻组分较少，一般用开口杯法测定闪点。

燃点(Fire point)——在测定油品开口杯闪点后继续提高温度，在规定条件下可燃混合气能被外部火焰点引燃，并连续燃烧不少于5s时的最低温度，称为燃点。

自燃点(Auto-ignition temperature)——自燃点是在没有火花和火焰的条件下，物质能够在空气中自行燃烧的最低温度。它不低于且通常远高于燃烧上限对应的温度。

爆炸界限(Explosion limits)——可燃性气体与空气混合时，遇火发生爆炸的体积分数范围，称为爆炸界限。在爆炸界限内，可燃气在混合气中的最低体积分数称为爆炸下限，最高体积分数称为爆炸上限。

汽油抗爆性(Antiknock property)——汽油抗爆性是指汽油在发动机汽缸内燃烧时抵抗爆震的能力。抗爆性能好的汽油，使用时不易发生爆震，燃烧状态好。汽油的抗爆性用辛烷值来评定，是汽油质量最重要的指标，辛烷值越高抗爆性越好。

马达法辛烷值(Motor octane number)——汽油辛烷值的测定都是在标准单缸发动机中进行的。马达法辛烷值用MON表示，是在900r/min的发动机中测定的，用以表示点燃式发动机在重负荷条件下及高速行驶时汽油的抗爆性能。

研究法辛烷值(Research octane number)——研究法辛烷值用RON表示，是发动机在600r/min条件下测定的，它表示点燃式发动机低速运转时汽油的抗爆性能。

道路法辛烷值(Road octane number)——马达法辛烷值和研究法辛烷值都是在实验室中用单缸发动机在规定条件下测定的，它不能完全反映汽车在道路上行驶时的实际状况。为此，一些国家采用行车法来评价汽油的实际抗爆能力，称为道路法辛烷值。它是在一定温度下，用多缸汽油机进行辛烷值测定的一种方法，其数值介于马达法辛烷值和研究法辛烷值之间。

抗爆指数(Anti-knock index)——与道路法辛烷值相似，抗爆指数是又一个反映车辆在行驶时的汽油抗爆性能指数，又称为平均实验辛烷值，为马达法辛烷值与研究法辛烷值的平均值。

品度值(Performance number)——品度值又称品值，是航空汽油在富油混合气下，无爆震工作时发出的最大功率与异辛烷在同样条件下发出的最大功率之比，它表示飞机在起飞和爬高时燃料的抗爆性。

十六烷值(Cetane number)——十六烷值是评定柴油着火性的一个指标，它是在规定操作条件的标准发动机试验中，将柴油试样与标准燃料进行比较测定。

十六烷指数(Cetane idex)——十六烷指数是表示柴油着火性能的一个计算值，它是预测馏分燃料的十六烷值的一种辅助手段。

热值(Heating value)——单位质量燃料完全燃烧时所放出的热量，称为质量热量。单位体积燃料完全燃烧时所放出的热量，称为体积热量。按完全燃烧后生成水的状态不同，热值又分为高热值和低热值。高热值又称总热值，是指燃料燃烧生成的水蒸气被全部冷凝成液态水时热值；低热值又称净热值，是指燃烧生成的水是以蒸汽状态存在时的热值。

烟点(Smoke point)——烟点又称无烟火焰高度，是指规定的条件下，试样在标准灯具中燃烧时，产生无烟火焰的最大高度，单位是mm，它是评定喷气燃料生成软积炭倾向的指标。

辉光值(Luminometer number)——辉光值是在标准仪器内，用规定的方法测定火焰辐射强度的一个相对值，用固定火焰辐射强度下火焰温度升高的相对值表示。辉光值反映燃料燃烧时的辐射强度，用它可以评定燃料生成硬积炭的倾向。

3.1.4 油品低温流动性能[4]

浊点(Cloud point)——试样在规定的条件下冷却，开始呈现雾状或浑浊时的最高温度，称为浊点。此时油品中出现了许多肉眼看不见的微小晶粒，因此不再呈现透明状态。

结晶点(Crystallization point)——试样在规定的条件下冷却，出现肉眼可见结晶时的最高温度，称为结晶点。此时油品仍处于可流动的液体状态。

冰点(Freezing point)——试样在规定的条件下，冷却到出现结晶后，再升温至结晶消失的最低温度，称为冰点。一般结晶点与冰点之差不超过3℃。

倾点(Pour point)——在试验规定的条件下冷却时，油品能够流动的最低温度，叫做倾点。

凝点(Setting point)——油品的凝点(又称凝固点)是指油品在试验规定的条件下，冷却至液面不移动时的最高温度。

冷滤点(Cold filter plugging point)——在试验规定的条件下，当试样不能流过过滤器或20mL试样流过过滤器的时间大于60s或试样不能完全流向试杯时的最高温度，称为冷滤点。

3.1.5　油品腐蚀性能[4]

酸度(Acidity)、酸值(Acid number)——石油产品的酸度、酸值都是用来衡量油品中酸性物质数量的指标。中和100mL石油产品中的酸性物质，所需氢氧化钾的质量，称为酸度，以mgKOH/100mL表示。中和1g石油产品中的的酸性物质，所需要的氢氧化钾质量，称为酸值，以mgKOH/g表示。

博士试验(Doctor test)——博士试验是测定油品中含硫化合物的定性方法，主要适用于定性检测芳烃和轻质石油产品中硫醇性硫，也可检测其中的硫化氢。博士试验法的基本原理是：根据亚铅酸钠溶液与试样中的硫醇反应，形成铅的有机硫化物，该物质再与硫元素反应形成深色的硫化铅，用来定性的检测试样中是否存在硫醇类物质。

3.1.6　油品安定性[4]

实际胶质(Existent gum)——实际胶质是指在试验条件下测得的航空汽油、喷气燃料的蒸发残留物或车用汽油蒸发残留物中不溶于正庚烷的部分，以mg/100mL表示。

诱导期(Induction period)——诱导期是指在规定的加速氧化条件下，油品处于稳定状态所经历的时间，以min表示。

碘值(Iodine number)——碘值是指在规定的条件下，100g试样所能吸收碘(I_2)的质量，以gI/100g表示。

溴值(又称溴价)(Bromine number)——是指在规定的条件下，100g试样所能吸收溴(Br_2)的质量，以gBr/100g表示。

溴指数(Bromine index)——溴指数是指在规定的条件下，与100g油品起反应时所消耗溴(Br_2)的质量，以mgBr/100g表示。

3.1.7　石油沥青性能[4]

软化点(Softening point)——沥青的软化点是表示沥青耐热性能的指标，也能间接评定沥青的使用温度范围。在规定试验条件下，沥青达到特定软化程度时的温度称为软化点。

延度(Ductility)——延度是表示沥青在一定温度下断裂前扩展或伸长能力的指标。延度的大小表明沥青的黏性、流动性、开裂后的自愈能力，以及受机械应力作用后变形而不被破坏的能力。

针入度(Penetration)——针入度是用于表明沥青黏稠程度或软硬程度的指标。沥青的针入度越大，说明沥青的黏稠度越小，沥青也就越软。针入度是划分沥青牌号的依据。

3.2 纯烃的主要理化性质[2]

3.2.1 烷烃

序号	名称	相对分子质量	沸点(常压下)/℃	冰点(常压下)/℃	液体相对密度 d_4^{20}	折光率(液体) η_4^{20}	运动黏度(37.8℃液体)/(mm^2/s)	苯胺点/℃
	烷烃 $C_1 \sim C_3$							
1	甲烷(CH_4)	16.043	-161.495	-182.48	—	—	—	—
2	乙烷(C_2H_6)	30.070	-88.60	-183.27	0.3399	—	—	—
3	丙烷(C_3H_8)	44.097	-42.045	-187.69	0.5005	—	—	—
	烷烃 C_4H_{10}							
4	正丁烷	58.124	-0.50	-138.362	0.5788	1.3326	—	83.1
5	2-甲基丙烷(异丁烷)	58.124	-11.72	-159.605	0.5572	—	—	107.6
	烷烃 C_5H_{12}							
6	正戊烷	72.151	+36.064	-129.730	0.62622	1.35748	0.330	70.7
7	2-甲基丁烷(异戊烷)	72.151	27.843	-159.905	0.61965	1.35373	—	77.0
8	2, 2-二甲基丙烷(新戊烷)	72.151	9.499	-16.57	0.5910	1.342	—	102
	烷烃 C_6H_{14}							
9	正己烷	80.178	68.732	-95.322	0.65935	1.37486	0.4137	68.6
10	2-甲基戊烷	80.178	60.261	-153.686	0.65313	1.37145	—	73.8
11	3-甲基戊烷	80.178	63.272	—	0.66429	1.37562	—	69.3
12	2, 2-二甲基丁烷	80.178	49.731	-99.843	0.64914	1.36876	—	81.2
13	2, 3-二甲基丁烷	80.178	57.978	-128.543	0.66162	1.37495	—	71.9
	烷烃 C_7H_{16}							
14	正庚烷	100.205	98.427	-90.581	0.68374	1.38764	0.5214	69.7
15	2-甲基己烷	100.205	90.049	-118.271	0.67857	1.38485	—	74.0
16	3-甲基己烷	100.205	91.847	—	0.68711	1.38864	—	70.5
17	3-乙基戊烷	100.205	93.473	-118.599	0.69814	1.39339	—	65.7
18	2, 2-二甲基戊烷	100.205	79.191	-123.811	0.67383	1.38215	—	77.6
19	2, 3-二甲基戊烷	100.205	89.781	—	0.69506	1.39196	—	67.6
20	2, 4-二甲基戊烷	100.205	80.494	-119.238	0.67268	1.38145	—	78.8
21	3, 3-三甲基戊烷	100.205	86.060	-134.45	0.69325	1.39092	—	70.5
22	2, 2, 3-三甲基丁烷	100.205	80.876	-24.897	0.69009	1.38944	—	72.2

临界常数			蒸发潜热(正常沸点下)/(kcal/kg)	低热值(25℃,定压)/(kcal/kg)		比热容(25℃,定压)/[kcal/(kg·℃)]		C_p/C_v(15.6℃常压)	序号
压力大气压	温度/℃	体积/(L/mol)		理想气体	液体	理想气体	液体		
45.44	-82.57	0.099	121.87	11954	—	0.5300	—	1.308	1
48.16	+32.27	0.148	116.97	11350	11274	0.4102	1.2006	1.193	2
41.94	96.67	0.203	101.76	11079	10989	0.390	0.6023	1.133	3
37.47	152.03	0.255	92.09	10927	10837	0.3991	0.5748	1.094	4
36.00	134.99	0.263	87.58	10892	10810	0.3906	0.5824	1.097	5
33.25	196.5	0.304	85.38	10840	10751	0.3892	0.5543	1.074	6
33.37	187.28	0.306	81.79	10813	10730	0.3829	0.54620	1.076	7
31.57	160.63	0.303	75.37	10768	10692	0.3940	0.566	1.076	8
29.73	234.3	0.370	80.03	—	10692	0.3846	0.5422	(1.062)	9
29.71	224.35	0.367	77.09	—	10677	0.3846	0.53628	(1.063)	10
30.83	231.3	0.367	77.88	—	10683	0.3776	0.526	(1.061)	11
30.40	215.63	0.359	72.96	—	10652	0.3763	0.5271	(1.063)	12
30.86	226.83	0.358	75.65	—	10670	0.3898	0.5235	(1.063)	13
27.00	267.1	0.432	75.61	—	10650	0.3863	0.5365	(1.052)	14
26.98	257.22	0.421	73.16	—	10637	0.3823	0.5317	(1.055)	15
27.77	262.10	0.404	73.44	—	10643	0.3799	0.522	(1.055)	16
28.53	267.49	0.416	73.84	—	10649	(0.395)	0.5237	(1.057)	17
27.37	247.35	0.416	69.56	—	10616	(0.400)	0.5274	(1.048)	18
28.70	264.20	0.393	72.49	—	10628	0.3959	0.52	—	19
27.01	246.64	0.418	70.37	—	10625	0.3892	0.5343	(1.048)	20
29.07	263.25	0.414	70.72	—	10626	(0.400)	0.513	(1.061)	21
29.15	258.02	0.398	69.05	—	10620	0.3896	0.5093	(1.055)	22

序号	名　称	相对分子质量	沸点(常压下)/℃	冰点(常压下)/℃	液体相对密度 d_4^{20}	折光率(液体) η_4^{20}	运动黏度(37.8℃液体)/(mm^2/s)	苯胺点/℃
	烷烃 C_8H_{18}							
23	正辛烷	114.232	125.675	-56.764	0.70250	1.39743	0.6476	70.6
24	2-甲基庚烷	114.232	117.653	-108.993	0.69790	1.39494	—	74
25	3-甲基庚烷	114.232	118.932	-120.547	0.70580	1.39848	—	72.2
26	4-甲基庚烷	114.232	117.715	-120.953	0.70461	1.39792	—	71.6
27	3-乙基己烷	114.232	118.541	—	0.71356	1.40162	—	68.7
28	2，2-二甲基己烷	114.232	106.842	-121.18	0.69526	1.39349	—	78
29	2，3-二甲基己烷	114.232	115.612	—	0.71212	1.40113	—	70.6
30	2，4-二甲基己烷	114.232	109.432	—	0.70034	1.39534	—	73.4
31	2，5-二甲基己烷	114.232	109.106	-91.148	0.69352	1.39246	—	78.0
32	3，3-二甲基己烷	114.232	111.973	-126.10	0.70998	1.40009	—	72
33	3，4-二甲基己烷	114.232	117.731	—	0.71921	1.40406	—	68.0
34	2-甲基-3-乙基戊烷	114.232	115.655	-114.952	0.71930	1.40401	—	67.2
35	2-甲基-3-乙基戊烷	114.232	118.266	-90.842	0.72740	1.40775	—	65.9
36	2，2，3-三甲基戊烷	114.232	109.845	-112.26	0.71600	1.40295	—	70.8
37	2，2，4-三甲基戊烷(异辛烷)	114.232	99.238	-107.373	0.69191	1.39145	—	79.5
38	2，3，3-三甲基戊烷	114.232	114.765	-100.934	0.72617	1.40750	—	67.0
39	2，3，4-三甲基戊烷	114.232	113.472	-109.197	0.71904	1.40422	—	68.3
40	2，2，3，3-四甲基丁烷	114.232	106.47	+100.69	—	—	—	—
	烷烃 C_9H_{20}							
41	正壬烷	128.259	150.818	-53.489	0.71761	1.40542	0.8087	73.7
42	2-甲基辛烷	128.259	143.28	-80.37	0.7134	1.4031	—	77.5
43	3-甲基辛烷	128.259	144.23	-107.6	0.7205	1.4063	—	75.0
44	4-甲基辛烷	128.259	142.44	-113.2	0.7202	1.4062	—	74.5
45	3-乙基庚烷	128.259	143.0	—	0.7265	1.4093	—	73
46	4-乙基庚烷	128.259	141.2	—	0.7281	1.4096	—	68
47	2，2-二甲基庚烷	128.259	132.70	-112.99	0.7105	1.4016	—	79
48	2，3-二甲基庚烷	128.259	140.5	—	0.7260	1.4085	—	73.2
49	2，4-二甲基庚烷	128.259	132.90	—	0.7153	1.4034	—	78
50	2，5-二甲基庚烷	128.259	136.0	—	0.7167	1.4038	—	78
51	2，6-二甲基庚烷	128.259	135.22	-102.9	0.7089	1.4007	—	80.0
52	3，3-二甲基庚烷	128.259	137.02	—	0.7256	1.4088	—	74
53	3，4-二甲基庚烷	128.259	140.6	—	0.7314	1.4111	—	70
54	3，5-二甲基庚烷	128.259	136.0	—	0.7225	1.4067	—	—
55	4，4-二甲基庚烷	128.259	135.2	—	0.7256	1.4076	—	—

续表

临界常数			蒸发潜热(正常沸点下)/(kcal/kg)	低热值(25℃，定压)/(kcal/kg)		比热容(25℃，定压)/[kcal/(kg·℃)]		C_p/C_v (15.6℃常压)	序号
压力大气压	温度/℃	体积/(L/mol)		理想气体	液体	理想气体	液体		
24.54	295.68	0.492	72.01	—	10618	0.3852	0.5317	(1.046)	23
24.52	286.49	0.488	70.7	—	10607	0.3823	0.5264	(1.044)	24
25.13	290.52	0.464	70.9	—	10613	(0.39)	0.5223	(1.045)	25
25.09	288.59	0.476	70.92	—	10614	(0.39)	0.5254	(1.045)	26
25.74	292.34	0.455	70.33	—	10617	0.3938	0.51	—	27
24.96	276.72	0.478	67.5	—	10593	0.3842	0.518	(1.036)	28
25.94	290.34	0.468	69.48	—	10612	0.3925	0.52	—	29
25.23	280.37	0.472	68.2	—	10603	(0.38)	0.53	(1.050)	30
24.54	276.91	0.482	68.3	—	10596	(0.38)	0.5214	(1.050)	31
26.19	288.87	0.443	68.0	—	10602	(0.39)	0.5160	(1.042)	32
26.57	295.70	0.466	69.63	—	10614	(0.3895)	0.51	—	33
26.65	293.94	0.443	68.98	—	10619	0.3898	0.51	(1.048)	34
27.71	303.43	0.455	68.62	—	10612	(0.3886)	0.50	(1.044)	35
26.94	290.35	0.436	67.0	—	10603	(0.40)	0.51	(1.045)	36
25.34	270.81	0.468	64.88	—	10599	0.3834	0.4992	(1.046)	37
27.83	300.41	0.455	67.7	—	10610	(0.39)	0.5138	(1.046)	38
26.94	293.26	0.461	67.27	—	10607	0.3985	0.5199	(1.050)	39
28.3	294.8	0.461	65.7	—	—	0.4030	—	(1.050)	40
22.6	321.49	0.548	68.80	—	10594	0.3843	0.5300	(1.04)	41
22.6	313.6	0.541	68.3	—	10583	(0.40)	0.527	(1.040)	42
23.1	317.0	0.529	68.5	—	10587	(0.40)	0.520	(1.045)	43
23.1	314.5	0.523	68.2	—	10588	(0.40)	0.52	(1.045)	44
23.7	317.4	0.511	68.5	—	10592	(0.39)	0.51	(1.043)	45
23.6	314.8	0.505	68.3	—	10592	—	0.51	—	46
22.9	304.6	0.526	68.4	—	10569	(0.40)	0.516	(1.038)	47
23.7	316.5	0.515	67.3	—	10584	—	0.51	—	48
23.1	303.7	0.517	65.9	—	10578	—	0.52	—	49
23.2	308.0	0.522	66.4	—	10577	—	0.52	—	50
22.7	304.8	0.535	66.2	—	10573	(0.39)	0.53	(1.042)	51
24.0	315.4	0.506	65.8	—	10577	—	0.513	—	52
24.3	318.5	0.503	67.8	—	10588	—	0.51	—	53
23.7	310.1	0.510	66.4	—	10581	—	0.52	—	54
24.0	312.3	0.501	65.9	—	10578	—	0.51	—	55

序号	名　称	相对分子质量	沸点（常压下）/℃	冰点（常压下）/℃	液体相对密度 d_4^{20}	折光率（液体）η_4^{20}	运动黏度（37.8℃液体）/（mm^2/s）	苯胺点/℃
56	2-甲基-3-乙基己烷	128.259	138.0	—	0.7335	0.4120	—	—
57	2-甲基-4-乙基己烷	128.259	133.8	—	0.7235	1.4068	—	—
58	3-甲基-3-乙基己烷	128.259	140.6	—	0.7411	1.4140	—	—
59	3-甲基-4-乙基己烷	128.259	140.4	—	0.7400	1.4149	—	—
60	2，2，3-三甲基己烷	128.259	133.61	—	0.7295	1.4105	—	72
61	2，2，4-三甲基己烷	128.259	126.55	-120.0	0.7156	1.4033	—	78
62	2，2，5-三甲基乙烷	128.259	124.093	-105.763	0.70719	1.39972	—	82.7
63	2，3，3-三甲基己烷	128.259	137.69	-116.794	0.7375	1.4141	—	—
64	2，3，4-三甲基己烷	128.259	139.06	—	0.7392	1.4144	—	—
65	2，3，5-三甲基己烷	128.259	131.35	-127.8	0.7219	1.4061	—	76
66	2，4，4-三甲基己烷	128.259	130.660	-113.370	0.72379	1.40745	—	—
67	3，3，4-三甲基己烷	128.259	140.48	-101.18	0.7454	1.4178	—	—
68	3，3-二乙基戊烷	128.259	146.186	-33.090	0.75357	1.42051	—	65
69	2，2-二甲基-3-乙基戊烷	128.259	133.84	-99.468	0.7348	1.4123	—	—
70	2，3-二甲基-3-乙基戊烷	128.259	144.7	—	0.7548	1.4221	—	66
71	2，4-二甲基-3-乙基戊烷	128.259	136.70	-122.70	0.7379	1.4137	—	—
72	2，2，3，3-四甲基戊烷	128.259	140.292	-9.89	0.75664	1.42360	—	68
73	2，2，3，4-四甲基戊烷	128.259	133.029	-121.09	0.73893	1.41472	—	—
74	2，2，4，4-四甲基戊烷	128.259	122.292	-66.20	0.71945	1.40694	—	75
75	2，3，3，4-四甲基戊烷	128.259	141.567	-102.103	0.75471	1.42222	—	—
	烷烃 $C_{10}H_{22}$							
76	正癸烷	142.286	174.154	-29.643	0.73003	1.41189	1.004	77.0
77	2-甲基壬烷	142.286	167.03	-74.62	0.7264	1.4100	—	80.3
78	3-甲基壬烷	142.286	167.8	-84.77	0.7334	1.4125	—	78.25
79	4-甲基壬烷	142.286	165.7	-98.7	0.7322	1.4118	—	78.3
80	5-甲基壬烷	142.286	165.1	-87.67	0.7326	1.4122	—	77.9
81	3-乙基辛烷	142.286	166.5	—	0.7399	1.4156	—	75
82	4-乙基辛烷	142.286	163.67	—	0.7381	1.4151	—	—
83	2，7-二甲基辛烷	142.286	159.89	-54.0	0.7242	1.4086	—	79.0
84	2，2，6-三甲基庚烷	142.286	148.95	-105.0	0.7238	1.4078	—	81
85	2，2，3，3-四甲基己烷	142.286	160.34	-53.97	0.76444	1.42818	—	—
86	2，2，5，5-四甲基己烷	142.286	137.47	-12.59	0.71873	1.40550	—	83
87	2，4-二甲基-3-异丙基戊烷	142.286	157.06	-81.67	0.75828	1.42463	—	—
88	2，2，3，3，4-五甲基戊烷	142.286	166.08	-36.43	0.78007	1.43606	—	—
89	2，2，3，4，4-五甲基戊烷	142.286	159.31	-38.73	0.76701	1.43069	—	—

续表

临界常数			蒸发潜热（正常沸点下）/(kcal/kg)	低热值(25℃，定压)/(kcal/kg)		比热容(25℃，定压)/[kcal/(kg·℃)]		C_p/C_v (15.6℃常压)	序号
压力大气压	温度/℃	体积/(L/mol)		理想气体	液体	理想气体	液体		
24.2	315.1	0.497	67.1	—	10588	—	0.51	—	56
23.7	307.0	0.504	66.4	—	10582	—	0.52	—	57
25.2	324.4	0.487	66.6	—	10588	—	0.50	—	58
24.8	320.7	0.490	67.8	—	10592	—	0.50	—	59
24.6	314.9	0.498	64.8	—	10579	—	0.51	—	60
23.5	300.5	0.507	63.4	—	10579	(0.39)	0.52	1.042	61
23.0	294.9	0.519	62.9	—	10559	(0.39)	0.53	1.045	62
25.2	323.0	0.491	65.2	—	10582	(0.39)	0.51	1.04	63
24.9	321.4	0.494	66.5	—	10584	—	0.51	—	64
23.7	306.1	0.509	64.9	—	10576	(0.38)	0.52	1.040	65
24.0	308.5	0.500	63.9	—	10584	(0.39)	0.52	1.037	66
25.9	329.2	0.484	65.5	—	10589	(0.39)	0.50	1.04	67
26.4	336.9	0.473	67.1	—	10593	(0.38)	0.49	1.040	68
25.2	317.4	0.486	64.9	—	10598	(0.39)	0.51	1.044	69
26.5	333.7	0.477	65.8	—	10594	—	0.49	—	70
24.9	318.1	0.489	66.0	—	10603	(0.38)	0.51	1.04	71
27.0	337.7	0.478	65.7	—	10587	(0.40)	0.49	1.044	72
25.3	319.0	0.490	63.9	—	10588	(0.39)	0.51	1.044	73
23.3	298.2	0.504	61.2	—	10584	(0.40)	0.52	1.040	74
26.6	335.9	0.481	65.1	—	10588	(0.39)	0.49	1.044	75
20.7	344.5	0.603	65.98	—	10573	0.3831	0.5283	1.034	76
20.7	337.2	0.596	65.9	—	10564	(0.41)	0.524	1.033	77
21.1	340.4	0.582	65.7	—	10567	(0.41)	0.520	1.036	78
21.1	337.4	0.575	65.2	—	10568	(0.41)	0.526	1.036	79
21.1	336.6	0.573	65.0	—	10568	(0.41)	0.522	1.036	80
21.6	340.6	0.561	65.0	—	10565	—	0.51	—	81
21.5	336.6	0.552	64.3	—	10573	—	0.51	—	82
20.7	329.9	0.590	64.2	—	10555	(0.40)	0.517	1.032	83
21.0	320.3	0.573	61.7	—	10540	(0.38)	0.53	1.040	84
24.3	355.1	0.518	61.1	—	10570	—	0.49	—	85
21.2	309.8	0.557	59.3	—	10525	—	0.53	—	86
23.1	341.4	0.521	61.1	—	10563	—	0.50	—	87
25.5	370.8	0.508	61.1	—	10591	—	0.48	—	88
23.7	354.2	0.521	59.3	—	10586	—	0.49	—	89

3.2.2 环烷烃

序号	名称	相对分子质量	沸点（常压下）/℃	冰点（常压下）/℃	液体相对密度 d_4^{20}	折光率（液体）η_4^{20}	运动黏度（37.8℃液体）/（mm^2/s）	苯胺点/℃
	烷基环丙烷 C_3~C_4							
1	环丙烷（C_3H_6）	41.081	-32.80	-127.42	—	—	—	—
2	甲基环丙烷（C_4H_8）	56.108	+0.73	-177.3	—	—	—	—
	烷基环丙烷 C_5H_{10}							
3	乙基环丙烷		35.92	-149.230	0.6840	1.3786	—	—
4	1，1-二甲基环丙烷	70.135	20.62	-108.9	0.6604	1.3669	—	—
5	1，顺-2-二甲基环丙烷	70.135	37.02	-140.883	0.6939	1.3829	—	—
6	1，反-2-二甲基环丙烷	70.135	28.20	-149.58	0.6698	1.3713	—	—
	烷基环丙烷 C_6H_{12}							
7	正丙基环丙烷	84.162	69.14	—	0.7112	1.3930	—	—
8	异丙基环丙烷	84.162	58.31	-112.92	0.6986	1.3865	—	—
9	1-甲基-1-乙基环丙烷	84.162	56.76	-130.2	0.7018	1.3887	—	—
10	1-甲基-顺-2-乙基环丙烷	84.162	67.00	—	0.7146	1.3953	—	—
11	1-甲基-反-2-乙基环丙烷	84.162	58.65	—	0.6935	1.3846	—	—
12	1，1，2-三甲基环丙烷	84.162	52.43	-138.192	0.6947	1.3864	—	—
13	1，顺-2，顺-3-三甲基环丙烷	84.162	66	—	0.7180	1.3970	—	—
14	1，顺-2，反-3-三甲基环丙烷	84.161	59.7	—	0.6979	1.3873	—	—
	烷基环丁烷 C_4~C_5							
15	环丁烷（C_4H_8）	56.108	12.51	-90.70	0.6943	1.365	—	—
16	甲基环丁烷（C_5H_{10}）	70.135	36.3	—	0.6930	1.3836	—	—
	烷基环丁烷 C_6H_{12}							
17	乙基环丁烷	84.162	70.59	-142.762	0.7279	1.4020	—	38.7
18	1，1-二甲基环丁烷	84.162	56	—	0.713	1.396	—	—
19	1，顺-2-二甲基环丁烷	84.162	68	—	0.736	1.404	—	—
20	1，反-2-二甲基环丁烷	84.162	60	—	0.713	1.395	—	—
21	1，顺-3-二甲基环丁烷	84.162	60.5	—	0.7106	1.3933	—	—
22	1，反-3-二甲基环丁烷	84.162	57.5	—	0.7016	1.3896	—	—
	烷基环戊烷 C_5~C_6							
23	环戊烷（C_5H_{10}）	70.135	49.252	-93.839	0.74536	1.40645	0.499	16.8
24	甲基环戊烷（C_6H_{12}）	84.162	71.804	-142.469	0.74862	1.40970	0.565	33.0
	烷基环戊烷 C_7H_{14}							
25	乙基环戊烷	98.189	103.467	-138.458	0.76645	1.41981	0.619	36.7

临界常数			蒸发潜热（正常沸点下）/（kcal/kg）	低热值（25℃，定压）/（kcal/kg）		比热容（25℃，定压）/[kcal/（kg·℃）]		C_p/C_v（15.6℃常压）	序号
压力大气压	温度/℃	体积/（L/mol）		理想气体	液体	理想气体	液体		
54.23	124.66	0.17	114	11128	—	—	—	—	1
—	—	—	—	—	—	—	—	—	2
—	—	—	—	—	—	—	—	—	3
—	—	—	—	—	—	—	—	—	4
—	—	—	—	—	—	—	—	—	5
—	—	—	—	—	—	—	—	—	6
—	—	—	—	—	—	—	—	—	7
—	—	—	—	—	—	—	—	—	8
—	—	—	—	—	—	—	—	—	9
—	—	—	—	—	—	—	—	—	10
—	—	—	—	—	—	—	—	—	11
—	—	—	—	—	—	—	—	—	12
—	—	—	—	—	—	—	—	—	13
—	—	—	—	—	—	—	—	—	14
49.2	186.8	0.21	103	10938	10839	—	0.425	—	15
—	—	—	—	—	—	—	0.474	—	16
—	—	—	—	—	—	—	—	—	17
—	—	—	—	—	—	—	—	—	18
—	—	—	—	—	—	—	—	—	19
—	—	—	—	—	—	—	—	—	20
—	—	—	—	—	—	—	—	—	21
—	—	—	—	—	—	—	—	—	22
44.49	238.60	0.260	93.03	10563	10465	0.2678	0.4323	1.117	23
37.35	259.64	0.319	82.18	—	10434	0.2966	0.4507	1.085	24
33.53	296.37	0.375	78.58	—	10427	0.3045	0.4530	1.069	25

序号	名　称	相对分子质量	沸点（常压下）/℃	冰点（常压下）/℃	液体相对密度 d_4^{20}	折光率（液体）η_4^{20}	运动黏度（37.8℃液体）/（mm^2/s）	苯胺点/℃
26	1，1-二甲基环戊烷	98.189	87.482	-69.761	0.75446	1.41356	—	45
27	1，顺-2-二甲基环戊烷	98.189	99.532	-53.893	0.77260	1.42217	—	39.9
28	1，反-2-二甲基环戊烷	98.189	91.866	-117.57	0.75142	1.41200	—	46.7
29	1，顺-3-二甲基环戊烷	98.189	90.770	-133.711	0.74477	1.40894	—	—
30	1，反-3-二甲基环戊烷	98.189	91.722	-133.984	0.74878	1.41074	—	49.9
	烷基环戊烷 C_8H_{16}							
31	正丙基环戊烷	112.216	130.961	-117.334	0.77631	1.42626	0.724	44.5
32	异丙基环戊烷	112.216	126.429	-111.364	0.77651	1.42582	—	—
33	1-甲基-1-乙基环戊烷	112.216	121.529	-143.814	0.78091	1.42718	—	—
34	1-甲基-顺-2-乙基环戊烷	112.216	128.061	-105.93	0.78520	1.42933	—	47.5
35	1-甲基-反-2-乙基环戊烷	112.216	121.2	-150.0	0.7690	1.4219	—	52.2
36	1-甲基-顺-3-乙基环戊烷	112.216	121.1	—	0.767	1.419	—	—
37	1-甲基-反-3-乙基环戊烷	112.216	121.1	—	0.767	1.419	—	—
38	1，1，2-三甲基环戊烷	112.216	113.734	-21.63	0.77250	1.42298	—	—
39	1，1，3-三甲基环戊烷	112.216	104.895	-142.45	0.74823	1.41119	—	—
40	1，顺-2，顺-3-三甲基环戊烷	112.216	123.0	-116.423	0.7792	1.4262	—	41.0
41	1，顺-2，反-3-三甲基环戊烷	112.216	117.5	-112	0.7704	1.4218	—	41.0
42	1，反-2，顺-3-三甲基环戊烷	112.216	110.41	-112.694	0.7535	1.4138	—	41.0
43	1，顺-2，顺-4-三甲基环戊烷	112.216	116.76	-132.33	0.762	1.4186	—	—
44	1，顺-2，反-4-三甲基环戊烷	112.216	116.737	-132.56	0.76343	1.41855	—	—
45	1，反-2，顺-4-三甲基环戊烷	112.216	109.293	-130.79	0.74725	1.41060	—	—
	烷基环戊烷 C_9H_{13}							
46	正丁基环戊烷	116.143	156.62	-107.970	0.7846	1.4316	0.908	48.7
47	异丁基环戊烷	126.243	147.97	-115.217	0.7809	1.4298	—	—
48	仲丁基环戊烷	126.243	154.37	—	0.7945	1.4357	—	—
49	叔丁基环戊烷	126.243	144.87	-95.8	0.7910	1.4338	—	—
50	1-甲基-1-正丙基环戊烷	126.243	146	—	0.799	1.437	—	—

续表

临界常数			蒸发潜热（正常沸点下）/（kcal/kg）	低热值（25℃，定压）/（kcal/kg）		比热容（25℃，定压）/[kcal/(kg·℃)]		C_p/C_v（15.6℃常压）	序号
压力大气压	温度/℃	体积/（L/mol）		理想气体	液体	理想气体	液体		
35	274	0.36	73.73	—	10406	0.3084	0.4546	1.069	26
34	292	0.37	77.16	—	10423	0.3084	0.4595	1.068	27
34	280	0.36	75.12	—	10408	0.3087	0.450	1.068	28
34	278	0.36	74.68	—	10411	0.3087	0.4587	1.068	29
34	280	0.36	74.97	—	10416	0.3087	(0.46)	1.068	30
29.60	330	0.425	72.64	—	10422	0.3138	0.4606	1.058	31
29.60	328	0.422	72.6	—	(10425)	(0.32)	(0.42)	(1.06)	32
29.50	319	0.422	71.7	—	(10417)	(0.35)	(0.47)	(1.06)	33
29.50	323	0.421	73.5	—	(10410)	(0.32)	(0.42)	(1.06)	34
29.00	315	0.421	71.9	—	(10416)	(0.32)	(0.42)	(1.06)	35
29.00	314	0.421	72.0	—	(10408)	(0.32)	(0.42)	(1.06)	36
28.60	314	0.421	71.7	—	(10416)	(0.32)	(0.42)	(1.06)	37
29.00	306.4	0.417	69.4	—	(10392)	(0.33)	(0.45)	(1.06)	38
27.90	296.4	0.417	67.5	—	(10396)	(0.33)	(0.45)	(1.06)	39
29.00	313	0.416	71.7	—	(10403)	(0.32)	(0.43)	(1.06)	40
28.60	307	0.416	70.6	—	(10387)	(0.32)	(0.43)	(1.06)	41
27.90	299	0.416	68.8	—	(10390)	(0.32)	(0.43)	(1.06)	42
28.50	307	0.416	70.4	—	(10387)	(0.32)	(0.43)	(1.06)	43
28.40	306	0.416	70.4	—	(10387)	(0.32)	(0.43)	(1.06)	44
27.75	298	0.416	69.0	—	(10388)	(0.32)	(0.43)	(1.06)	45
26.90	358	0.482	68.8	—	10420	0.3209	0.4645	1.049	46
27.00	352.5	0.478	(65.6)	—	(10391)	(0.32)	(0.41)	(1.05)	47
27.00	360.6	0.478	(66.1)	—	(10388)	(0.32)	(0.41)	(1.05)	48
27.40	349	0.474	(65.5)	—	(10373)	(0.33)	(0.42)	(1.05)	49
—	—	—	—	—	—	—	—	—	50

序号	名　称	相对分子质量	沸点（常压下）/℃	冰点（常压下）/℃	液体相对密度 d_4^{20}	折光率（液体）η_4^{20}	运动黏度（37.8℃液体）/（mm^2/s）	苯胺点/℃
51	1-甲基-顺-2-正丙基环戊烷	126.243	152.60	-104	0.7921	1.4343	—	54.5
52	1-甲基-反-2-正丙基环戊烷	126.243	146.39	-123	0.7775	1.4274	—	54.5
58	1-甲基-顺-3-异丙基环戊烷	126.243	142	<-80	0.780	1.426	—	—
59	1-甲基-反-3-异丙基环戊烷	126.243	142	<-80	0.780	1.426	—	—
60	1，1-二乙基环戊烷	126.243	150.5	—	0.8028	1.4388	—	—
61	1，顺-2-二乙基环戊烷	126.243	153.58	-118	0.7960	1.4355	—	52.9
62	1，反-2-二乙基环戊烷	126.243	147.55	-95	0.7832	1.4295	—	52.9
90	1，1，3，3-四甲基环戊烷	126.243	118.05	-88.377	0.7509	1.4125	—	—
91	1，1，顺-3，顺-4四甲基环戊烷	126.243	130.15	-105.496	0.7670	1.4209	—	—
92	1，1，顺-3，反-4-四甲基环戊烷	126.243	121.62	-93.14	0.7486	1.4118	—	—
93	1，2，2，顺-3-四甲基环戊烷	126.243	138	—	0.781	1.427	—	—
94	1，2，2，反-3-四甲基环戊烷	126.243	138	—	0.789	1.431	—	—
95	1，顺-2，顺-3，顺-4-四甲基环戊烷	126.243	147.32	-100.20	0.7924	1.4332	—	—
96	1，顺-2，顺-3，反-4-四甲基环戊烷	126.243	140.73	—	0.7763	1.4248	—	—
97	1，顺-2，反-3，顺-4-四甲基环戊烷	126.243	133.87	-110.51	0.7669	1.4208	—	—
98	1，顺-2，反-3，反-4-四甲基环戊烷	126.243	142.96	-111.33	0.7733	1.4297	—	—
99	1，反-2，顺-3，反-4-四甲基环戊烷	126.243	127.24	—	0.7562	1.4155	—	—
100	1，反-2，反-3，顺-4-四甲基环戊烷	126.243	134.54	-113.11	0.7687	1.4219	—	—

续表

临界常数			蒸发潜热（正常沸点下）/（kcal/kg）	低热值（25℃，定压）/（kcal/kg）		比热容（25℃，定压）/［kcal/（kg·℃）］		C_p/C_v（15.6℃常压）	序号
压力大气压	温度/℃	体积/（L/mol）		理想气体	液体	理想气体	液体		
27.05	350.3	0.478	（68.4）	—	（10389）	（0.33）	（0.42）	（1.05）	51
26.60	343	0.478	（66.2）	—	（10380）	（0.33）	（0.42）	（1.05）	52
26.30	336	0.474	（63.9）	—	（10384）	（0.33）	（0.41）	（1.05）	58
26.30	336	0.474	（63.9）	—	（10384）	（0.33）	（0.41）	—	59
—	—	—	—	—	—	—	—	—	60
27.40	351.4	0.478	68.4	—	（10377）	（0.32）	（0.41）	（1.05）	61
26.70	344.7	0.478	（66.2）	—	（10380）	（0.32）	（0.41）	（1.05）	62
—	—	—	—	—	—	—	—	—	90
—	—	—	—	—	—	—	—	—	91
—	—	—	—	—	—	—	—	—	92
—	—	—	—	—	—	—	—	—	93
—	—	—	—	—	—	—	—	—	94
—	—	—	—	—	—	—	—	—	95
—	—	—	—	—	—	—	—	—	96
—	—	—	—	—	—	—	—	—	97
—	—	—	—	—	—	—	—	—	98
—	—	—	—	—	—	—	—	—	99
—	—	—	—	—	—	—	—	—	100

序号	名　称	相对分子质量	沸点(常压下)/℃	冰点(常压下)/℃	液体相对密度 d_4^{20}	折光率(液体) η_4^{20}	运动黏度(37.8℃液体)/(mm^2/s)	苯胺点/℃
	烷基环戊烷 $C_{10}H_{20}$							
101	正戊基环戊烷	140.270	180.5	-83	0.7912	1.4358	1.128	—
	烷基环己烷 $C_6 \sim C_7$							
102	环己烷(C_6H_{12})	84.162	80.719	6.541	0.77853	1.42623	0.953	31.0
103	甲基环己烷(C_7H_{14})	98.189	100.934	-126.596	0.76937	1.42312	0.767	41.0
	烷基环己烷 C_8H_{16}							
104	乙基环己烷	112.216	131.795	-111.311	0.78790	1.43304	0.861	43.8
105	1，1-二甲基环己烷	112.216	119.550	-33.490	0.78092	1.42900	—	45.4
106	1，顺-2-二甲基环己烷	112.216	129.739	-49.994	0.79625	1.43596	—	41.7
107	1，反-2-二甲基环己烷	112.216	123.428	-88.164	0.77599	1.42695	—	48.3
108	1，顺-3-二甲基环己烷	112.216	120.095	-75.539	0.76601	1.42294	—	51.7
109	1，反-3-二甲基环己烷	112.216	124.459	-90.079	0.78470	1.43085	—	46.3
110	1，顺-4-二甲基环己烷	112.216	124.330	-87.406	0.78283	1.42966	—	46.9
111	1，反-4-二甲基环己烷	112.216	119.358	-36.940	0.76253	1.42090	—	52.7
	烷基环己烷 C_9H_{18}							
112	正丙基环己烷	126.243	156.747	-94.874	0.79358	1.43705	1.000	49.8
113	异丙基环己烷	126.243	154.785	-89.360	0.80219	1.44087	—	48.9
114	1-甲基-1-乙基环己烷	126.243	152.18	—	0.8062	1.4419	—	—
115	1-甲基-顺-2-乙基环己烷	126.243	156.00	—	0.8097	1.4436	—	—
116	1-甲基-反-2-乙基环己烷	126.243	151.72	—	0.794	1.4381	—	—
117	1-甲基-顺-3-乙基环己烷	126.243	148.467	—	0.7837	1.4326	—	—
118	1-甲基-反-3-乙基环己烷	126.243	151.08	—	0.8012	1.4374	—	—
119	1-甲基-顺-4-乙基环己烷	126.243	152.30	—	0.7965	1.4370	—	—
120	1-甲基-反-4-乙基环己烷	126.243	149.81	-81.181	0.7794	1.4300	—	—
121	1，1，2-三甲基环己烷	126.243	145.2	-29	0.8000	1.4382	—	—
122	1，1，3-三甲基环己烷	126.243	136.640	-65.716	0.77881	1.42955	—	—
123	1，1，4-三甲基环己烷	126.243	135	—	0.7722	1.4251	—	—
124	1，顺-2，顺-3-三甲基环己烷	126.243	151.68	-84.99	0.8027	1.4403	—	—
125	1，顺-2，反-3-三甲基环己烷	126.243	151.18	-85.70	0.8031	1.4399	—	—
126	1，反-2，顺-3-三甲基环己烷	126.243	144	—	0.781	1.430	—	—

续表

临界常数			蒸发潜热（正常沸点下）/（kcal/kg）	低热值（25℃，定压）/（kcal/kg）		比热容（25℃，定压）/[kcal/（kg·℃）]		C_p/C_v（15.6℃常压）	序号
压力大气压	温度/℃	体积/（L/mol）		理想气体	液体	理想气体	液体		
—	—	—	66.4	—	10417	0.3263	0.470	—	101
40.2	280.4	0.308	85.08	—	10382	0.2854	0.4439	1.089	102
34.26	299.04	0.368	75.78	—	10362	0.3107	0.4492	1.068	103
30	336	0.45	73.08	—	10373	0.3260	0.4511	1.057	104
29	318	0.45	69.42	—	10359	0.3173	0.4457	1.059	105
29	333	0.46	71.65	—	10374	0.3174	0.4477	1.058	106
29	323	0.46	70.05	—	10360	0.3206	0.4460	1.057	107
29	318	0.45	69.87	—	10350	0.3205	0.4460	1.058	108
29	325	0.46	72.1	—	10360	0.3256	0.4533	1.058	109
29	325	0.46	71.9	—	10366	0.3256	0.4518	1.058	110
29	317	0.45	69.42	—	10352	0.3252	0.4478	1.058	111
27.70	366	0.477	68.3	—	10374	0.3288	0.4583	1.049	112
28.00	367	0.473	（66）	—	10393	（0.33）	（0.41）	（1.05）	113
—	—	—	—	—	—	—	—	—	114
—	—	—	—	—	—	—	—	—	115
—	—	—	—	—	—	—	—	—	116
—	—	—	—	—	—	—	—	—	117
—	—	—	—	—	—	—	—	—	118
—	—	—	—	—	—	—	—	—	119
—	—	—	—	—	—	—	—	—	120
27.40	350	0.469	（65）	—	10367	（0.34）	（0.43）	（1.05）	121
26.60	339	0.469	（63）	—	10371	（0.33）	（0.43）	（1.05）	122
—	—	—	—	—	—	—	—	—	123
—	—	—	—	—	—	—	—	—	124
—	—	—	—	—	—	—	—	—	125
—	—	—	—	—	—	—	—	—	126

序号	名称	相对分子质量	沸点（常压下）/℃	冰点（常压下）/℃	液体相对密度 d_4^{20}	折光率（液体）η_4^{20}	运动黏度（37.8℃液体）/（mm^2/s）	苯胺点/℃
127	1，顺-2，顺-4-三甲基环己烷	126.243	146.59	-77.42	0.787	1.4340	—	—
128	1，顺-2，反-4-三甲基环己烷	126.243	146.67	-91.83	0.7908	1.4345	—	—
129	1，反-2，顺-4-三甲基环己烷	126.243	144.67	-83.50	0.7908	1.4341	—	—
130	1，反-2，反-4-三甲基环己烷	126.243	141.24	-86	0.7720	1.4266	—	59.0
131	1，顺-3，顺-5-三甲基环己烷	126.243	138.43	-43.19	0.7697	1.4266	—	—
132	1，顺-3，反-5-三甲基环己烷	126.243	141.24	-84.40	0.7817	1.4310	—	—
	烷基环己烷 $C_{10}H_{20}$							
133	正丁基环己烷	140.270	180.981	-74.691	0.79916	1.44075	1.251	54.4
134	异丁基环己烷	140.270	171.290	-94.780	0.796	1.4386	—	57.4
135	仲丁基环己烷	140.270	179.300		0.814	1.4467	—	—
136	叔丁基环己烷	140.270	171.570	-41.158	0.814	1.4469	—	53.8
137	1-甲基-4-异丙基环己烷	140.270	170.720	-87.590	0.800	1.4373	—	56.5
	烷基环庚烷（C_7 和 C_9）							
138	环庚烷（C_7H_{14}）	98.189	118.80	-8.04	0.8110	1.4449	—	—
139	乙基环庚烷（C_9H_{18}）	126.243	163.3	<-30	0.815	—	—	—
	烷基环辛烷（C_3 和 C_9）							
140	环辛烷（C_8H_{16}）	112.216	151.16	+14.82	0.8361	1.4587	—	—
141	甲基环辛烷（C_9H_{18}）	126.243	162.0	16.8	0.835	—	—	—
	环烷 C_9 和 H_{10}							
142	环壬烷（C_9H_{18}）	126.243	178.4	11	0.8502	1.4666	—	—
143	环癸烷（$C_{10}H_{20}$）	140.270	202	10	0.8575	1.4716	—	—
	萘烷 $C_{10}H_{18}$							
144	顺-十氢化萘	138.254	195.815	-42.98	0.8967	1.48098	—	35.3
145	反-十氢化萘	138.254	187.310	-30.382	0.86969	1.46932	—	35.3

续表

临界常数			蒸发潜热（正常沸点下）/（kcal/kg）	低热值（25℃，定压）/（kcal/kg）		比热容（25℃，定压）/[kcal/（kg·℃）]		C_p/C_v（15.6℃常压）	序号
压力大气压	温度/℃	体积/（L/mol）		理想气体	液体	理想气体	液体		
—	—	—	—	—	—	—	—	—	127
—	—	—	—	—	—	—	—	—	128
—	—	—	—	—	—	—	—	—	129
26.40	341	0.468	（64.5）	—	10376.5	（0.33）	（0.42）	—	130
—	—	—	—	—	—	—	—	—	131
—	—	—	—	—	—	—	—	—	132
31.10	394	0.534	65.6	—	10377	0.3353	0.4619	1.043	133
30.80	386	0.530	（65）	—	10393	（0.33）	（0.40）	（1.05）	134
26.40	396	0.530	（63）	—	10392	（0.33）	（0.40）	（1.05）	135
26.35	386	0.526	（62）	—	10375	（0.34）	（0.41）	（1.05）	136
25.66	381	0.525	（62）	—	10381	（0.33）	（0.43）	（1.05）	137
37	316	0.39	80.77	—	10442	（0.29）	0.4400	（1.08）	138
29.00	381	0.472	（69）	—	10359	（0.31）	（0.39）	（1.06）	139
34	345	0.45	76.47	—	10465	（0.29）	0.4589	（1.07）	140
29.90	385	0.467	（68）	—	10400	（0.30）	（0.38）	（1.06）	141
31	371	0.51	72.25	—	10480	（0.29）	0.452	（1.06）	142
29	394	0.57	68.44	—	10473	—	0.458	—	143
—	—	—	—	—	10187	—	0.4011	—	144
—	—	—	—	—	10167	—	0.3950	—	145

3.2.3 单烯烃和双烯烃

序号	名　称	相对分子质量	沸点(常压下)/℃	冰点(常压下)/℃	液体相对密度 d_4^{20}	折光率(液体) η_4^{20}	运动黏度(37.8℃液体)/(mm^2/s)	苯胺点/℃
	单烯烃 C_2 和 C_3							
1	乙烯(C_2H_4)	28.054	-103.68	-169.14	—	—	—	—
2	丙烯(C_3H_6)	42.081	-47.72	-185.25	0.5139	—	—	—
	单烯烃 C_4H_8							
3	1-丁烯	56.108	-6.25	-185.35	0.5951	—	—	—
4	顺-2-丁烯	56.108	+3.718	-138.922	0.6213	—	—	—
5	反-2-丁烯	56.108	0.88	-105.533	0.6042	—	—	—
6	2-甲基丙烯(异丁烯)	56.108	-6.896	-140.337	0.5942	—	—	14.9
	单烯烃 C_5H_{10}							
7	1-戊烯	70.135	+29.959	-165.219	0.64048	1.37148	—	19.0
8	顺-2-戊烯	70.135	36.932	-151.402	0.6556	1.3830	—	18.3
9	反-2-戊烯	70.135	36.343	-140.257	0.6482	1.3793	—	18.3
10	2-甲基-1-丁烯	70.135	31.154	-137.572	0.6504	1.3778	—	—
11	3-甲基-1-丁烯	70.135	20.054	-168.490	0.6272	1.3643	—	—
12	2-甲基-2-丁烯	70.135	38.558	-133.759	0.6623	1.3874	—	12.8
	单烯烃 C_6H_{12}							
13	1-己烯	84.162	63.475	-139.832	0.67315	1.33788	0.34	22.8
14	顺-2-己烯	84.162	68.883	-141.152	0.68718	1.39761	—	26.0
15	反-2-己烯	84.162	67.875	-132.979	0.67793	1.39363	—	26.0
16	顺-3-己烯	84.162	66.441	-137.829	0.67988	1.39479	—	27.0
17	反-3-己烯	84.162	67.079	-113.420	0.67709	1.39429	—	27.0
18	2-甲基-1-戊烯	84.162	62.103	-135.730	0.67985	1.39200	—	—
19	3-甲基-1-戊烯	84.162	54.168	-153.0	0.66743	1.38422	—	—
20	4-甲基-1-戊烯	84.162	53.856	-153.64	0.66368	1.38267	—	—
21	2-甲基-2-戊烯	84.162	67.299	-135.080	0.68648	1.40030	—	—
22	3-甲基-顺-2-戊烯	84.162	67.694	-134.850	0.69319	1.40157	—	—
23	3-甲基-反-2-戊烯	84.162	70.430	-138.457	0.69759	1.40452	—	—
24	4-甲基-顺-2-戊烯	84.162	56.377	-134.421	0.66916	1.38793	—	—
25	4-甲基-反-2-戊烯	84.162	58.602	-140.803	0.66860	1.38878	—	—
26	2-乙基-1-丁烯	84.162	64.672	-131.537	0.68956	1.39671	—	—
27	2，3-二甲基-1-丁烯	84.162	55.607	-157.261	0.67808	1.39022	—	—
28	3，3-二甲基-1-丁烯	84.162	41.238	-115.22	0.65308	1.37620	—	—
29	2，3-二甲基-2-丁烯	84.162	73.197	-74.235	0.70808	1.41235	—	—

临界常数			蒸发潜热（正常沸点下）/(kcal/kg)	低热值（25℃，定压）/(kcal/kg)		比热容（25℃，定压）/[kcal/(kg·℃)]		C_p/C_v（15.6℃常压）	序号
压力大气压	温度/℃	体积/(L/mol)		理想气体	液体	理想气体	液体		
49.66	9.21	0.129	115.39	11272	—	0.3616	—	1.2430	1
45.5	91.6	0.181	104.62	10942	—	0.3549	0.611	1.1538	2
39.7	146.4	0.240	93.36	10826	10737	0.3543	0.549	1.1051	3
41.5	162.43	0.234	99.46	10797	10700	0.3222	0.5374	1.1214	4
40.5	155.48	0.238	96.94	10779	10685	0.3618	0.5435	1.1073	5
39.48	144.75	0.239	94.22	10755	10663	0.3706	0.558	1.1058	6
35	191.63	0.305	85.87	10754	10666	0.3627	0.5293	1.0801	7
36	203	0.30	89.0	10734	10640	0.3468	0.5170	1.0918	8
36	202	0.30	88.8	10718	10626	0.3696	0.5350	1.0822	9
34	192	0.31	86.90	10703	10613	0.3806	0.5357	1.0822	10
35	177	0.30	82.0	10728	10643	0.4042	0.5319	1.0775	11
34	197	0.32	89.65	10681	10587	0.3579	0.5106	1.0868	12
31	230.88	0.37	80.3	—	10621	0.3656	0.5206	1.0654	13
(32.40)	(244)	(0.351)	82.7	—	10588	0.3570	0.51	1.0719	14
(32.26)	(243)	(0.351)	82.1	—	10583	0.3760	0.529	1.0659	15
(32.40)	(244)	(0.351)	81.5	—	10602	0.3511	0.52	1.0745	16
(32.40)	(244)	(0.351)	82.2	—	10582	0.3773	0.52	1.0667	17
—	—	—	80.1	—	10571	0.3851	0.529	—	18
—	—	—	76.4	—	10604	0.4116	0.52	—	19
—	—	—	76.9	—	10599	0.3592	0.53	—	20
(32.40)	(244)	(0.351)	82.3	—	10546	0.3596	0.51	1.0725	21
(32.40)	(244)	(0.351)	81.87	—	10558	0.3596	0.51	1.0725	22
(32.50)	(248)	(0.351)	83.18	—	10558	0.3596	0.51	1.0725	23
—	—	—	78.3	—	10579	0.3793	0.52	—	24
—	—	—	79.4	—	10566	0.4016	0.52	—	25
—	—	—	81.8	—	10579	0.3793	0.51	—	26
(32.00)	(228)	(0.343)	77.8	—	10559	0.4075	0.52	1.0632	27
(31.10)	(217)	(0.343)	72.8	—	10578	0.3592	0.536	1.0689	28
(33.20)	(251)	(0.351)	84.17	—	10538	0.3508	0.4961	1.0716	29

序号	名　称	相对分子质量	沸点（常压下）/℃	冰点（常压下）/℃	液体相对密度 d_4^{20}	折光率（液体）η_4^{20}	运动黏度（37.8℃液体）/（mm^2/s）	苯胺点/℃
	单烯烃 C_7H_{14}							
30	1-庚烯	98.189	93.641	-118.88	0.69696	1.39980	0.44	27.2
31	顺-2-庚烯	98.189	98.41	—	0.7071	1.4069	—	—
32	反-2-庚稀	98.189	97.95	-109.466	0.7012	1.4045	—	—
33	顺-3-庚烯	98.189	95.75	—	0.7028	1.4059	—	—
34	反-3-庚烯	98.189	95.67	-136.64	0.6981	1.4044	—	—
35	2-甲基-1-己烯	98.189	92.00	-102.820	0.7029	1.4035	—	—
51	3-乙基-1-戊烯	98.189	84.11	-127.484	0.6960	1.3982	—	—
56	4，4-二甲基-1-戊烯	98.189	72.510	-136.611	0.68247	1.39172	—	—
65	2，3，3-三甲基-1-丁烯	98.189	77.885	-109.84	0.70464	1.40282	—	—
	单烯烃 C_8H_{16}							
66	1-辛烯	112.216	121.288	-101.715	0.71490	1.40870	0.557	32.5
67	顺-2-辛烯	112.216	125.65	-100.2	0.7243	1.4150	—	—
68	反-2-辛烯	112.216	125.0	-87.7	0.7199	1.4132	—	—
69	顺-3-辛烯	112.216	122.9	—	0.721	1.4135	—	—
70	反-3-辛烯	112.216	123.3	-110	0.7152	1.4126	—	—
71	顺-4-辛烯	112.216	122.55	-118.7	0.7212	1.4148	—	—
72	反-4-辛烯	112.216	122.26	-93.783	0.7141	1.4118	—	—
73	3-甲基-1-庚烯	112.216	119.3	-90.0	0.7205	1.4123	—	—
113	2，3-二甲基-2-己烯	112.216	121.78	-115.1	0.7408	1.4268	—	—
127	2，2-二甲基-顺-3-己烯	112.216	105.43	-137.361	0.7128	1.4099	—	—
144	2，3，3-三甲基-1-戊烯	112.216	108.31	-69	0.7352	1.4174	—	—
146	2，4，4-三甲基-1-戊烯	112.216	101.44	-93.453	0.7150	1.4086	—	—
	单烯烃 C_9H_{18}							
158	1-壬烯	126.243	146.887	-81.34	0.72920	1.41572	0.704	38.0
159	2-甲基-1-辛烯	126.243	144.67	-77.65	0.7340	1.4186	—	—
160	2，3-二甲基-2-庚烯	126.243	145.2	-108.5	0.735	1.4319	—	—
	单烯烃 $C_{10}H_{20}$							
161	1-癸烯	140.270	170.599	-66.276	0.74079	1.42146	0.877	—
162	2-甲基-1-壬烯	140.270	168.4	-64.20	0.7451	1.4241	—	—

续表

临界常数			蒸发潜热(正常沸点下)/(kcal/kg)	低热值(25℃，定压)/(kcal/kg)		比热容(25℃，定压)/[kcal/(kg·℃)]		C_p/C_v(15.6℃常压)	序号
压力大气压	温度/℃	体积/(L/mol)		理想气体	液体	理想气体	液体		
28	260.14	0.44	75.7	—	10589	0.3669	0.5156	1.0550	30
—	—	—	75.4	—	10571	—	0.51	—	31
—	—	—	75.4	—	10560	—	0.524	—	32
—	—	—	75.4	—	10572	—	0.51	—	33
—	—	—	75.4	—	10562	—	0.52	—	34
—	—	—	75.4	—	10552	—	0.522	—	35
—	—	—	74.4	—	10585	—	0.52	—	51
—	—	—	68.7	—	10556	(0.38)	0.53	(1.06)	56
(28.60)	259	(0.400)	70.3	—	10539	(0.40)	0.51	(1.05)	65
26	293.5	0.51	71.9	—	10566	0.3677	0.5138	1.0476	66
(27.40)	(308)	(0.464)	73.4	—	(10579)	(0.39)	0.51	(1.05)	67
(27.30)	(307)	(0.464)	73.3	—	(10573)	(0.40)	0.520	(1.05)	68
—	—	—	73.1	—	—	—	0.51	—	69
(27.10)	(305)	(0.464)	73.1	—	(10573)	(0.39)	0.52	(1.05)	70
(27.00)	(304)	(0.464)	73.0	—	(10579)	(0.38)	0.51	(1.05)	21
(27.00)	(304)	(0.464)	73.0	—	(10568)	(0.39)	0.52	(1.05)	72
(26.80)	(300)	(0.464)	72.3	—	(10547)	(0.40)	0.516	(1.05)	73
(27.00)	(304)	(0.464)	72.4	—	(10524)	(0.41)	0.50	(1.05)	113
—	—	—	68.4	—	(10556)	—	0.52	—	127
(26.51)	(296)	(0.457)	70.9	—	(10534)	(0.38)	0.51	(1.05)	144
(26.10)	(287)	0.457)	66.8	—	10515	(0.38)	0.508	(1.05)	146
23	319	0.58	68.8	—	10544	0.3686	0.512	1.0418	158
—	—	—	—	—	—	—	0.513	—	159
(24.60)	(328)	(0.521)	(61.7)	—	(10529)	(0.40)	(0.51)	(1.05)	160
22	342	0.65	95.9	—	10529	0.3698	0.5118	—	161
—	—	—	—	—	—	—	0.510	—	162

序号	名　　称	相对分子质量	沸点（常压下）/℃	冰点（常压下）/℃	液体相对密度 d_4^{20}	折光率（液体）η_4^{20}	运动黏度（37.8℃液体）/（mm^2/s）	苯胺点/℃
	双烯烃 C_3H_4							
163	丙二烯	40.065	-34.5	-136.3	0.6575	—	—	—
	二烯烃 C_4H_6							
164	1，2-丁二烯	54.092	+10.85	-136.201	0.652	—	—	—
165	1，3-丁二烯	54.092	-4.411	-108.902	0.6211	—	—	—
	双烯烃 C_5H_8							
166	1，2-戊二烯	68.119	+44.846	-137.27	0.69255	1.42091	—	—
167	1，顺-3-戊二烯	68.119	44.058	-140.833	1.43634	1.43634	—	—
168	1，反-3-戊二烯	68.119	42.022	-87.440	0.67601	1.43008	—	—
169	1，4-戊二烯	68.119	25.959	-148.289	0.66074	1.38876	—	—
170	2，3-戊二烯	68.119	48.255	-125.652	0.69500	1.42842	—	—
171	3-甲基-1，2-丁二烯	68.119	40.827	-113.615	0.68605	1.42026	—	—
172	2-甲基-1，3-丁二烯（异戊间二烯）	68.119	34.057	-145.964	0.68093	1.42194	—	—
	双烯烃 C_6H_{10}							
173	1，2-己二烯	82.146	76	—	0.7149	1.4282	—	—
174	1，顺-3-己二烯	82.146	73.07	—	0.7079	1.4410	—	—
175	1，反-3-己二烯	82.146	73.19	-102.4	0.7039	1.4406	—	—
176	1，顺-4-己二烯	82.146	66.3	—	0.700	1.4049	—	—
177	1，反-4-己二烯	82.146	65.0	-138.7	0.700	1.4104	—	—
178	1，5-己二烯	82.146	59.45	-140.693	0.6923	1.4042	—	—
179	2，3-己二烯	82.146	68.0	—	0.680	1.395	—	—
180	顺-2，顺-4-己二烯	82.146	84.93	-69.34	0.7344	1.4606	—	—
181	顺-2，反-4-己二烯	82.146	83.47	-96.1	0.7229	1.4560	—	—
182	反-2，反-4-己二烯	82.146	82.17	-44.9	0.7147	1.4510	—	—
183	2-甲基-1，2-戊二烯	82.146	70	—	0.715	1.425	—	—
184	4-甲基-1，2-戊二烯	82.146	70	—	0.708	1.424	—	—
185	2-甲基-1，顺-3-戊二烯	82.146	76	—	0.719	1.446	—	—
186	2-甲基-1，反-3-戊二烯	82.146	75.66	-117.551	0.719	1.4448	—	—
187	3-甲基-1，顺-3-戊二烯	82.146	77	—	0.735	1.452	—	—
188	3-甲基-1，反-3-戊二烯	82.146	77	—	0.735	1.452	—	—

续表

临界常数			蒸发潜热（正常沸点下）/(kcal/kg)	低热值（25℃，定压）/(kcal/kg)		比热容（25℃，定压）/[kcal/(kg·℃)]		C_p/C_v（15.6℃常压）	序号
压力大气压	温度/℃	体积/(L/mol)		理想气体	液体	理想气体	液体		
(54.0)	120	(0.162)	(121)	11075	(10980)	0.3437	—	(1.17)	163
(44.4)	(171)	(0.219)	(101)	10878	10770	0.3446	0.5506	(1.12)	164
42.7	152	0.221	(97)	10648	10552	0.3402	0.5195	(1.12)	165
(40.2)	(230)	(0.276)	(88.9)	10791	10690	0.370	0.5293	(1.09)	166
(39.6)	(226)	(0.276)	(88.9)	10588	10488	0.332	0.51434	(1.09)	167
(39.4)	(223)	(0.276)	(87.8)	10563	10465	0.363	0.5238	(1.09)	168
(37.4)	(204)	(0.276)	(81.1)	10670	10581	0.369	0.5152	(1.09)	169
—	—	—	—	10764	10660	0.355	0.53460	—	170
(39.4)	(223)	(0.276)	(86.7)	10751	10652	0.370	0.5348	(1.09)	171
(38.00)	(211)	(0.276)	(85.1)	10562	10469	0.367	0.53001	(1.09)	172
—	—	—	—	—	—	—	—	—	173
—	—	—	—	—	—	—	—	—	174
—	—	—	—	—	—	—	—	—	175
—	—	—	—	—	—	—	—	—	176
—	—	—	—	—	—	—	—	—	177
(34.00)	(248)	(0.333)	(74.5)	—	(10560)	(0.34)	(0.52)	—	178
—	—	—	—	—	—	—	—	—	179
—	—	—	—	—	—	—	—	—	180
—	—	—	—	—	—	—	—	—	181
—	—	—	—	—	—	—	—	—	182
—	—	—	—	—	—	—	—	—	183
—	—	—	—	—	—	—	—	—	184
—	—	—	—	—	—	—	—	—	185
—	—	—	—	—	—	—	—	—	186
—	—	—	—	—	—	—	—	—	187
—	—	—	—	—	—	—	—	—	188

序号	名称	相对分子质量	沸点(常压下)/℃	冰点(常压下)/℃	液体相对密度 d_4^{20}	折光率(液体) η_4^{20}	运动黏度(37.8℃液体)/(mm^2/s)	苯胺点/℃
189	4-甲基-1，3-戊二烯	82.146	76.98	-125.91	0.719	1.4534	—	—
190	2-甲基-1，4-戊二烯	82.146	56	—	0.694	1.405	—	—
191	3-甲基-1，4-戊二烯	82.146	55	—	0.695	1.405	—	—
192	2-甲基-2，3-戊二烯	82.146	72	—	0.711	1.425	—	—
193	2-乙基-1，3-丁二烯	82.146	75	—	0.717	1.445	—	—
194	2，3-二甲基-1，3-丁二烯	82.146	68.77	-76.039	0.7267	1.4394	—	—
	双烯烃 C_7H_{12}							
195	2-甲基-1，5-己二烯	96.173	88.1	-128.8	0.7198	—	—	—
196	2-甲基-2，4-己二烯	96.173	111.5	-74.6	0.7449	—	—	—
197	2，4-二甲基-1，3-戊二烯	96.173	93.2	-114.0	0.7368	—	—	—
	双烯烃 C_8H_{14}							
198	2，6-辛二烯	110.200	124.5	-76.0	0.7445	—	—	—
199	3-甲基-1，5-庚二烯	110.200	111.0	-57.0	0.7291	—	—	—
200	2，5-二甲基-1，5-己二烯	110.200	114.3	-75.6	0.7423	—	—	—
201	2，5-二甲基，2，4-己二烯	110.200	134.5	+13.94	0.7615	—	—	—
	双烯烃 C_9H_{16}							
202	2，6-二甲基-1，5-庚二烯	124.22	143	-70.0	0.7684	—	—	—
203	2-甲基-3-乙基-1，5-己二烯	124.22	145	-70.0	0.7629	—	—	—
	双烯烃 $C_{10}H_{18}$							
204	3，7-二甲基-1，6-辛二烯	138.254	161	-70.0	0.7580	—	—	—

续表

临界常数			蒸发潜热（正常沸点下）/（kcal/kg）	低热值（25℃，定压）/（kcal/kg）		比热容（25℃，定压）/[kcal/（kg·℃）]		C_p/C_v（15.6℃常压）	序号
压力大气压	温度/℃	体积/（L/mol）		理想气体	液体	理想气体	液体		
(35.00)	(265)	(0.333)	(80.6)	—	(10463)	(0.36)	(0.55)	(1.07)	189
—	—	—	—	—	—	—	—	—	190
—	—	—	—	—	—	—	—	—	191
—	—	—	—	—	—	—	—	—	192
—	—	—	—	—	—	—	—	—	193
(34.90)	(254)	(0.333)	(78.4)	—	(10420)	(0.38)	(0.59)	(1.07)	194
(32.10)	(280)	(0.390)	(69.5)	—	(10509)	(0.40)	(0.59)	(1.06)	195
(33.70)	(309)	(0.390)	(76.2)	—	(10440)	(0.37)	(0.54)	(1.08)	196
(29.00)	(216)	(0.390)	(83.4)	—	(10388)	(0.38)	(0.56)	(1.06)	197
(28.30)	(319)	(0.475)	(59.5)	—	(10515)	(0.35)	(0.48)	(1.06)	198
(27.60)	(310)	(0.443)	(62.8)	—	(10517)	(0.35)	(0.49)	(1.06)	199
(27.60)	(310.6)	(0.461)	(63.4)	—	(10422)	(0.38)	(0.53)	(1.04)	200
(28.80)	(329)	(0.455)	(69.5)	—	(10403)	(0.38)	(0.53)	(1.05)	201
(26.54)	(344)	(0.504)	(60.6)	—	(10459)	(0.39)	(0.51)	(1.04)	202
(26.10)	(349)	(0.500)	(60.6)	—	(10504)	(0.36)	(0.48)	(1.05)	203
(25.10)	(367)	(0.557)	(57.3)	—	(10481)	(0.38)	(0.48)	(1.04)	204

3.2.4 环烯烃

序号	名称	相对分子质量	沸点（常压下）/℃	冰点（常压下）/℃	液体相对密度 d_4^{20}	折光率（液体）η_4^{20}	运动黏度（37.8℃液体）/（mm^2/s）	苯胺点/℃
	烷基环戊烯 C_5H_8							
1	环戊烯	68.119	44.232	-135.082	0.77197	1.42246	—	<-10
	烷基环戊烯 C_6H_{10}							
2	1-甲基环戊烯	82.146	75.48	-126.527	0.7795	1.4322	—	-7.0
3	3-甲基环戊烯	82.146	64.90	—	0.7622	1.4210	—	—
4	4-甲基环戊烯	82.146	65.66	-160.85	0.7684	1.4209	—	—
	烷基环戊烯 C_7H_{12}							
5	1-乙基环戊烯	96.173	106.33	-118.47	0.7982	1.4412	—	+1.2
6	3-乙基环戊烯	96.173	97.77	—	0.7830	1.4315	—	—
7	4-乙基环戊烯	96.173	98.2	—	0.783	1.431	—	—
8	1，2-二甲基环戊烯	96.173	105.8	-90.4	0.7976	1.4448	—	—
9	1，3-二甲基环戊烯	96.173	92	—	0.766	1.428	—	—
10	1，4-二甲基环戊烯	96.173	93.2	—	0.7714	1.4283	—	—
11	1，5-二甲基环戊烯	96.173	102	-118	0.780	1.4331	—	—
12	3，3-二甲基环戊烯	96.173	88	—	0.771	1.423	—	—
17	4，4-二甲基环戊烯	96.173	88	—	0.771	1.423	—	—
	烷基环戊烯 C_8～C_{10}							
18	1-正丙基环戊烯（C_8H_{14}）	110.200	131.2	—	0.8018	1.4452	—	14.2
19	1-正丁基环戊烯（C_9H_{16}）	124.227	156	—	0.8073	1.4486	—	25.0
20	1-正戊基环戊烯（$C_{10}H_{18}$）	138.254	179	—	0.8123	1.4516	—	—
	烷基环己烯 C_6H_{10}							
21	环己烯	82.146	82.974	-103.493	0.81094	1.44654	—	-20.0
	烷基环己烯 C_7H_{12}							
22	1-甲基环己烯	96.173	110.300	-120.397	0.81146	1.45046	—	—
23	3-甲基环己烯	96.173	102.47	-123.5	0.8010	1.4435	—	—
24	4-甲基环己烯	96.173	102.74	-115.4	0.7991	1.4414	—	—
	烷基环己烯 C_8H_{14}							
25	1-乙基环己烯	110.200	137.006	-109.947	0.82212	1.45668	—	—
26	3-乙基环己烯	110.200	131.6	—	0.8104	1.4500	—	—
27	4-乙基环己烯	110.200	133	—	0.810	1.449	—	—
28	1，2-二甲基环己烯	110.200	137.99	-84.113	0.8262	1.4620	—	—
30	1，4-二甲基环己烯	110.200	128	-59	0.802	1.446	—	—
34	4，4-二甲基环己烯	110.200	117.25	-74.44	0.8008	1.4418	—	—
	烷基环己烯 C_9 和 C_{10}							
35	1-正丙基环己烯（C_9H_{16}）	124.227	—	—	—	—	—	—
36	1-正丁基环己烯（$C_{10}H_{18}$）	138.254	—	—	—	—	—	—
37	4-乙烯基环己烯（C_8H_{12}）	108.184	128.0	-108.93	0.8303	1.4641	—	—
38	1，5-环辛二烯（C_8H_{12}）	108.184	150.0	-56.406	0.8833	1.4933	—	—

临界常数			蒸发潜热（正常沸点下）/（kcal/kg）	低热值（25℃，定压）/（kcal/kg）		比热容（25℃，定压）/[kcal/（kg·℃）]		C_p/C_v（15.6℃常压）	序号
压力大气压	温度/℃	体积/（L/mol）		理想气体	液体	理想气体	液体		
—	—	—	—	10412	10313	0.2550	0.4293		1
—	—	—	—	—	10281	0.293	（0.449）		2
—	—	—	—	—	10319	0.291	（0.460）		3
—	—	—	—	—	10337	0.291	（0.435）		4
—	—	—	—	—	10307	—	（0.459）		5
—	—	—	—	—	10330	—	（0.468）		6
—	—	—	—	—	10345	—	（0.447）		7
—	—	—	—	—	—	0.315	（0.462）		8
—	—	—	—	—	—	0.313	（0.471）		9
—	—	—	—	—	—	0.312	（0.451）		10
—	—	—	—	—	—	0.313	（0.471）		11
—	—	—	—	—	—	0.306	（0.450）		12
—	—	—	—	—	—	—	（0.431）		17
—	—	—	—	—	10318	—	（0.466）		18
—	—	—	—	—	10326	—	（0.472）	—	19
—	—	—	—	—	10333	—	（0.477）	—	20
—	—	—	—	—	10276	0.306	0.4339	—	21
—	—	—	—	—	10250	—	（0.448）	—	22
—	—	—	—	—	—	—	（0.458）	—	23
—	—	—	—	—	—	—	（0.438）	—	24
—	—	—	—	—	10268	—	（0.457）	—	25
—	—	—	—	—	—	—	（0.465）	—	26
—	—	—	—	—	—	—	（0.448）	—	27
—	—	—	—	—	—	—	（0.459）	—	28
—	—	—	—	—	—	—	（0.451）	—	30
—	—	—	—	—	—	—	（0.429）	—	34
—	—	—	—	—	10282	—	（0.464）	—	35
—	—	—	—	—	10293	—	（0.469）	—	36
—	—	—	—	—	—	—	（0.441）	—	37
—	—	—	—	—	—	—	—	—	38

3.2.5　炔烃

序号	名　称	相对分子质量	沸点（常压下）/℃	冰点（常压下）/℃	液体相对密度 d_4^{20}	折光率（液体）η_4^{20}	运动黏度（37.8℃液体）/（mm^2/s）	苯胺点/℃
	炔烃 C_2 和 C_3							
1	乙炔（C_2H_2）	26.038	-84	-81	0.6154	—	—	—
2	丙炔（甲基乙炔）（C_3H_4）	40.065	-23.21	-102.7	0.6711		—	—
	炔烃 C_4H_6							
3	1-丁炔（乙基乙炔）	54.092	8.07	-125.721	0.65	—	—	—
4	2-丁炔（二甲基乙炔）	54.092	26.98	-32.240	0.6910	1.3921	—	—
	炔烃 C_5H_8							
5	1-戊炔	68.119	40.17	-105.7	0.6901	1.3852	—	—
6	2-戊炔	68.119	56.06	-109.3	0.7107	1.4039	—	—
7	3-甲基-1-丁炔	68.119	26.34	-89.7	0.666	1.3723	—	—
	炔烃 C_6H_{10}							
8	1-己炔	82.146	71.32	-131.9	0.7155	1.3989	—	—
9	2-己炔	82.146	84.52	-89.47	0.7313	1.4138	—	—
10	3-己炔	82.146	81.42	-103.10	0.7227	1.4113	—	—
11	3-甲基-1-戊炔	82.146	57.7	—	0.7037	1.3916	—	—
12	4-甲基-1-戊炔	82.146	61.16	-104.6	0.7045	1.3930	—	—
13	4-甲基-2-戊炔	82.146	73.12	-110.30	0.7157	1.4057	—	—
14	3，3-二甲基-1-丁炔	82.146	37.71	-78.2	0.6678	1.3736	—	—
	炔烃 C_7H_{12}							
15	1-庚炔	96.173	99.74	-80.9	0.7328	1.4087	—	—
16	2-庚炔	96.173	112	—	0.748	1.4230	—	—
17	3-庚炔	96.173	107.16	-130.5	0.7381	1.4189	—	—
	炔烃 C_8H_{14}							
29	1-辛炔	110.200	126.21	-79.3	0.7468	1.4163	—	—
30	2-辛炔	110.200	137.74	-61.6	0.7594	1.4276	—	—
31	3-辛炔	110.200	133.15	-104	0.7522	1.4250	—	—
32	4-辛炔	110.200	131.5	-102.5	0.751	1.4248	—	—
	炔烃 C_9H_{16}							
33	1-壬炔	124.227	150.7	-50	0.7579	1.4219	—	—
34	2-壬炔	124.227	161.9	—	0.7686	1.4327	—	—
35	3-壬炔	124.227	157.1	—	0.7597	1.4288	—	—
	炔烃 $C_{10}H_{18}$							
36	1-癸炔	138.254	174	-44	0.7670	1.4272	—	—
37	2-癸炔	138.254	184.6	—	0.7763	1.4364	—	—
38	3-癸炔	138.254	179.3	—	0.7658	1.4315	—	—

临界常数			蒸发潜热（正常沸点下）/(kcal/kg)	低热值(25℃，定压)/(kcal/kg)		比热容(25℃，定压)/[kcal/(kg·℃)]		C_p/C_v(15.6℃常压)	序号
压力 大气压	温度/℃	体积/(L/mol)		理想气体	液体	理想气体	液体		
60.59	35.17	0.113	—	11526	—	0.3943	—	1.238	1
55.54	129.24	0.164	(97.3)	11035	(10940)	0.3543	—	1.163	2
(46.50)	190.5	(0.221)	(99.5)	10891	10783	0.3537	0.6062	1.117	3
(50.18)	215	(0.221)	(109.5)	10807	10688	0.3444	0.5532	1.122	4
(40.00)	220	(0.278)	(87.3)	10805	10703	0.3697	(0.587)	1.086	5
(41.50)	(250)	0.278	(92.8)	10750	10641	0.3463	(0.546)	1.094	6
—	—	—	—	10777	10684	0.3673	(0.577)	—	7
(34.90)	(263)	(0.334)	(77.8)	—	(10679)	0.3731	(0.576)	1.0695	8
—	—	—	—	—	—	—	(0.541)	—	9
(35.10)	(281)	(0.334)	(80.0)	—	(10628)	(0.34)	(0.541)	(1.08)	10
—	—	—	—	—	—	—	(0.568)	—	11
—	—	—	—	—	—	—	(0.568)	—	12
—	—	—	—	—	—	—	0.532)	—	13
—	—	—	—	—	—	—	(0.546)	—	14
(32.00)	(289)	(0.391)	(72.8)	—	(10636)	0.3755	(0.567)	1.0581	15
—	—	—	—	—	—	—	(0.538)	—	16
—	—	—	—	—	—	—	(0.538)	—	17
(28.50)	(321)	(0.448)	(67.3)	—	(10611)	0.3773	(0.561)	1.0497	29
(29.30)	(348)	(0.448)	(67.8)	—	(10581)	(0.38)	(0.535)	(1.05)	30
(29.00)	(341)	(0.448)	(67.3)	—	(10582)	(0.37)	(0.535)	(1.05)	31
(28.90)	(340)	(0.448)	(66.7)	—	(10582)	(0.36)	(0.535)	(1.05)	32
(26.50)	(346)	(0.505)	(62.8)	—	(10600)	0.3787	(0.556)	1.0436	33
—	—	—	—	—	—	—	(0.533)	—	34
—	—	—	—	—	—	—	(0.533)	—	35
—	—	—	—	—	—	0.3798	(0.552)	—	36
—	—	—	—	—	—	—	(0.531)	—	37
—	—	—	—	—	—	—	(0.531)	—	38

3.2.6 烷基苯、萘、茚满和四氢化萘

序号	名称	相对分子质量	沸点(常压下)/℃	冰点(常压下)/℃	液体相对密度 d_4^{20}	折光率(液体) η_4^{20}	运动黏度(37.8℃液体)/(mm^2/s)	苯胺点/℃
	烷基苯 C_6 和 C_7							
1	苯(C_6H_6)	78.114	80.094	+5.531	0.87889	1.50112	0.5870	<-30
2	甲苯(C_7H_8)	92.143	110.629	-94.965	0.86696	1.49693	0.5584	<-30
	烷基苯 C_8H_{10}							
3	乙基苯	106.168	136.200	-94.949	0.86700	1.49588	0.6428	<-30
4	1，2-二甲基苯(邻二甲苯)	106.168	144.429	-25.167	0.88018	1.50545	0.740	<-30
5	1，3-二甲基苯(间二甲苯)	106.168	139.118	-47.844	0.86415	1.49722	0.591	<-30
6	1，4-二甲基苯(对二甲苯)	106.165	138.360	+13.258	0.86103	1.49582	0.613	<-30
	烷基苯 C_9H_{12}							
7	正丙基苯	120.195	159.241	-99.479	0.86202	1.49202	0.7944	<-30
8	异丙基苯	120.195	152.413	-96.010	0.86177	1.49145	0.740	<-15
9	1-甲基-2-乙基苯	120.195	165.180	-80.800	0.88067	1.50456	—	—
10	1-甲基-3-乙基苯	120.195	161.330	-95.544	0.86450	1.49660	—	—
11	1-甲基-4-乙基苯	120.195	162.014	-62.317	0.86116	1.49500	0.671	—
12	1，2，3-三甲基苯(连三甲苯)	120.195	176.116	-25.360	0.89436	1.51393	—	—
13	1，2，4-三甲基苯	120.195	169.380	-43.77	0.87580	1.50484	—	—
14	1，3，5-三甲基苯	120.195	164.743	-44.694	0.86516	1.49937	—	<-30
	烷基苯 $C_{10}H_{14}$							
15	正丁基苯(1-苯基丁烷)	134.222	183.305	-87.940	0.86011	1.48979	0.947	<-30
16	异丁基苯(1-苯基-2-甲基丙烷)	134.222	172.789	-51.45	0.85319	1.48646	—	—
17	仲丁基苯(2-苯基丁烷)	134.222	173.336	-75.436	0.86205	1.49020	—	—
18	叔丁基苯(2-苯基-2-甲基丙烷)	134.222	169.148	-57.881	0.86648	1.49266	—	—
19	1-甲基-2-丙基苯	134.222	184.97	-60.273	0.8736	1.4996	—	—
20	1-甲基-3-丙基苯	134.222	182.01	-82.548	0.8609	1.4935	—	—
21	1-甲基-4-丙基苯	134.222	183.42	-63.662	0.8584	1.4922	—	—
22	1-甲基-2-异丙基苯(邻异丙基苯)	134.222	178.18	-71.506	0.8766	1.5005	—	—
23	1-甲基-3-异丙基苯(间异丙基苯)	134.222	175.08	-63.712	0.8610	1.4929	—	—

临界常数			蒸发潜热(正常沸点下)/(kcal/kg)	低热值(25℃,定压)/(kcal/kg)		比热容(25℃,定压)/[kcal/(kg·℃)]		C_p/C_v(15.6℃常压)	序号
压力大气压	温度/℃	体积/(L/mol)		理想气体	液体	理想气体	液体		
48.34	289.01	0.259	94.13	—	9595	0.2414	0.4163	1.118	1
40.55	318.64	0.316	86.08	—	9686	0.2594	0.4079	1.091	2
35.62	344.02	0.374	80.07	—	9782	0.2795	0.4188	1.072	3
36.84	357.2	0.369	82.9	—	9755	0.2913	0.4228	1.069	4
34.95	343.90	0.376	81.86	—	9752	0.2772	0.4123	1.072	5
34.65	343.1	0.379	80.34	—	9755	0.2772	0.4139	1.072	6
31.58	365.23	0.440	76.0	—	9852	0.2921	0.4270	1.059	7
31.67	358.0	0.428	74.6	—	9846	0.2927	(0.421)	1.060	8
30	378	0.46	77.3	—	9836	0.3038	(0.423)	1.057	9
28	364	0.49	76.6	—	9831	0.2940	(0.423)	1.060	10
29	367	0.47	76.4		9829	0.2926	(0.423)	1.060	11
34.09	391.38	0.414	79.6	—	9812	0.2992	0.4304	1.058	12
31.90	375.98	0.430	78.0	—	9805	0.3015	0.4274	1.058	13
30.86	364.21	0.433	77.6	—	9802	0.2859	0.3987	1.060	14
28.49	387.4	0.497	69.89	—	9908	0.3011	0.4333	1.051	15
30	377	0.478	67.36	—	(9919)	(0.31)	(0.428)	(1.05)	16
29.12	391.4	0.478	67.58	—	(9919)	(0.31)	(0.428)	(1.05)	17
29.26	387	0.461	66.98	—	(9901)	(0.32)	0.4257	(1.05)	18
—	—	—	70.26	—	—	—	(0.428)	—	19
—	—	—	70.04	—	—	—	(0.428)	—	20
—	—	—	69.74	—	—	—	(0.428)	—	21
28.58	397	0.478	68.32	—	(9902)	(0.32)	(0.422)	(1.05)	22
29.00	393.1	0.478	67.88	—	(9898)	(0.31)	(0.422)	(1.05)	23

序号	名　称	相对分子质量	沸点（常压下）/℃	冰点（常压下）/℃	液体相对密度 d_4^{20}	折光率（液体）η_4^{20}	运动黏度（37.8℃液体）/（mm^2/s）	苯胺点/℃
24	1-甲基-4-异丙基苯（对异丙基苯）	134.222	177.13	-67.901	0.8573	1.4909	—	—
25	1，2-二乙基苯	134.222	183.458	-31.221	0.87994	1.50346	—	—
26	1，3-二乙基苯	134.222	181.136	-83.891	0.86392	1.49552	—	—
27	1，4-二乙基苯	134.222	183.787	-42.825	0.86194	1.49483	—	—
28	1，2-二甲基-3-乙基苯	134.222	193.95	-49.51	0.8921	1.5117	—	—
29	1，2-二甲基-4-乙基苯	134.222	189.52	-66.896	0.8745	1.5031	—	—
30	1，3-二甲基-2-乙基苯	134.222	190.05	-16.25	0.8904	1.5107	—	—
31	1，3-二甲基-4-乙基苯	134.222	188.24	-62.847	0.8763	1.5037	—	—
32	1，3-二甲基-5-乙基苯	134.222	183.62	-84.293	0.8648	1.4981	—	—
33	1，4-二甲基-2-乙基苯	134.222	186.87	-53.7	0.8772	1.5043	—	—
34	1，2，3，4-四甲基苯（连四甲苯）	134.222	205.09	-6.25	0.9052	1.5203	—	—
35	1，2，3，5-四甲基苯（偏四甲苯）	134.222	198.04	-23.671	0.8903	1.5130	—	—
36	1，2，4，5-四甲基苯（均四甲苯）	134.222	196.84	+79.234	0.8875	1.5116	—	—
	萘 $C_{10}H_8$							
37	萘	128.174	217.991	+80.284	—	1.175	—	—
	烷基茚满 C_9H_{10}							
38	2，3-二氢化茚（茚满）	118.179	177.85	-51.371	0.9679	1.5385	—	—
	烷基茚满 $C_{10}H_{12}$							
39	1-甲基-2，3-二氢化茚（1-甲基茚满）	132.206	190.6	—	0.942	1.5266	—	—
40	2-甲基-2，3-二氢化茚（2-甲基茚满）	132.206	191.4	—	0.944	1.5220	—	—
41	4-甲基-2，3-二氢化茚（4-甲基茚满）	132.206	205.5	—	0.970	1.5348	—	—
42	5-甲基-2，3-二氢化茚（5-甲基茚满）	132.206	202.0	—	0.948	1.5336	—	—
	四氢化萘 $C_{10}H_{12}$							
43	1，2，3，4-四氢化萘	132.206	207.62	-35.769	0.9695	1.54135	—	<-20

续表

临界常数			蒸发潜热（正常沸点下）/(kcal/kg)	低热值(25℃，定压)/(kcal/kg)		比热容(25℃，定压)/[kcal/(kg·℃)]		C_p/C_v(15.6℃常压)	序号
压力大气压	温度/℃	体积/(L/mol)		理想气体	液体	理想气体	液体		
28	380	0.478	67.95	—	(9898)	(0.25)	0.4223	(1.07)	24
—	—	—	70.19	—	—	—	(0.426)	—	25
—	—	—	70.11	—	—	—	(0.426)	—	26
27.66	384.81	—	70.11	—	—	—	(0.426)	—	27
—	—	—	72.27	—	—	—	(0.427)	—	28
—	—	—	71.68	—	—	—	(0.427)	—	29
—	—	—	71.53	—	—	—	(0.427)	—	30
—	—	—	71.23	—	—	—	(0.427)	—	31
—	—	—	70.56	—	—	—	(0.427)	—	32
—	—	—	70.63	—	—	—	(0.427)	—	33
—	—	—	80.17	—	—	—	0.4244	—	34
—	—	—	78.01	—	—	—	0.4287	—	35
29	402	—	81.07	—	—	—	—	—	36
39.98	475.28	0.41	—	—	9296	—	0.3090	—	37
—	—	—	—	—	—	—	—	—	38
—	—	—	—	—	—	—	—	—	39
—	—	—	—	—	—	—	—	—	40
—	—	—	—	—	—	—	—	—	41
—	—	—	—	—	—	—	—	—	42
—	—	—	—	—	—	—	0.3931	—	43

3.2.7 苯乙烯和茚

序号	名　称	相对分子质量	沸点(常压下)/℃	冰点(常压下)/℃	液体相对密度 d_4^{20}	折光率(液体) η_4^{20}	运动黏度(37.8℃液体)/(mm^2/s)	苯胺点/℃
	苯乙烯 C_8H_8							
1	苯乙烯	104.152	145.16	-30.610	0.90597	1.54682	—	—
	苯乙烯 C_9H_{10}							
2	异丙烯基苯(α-甲基苯乙烯；2-苯基-1-丙烯)	118.179	165.5	-23.2	0.9090	1.5386	—	—
3	顺-1-丙烯基苯(顺-β-甲基苯乙烯；顺-1-苯基-1-丙烯)	118.179	167.46	-61.65	0.9090	1.5430	—	—
4	反-1-丙烯基苯(反-β-甲基苯乙烯；反-1-苯基-1-丙烯)	118.179	178.29	-29.31	0.9067	1.5506	—	—
5	1-甲基-2-乙烯基苯(邻甲基苯乙烯)	118.179	169.84	-68.54	0.9119	1.5437	—	—
6	1-甲基-3-乙烯基苯(间甲基苯乙烯)	118.179	171.6	-86.31	0.9118	1.5411	—	—
7	1-甲基-4-乙烯基苯(对甲基苯乙烯)	118.179	172.8	-34.13	0.9215	1.5420	—	—
	苯乙烯 $C_{10}H_{12}$							
8	顺-1-苯基-1-丁烯(顺-β-乙基苯乙烯)	132.206	189	—	0.9107	1.5390	—	—
9	反-1-苯基-1-丁烯(反-β-乙基苯乙烯)	132.206	198.72	-43.0	0.9019	1.5420	—	—
10	2-苯基-1-丁烯(α-乙基苯乙烯)	132.206	182	—	0.891	1.5288	—	—

临界常数			蒸发潜热（正常沸点下）/（kcal/kg）	低热值（25℃，定压）/（kcal/kg）		比热容（25℃，定压）/[kcal/（kg·℃）]		C_p/C_v（15.6℃常压）	序号
压力大气压	温度/℃	体积/（L/mol）		理想气体	液体	理想气体	液体		
39.47	374.4	0.369	83.9	—	9683	0.2802	0.4196	1.076	1
39.47	399	0.408	77.8	—	（9744）	0.294	（0.444）	1.063	2
35.79	404	0.408	77.3	—	（9779）	0.294	（0.443）	—	3
35.79	404	0.408	77.3	—	（9779）	0.295	（0.443）	—	4
36.00	406	0.375	78.4	—	（9759）	0.294	（0.424）	1.063	5
35.11	402	0.381	76.2	—	（9755）	0.294	（0.424）	1.063	6
34.98	403	0.381	76.7	—	（9755）	0.294	（0.424）	1.063	7
—	—	—	—	—	—	—	—	—	8
—	—	—	—	—	—	—	—	—	9
—	—	—	—	—	—	—	—	—	10

序号	名　称	相对分子质量	沸点(常压下)/℃	冰点(常压下)/℃	液体相对密度 d_4^{20}	折光率(液体) η_4^{20}	运动黏度(37.8℃液体)/(mm^2/s)	苯胺点/℃
11	顺-2-苯基-2-丁烯(顺-α, β-二甲基苯乙烯)	132.206	194.7	-23.5	0.9178	1.5425	—	—
12	反-2-苯基-2-丁烯(反-α, β-二甲基苯乙烯)	132.206	174	—	0.8958	1.5217	—	—
13	2-甲基-1-苯基-1-丙烯(β, β-二甲基苯乙烯)	132.206	187.95	-51.0	0.9011	1.5400	—	—
23	1-乙基-2-乙烯基苯(邻-乙基苯乙烯)	132.206	187.3	-75.5	0.9058	1.5380	—	—
24	1-乙基-3-乙烯基苯(间-乙基苯乙烯)	132.206	190.0	-101	0.8945	1.5351	—	—
25	1-乙基-4-乙烯基苯(对-乙基苯乙烯)	132.206	192.3	-49.7	0.8925	1.5376	—	—
32	苯乙炔(C_8H_6)	102.136	129.48	-40	(0.929)	1.5485	—	—
	烷基茚 C_9H_8							
33	茚	116.163	182.47	-1.5	0.9957	1.5764	—	—
	烷基茚 $C_{10}H_{10}$							
34	1-甲基茚	130.190	199	—	0.973	1.5616	—	—
35	2-甲基茚	130.190	208	+80	0.977	1.5652	—	—
36	3-甲基茚	130.190	205	—	0.975	1.5621	—	—
37	4-甲基茚	130.190	209	—	0.992	1.568	—	—
38	5-甲基茚	130.190	207	—	0.980	1.566	—	—
39	6-甲基茚	130.190	207	—	0.980	1.566	—	—
40	7-甲基茚	130.190	209	—	0.992	1.568	—	—

续表

临界常数			蒸发潜热（正常沸点下）/（kcal/kg）	低热值（25℃，定压）/（kcal/kg）		比热容（25℃，定压）/[kcal/（kg·℃）]		C_p/C_v（15.6℃常压）	序号
压力大气压	温度/℃	体积/（L/mol）		理想气体	液体	理想气体	液体		
—	—	—	—	—	—	—	—	—	11
—	—	—	—	—	—	—	—	—	12
—	—	—	—	—	—	—	—	—	13
—	—	—	—	—	—	—	—	—	23
—	—	—	—	—	—	—	—	—	24
—	—	—	—	—	—	—	—	—	25
46.82	382	0.441	（83.9）	—	（8223）	（0.36）	（0.59）	（1.06）	32
—	—	—	—	—	—	—	—	—	33
—	—	—	—	—	—	—	—	—	34
—	—	—	—	—	—	—	—	—	35
—	—	—	—	—	—	—	—	—	36
—	—	—	—	—	—	—	—	—	37
—	—	—	—	—	—	—	—	—	38
—	—	—	—	—	—	—	—	—	39
—	—	—	—	—	—	—	—	—	40

3.3 烃类的辛烷值

3.3.1 单体烃的辛烷值[2,8]

序号	名称		常压下沸点/℃	辛烷值①		
				MON(纯)	RON(纯)	RON(调和)②
	C_1~C_3 烷烃					
1	乙烷	C_2H_6	-88.60	—	107.1	—
2	丙烷	C_3H_8	-42.045	97.1	105.7	—
	C_4 烷烃	C_4H_{10}				
3	正丁烷		-0.50	89.6	94.0*	113*
4	异丁烷		-11.72	97.6	>100*	122*
	C_5 烷烃	C_5H_{12}				
5	正戊烷		36.064	62.6	61.7	62*
6	2-甲基丁烷		27.843	90.3	92.3	100*
7	2,2-二甲基丙烷		9.499	80.2	85.5	—
	C_6 烷烃	C_6H_{14}				
8	正己烷		68.732	26.0	24.8	19*
9	2-甲基戊烷		60.261	73.5	73.4	82*
10	3-甲基戊烷		63.272	75.3	74.5	—
11	2,2-二甲基丁烷		49.731	93.4	91.8	89*
12	2,3-二甲基丁烷		57.978	94.3	—	—
	C_7 烷烃	C_7H_{16}				
13	正庚烷		98.427	0	0.0	0*
14	2-甲基己烷		90.049	46.4	42.4	—
15	3-甲基己烷		91.847	55.8	52.0	56*
16	3-乙基戊烷		93.473	69.3	65.0	—
17	2,2-二甲基戊烷		79.191	95.6	92.8	—
18	2,3-二甲基戊烷		89.781	88.5	91.1*	88*
19	2,4-二甲基戊烷		80.494	83.8	83.1	—
20	3,3-二甲基戊烷		86.060	86.6	80.8	—
21	2,2,3-三甲基丁烷		80.876	—	>100*	112*
	C_8 烷烃	C_8H_{18}				
22	正辛烷		125.675	—	<0*	-18*
23	2-甲基庚烷		117.653	23.0	20.6	—
24	3-甲基庚烷		118.932	35.0	26.8	—
25	4-甲基庚烷		117.715	39.0	26.7	—

续表

序号	名　　称	常压下沸点/℃	辛烷值①		
			MON(纯)	RON(纯)	RON(调和)②
26	3-乙基己烷	118.541	52.4	33.5	—
27	2,2-二甲基己烷	106.842	77.4	72.5	—
28	2,3-二甲基己烷	115.612	78.9	71.3	—
29	2,4-二甲基己烷	109.432	69.9	65.2	—
30	2,5-二甲基己烷	109.106	55.7	55.2	—
31	3,3-二甲基己烷	111.973	83.4	75.5	72*
32	3,4-二甲基己烷	117.731	81.7	76.3	—
33	2-甲基-3-乙基戊烷	115.655	88.1	87.3	—
34	3-甲基-3-乙基戊烷	118.266	88.7	80.8	—
35	2,2,3-三甲基戊烷	109.845	99.9	—	—
36	2,2,4-三甲基戊烷	99.238	100	100	100*
37	2,3,3-三甲基戊烷	114.765	99.4	—	—
38	2,3,4-三甲基戊烷	113.472	95.9	—	—
	C_9 烷烃　C_9H_{20}				
39	正壬烷	150.818	—	<0*	-18*
40	2,2-二甲基庚烷	132.7	60.5	50.3	—
41	3,3-二乙基戊烷	146.186	91.6	84.0	—
42	2,2-二甲基-3-乙基戊烷	133.84	99.5	—	—
43	2,4-二甲基-3-乙基戊烷	136.70	96.6	—	—
44	2,2,3,3-四甲基戊烷	140.292	95.0	>100*	122*
	C_{10} 烷烃　$C_{10}H_{22}$				
45	正癸烷	174.154	—	<0*	-41*
	C_5~C_6 环戊烷				
46	环戊烷　C_5H_{10}	49.252	84.9	>100*	141*
47	甲基环戊烷　C_6H_{12}	71.804	80.0	91.3	107*
	C_7 环戊烷　C_7H_{14}				
48	乙基环戊烷	103.467	61.2	67.2	—
49	1,1-二甲基环戊烷	87.482	89.3	92.3	—
50	1,顺-3-二甲基环戊烷	90.770	73.1	79.2	—
51	1,反-3-二甲基环戊烷	91.722	72.6	80.6	90*
	C_8 环戊烷　C_8H_{16}				
52	正丙基环戊烷	130.961	28.1	31.2	—
53	异丙基环戊烷	126.429	76.2	81.1	—
54	1-甲基-顺-3-乙基环戊烷	121.1	59.8	57.6	—

续表

序号	名称	常压下沸点/℃	辛烷值①		
			MON(纯)	RON(纯)	RON(调和)②
55	1-甲基-反-3-乙基环戊烷	121.1	59.8	57.6	—
56	1,1,3-三甲基环戊烷	104.895	83.5	87.7	94*
57	1,顺-2,反-4-三甲基环戊烷	116.737	79.5	89.2	—
	C_6~C_7 环己烷	—	—	—	—
58	环己烷 C_6H_{12}	80.719	77.2	83.0	110*
59	甲基环己烷 C_7H_{14}	100.934	71.1	74.8	104*
	C_8 环己烷 C_8H_{16}				
60	乙基环己烷	131.795	40.8	45.6	43*
61	1,1-二甲基环己烷	119.550	85.9	87.3	—
62	1,顺-2-二甲基环己烷	129.739	78.6	80.9	—
63	1,反-2-二甲基环己烷	123.428	78.7	80.9	—
64	1,顺-3-二甲基环己烷	120.095	71.0	71.7	—
65	1,反-3-二甲基环己烷	124.459	64.2	66.9	—
66	1,顺-4-二甲基环己烷	124.330	68.2	67.2	—
67	1,反-4-二甲基环己烷	119.358	62.2	68.3	—
	C_9 环己烷 C_9H_{18}				
68	正丙基环己烷	156.747	14.0	17.8	—
69	异丙基环己烷	154.785	61.1	62.8	—
70	1-甲基-1-乙基环己烷	152.18	76.7	68.7	—
71	1,1,2-三甲基环己烷	145.2	87.7	95.7	—
72	1,1,3-三甲基环己烷	136.64	82.6	81.3	—
73	1,顺-2,反-3-三甲基环己烷	151.18	82.5	91.0	—
74	1,反-2,顺-3-三甲基环己烷	144	81.0	90.6	—
75	1,反-2,反-4-三甲基环己烷	141.24	74.3	72.9	—
76	1,顺-3,顺-5-三甲基环己烷	138.43	56.4	59.1	—
77	1,顺-3,反-5-三甲基环己烷	141.24	70.1	68.5	—
	C_{10} 环己烷 $C_{10}H_{20}$				
78	异丁基环己烷	171.290	—	33.7*	38*
	C_7~C_8 环庚烷、环辛烷				
79	环庚烷 C_7H_{14}	118.80	40.2	38.8	—
80	环辛烷 C_8H_{16}	151.16	58.2	71.0	—
	C_3~C_4 烯烃				
81	丙烯 C_3H_6	-47.72	84.9	—	—
82	1-丁烯 C_4H_8	-6.25	80.8	97.4	—

续表

序号	名称	常压下沸点/℃	辛烷值①		
			MON(纯)	RON(纯)	RON(调和)②
83	顺-2-丁烯 C_4H_8	3.718	83.5	100	—
	C_5 烯烃 C_5H_{10}				
84	1-戊烯	29.959	77.1	90.9	—
85	2-甲基-1-丁烯	31.154	81.9	—	—
86	2-甲基-2-丁烯	38.558	84.7	97.3	—
	C_6 烯烃 C_6H_{12}				
87	1-己烯	63.475	63.4	76.4	96*
88	反-2-己烯	67.875	80.8	92.7	—
89	反-3-己烯	67.079	80.1	94.0	—
90	2-甲基-1-戊烯	62.103	81.5	94.2	—
91	3-甲基-1-戊烯	54.168	81.2	96.0	—
92	4-甲基-1-戊烯	53.856	80.9	95.7	—
93	2-甲基-2-戊烯	67.299	83.0	97.8	—
94	3-甲基-反-2-戊烯	70.430	81.0	97.2	—
95	4-甲基-顺-2-戊烯	56.377	82.8	99.7	—
96	4-甲基-反-2-戊烯	58.602	82.6	98.0	—
97	2-乙基-1-丁烯	64.672	79.4	98.3	—
98	2,3-二甲基-1-丁烯	55.607	82.8	—	—
99	3,3-二甲基-1-丁烯	41.238	93.3	—	—
100	2,3-二甲基-2-丁烯	73.197	80.5	97.4	—
	C_7 烯烃 C_7H_{14}				
101	1-庚烯	93.641	50.7	54.5	65*
102	反-2-庚烯	97.95	68.8	73.4	—
103	反-3-庚烯	95.67	79.3	89.8	—
104	2-甲基-1-己烯	92.00	78.8	90.7	—
105	2-甲基-2-己烯			90.4*	129*
106	3-乙基-1-戊烯	84.11	81.6	95.6	—
107	2,3-二甲基-1-戊烯			99.3*	139*
108	4,4-二甲基-1-戊烯	72.510	85.4	—	—
109	2,3,3-三甲基-1-丁烯	77.885	90.5	—	—
	C_8 烯烃 C_8H_{16}				
110	1-辛烯	121.288	34.7	28.7	—

续表

序号	名　称		常压下沸点/℃	辛烷值①		
				MON(纯)	RON(纯)	RON(调和)②
111	顺-2-辛烯		125.65	56.5	56.3	—
112	反-2-辛烯		125.0	56.5	56.3	—
113	反-3-辛烯		123.3	68.1	72.5	—
114	反-4-辛烯		122.26	74.3	73.3	—
115	2-甲基-1-庚烯		119.3	66.3	70.2	—
116	2,3-二甲基-2-己烯		121.78	79.3	93.1	—
117	2,3-二甲基-顺-3-己烯		105.43	88.0	—	—
118	2,2,3-三甲基-1-戊烯		108.31	85.7	—	—
119	2,4,4-三甲基-1-戊烯		101.44	86.5	—	—
	C_5~C_7 环戊烯					
120	环戊烯	C_5H_8	44.232	69.7	93.3	
121	1-甲基环戊烯	C_6H_{10}	75.48	72.9	93.6	
122	1-乙基环戊烯	C_7H_{12}	106.33	72.0	90.3	
123	3-乙基环戊烯	C_7H_{12}	97.77	71.4	90.8	
	C_6~C_8 环己烯					
124	环己烯	C_6H_{10}	82.974	63.0	83.9	
125	1-甲基环己烯	C_7H_{12}	110.300	72.0	89.2	
126	4-甲基环己烯	C_7H_{12}	102.74	67.0	84.1	
127	1-乙基环己烯	C_8H_{14}	137.006	70.5	85.0	
128	1,2-二甲基环己烯	C_8H_{14}	137.99	72.2	89.7	
129	4,4-二甲基环己烯	C_8H_{14}	117.25	80.0	96.2	
	C_6~C_7 芳烃					
130	苯	C_6H_6	80.094	—	—	98*
131	甲苯	C_7H_8	110.629	—	>100*	124*
	C_8 芳烃	C_8H_{10}				
132	乙基苯		136.200	97.9	>100*	124*
133	邻二甲苯		144.429	100	—	120*
134	间二甲苯		139.118	—	>100*	145*
135	对二甲苯		138.360	—	>100*	146*
	C_9 芳烃	C_9H_{12}				
136	正丙基苯		159.241	98.7	>100*	127*

续表

序号	名　称	常压下沸点/℃	辛烷值①		
			MON(纯)	RON(纯)	RON(调和)②
137	异丙基苯	152.413	99.3	>100*	132*
138	1-甲基-2-乙基苯	165.180	92.1	—	—*
139	1-甲基-3-乙基苯	161.330	100	>100*	162*
140	1-甲基-4-乙基苯	162.014	97.0	—	—*
141	1,3,5-三甲基苯	164.743	—	>100*	170*
	C_{10}芳烃 $C_{10}H_{14}$				
142	正丁基苯	183.305	94.5	>100*	114*
143	异丁基苯	172.789	98.0	—	—
144	仲丁基苯	173.336	95.7	—	—
145	1-甲基-2-丙基苯	184.97	92.2	—	—
146	1-甲基-2-异丙基苯	178.18	96.0	—	—
147	1-甲基-3-异丙基苯	175.08	—	—	154*
148	1-甲基-4-异丙基苯	177.13	97.7	—	—
149	1,3-二乙基苯	181.136	97.0	—	—
150	1,4-二乙基苯	183.787	95.2	—	—
151	1,2-二甲基-3-乙基苯	193.95	91.9	—	—
152	1,2-二甲基-4-乙基苯	189.52	95.9	—	—
153	1,4-二甲基-2-乙基苯	186.87	96.0	—	—
154	1,2,3,4-四甲基苯	205.09	—	>100*	146*
	C_9 茚满 C_9H_{10}				
155	2,3-二氢化茚(茚满)	177.85	89.8	—	—

① 表中数据除＊系取自参考文献[8]外，其他均取自参考文献[2]；

② 同一组分与不同基础组分调合时，可表现出不同的调和效应，此处RON(调和)得自20%烃-80%异辛烷和正庚烷60∶40混合物[8]。

3.3.2 MTBE的辛烷值[26]

MTBE的净辛烷值MON 101，RON 117。

MTBE在单组分基础汽油中的调合辛烷值：

项　目	MON	RON	(MON+RON)/2
在直馏汽油中	115	133	124
在烷基化油中	108	130	119
在催化裂化汽油中	—	—	112
在重整汽油中	—	—	113

3.4 烃类和油品的自燃点[2][9]

名称	自燃点/℃	名称	自燃点/℃
烷烃		环烷烃	
甲烷	538	环戊烷	380
乙烷	472	甲基环戊烷	—
丙烷	450	环己烷	245
异丁烷	460	芳烃	
正丁烷	287	苯	560
新戊烷	450	甲苯	535
异戊烷	420	乙苯	432
正戊烷	260	对二甲苯	525
新己烷	425	间二甲苯	525
正己烷	244	邻二甲苯	463
正庚烷	204	苯乙烯	490
2,2,4-三甲基戊烷	410	异丙苯	420
2,2,3-三甲基戊烷	346	正丙苯	450
正辛烷	206	油品	
烯烃		石油气(干气)	650~750
乙烯	425	汽油	510~530
丙烯	455	煤油	380~425
异丁烯	465	柴油	300~330
1-丁烯	385	350~400℃馏分油	300~380
反式-2-丁烯	323.9	400~450℃馏分油	300~380
顺式-2-丁烯	324	450~500℃馏分油	300~380
1-戊烯	273	500~535℃馏分油	300~380
1-辛烯	230	减压渣油	230~240

3.5　烃类和石油的相对密度[2]

3.5.1　烷烃液体相对密度图

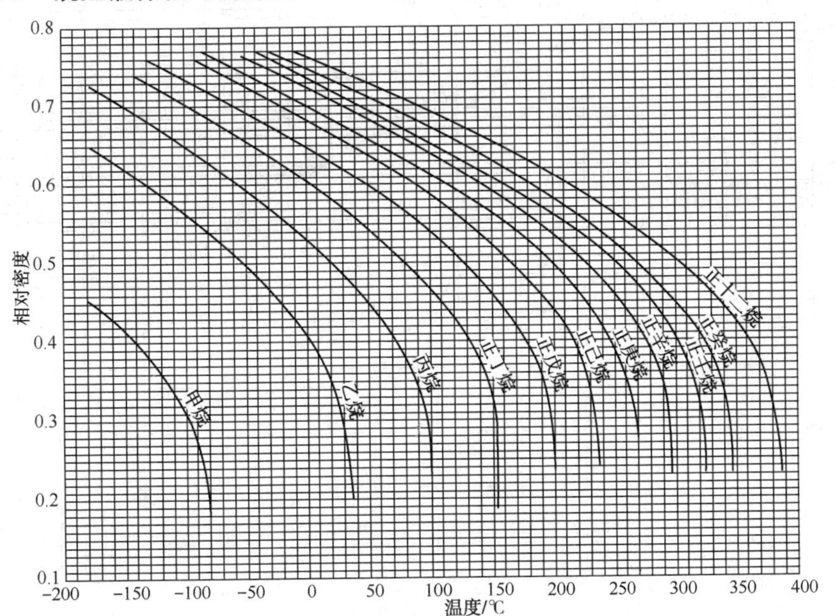

3.5.2　烯烃和二烯烃液体相对密度图

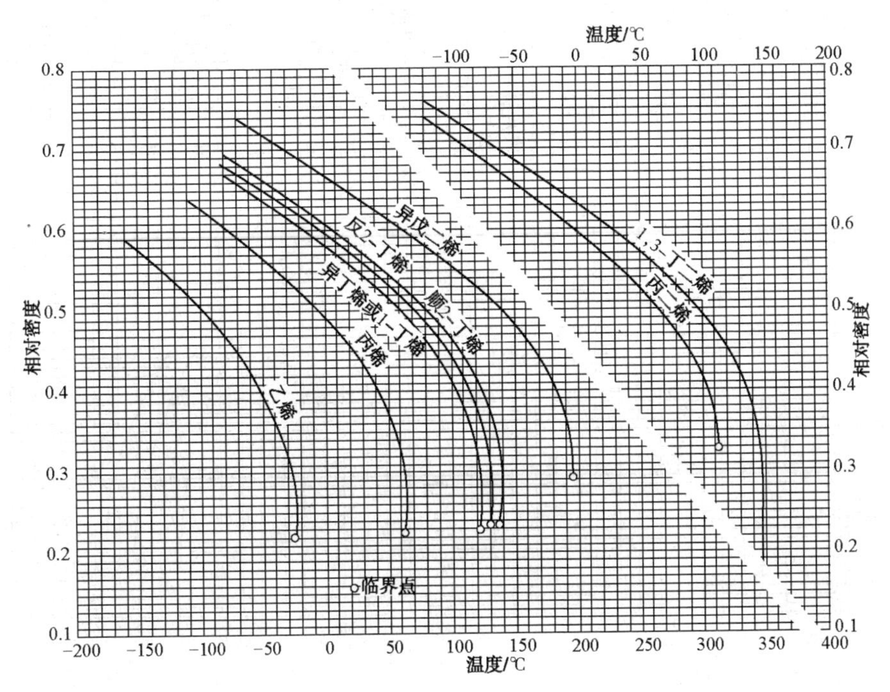

3.5.3 芳香烃相对密度图

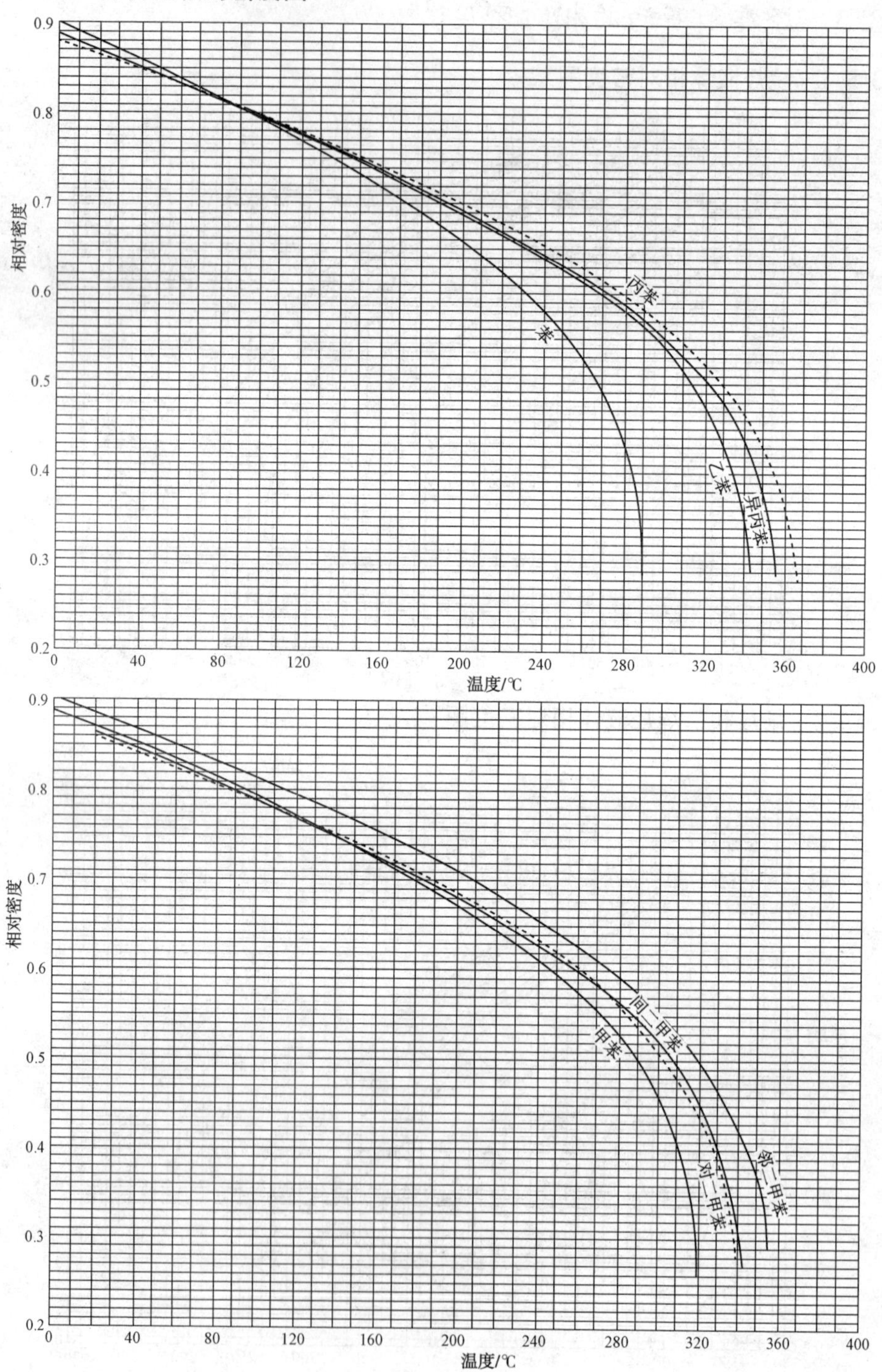

3.5.4 石油相对密度图

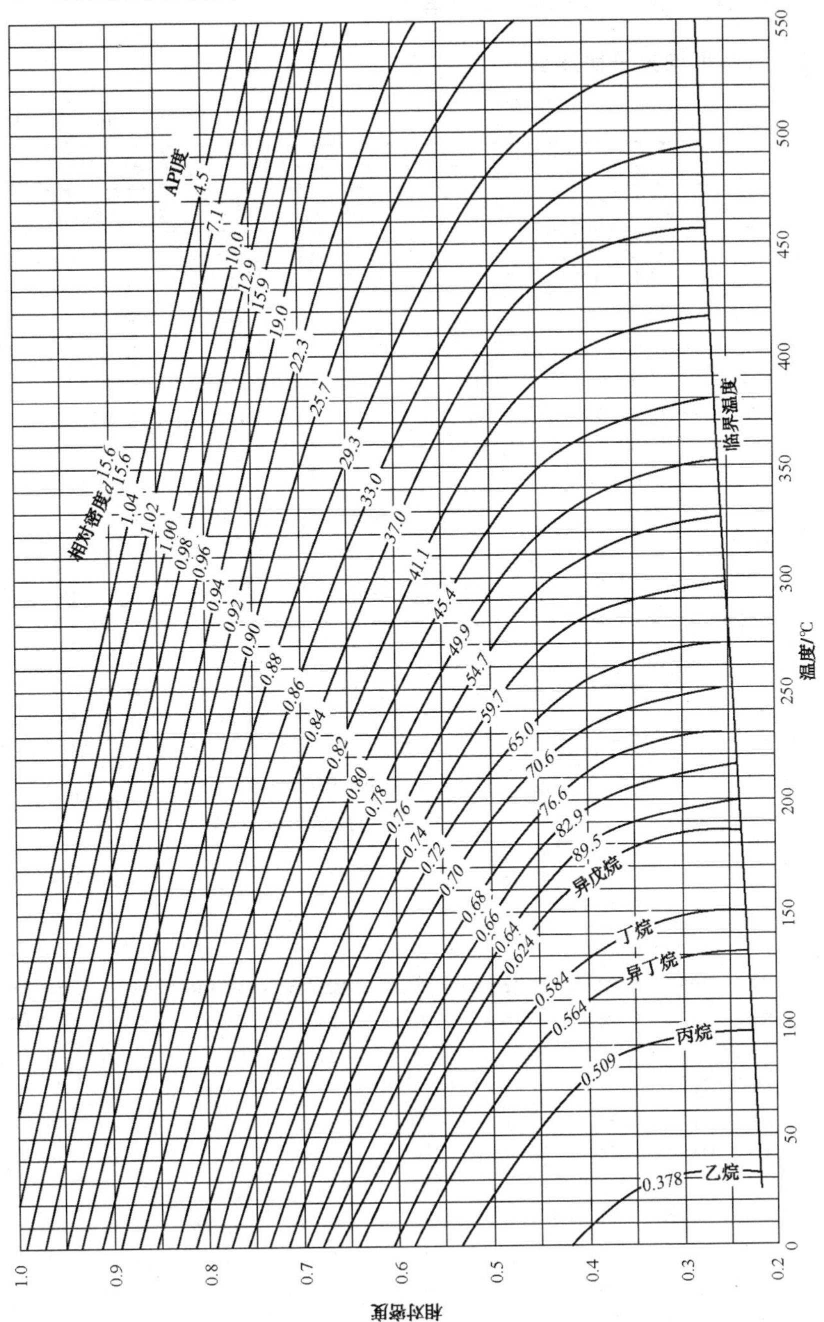
API度
4.5
7.1
10.0
12.9
15.9
19.0
22.3
25.7
29.3
33.0
37.0
41.1
45.4
49.9
54.7
59.7
65.0
70.6
76.6
82.9
89.5
相对密度d15.6/15.6
1.04
1.02
1.00
0.98
0.96
0.94
0.92
0.90
0.88
0.86
0.84
0.82
0.80
0.78
0.76
0.74
0.72
0.70
0.68
0.66
0.64
0.624
0.584
0.564
0.509
0.378
异戊烷
丁烷
异丁烷
丙烷
乙烷
临界温度
温度/℃
相对密度

3.6 气体和液体烃的比热容[2]

3.6.1 气体平均分子比热容

0~1atm(基点为0℃)

温度/℃	烷烃/[kcal/(kg mol·℃)]						
	甲烷	乙烷	丙烷	正丁烷	异丁烷	正戊烷	正己烷
0	8.295	11.856	16.32	22.17	21.41	27.57	33.05
18	8.378	12.117	16.79	22.70	22.02	28.22	33.79
25	8.413	12.22	16.94	22.80	22.24	28.44	34.07
100	8.814	13.37	18.71	25.13	24.57	31.23	37.38
200	9.41	14.86	21.18	28.14	27.91	34.91	41.69
300	10.09	16.34	23.40	30.98	30.89	38.34	45.77
400	10.78	17.75	25.47	33.60	33.55	41.53	49.52
500	11.46	19.05	27.36	35.97	35.98	44.42	52.92
600	12.11	20.26	29.08	38.12	38.20	47.03	55.98
700	12.73	21.36	30.66	40.09	40.19	49.43	58.81
800	13.31	22.40	32.10	41.91	42.04	51.66	61.41
900	13.87	23.36	33.46	43.00	43.74	53.70	63.82
1000	14.39	24.24	34.68	45.16	45.33	55.58	66.04
1100	14.87	25.07	35.82	46.59	46.72	57.33	68.08
1200	15.33	25.84	36.86	47.92	48.03	58.93	69.96

温度/℃	烯烃/[kcal/(kg mol·℃)]						环烷烃/[kcal/(kg mol·℃)]			
	乙烯	丙烯	1-丁烯	异丁烯	顺2-丁烯	反2-丁烯	环戊烷	甲基环戊烷	环己烷	甲基环己烷
0	9.78	14.32	19.87	19.93	17.51	19.74	17.71	23.80	22.82	29.25
18	10.00	14.67	20.41	20.42	17.99	20.18	18.49	24.70	23.75	30.35
25	10.09	14.80	20.60	20.60	18.13	20.33	18.78	25.04	24.11	30.77
100	10.97	16.23	22.72	22.63	20.11	22.15	21.91	28.71	27.96	35.27
200	12.22	18.09	25.42	25.15	22.85	24.66	25.97	33.44	33.02	41.08
300	13.35	19.82	27.84	27.50	25.41	26.95	29.77	37.86	37.82	46.51
400	14.38	21.45	30.05	29.65	27.73	29.13	33.24	41.87	42.22	51.43
500	15.33	22.94	32.04	31.62	29.86	31.12	36.36	45.47	46.21	55.88
600	16.19	24.30	33.85	33.42	31.80	32.97	39.20	48.74	49.82	59.90
700	16.97	25.57	35.51	35.07	33.57	34.66	41.76	51.69	53.07	63.51
800	17.71	26.73	37.04	36.61	35.21	36.21	44.09	54.38	56.01	66.78
900	18.38	27.80	38.44	38.03	36.71	37.66	46.22	56.83	58.67	69.73
1000	19.00	28.78	39.72	39.34	38.10	38.96	48.16	59.07	61.07	72.41
1100	19.57	29.68	40.91	40.54	39.37	40.17	49.94	61.13	63.26	74.88
1200	20.10	30.52	42.01	41.64	40.55	41.30	51.58	63.02	65.26	77.09

续表

温度/℃	炔、二烯烃/[kcal/(kg mol·℃)]				
	乙　炔	甲基乙炔	二甲基乙炔	丙二烯	1,3-丁二烯
0	10.04	13.74	17.63	13.26	17.55
18	10.21	14.01	17.97	13.56	18.17
25	10.28	14.12	18.13	13.68	18.28
100	10.88	15.21	19.62	14.89	20.35
200	11.55	16.70	21.56	16.36	22.82
300	12.08	17.88	23.41	17.68	24.98
400	12.55	18.89	25.15	18.95	26.84
500	12.94	19.89	26.75	20.00	28.49
600	13.27	20.88	28.24	20.90	29.96
700	13.60	21.72	29.60	21.78	31.28
800	13.90	22.48	30.86	22.59	32.47
900	14.19	23.18	32.02	23.36	33.56
1000	14.46	23.85	33.09	24.04	34.56
1100	14.69	24.50	34.08	24.63	35.49
1200	14.93	25.06	34.99	25.21	36.33

温度/℃	芳烃/[kcal/(kg mol·℃)]							
	苯	甲苯	乙基苯	苯乙烯	异丙苯	邻二甲苯	间二甲苯	对二甲苯
0	17.70	22.69	28.19	26.72	33.28	29.52	28.11	28.03
18	18.34	23.44	29.04	27.62	34.25	30.69	28.95	28.82
25	18.60	23.73	29.40	27.96	34.69	30.78	29.80	29.18
100	21.23	26.92	33.22	31.47	39.22	34.14	32.87	32.69
200	24.82	30.94	38.00	35.80	44.74	38.56	37.46	37.12
300	27.87	34.61	42.34	39.66	49.79	42.63	41.60	41.30
400	30.48	37.89	46.21	43.07	54.28	46.30	45.50	45.12
500	32.99	40.81	49.65	46.10	58.26	49.64	48.92	48.54
600	35.14	43.44	50.72	48.78	61.82	52.63	52.00	51.65
700	37.00	45.79	55.48	51.18	65.02	55.36	54.79	54.46
800	38.71	47.98	57.98	53.35	67.90	57.81	57.31	57.00
900	40.25	49.89	60.24	55.30	70.52	60.06	59.60	59.30
1000	41.65	51.64	62.30	57.08	72.91	62.11	61.69	61.40
1100	42.92	53.22	64.18	58.70	75.09	63.99	63.60	63.32
1200	44.08	54.68	65.90	60.18	77.00	65.71	65.35	65.08

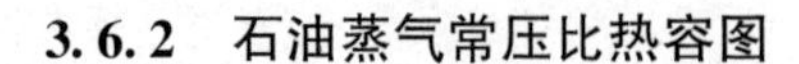

3.6.2 石油蒸气常压比热容图

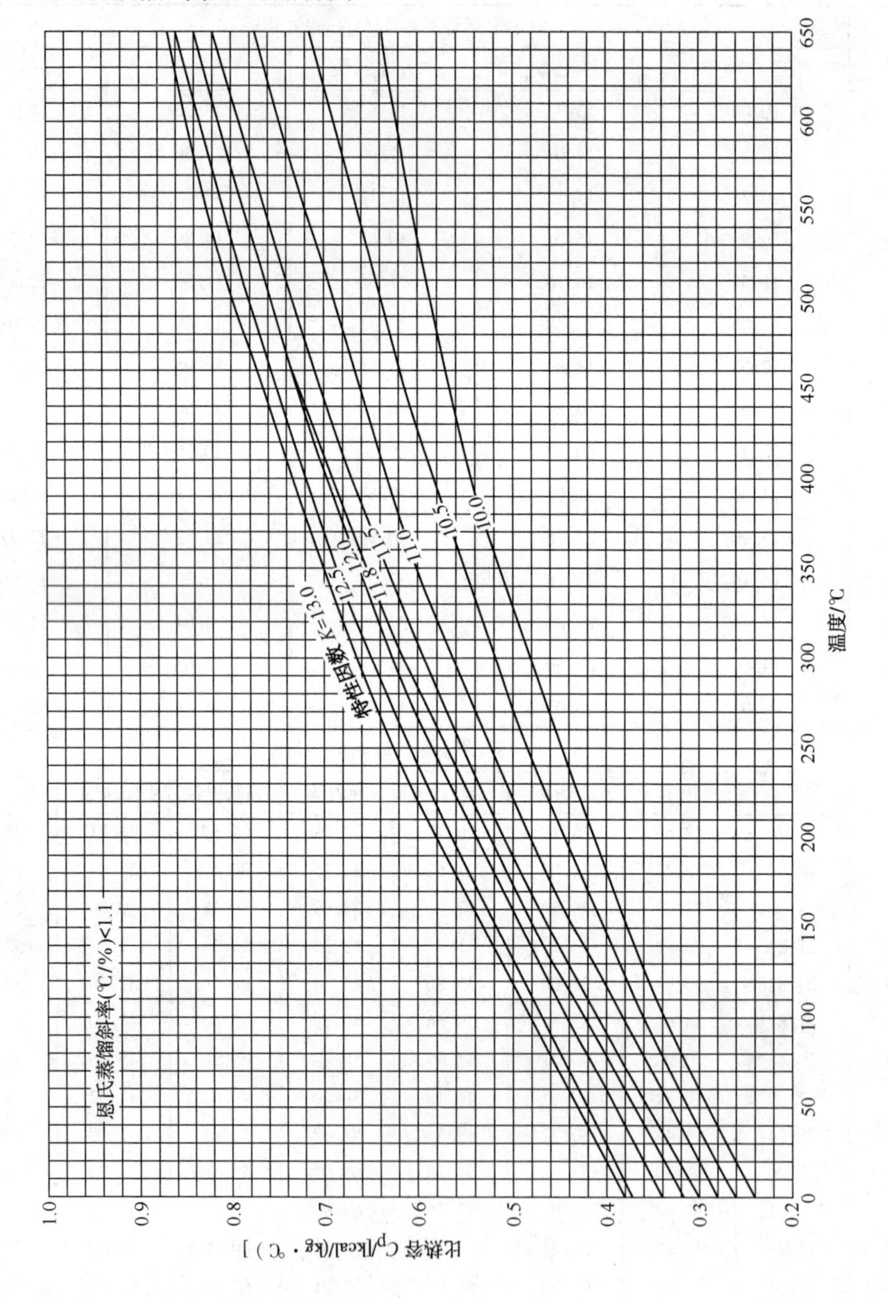

3.6.3 烷烃、烯烃、二烯烃液体比热容图

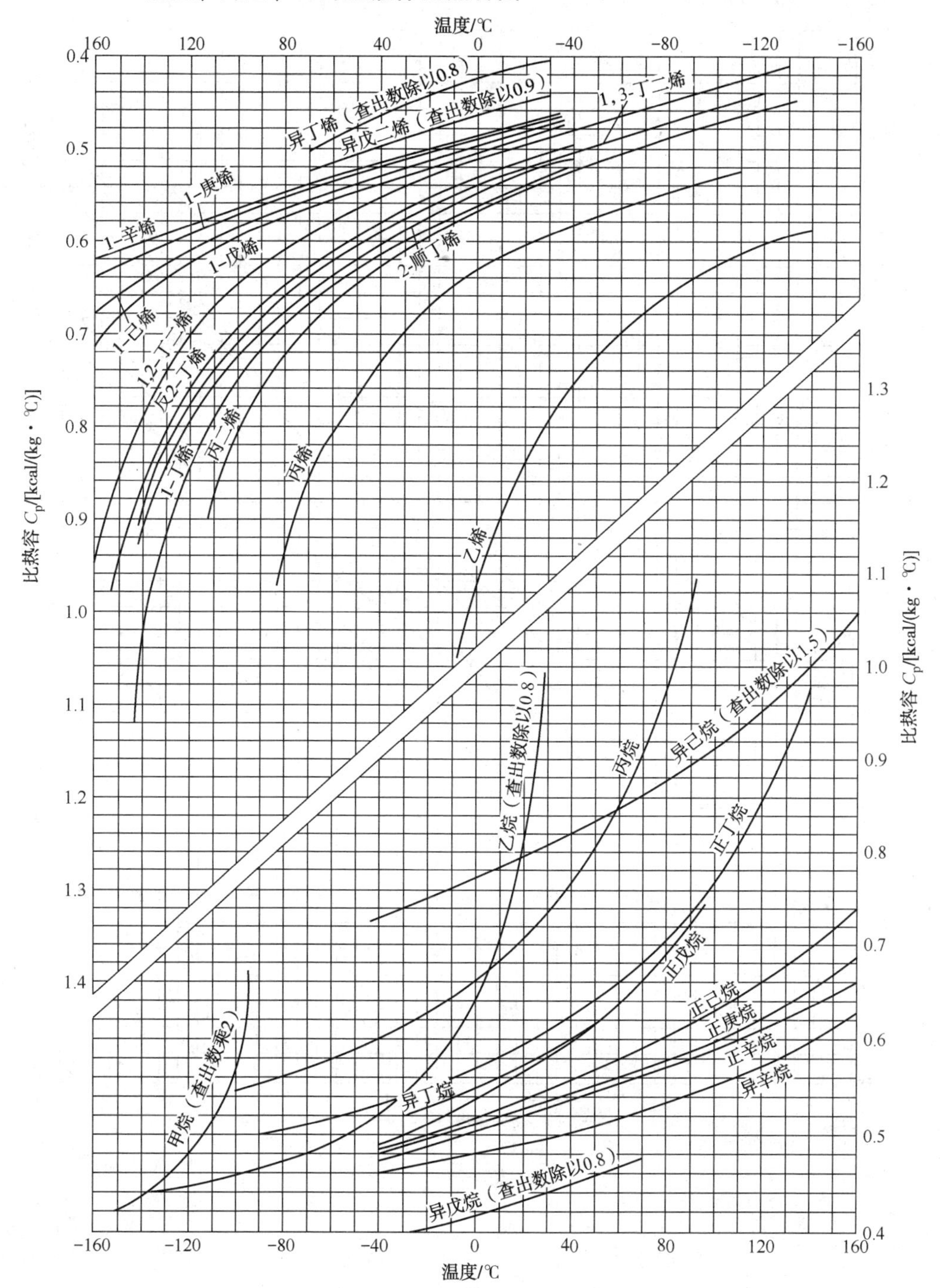

3.6.4 芳香烃液体比热容图

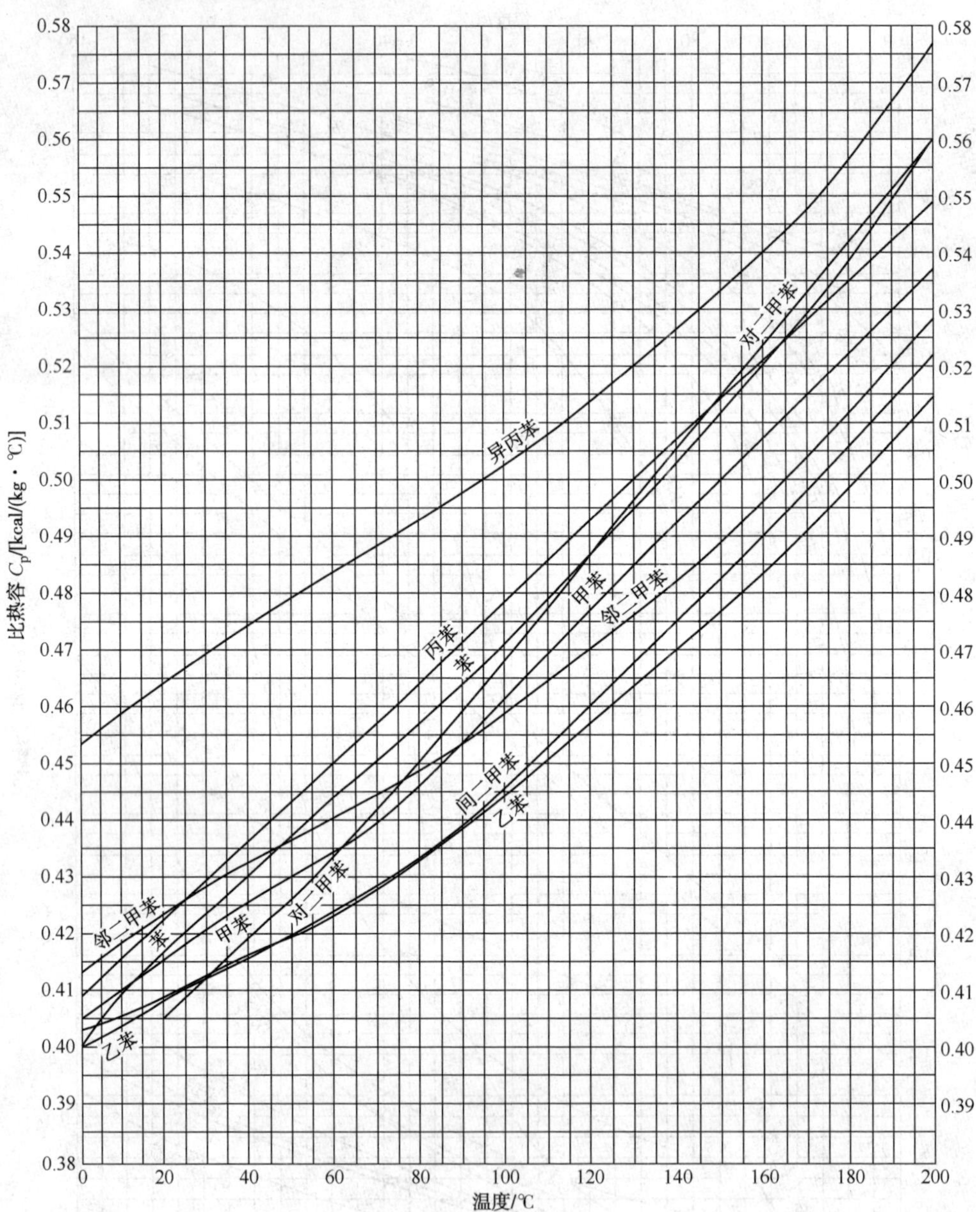

3.6.5 石油馏分液体比热容图

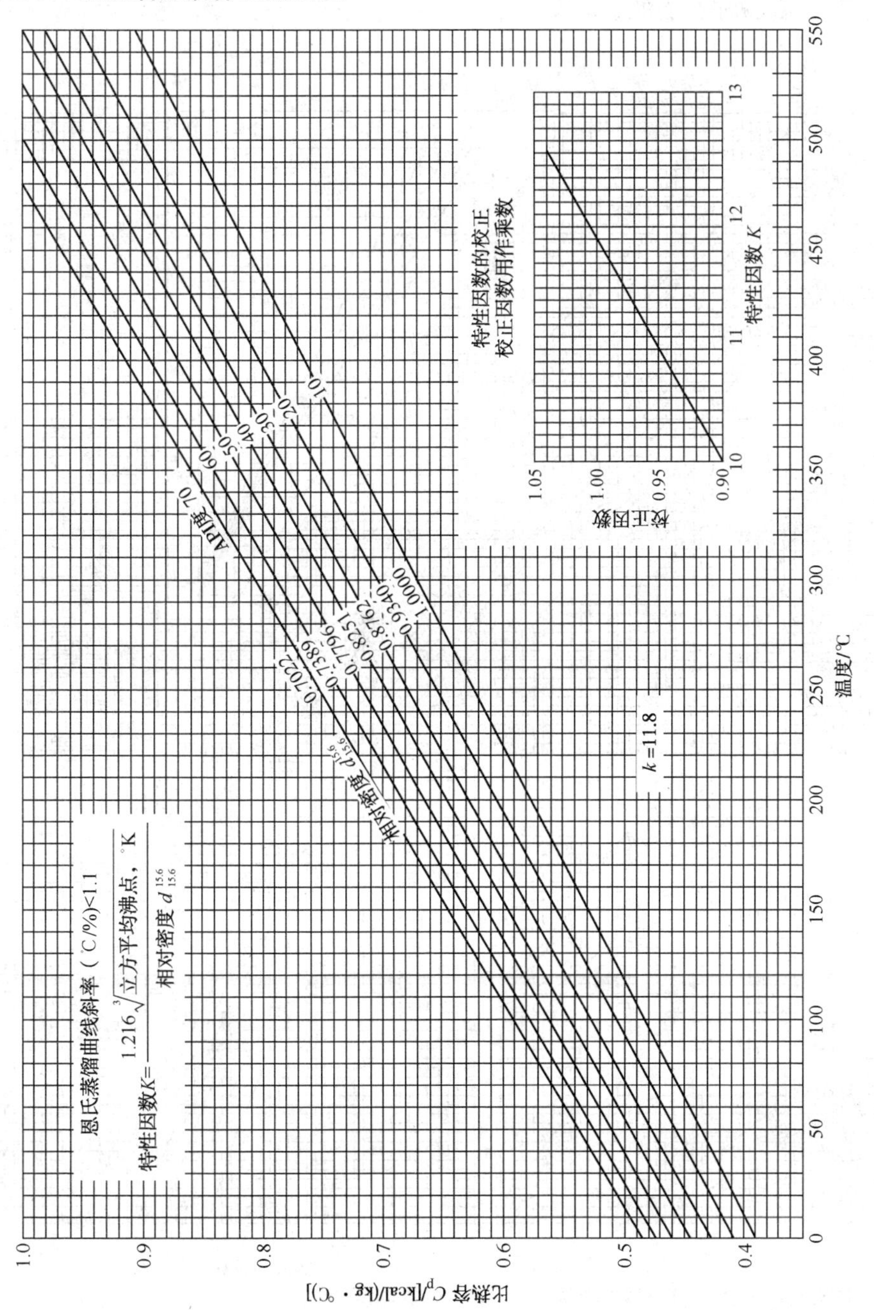

3.7　石油馏分的焓[10]

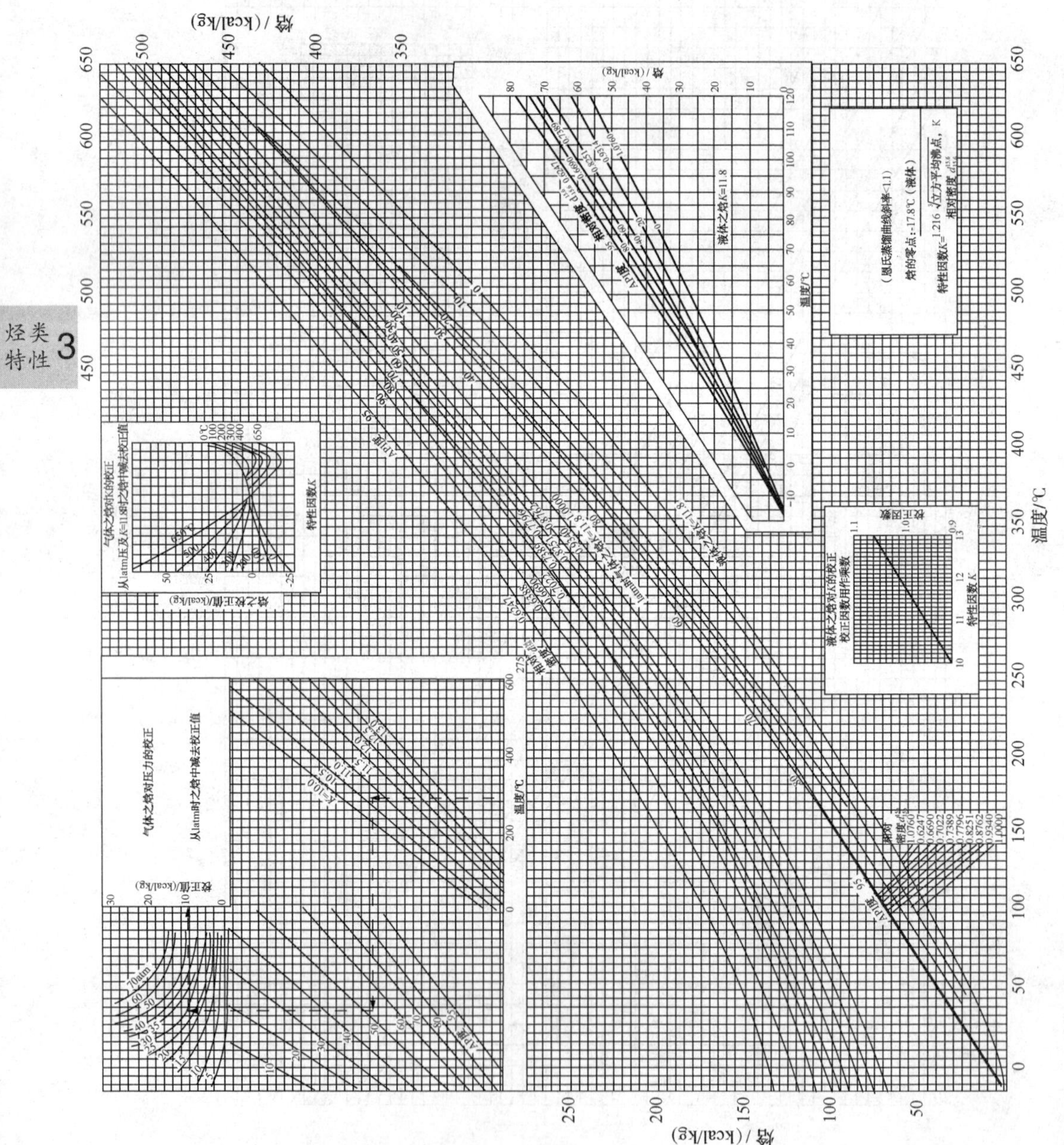

注：从上图查得的液体焓值平均误差为3%，靠近临界温度28℃内误差将近10%；气体焓值平均误差为±5.5kcal/kg。在应用该校正图时，还应注意：

① 该图内的等压曲线不得向外延伸；② 接近临界温度时不得应用；③ 校正值大于28kcal/kg时不得应用；④ 等特性因数和等比重线都是直线，可以延伸。

3.8　烃类和石油馏分的蒸发潜热[2]

3.8.1　烷烃蒸发潜热图

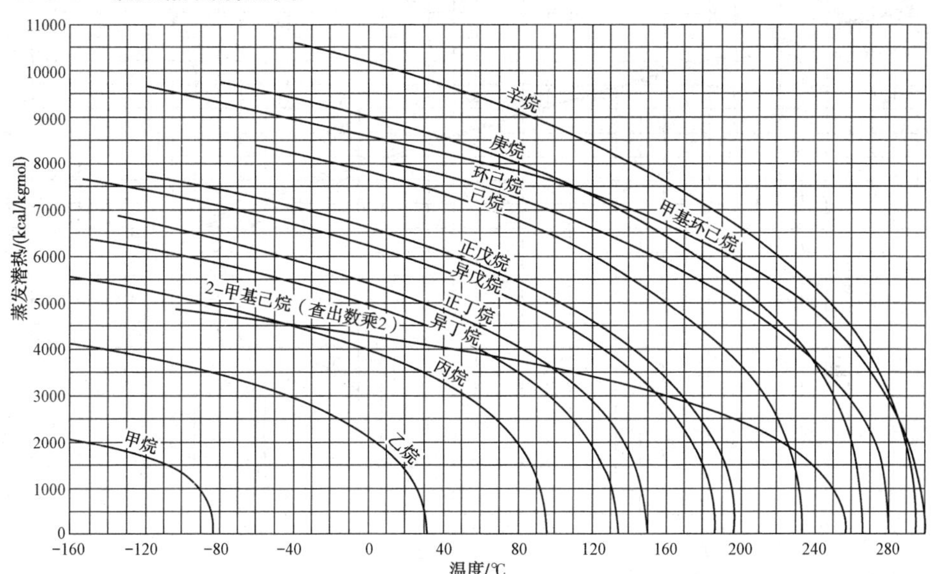

3.8.2　石油馏分在常压下的蒸发潜热图

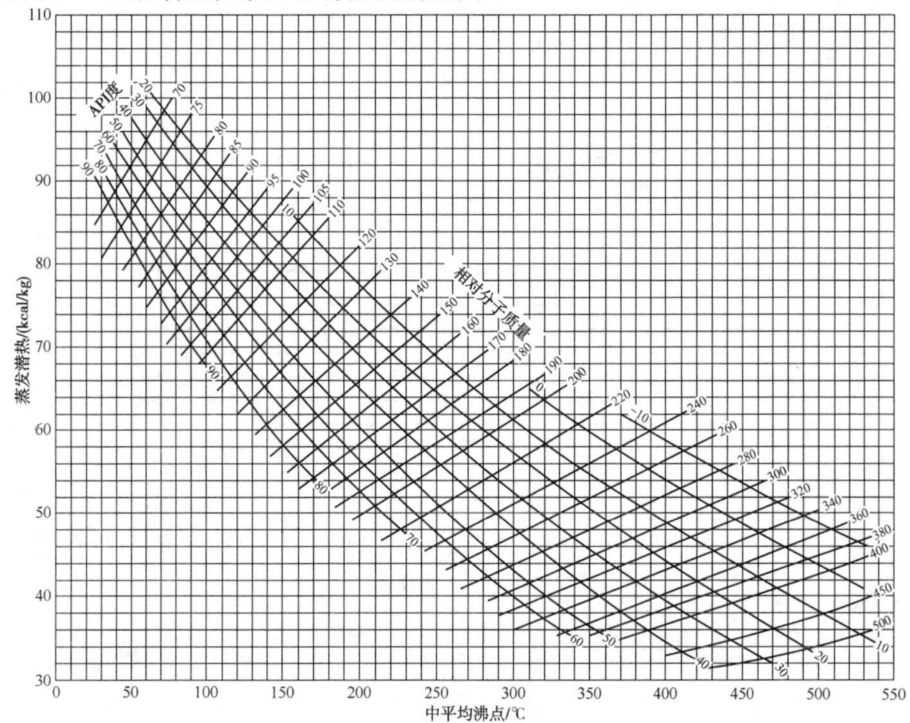

3.8.3 芳香烃蒸发潜热图

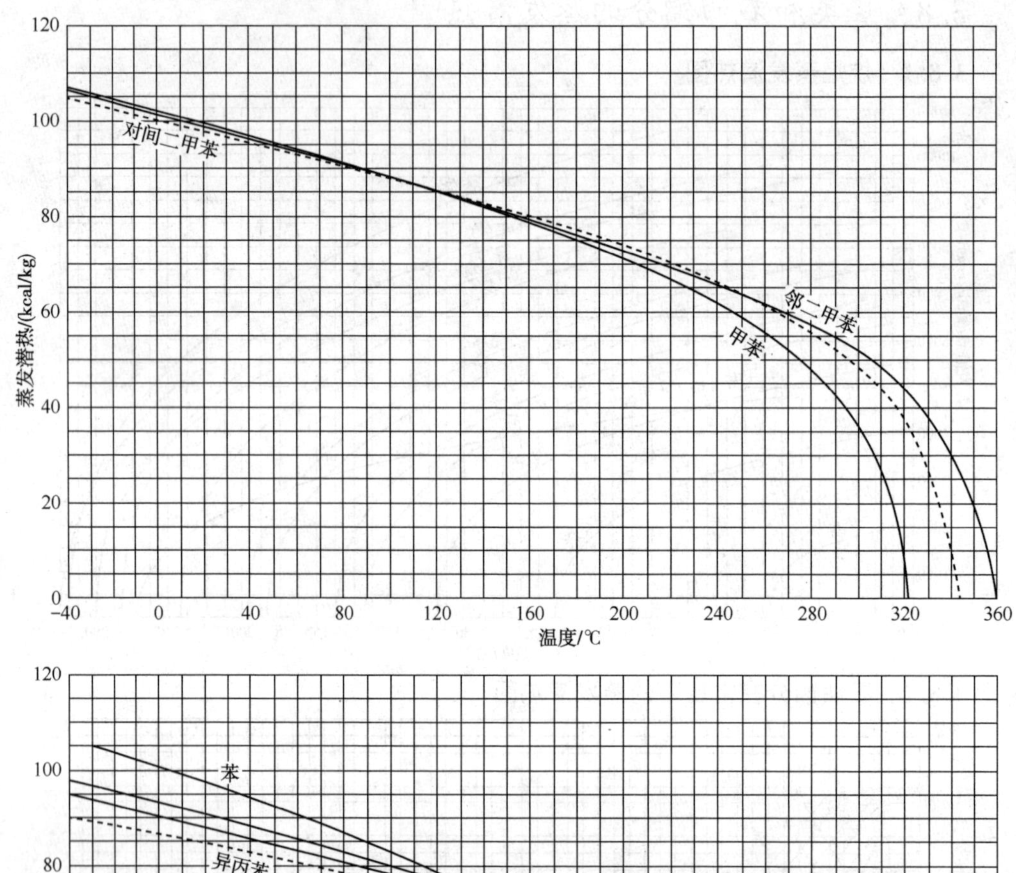

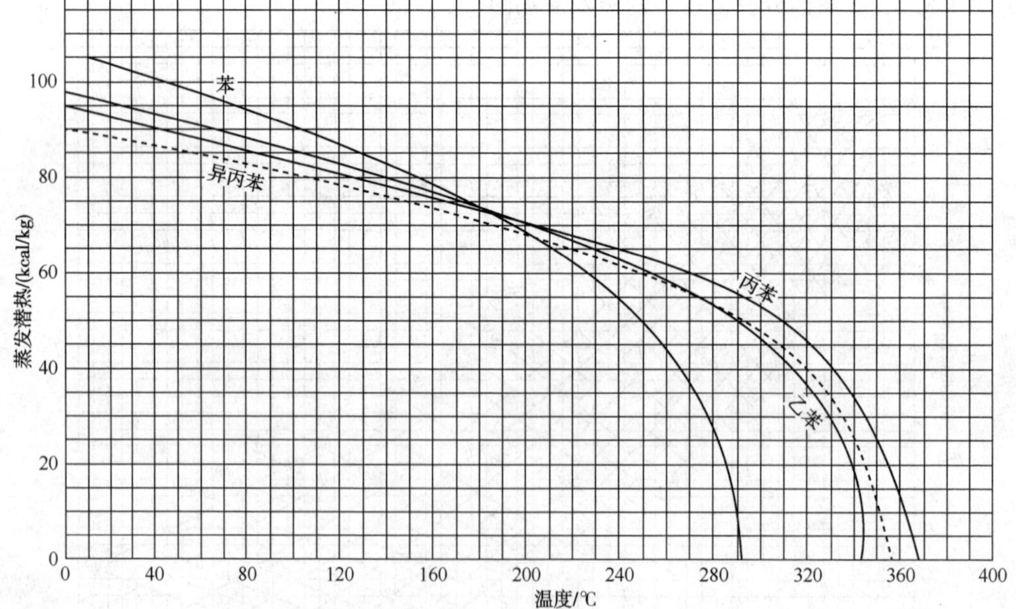

3.9　烃类和油品的黏度[2]

3.9.1　烷烃液体黏度图

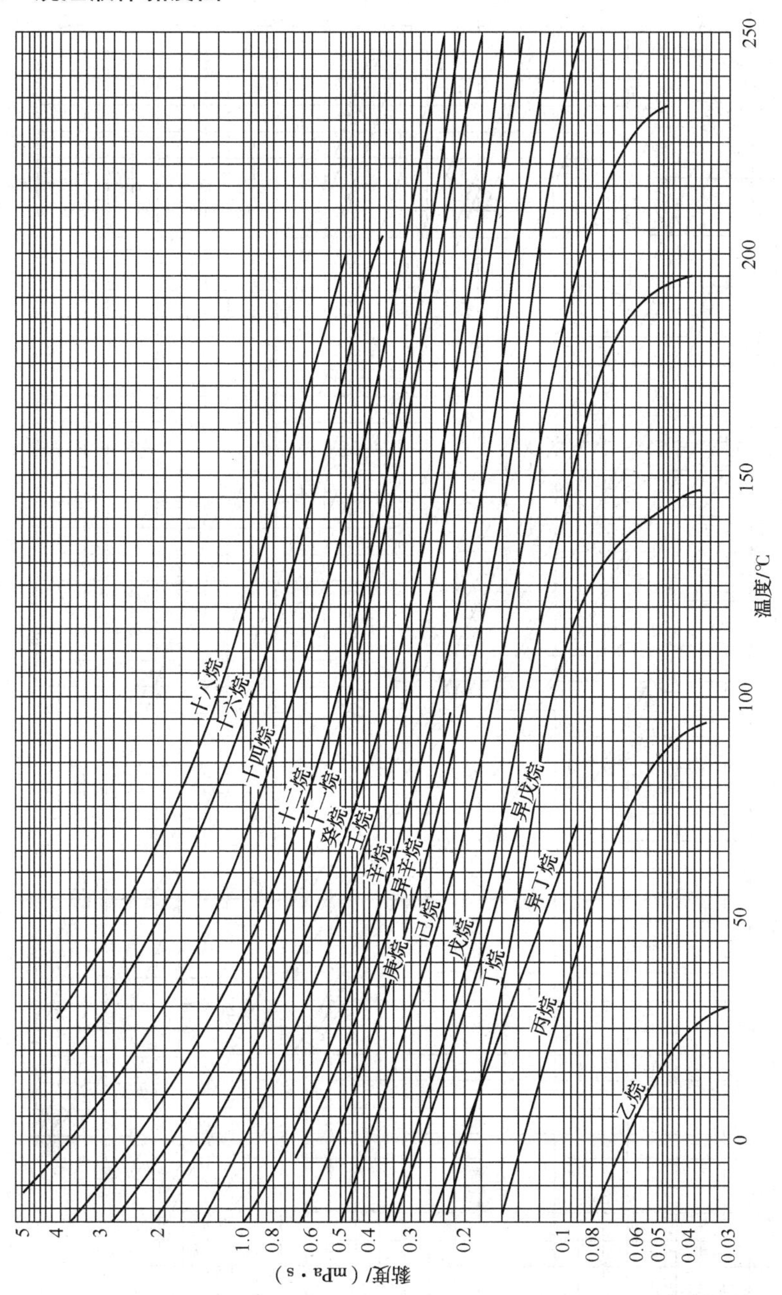

3.9.2 烃类常压蒸气黏度图

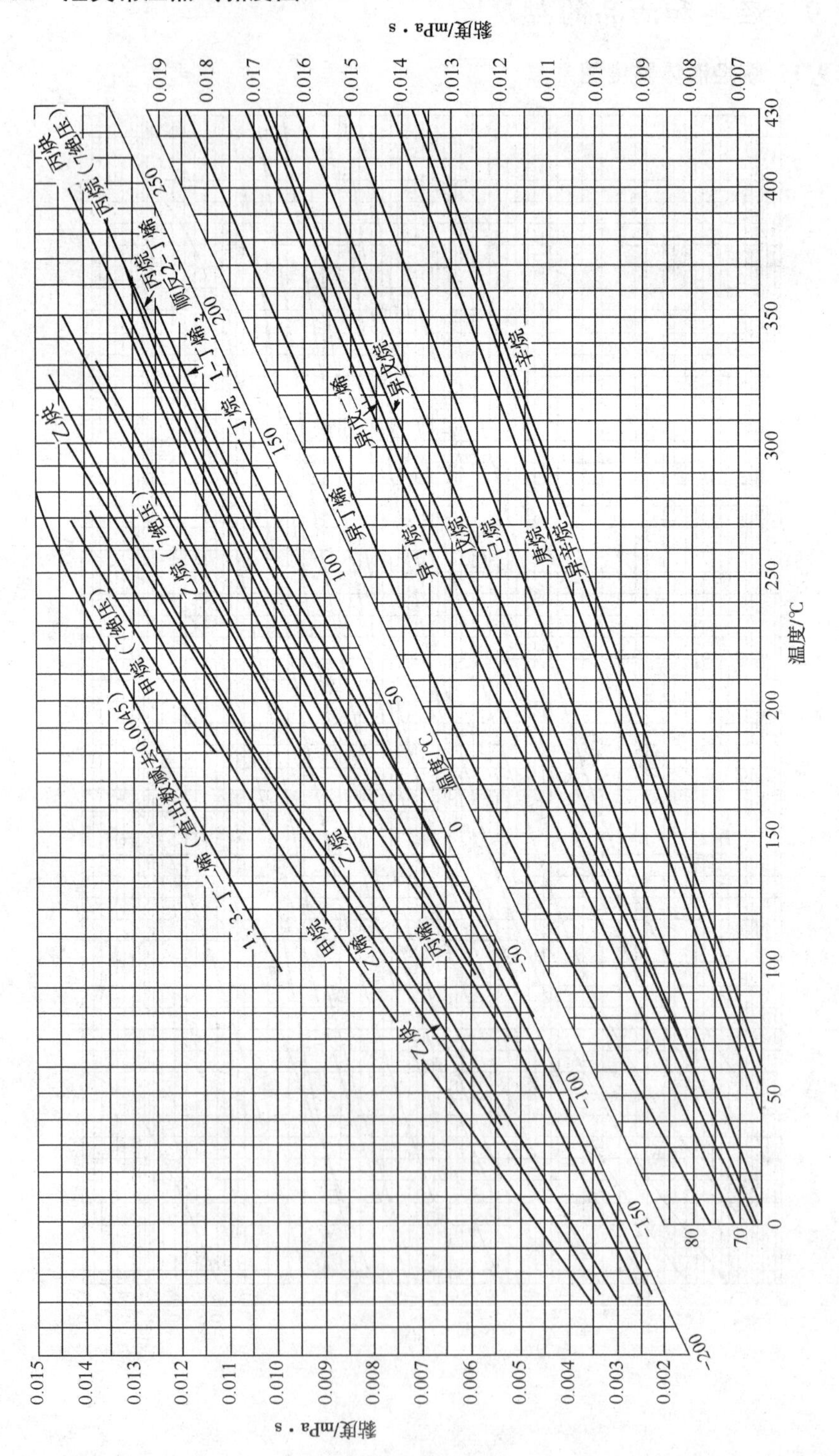

3.9.3 油品黏度与温度关系图(低黏度)

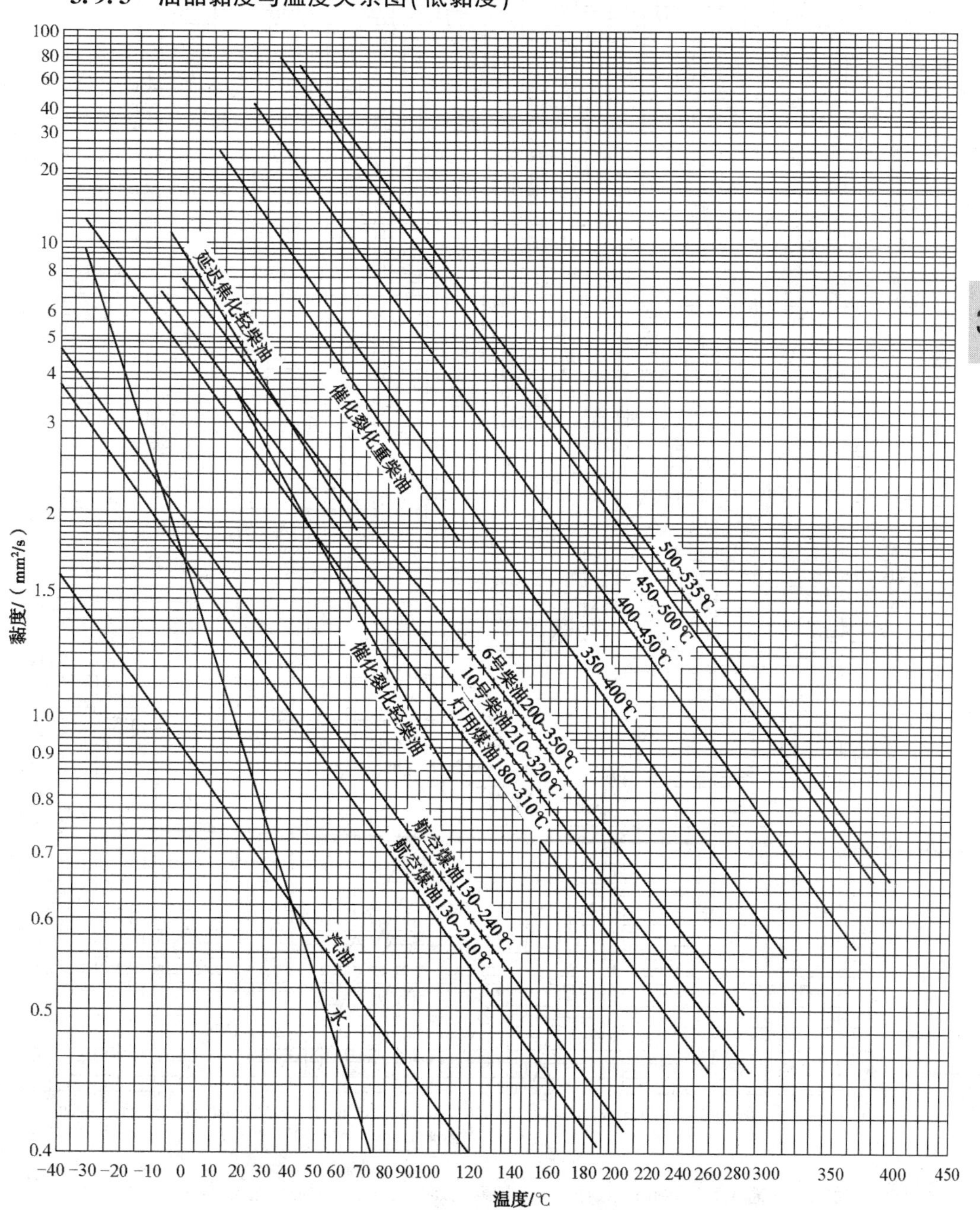

3.9.4　油品黏度与温度关系图(高黏度)

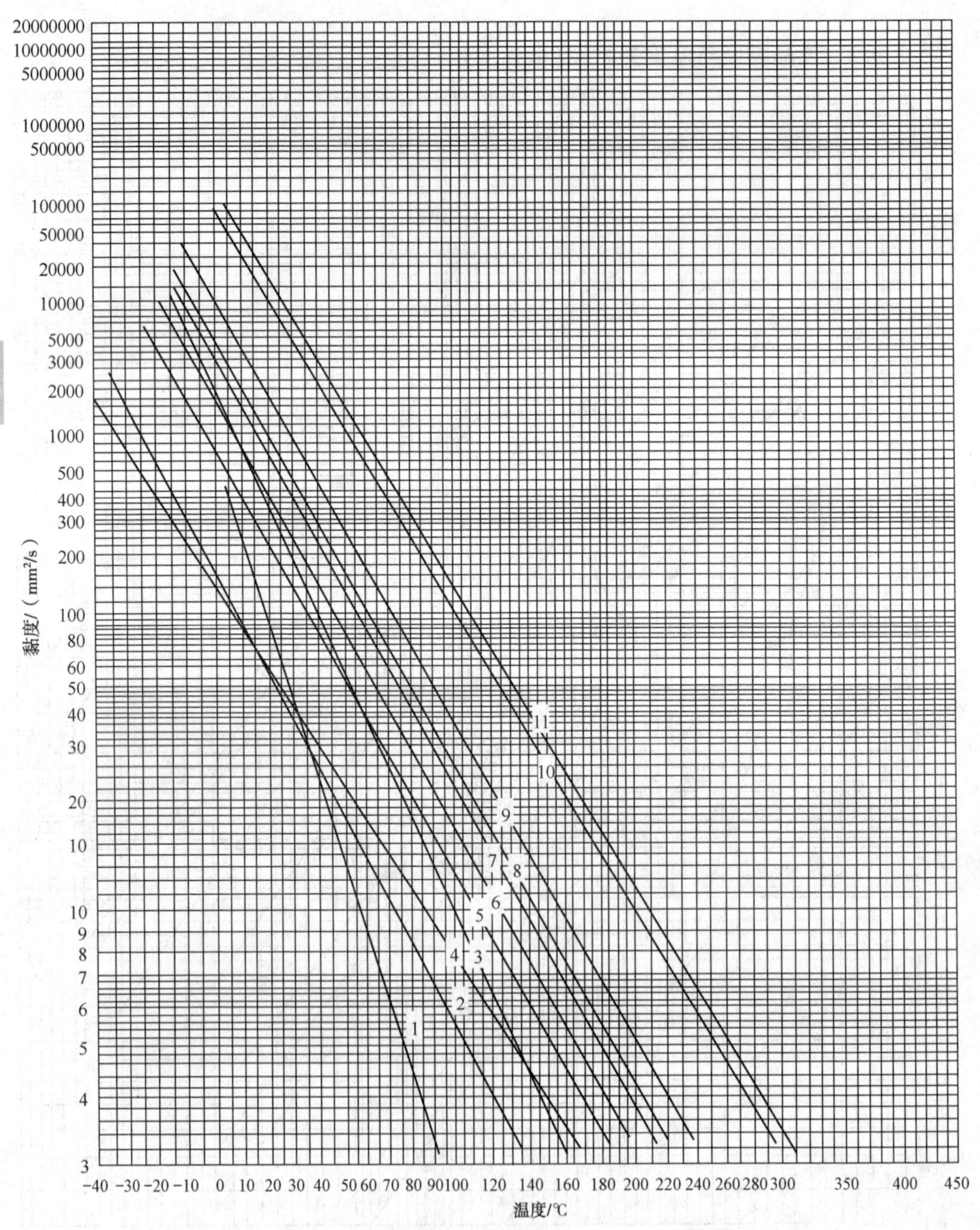

1—江汉原油；2—大港原油；3—胜利原油；4—大庆原油；5—大庆原油>283℃之重油；6—大庆原油>327℃之重油；7—大庆原油>335℃之重油；8—大庆原油>450℃之残油；9—大庆原油>535℃之脱沥青残油；10—大庆原油>500℃之残油；11—大庆原油>525℃之残油

3.9.5 油品混合黏度图

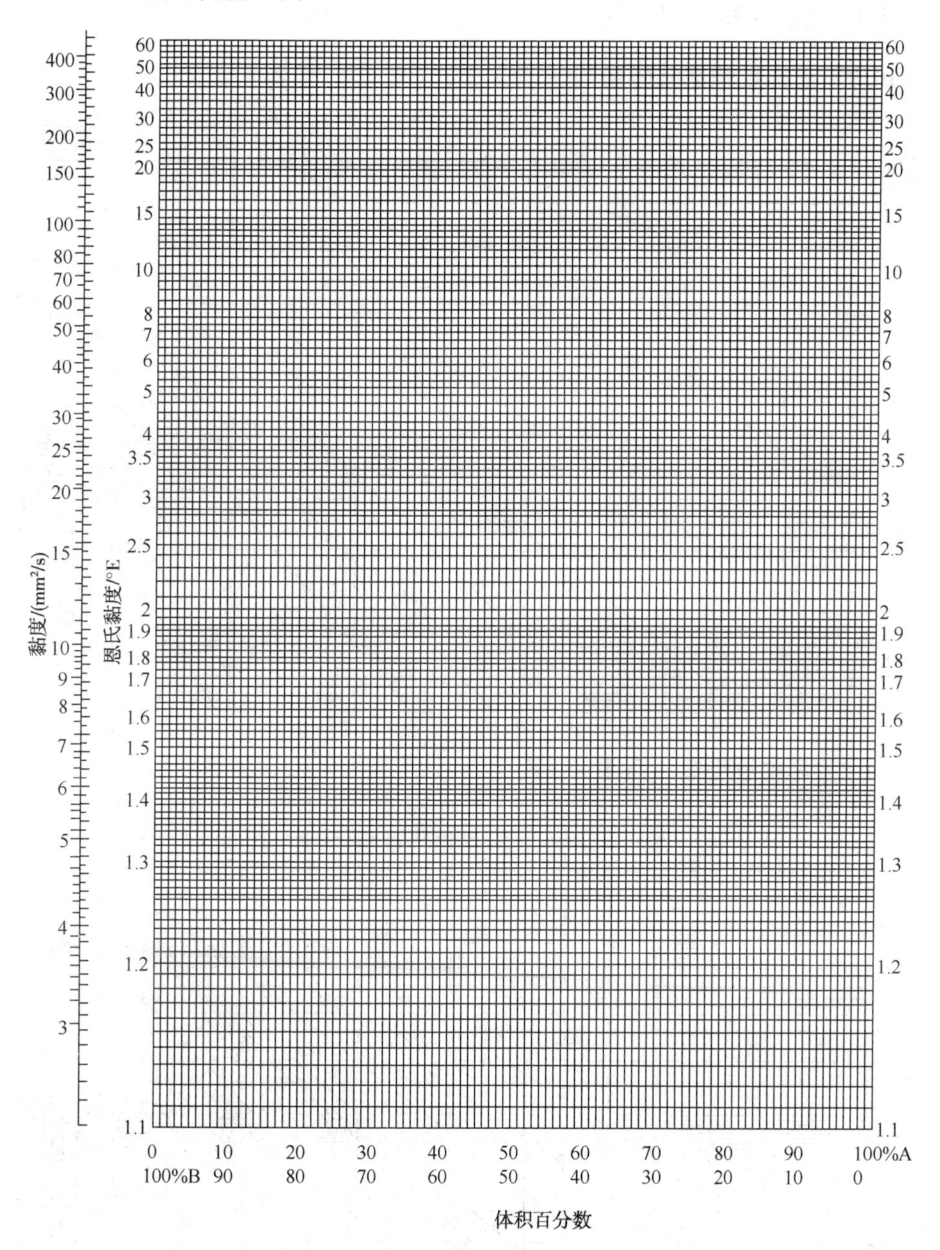

用法：将已知两种油品的黏度值标于本图上，两点间联直线，就可求得任一混合组成的黏度。

3.10　烃类蒸气压[2]

3.10.1　正构烷烃蒸气压图

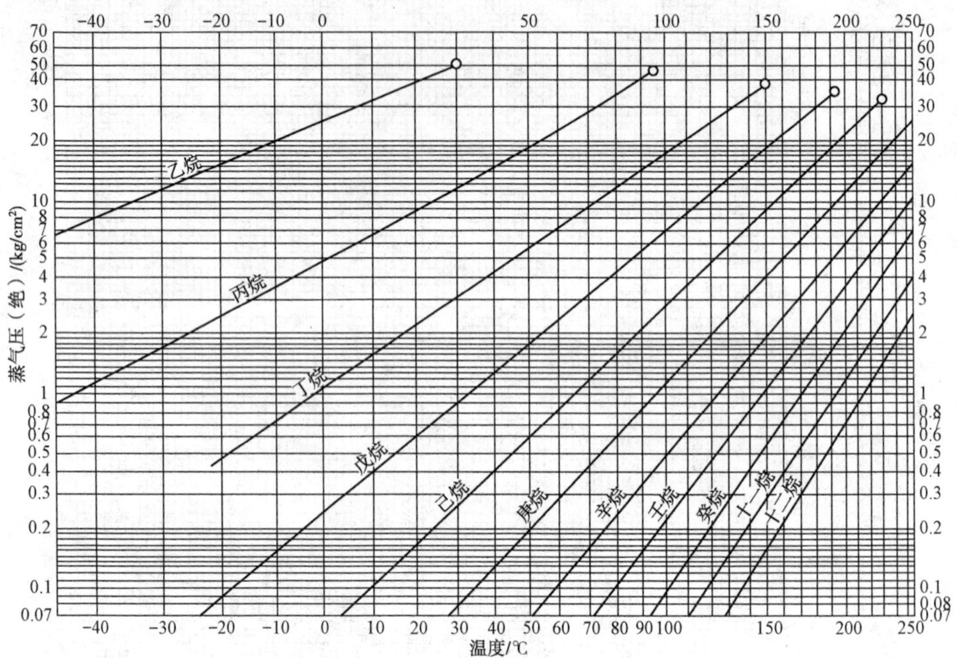

3.10.2　异构烷烃蒸气压图

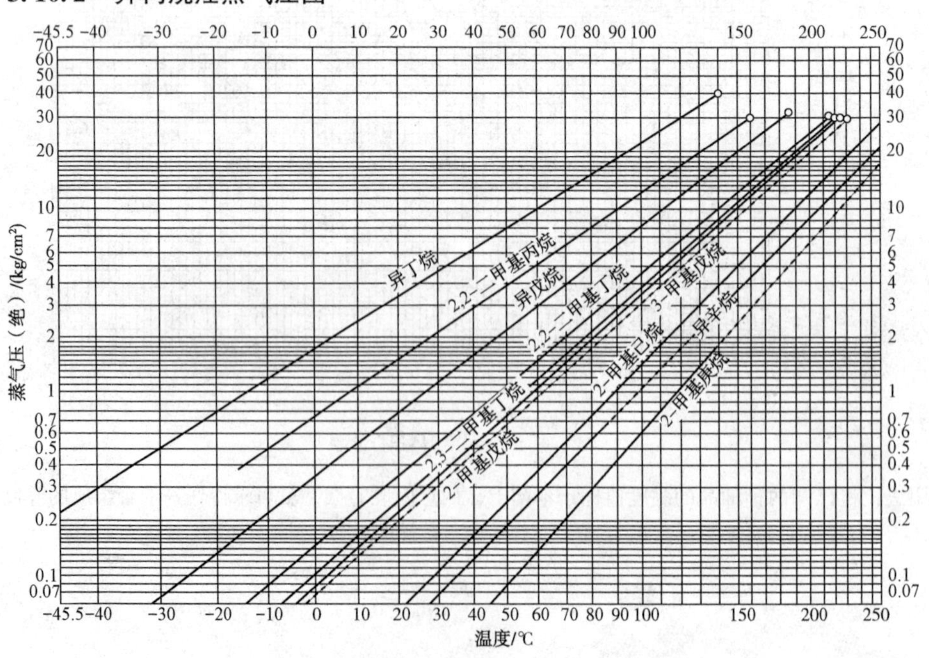

3.10.3 烯烃蒸气压图

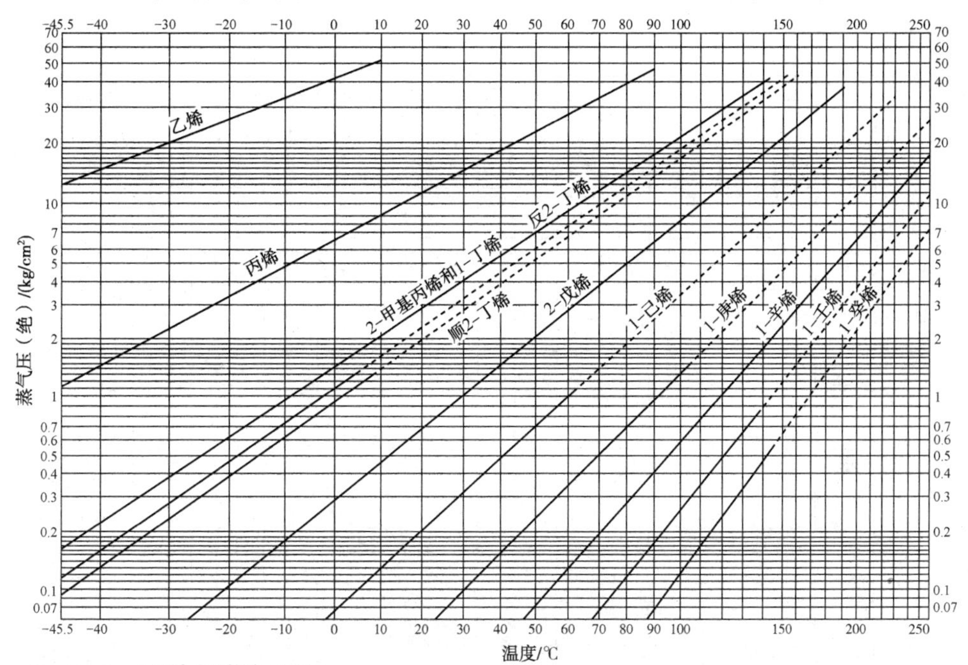

3.10.4 环烷烃蒸气压图

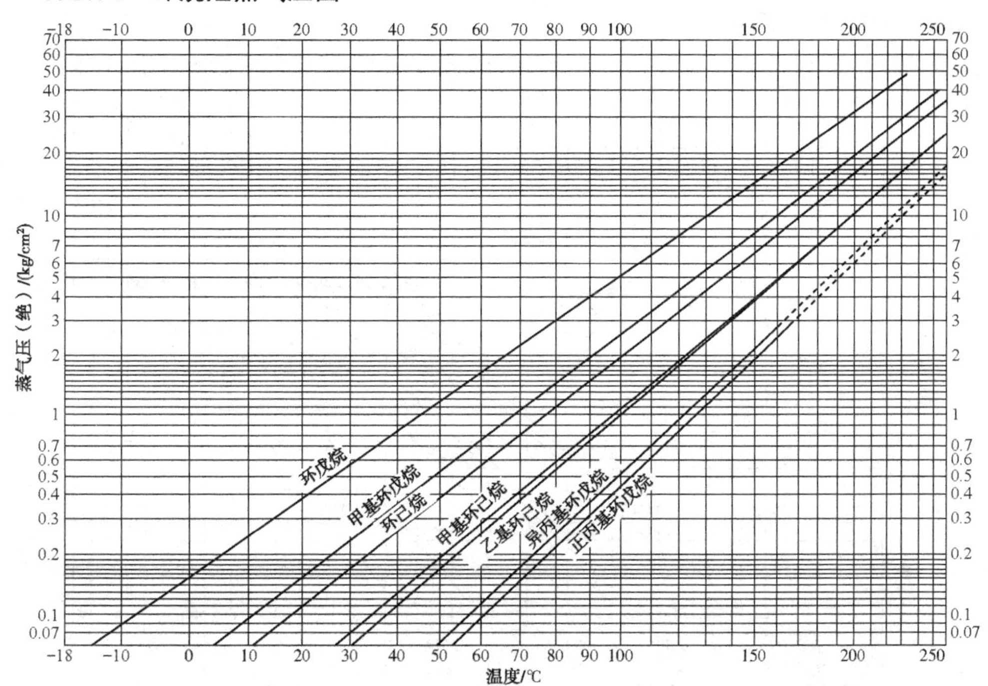

3.10.5 芳香烃蒸气压图

(1) 芳香烃蒸气压图(一)

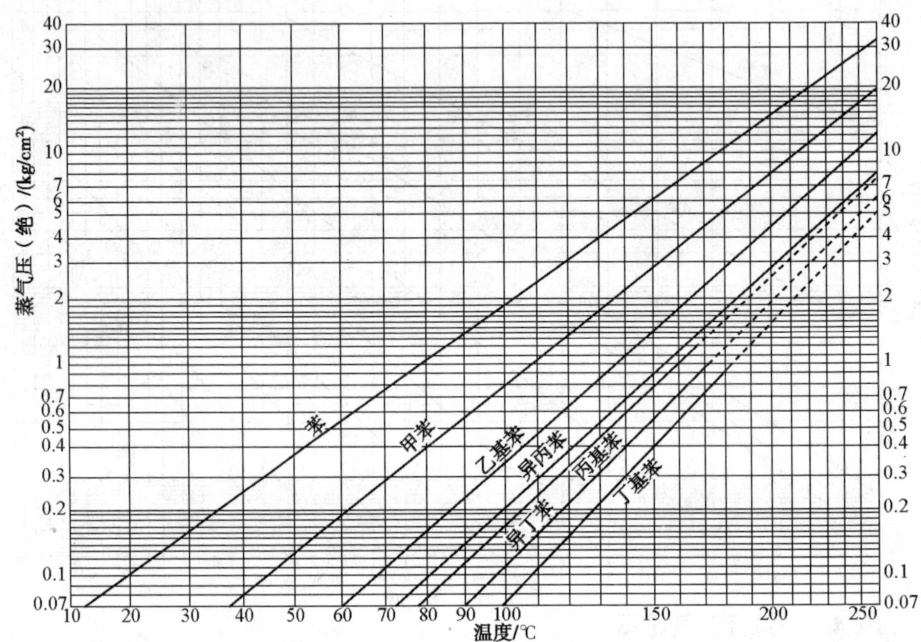

(2) 芳香烃蒸气压图(二)

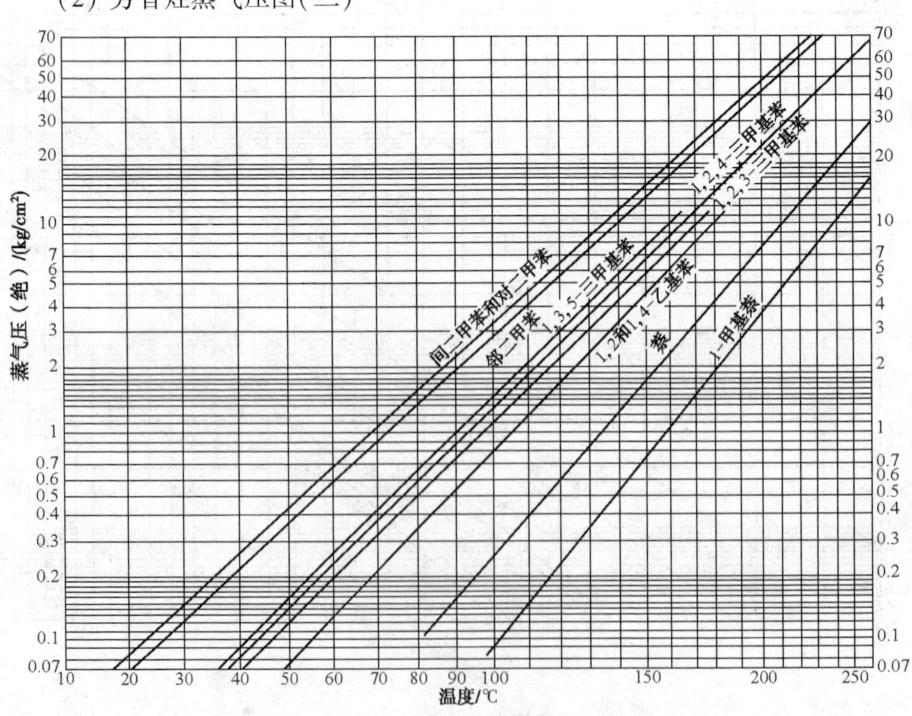

3.10.6　汽油蒸气压图

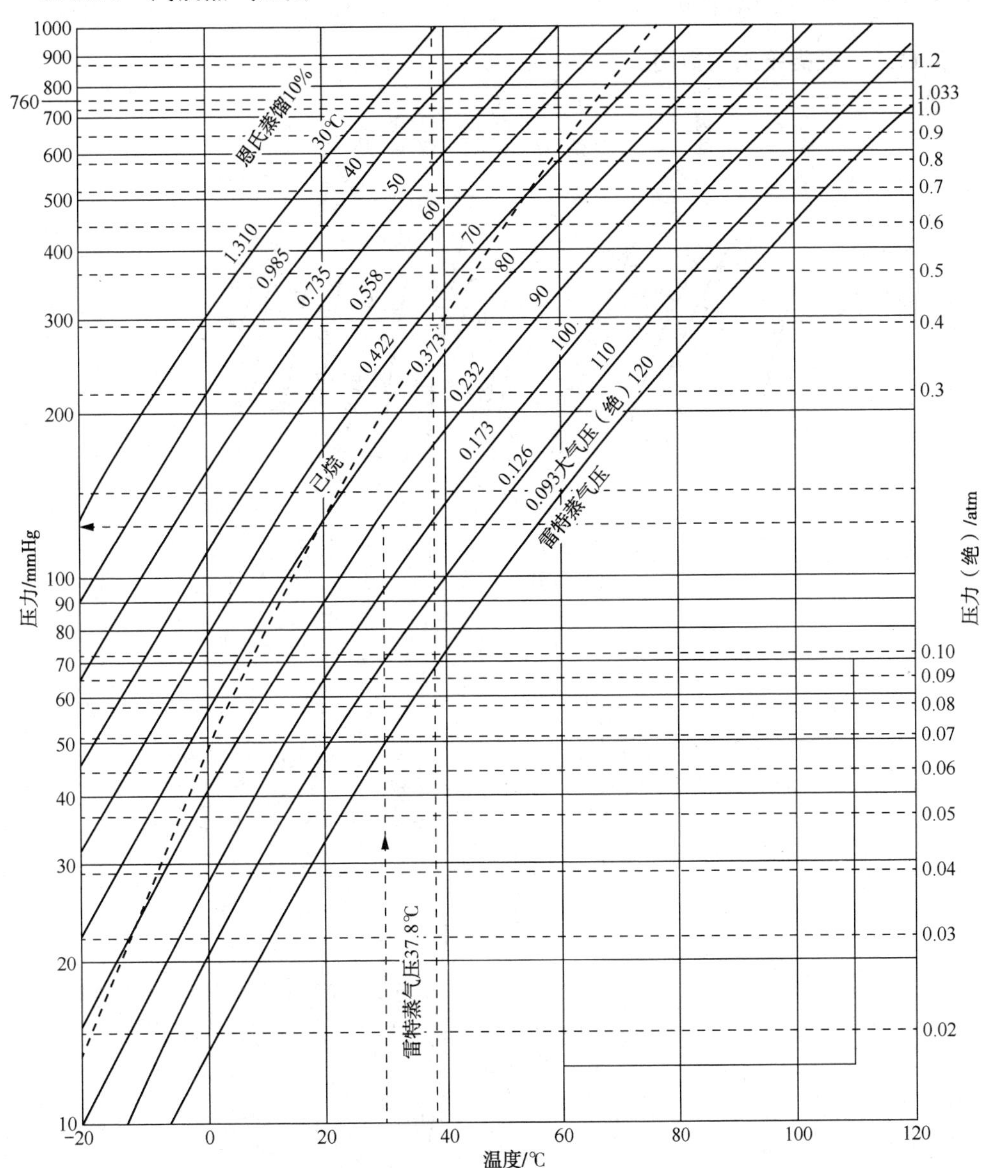

汽油是复杂的烃类混合物，汽油蒸气压可近似地由恩氏蒸馏 10%点或雷特蒸气压推出。

纯烃的蒸气压曲线更陡(己烷)。

例：已知恩氏蒸馏 10% = 90℃，雷特蒸气压 P_R = 0. 232atm(绝)，求出 30℃的蒸气压 P_0 = 130mm 汞柱。

3.11 气液相平衡常数[2]

3.11.1 烃类平衡常数图

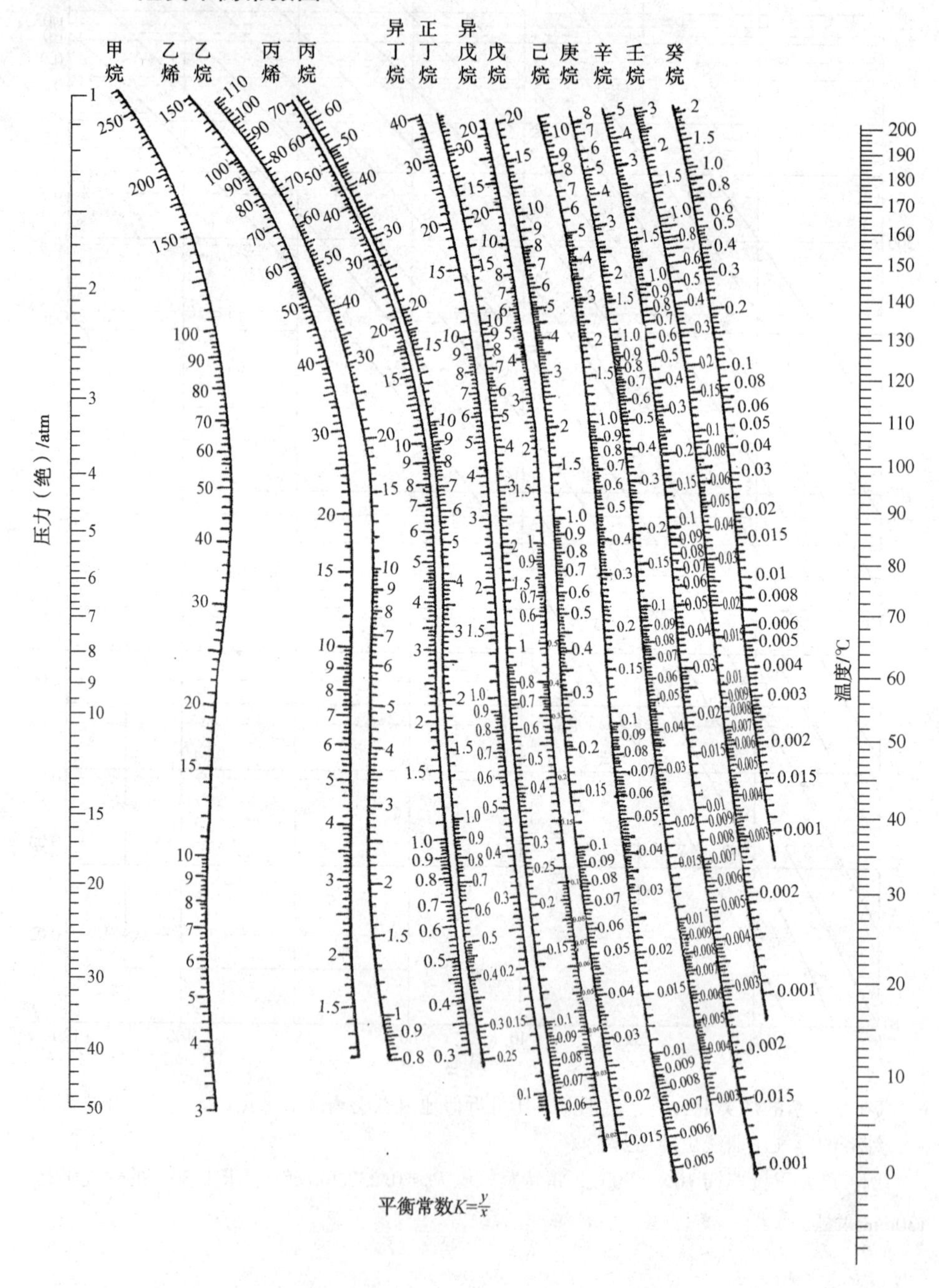

3.11.2　苯的平衡常数图

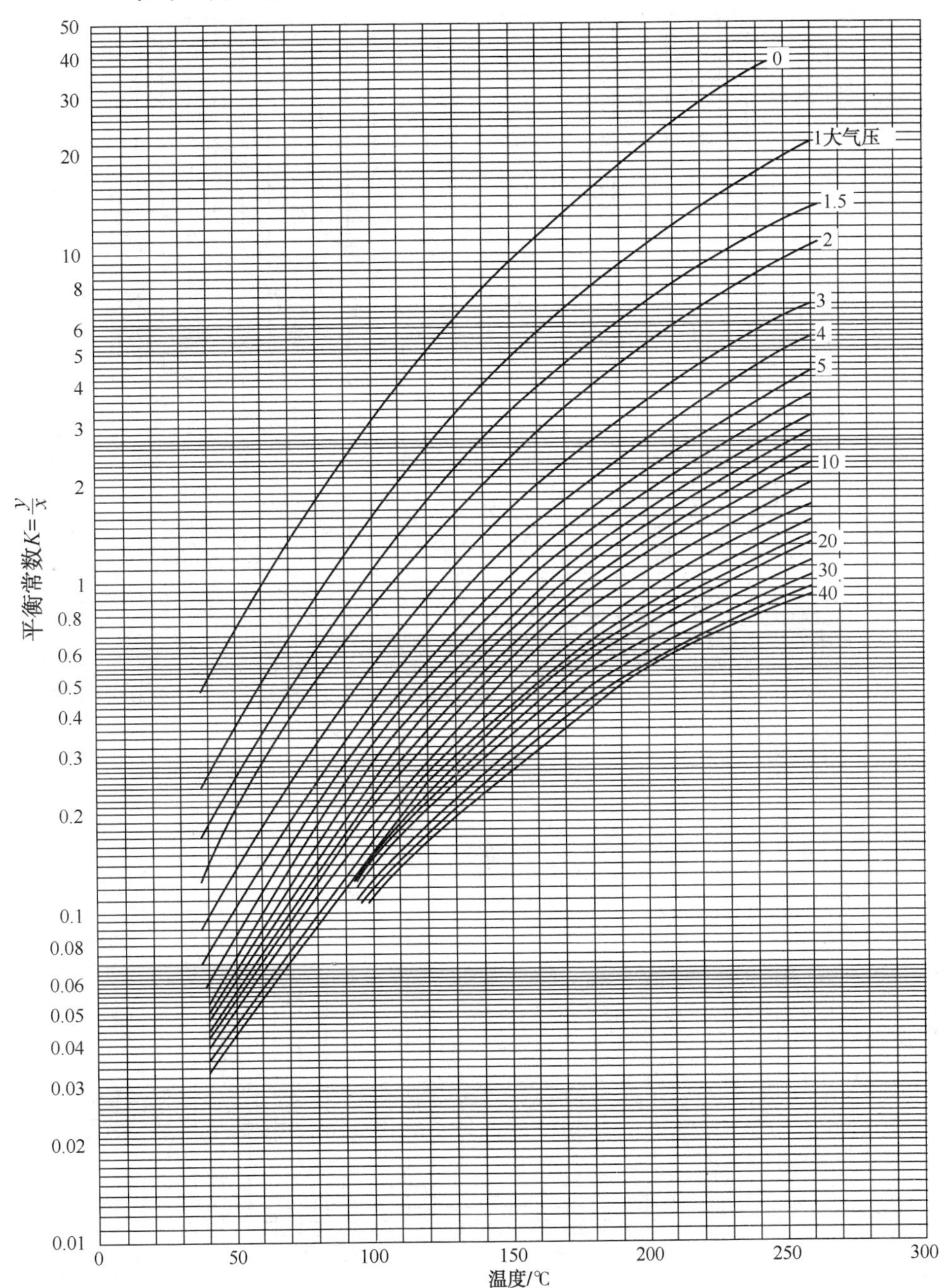

3.11.3　甲苯的平衡常数图

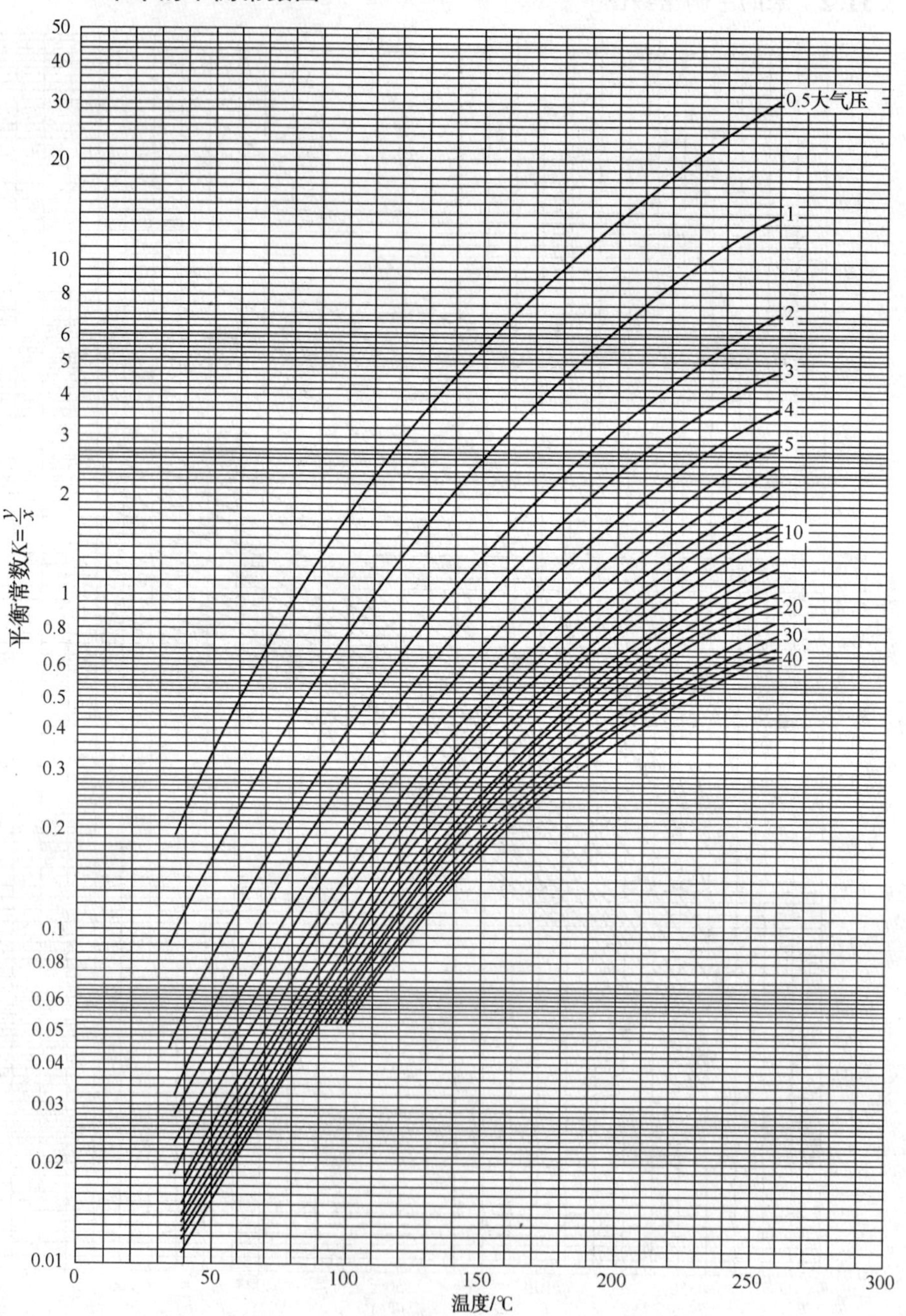

3.11.4　氢-烃系统中氢的平衡常数图

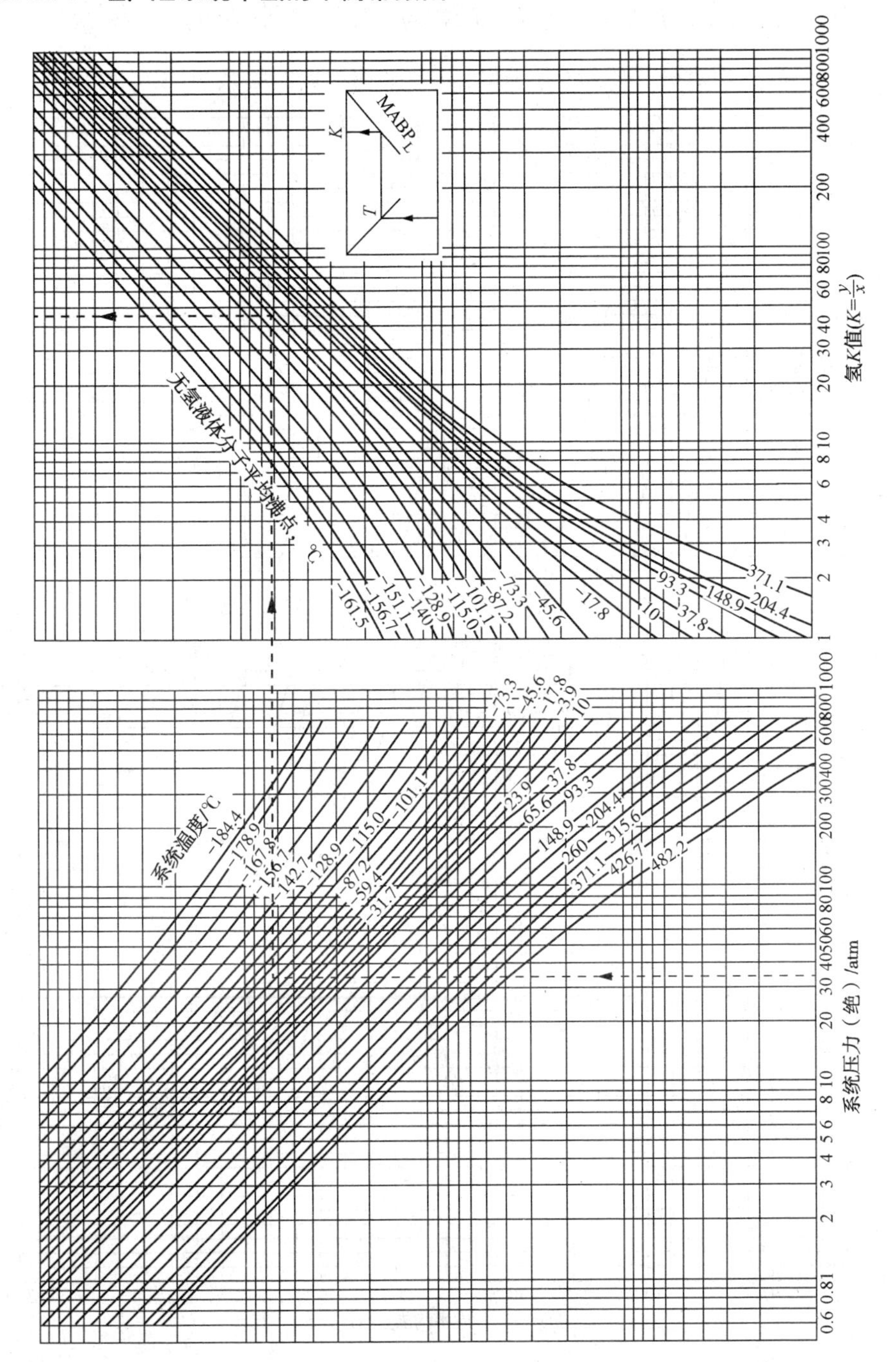

3.12 石油馏分相对分子质量与中平均沸点的关系[2]

(1) 石油馏分相对分子质量(分子量)与中平均沸点的关系图(30~370℃)

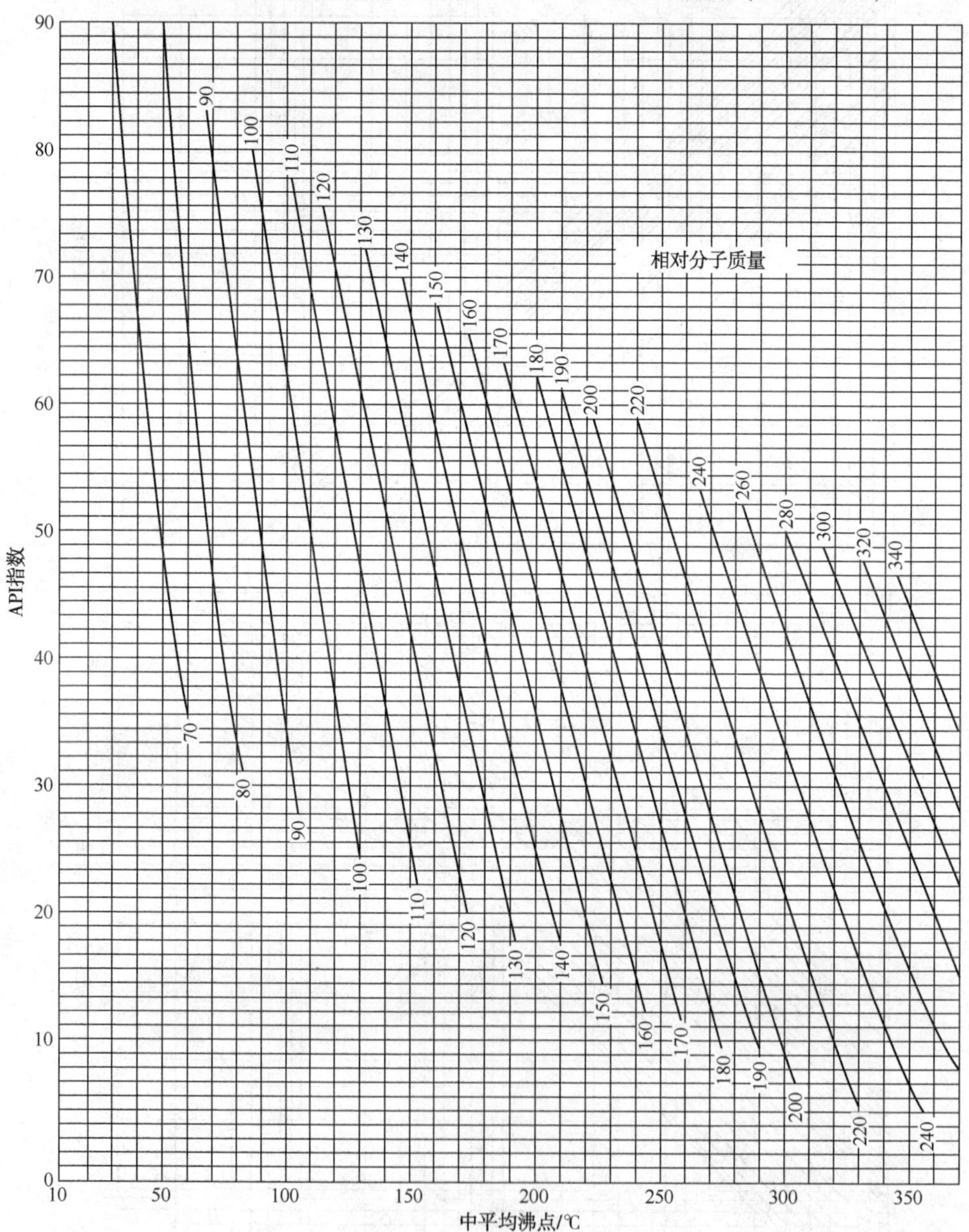

(2) 石油馏分相对分子质量(分子量)与中平均沸点的关系图(250~500℃)

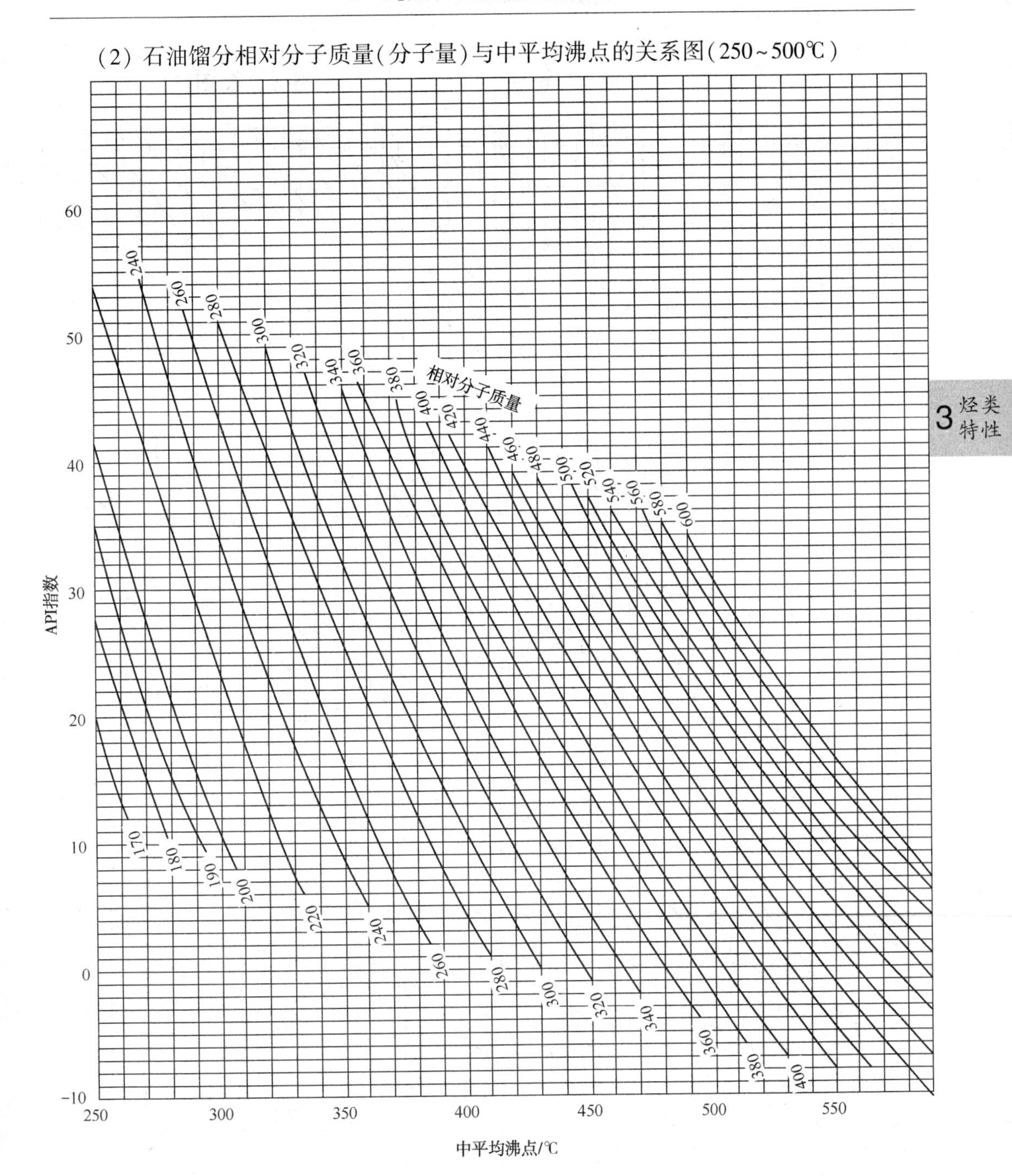

3.13 纯烃和石油馏分常压与减压沸点换算关系图[2]

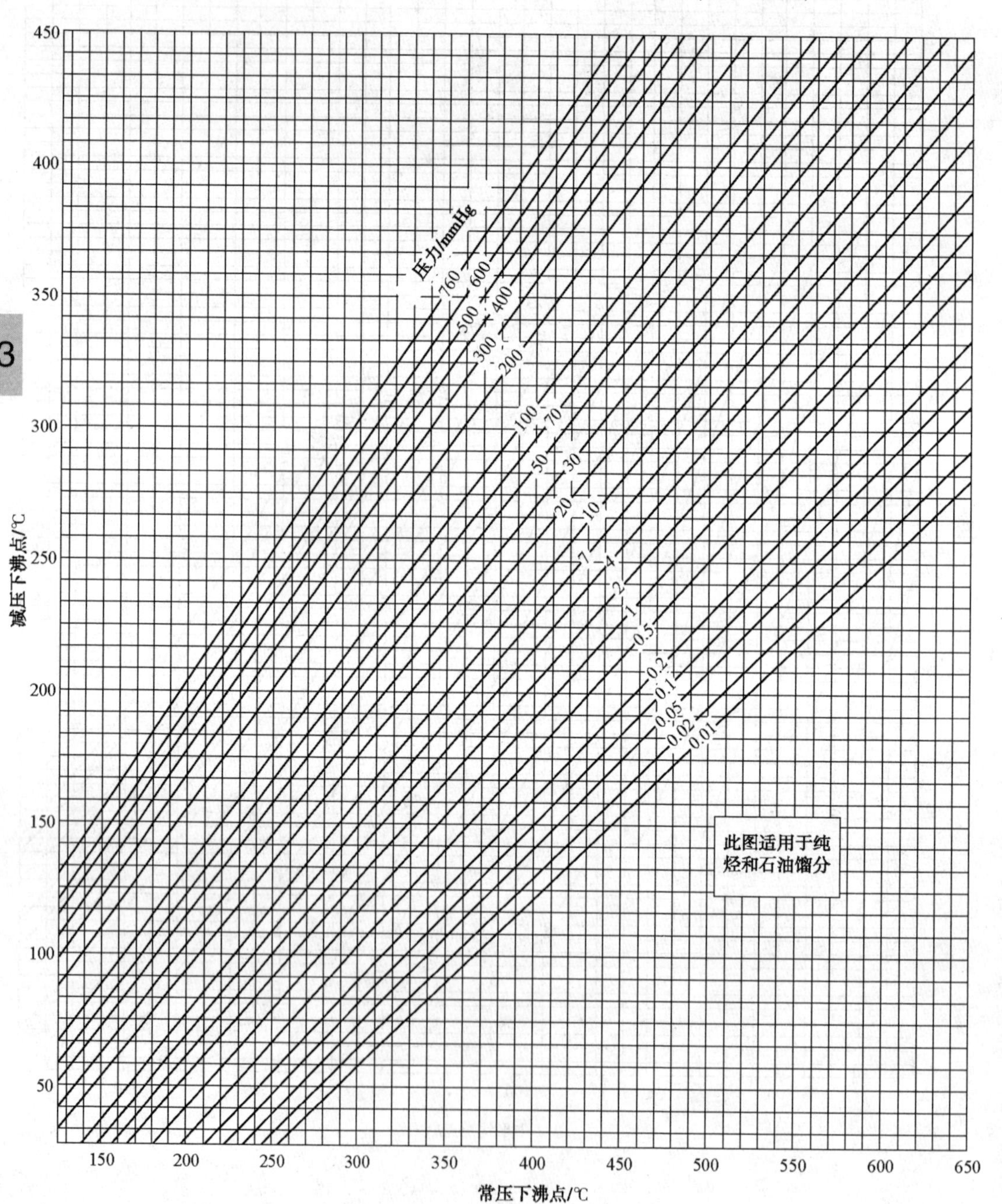

4　常用物质的性质

炼油工业加工的是石油，但工作中需要接触很多非石油物质，如蒸汽、氢气、氮气、化学品、溶剂、水溶液等，这些物质的性质也是炼油工作者十分关心的，这里汇集了一些常用气体和液体物质的主要理化性质，以及一些水溶液的凝点和溶解度数据，供需要时使用。

4.1　饱和蒸汽和饱和水的性质[2]

压力/ kgf/cm^2（绝）	温度/℃	沸腾水的比容/（m^3/kg）	干饱和蒸汽的比容/（m^3/kg）	干饱和蒸汽的密度/（kg/m^3）	沸腾水的焓/（kcal/kg）	干饱和蒸汽的焓/（kcal/kg）	蒸发潜热/（kcal/kg）	沸腾水的熵/［kcal/（kg·℃）］	干饱和蒸汽的熵/［kcal/（kg·℃）］
0.010	6.698	0.0010001	131.7	0.007593	6.73	600.2	593.5	0.0243	2.1450
0.015	12.737	0.0010007	89.64	0.01116	12.78	602.9	590.1	0.0457	2.1097
0.020	17.204	0.0010013	68.26	0.01465	17.25	604.9	587.6	0.0612	2.0849
0.025	20.776	0.0010020	55.28	0.01809	20.81	606.4	585.6	0.0735	2.0657
0.030	23.772	0.0010027	46.52	0.02149	23.80	607.8	584.0	0.0837	2.0505
0.035	26.359	0.0010034	40.22	0.02486	26.39	608.9	582.5	0.0924	2.0371
0.040	28.641	0.0010041	35.46	0.02820	28.67	609.8	581.1	0.0999	2.0254
0.045	30.69	0.0010047	31.72	0.03152	30.71	610.7	580.0	0.1066	2.0153
0.050	32.55	0.0010053	28.73	0.03481	32.58	611.5	578.9	0.1127	2.0065
0.055	34.25	0.0010059	26.25	0.03809	34.26	612.3	578.0	0.1182	1.9986
0.060	35.82	0.0010064	24.18	0.04135	35.84	613.0	577.2	0.1233	1.9912
0.065	37.29	0.0010069	22.43	0.04458	37.29	613.6	576.3	0.1280	1.9841
0.070	38.66	0.0010074	20.92	0.04780	38.66	614.1	575.4	0.1324	1.9777
0.075	39.95	0.0010079	19.60	0.05101	39.96	614.7	574.7	0.1363	1.9718
0.080	41.16	0.0010084	18.45	0.05421	41.17	615.2	574.0	0.1402	1.9664
0.085	42.32	0.0010088	17.43	0.05740	42.32	615.7	573.4	0.1439	1.9614
0.090	43.41	0.0010093	16.51	0.06058	43.41	616.2	572.7	0.1474	1.9566
0.095	44.46	0.0010097	15.69	0.06375	44.46	616.6	572.2	0.1508	1.9522
0.10	45.45	0.0010101	14.95	0.06691	45.45	617.0	571.6	0.1540	1.9480
0.11	47.33	0.0010108	13.66	0.07320	47.33	617.8	570.5	0.1598	1.9401
0.12	49.06	0.0010116	12.59	0.07946	49.05	618.6	569.5	0.1652	1.9327
0.13	50.67	0.0010123	11.67	0.08569	50.66	619.3	568.6	0.1702	1.9258
0.14	52.18	0.0010130	10.88	0.09188	52.17	619.9	567.7	0.1748	1.9196
0.15	53.60	0.0010137	10.20	0.09804	53.58	620.5	566.9	0.1791	1.9140
0.16	54.94	0.0010144	9.604	0.1041	54.92	621.1	566.2	0.1832	1.9088
0.17	56.21	0.0010151	9.074	0.1102	56.20	621.6	565.4	0.1871	1.9038

续表

压力/kgf/cm²(绝)	温度/℃	沸腾水的比容/(m³/kg)	干饱和蒸汽的比容/(m³/kg)	干饱和蒸汽的密度/(kg/m³)	沸腾水的焓/(kcal/kg)	干饱和蒸汽的焓/(kcal/kg)	蒸发潜热/(kcal/kg)	沸腾水的熵/[kcal/(kg·℃)]	干饱和蒸汽的熵/[kcal/(kg·℃)]
0.18	57.41	0.0010157	8.600	0.1163	57.40	622.1	564.7	0.1908	1.8991
0.19	58.57	0.0010163	8.172	0.1224	58.55	622.6	564.0	0.1943	1.8946
0.20	59.67	0.0010169	7.789	0.1284	59.65	623.0	563.4	0.1976	1.8903
0.21	60.72	0.0010175	7.442	0.1344	60.70	623.5	562.8	0.2007	1.8862
0.22	61.74	0.0010181	7.123	0.1404	61.71	623.9	562.2	0.2037	1.8824
0.23	62.71	0.0010186	6.832	0.1464	62.69	624.3	561.6	0.2066	1.8788
0.24	63.65	0.0010191	6.564	0.1523	63.63	624.7	561.1	0.2094	1.8753
0.25	64.56	0.0010196	6.317	0.1583	64.51	625.0	560.5	0.2121	1.8718
0.26	65.44	0.0010201	6.082	0.1642	65.45	625.4	560.0	0.2147	1.8685
0.27	66.29	0.0010206	5.877	0.1702	66.27	625.7	559.4	0.2172	1.8653
0.28	67.11	0.0010211	5.680	0.1761	67.09	626.1	559.0	0.2196	1.8623
0.29	67.91	0.0010216	5.496	0.1820	67.89	626.4	558.5	0.2219	1.8594
0.30	68.68	0.0010221	5.324	0.1878	68.66	626.7	558.0	0.2242	1.8567
0.32	70.16	0.0010229	5.012	0.1995	70.14	627.3	557.2	0.2286	1.8516
0.34	71.57	0.0010237	4.735	0.2112	71.55	627.9	556.4	0.2327	1.8468
0.36	72.91	0.0010245	4.483	0.2223	72.90	628.5	555.6	0.2366	1.8420
0.38	74.19	0.0010253	4.266	0.2344	74.18	629.0	554.8	0.2403	1.8375
0.40	75.42	0.0010261	4.066	0.2459	75.41	629.5	554.1	0.2438	1.8338
0.45	78.27	0.0010279	3.641	0.2746	78.27	630.6	552.3	0.2519	1.8235
0.50	80.86	0.0010296	3.299	0.3031	80.86	631.6	550.7	0.2593	1.8149
0.55	83.25	0.0010312	3.017	0.3314	83.26	632.6	549.3	0.2660	1.8072
0.60	85.45	0.0010327	2.781	0.3595	85.47	633.5	548.0	0.2722	1.8003
0.65	87.51	0.0010341	2.581	0.3874	87.54	634.3	546.8	0.2779	1.7940
0.70	89.45	0.0010355	2.409	0.4152	89.49	635.1	545.6	0.2833	1.7881
0.75	91.27	0.0010368	2.258	0.4429	91.32	635.8	544.5	0.2884	1.7825
0.80	92.99	0.0010381	2.126	0.4704	93.05	636.4	543.3	0.2931	1.7772
0.85	94.62	0.0010393	2.009	0.4978	94.69	637.0	542.3	0.2976	1.7722
0.90	96.18	0.0010405	1.904	0.5252	96.25	637.6	541.3	0.3019	1.7675
0.95	97.66	0.0010417	1.811	0.5525	97.74	638.1	540.4	0.3059	1.7631
1.0	99.09	0.0010428	1.725	0.5797	99.18	638.7	539.5	0.3097	1.7589
1.1	101.76	0.0010448	1.578	0.6338	101.87	639.7	537.8	0.3169	1.7513
1.2	104.25	0.0010468	1.455	0.6876	104.38	640.6	536.2	0.3236	1.7444
1.3	106.56	0.0010487	1.350	0.7411	106.72	641.5	534.8	0.3298	1.7381
1.4	108.74	0.0010505	1.259	0.7944	108.92	642.3	533.4	0.3355	1.7322
1.5	110.79	0.0010521	1.180	0.8474	110.99	643.1	532.1	0.3409	1.7267
1.6	112.73	0.0010538	1.111	0.9001	112.96	643.8	530.8	0.3460	1.7216

续表

压力/kgf/cm²(绝)	温度/℃	沸腾水的比容/(m³/kg)	干饱和蒸汽的比容/(m³/kg)	干饱和蒸汽的密度/(kg/m³)	沸腾水的焓/(kcal/kg)	干饱和蒸汽的焓/(kcal/kg)	蒸发潜热/(kcal/kg)	沸腾水的熵/[kcal/(kg·℃)]	干饱和蒸汽的熵/[kcal/(kg·℃)]
1.7	114.57	0.0010554	1.050	0.9524	114.83	644.4	529.6	0.3508	1.7168
1.8	116.33	0.0010570	0.9957	1.004	116.60	645.1	528.5	0.3554	1.7123
1.9	118.01	0.0010585	0.9464	1.057	118.28	645.7	527.4	0.3598	1.7081
2.0	119.62	0.0010600	0.9019	1.109	119.94	646.3	526.4	0.3640	1.7040
2.1	121.16	0.0010614	0.8616	1.161	121.5	646.8	525.3	0.3680	1.7001
2.2	122.65	0.0010627	0.8249	1.212	123.0	647.3	524.3	0.3718	1.6963
2.3	124.08	0.0010640	0.7913	1.264	124.5	647.8	523.3	0.3754	1.6926
2.4	125.46	0.0010653	0.7604	1.315	125.9	648.2	522.3	0.3789	1.6891
2.5	126.79	0.0010666	0.7319	1.366	127.3	648.7	521.4	0.3823	1.6860
2.6	128.08	0.0010678	0.7055	1.417	128.6	649.2	520.6	0.3856	1.6830
2.7	129.34	0.0010690	0.6809	1.469	129.9	649.6	519.7	0.3888	1.6800
2.8	130.55	0.0010702	0.6580	1.520	131.1	650.0	518.9	0.3918	1.6771
2.9	131.73	0.0010714	0.6368	1.570	132.3	650.4	518.1	0.3947	1.6743
3.0	132.88	0.0010726	0.6160	1.621	133.5	650.8	517.3	0.3976	1.6716
3.1	134.00	0.0010737	0.5982	1.672	134.6	651.1	516.5	0.4004	1.6690
3.2	135.08	0.0010748	0.5807	1.722	135.7	651.5	515.8	0.4031	1.6665
3.3	136.14	0.0010759	0.5642	1.772	136.8	651.8	515.0	0.4058	1.6640
3.4	137.18	0.0010769	0.5486	1.823	137.9	652.1	514.2	0.4084	1.6616
3.5	138.19	0.0010780	0.5338	1.873	138.9	652.4	513.5	0.4109	1.6592
3.6	139.18	0.0010790	0.5198	1.924	139.9	652.7	512.8	0.4134	1.6570
3.7	140.15	0.0010799	0.5066	1.974	140.9	653.0	512.1	0.4158	1.6548
3.8	141.09	0.0010809	0.4941	2.024	141.9	653.3	511.4	0.4181	1.6527
3.9	142.02	0.0010819	0.4822	2.074	142.8	653.6	510.8	0.4204	1.6507
4.0	142.92	0.0010829	0.4708	2.124	143.7	653.9	510.2	0.4226	1.6488
4.1	143.81	0.0010838	0.4600	2.174	144.6	654.2	509.6	0.4248	1.6469
4.2	144.68	0.0010847	0.4497	2.224	145.5	654.5	509.0	0.4269	1.6450
4.3	145.54	0.0010857	0.4399	2.273	146.4	654.8	508.4	0.4290	1.6432
4.4	146.38	0.0010866	0.4305	2.323	147.3	655.0	507.7	0.4311	1.6413
4.5	147.20	0.0010875	0.4215	2.372	148.1	655.2	507.1	0.4331	1.6394
4.6	148.01	0.0010884	0.4129	2.422	148.9	655.4	506.5	0.4350	1.6376
4.7	148.81	0.0010893	0.4046	2.472	149.8	655.7	505.9	0.4369	1.6358
4.8	149.59	0.0010902	0.3966	2.521	150.6	655.9	505.3	0.4388	1.6341
4.9	150.36	0.0010910	0.3890	2.570	151.4	656.1	504.7	0.4407	1.6324
5.0	151.11	0.0010918	0.3818	2.619	152.1	656.3	504.2	0.4426	1.6309
5.2	152.59	0.0010936	0.3678	2.718	153.7	656.8	503.1	0.4462	1.6279
5.4	154.02	0.0010953	0.3550	2.817	155.2	657.2	502.0	0.4497	1.6249
5.6	155.41	0.0010969	0.3430	2.915	156.6	657.5	501.0	0.4531	1.6220

续表

压力/kgf/cm²(绝)	温度/℃	沸腾水的比容/(m³/kg)	干饱和蒸汽的比容/(m³/kg)	干饱和蒸汽的密度/(kg/m³)	沸腾水的焓/(kcal/kg)	干饱和蒸汽的焓/(kcal/kg)	蒸发潜热/(kcal/kg)	沸腾水的熵/[kcal/(kg·℃)]	干饱和蒸汽的熵/[kcal/(kg·℃)]
5.8	156.76	0.0010985	0.3313	3.013	158.0	658.0	500.0	0.4563	1.6192
6.0	158.08	0.0011000	0.3214	3.111	159.4	658.3	498.9	0.4594	1.6164
6.2	159.36	0.0011015	0.3116	3.209	160.7	658.6	497.9	0.4625	1.6137
6.4	150.61	0.0011029	0.3024	3.307	162.0	659.0	497.0	0.4655	1.6112
6.6	151.82	0.0011043	0.2938	3.404	163.2	659.3	496.1	0.4684	1.6088
6.8	163.01	0.0011057	0.2856	3.502	164.5	659.6	495.1	0.4712	1.6064
7.0	164.17	0.0011071	0.2778	3.600	165.7	659.9	494.2	0.4740	1.6040
7.2	165.31	0.0011085	0.2705	3.697	166.9	660.2	493.3	0.4767	1.6017
7.4	166.42	0.0011099	0.2636	3.794	168.0	660.4	492.4	0.4793	1.5994
7.6	167.51	0.0011113	0.2570	3.891	169.2	660.7	491.5	0.4818	1.5972
7.8	168.57	0.0011127	0.2507	3.988	170.3	660.9	490.6	0.4843	1.5950
8.0	169.61	0.0011140	0.2448	4.085	171.4	661.2	489.8	0.4868	1.5930
8.2	170.63	0.0011152	0.2391	4.182	172.4	661.4	489.0	0.4892	1.5910
8.4	171.63	0.0011165	0.2337	4.278	173.5	661.7	488.2	0.4915	1.5890
8.6	172.61	0.0011177	0.2286	4.374	174.5	661.9	487.4	0.4938	1.5870
8.8	173.58	0.0011190	0.2237	4.470	175.5	662.1	486.6	0.4961	1.5851
9.0	174.53	0.0011202	0.2190	4.567	176.5	662.3	485.8	0.4983	1.5833
9.2	175.46	0.0011214	0.2144	4.664	177.5	662.5	485.0	0.5005	1.5815
9.4	176.38	0.0011226	0.2100	4.762	178.5	662.7	484.2	0.5026	1.5797
9.6	177.28	0.0011238	0.2058	4.859	179.4	662.9	483.5	0.5047	1.5780
9.8	178.16	0.0011250	0.2018	4.955	180.3	663.1	482.8	0.5068	1.5764
10.0	179.04	0.0011262	0.1980	5.050	181.2	663.3	482.1	0.5088	1.5749
10.5	181.16	0.0011291	0.1890	5.291	183.5	663.7	480.2	0.5137	1.5706
11.0	183.20	0.0011318	0.1808	5.531	185.7	664.1	478.4	0.5184	1.5666
11.5	185.17	0.0011345	0.1733	5.772	187.8	664.5	476.7	0.5229	1.5629
12.0	187.08	0.0011372	0.1663	6.013	189.8	664.9	475.1	0.5272	1.5594
12.5	188.92	0.0011399	0.1599	6.254	191.7	665.3	473.6	0.5314	1.5561
13.0	190.71	0.0011425	0.1540	6.494	193.6	665.6	472.0	0.5356	1.5530
13.5	192.45	0.0011450	0.1485	6.734	195.5	665.9	470.4	0.5396	1.5499
14.0	194.13	0.0011475	0.1434	6.974	197.3	666.2	468.9	0.5435	1.5469
14.5	195.77	0.0011499	0.1387	7.215	199.0	666.4	467.4	0.5472	1.5440
15.0	197.36	0.0011524	0.1342	7.452	200.7	666.7	466.0	0.5508	1.5412
15.5	198.91	0.0011548	0.1300	7.692	202.4	666.9	464.5	0.5543	1.5384
16.0	200.43	0.0011572	0.1261	7.931	204.0	667.1	463.1	0.5577	1.5356
16.5	201.91	0.0011595	0.1224	8.170	205.6	667.3	461.7	0.5610	1.5329
17.0	203.35	0.0011618	0.1189	8.410	207.2	667.5	460.3	0.5642	1.5303

续表

压力/kgf/cm²（绝）	温度/℃	沸腾水的比容/（m³/kg）	干饱和蒸汽的比容/（m³/kg）	干饱和蒸汽的密度/（kg/m³）	沸腾水的焓/（kcal/kg）	干饱和蒸汽的焓/（kcal/kg）	蒸发潜热/（kcal/kg）	沸腾水的熵/[kcal/（kg·℃）]	干饱和蒸汽的熵/[kcal/（kg·℃）]
17.5	204.76	0.0011640	0.1156	8.650	208.7	667.7	459.0	0.5674	1.5278
18.0	206.14	0.0011662	0.1125	8.889	210.2	667.8	457.7	0.5705	1.5254
18.5	207.49	0.0011684	0.1096	9.132	211.6	668.0	456.4	0.5735	1.5230
19.0	208.81	0.0011707	0.1068	9.372	213.1	668.2	455.1	0.5764	1.5207
19.5	210.11	0.0011729	0.1041	9.615	214.5	668.3	453.8	0.5793	1.5184
20.0	211.38	0.0011751	0.1016	9.852	215.9	668.5	452.6	0.5822	1.5162
20.5	212.63	0.0011773	0.09908	10.09	217.3	668.6	451.3	0.5851	1.5141
21.0	213.85	0.0011794	0.09676	10.33	218.6	668.7	450.1	0.5879	1.5121
21.5	215.05	0.0011814	0.09455	10.58	220.0	668.8	448.8	0.5906	1.5099
22.0	216.23	0.0011834	0.09244	10.82	221.3	668.9	447.6	0.5932	1.5078
22.5	217.39	0.0011854	0.09042	11.06	222.5	668.9	446.4	0.5956	1.5058
23.0	218.53	0.0011874	0.08848	11.30	223.7	669.0	445.3	0.5982	1.5038
23.5	219.65	0.0011894	0.08663	11.54	225.0	669.1	444.0	0.6007	1.5019
24.0	220.75	0.0011914	0.08486	11.78	226.2	669.2	443.0	0.6031	1.5000
24.5	221.83	0.0011993	0.08315	12.03	227.4	669.2	441.8	0.6055	1.4981
25.0	222.90	0.0011953	0.08150	12.27	228.6	669.3	440.7	0.6078	1.4962
25.5	223.95	0.0011972	0.07991	12.51	229.8	669.3	439.5	0.6101	1.4943
26.0	224.99	0.0011992	0.07838	12.76	231.0	669.4	438.4	0.6124	1.4924
26.5	226.01	0.0012011	0.07691	13.00	232.1	669.4	437.3	0.6146	1.4906
27.0	227.01	0.0012030	0.07550	13.24	233.2	669.4	436.2	0.6168	1.4889
27.5	228.00	0.0012049	0.07413	13.49	234.2	669.4	435.2	0.6190	1.4873
28.0	228.98	0.0012067	0.07282	13.73	235.3	669.4	434.1	0.6211	1.4857
28.5	229.94	0.0012086	0.07155	13.98	236.4	669.5	433.1	0.6232	1.4841
29.0	230.89	0.0012105	0.07032	14.22	237.5	669.5	432.0	0.6253	1.4825
29.5	231.83	0.0012124	0.06913	14.46	238.5	669.5	431.0	0.6274	1.4809
30	232.76	0.0012142	0.06798	14.71	239.6	669.5	429.9	0.6295	1.4793
31	234.57	0.0012179	0.06578	15.20	241.7	669.5	427.8	0.6335	1.4762
32	236.35	0.0012215	0.06370	15.70	243.7	669.5	425.8	0.6373	1.4732
33	238.08	0.0012250	0.06176	16.19	245.6	669.5	423.9	0.6411	1.4703
34	239.77	0.0012285	0.05993	16.69	247.6	669.5	421.9	0.6448	1.4674
35	241.42	0.0012320	0.05819	17.18	249.5	669.5	420.0	0.6484	1.4646
36	243.04	0.0012355	0.05655	17.68	251.3	669.4	418.1	0.6520	1.4619
37	244.62	0.0012389	0.05499	18.18	253.1	669.3	416.2	0.6555	1.4593
38	246.17	0.0012424	0.05351	18.69	254.9	669.2	414.3	0.6589	1.4567
39	247.69	0.0012459	0.05211	19.19	256.6	669.1	412.5	0.6622	1.4541
40	249.18	0.0012493	0.05078	19.69	258.4	669.0	410.6	0.6654	1.4515

续表

压力/kgf/cm²（绝）	温度/℃	沸腾水的比容/（m³/kg）	干饱和蒸汽的比容/（m³/kg）	干饱和蒸汽的密度/（kg/m³）	沸腾水的焓/（kcal/kg）	干饱和蒸汽的焓/（kcal/kg）	蒸发潜热/（kcal/kg）	沸腾水的熵/[kcal/（kg·℃）]	干饱和蒸汽的熵/[kcal/（kg·℃）]
41	250.64	0.0012527	0.04950	20.20	260.1	668.9	408.8	0.6686	1.4490
42	252.07	0.0012561	0.04828	20.71	261.8	668.8	407.0	0.6718	1.4466
43	253.48	0.0012595	0.04712	21.22	263.5	668.7	405.2	0.6749	1.4443
44	254.87	0.0012629	0.04601	21.73	265.1	668.5	403.4	0.6779	1.4420
45	256.23	0.0012663	0.04495	22.25	266.7	668.4	401.7	0.6809	1.4397
46	257.56	0.0012696	0.04394	22.76	268.2	668.2	400.0	0.6838	1.4375
47	258.88	0.0012729	0.04297	23.27	269.7	668.0	398.2	0.6867	1.4353
48	260.17	0.0012762	0.04203	23.79	271.3	667.9	396.5	0.6895	1.4331
49	261.45	0.0012794	0.04113	24.31	272.8	667.7	394.9	0.6923	1.4310
50	262.70	0.0012826	0.04026	24.84	274.3	667.5	393.2	0.6950	1.4289
51	263.93	0.0012858	0.03942	25.37	275.7	667.3	391.6	0.6977	1.4268
52	265.15	0.0012890	0.03862	25.89	277.2	667.1	389.9	0.7004	1.4247
53	266.35	0.0012922	0.03785	26.42	278.7	666.9	388.2	0.7030	1.4226
54	267.53	0.0012954	0.03711	26.95	280.1	666.7	386.6	0.7056	1.4206
55	268.69	0.0012986	0.03639	27.48	281.5	666.5	385.0	0.7081	1.4186
56	269.84	0.0013018	0.03569	28.02	282.9	666.3	383.4	0.7106	1.4166
57	270.98	0.0013051	0.03501	28.56	284.3	666.1	381.8	0.7131	1.4147
58	272.10	0.0013083	0.03436	29.10	285.7	665.9	380.2	0.7155	1.4128
59	273.20	0.0013115	0.03373	29.65	287.0	665.6	378.6	0.7179	1.4108
60	274.29	0.0013147	0.03312	30.19	288.4	665.4	377.0	0.7203	1.4089
61	275.37	0.0013179	0.03253	30.74	289.7	665.1	375.4	0.7227	1.4070
62	276.43	0.0013211	0.03197	31.28	291.0	664.8	373.8	0.7250	1.4052
63	277.48	0.0013243	0.03142	31.83	292.3	664.6	372.3	0.7273	1.4034
64	278.51	0.0013275	0.03083	32.38	293.6	664.3	370.7	0.7296	1.4016
65	279.54	0.0013306	0.03036	32.94	294.8	664.0	369.2	0.7318	1.3998
66	280.55	0.0013338	0.02986	33.49	296.1	663.7	367.6	0.7340	1.3980
67	281.55	0.0013370	0.02937	34.05	297.3	663.5	366.2	0.7362	1.3963
68	282.54	0.0013402	0.02889	34.61	298.6	663.2	364.6	0.7384	1.3945
69	283.52	0.0013434	0.02843	35.17	299.8	662.9	363.1	0.7406	1.3928
70	284.48	0.0013466	0.02798	35.74	301.0	662.6	361.6	0.7428	1.3911
71	285.44	0.0013498	0.02754	36.31	302.3	662.2	359.9	0.7449	1.3894
72	286.39	0.0013530	0.02711	36.89	303.5	661.9	358.4	0.7470	1.3877
73	287.32	0.0013561	0.02669	37.47	304.6	661.6	356.9	0.7491	1.3860
74	288.25	0.0013593	0.02629	38.04	305.8	661.3	355.5	0.7511	1.3843
75	289.17	0.0013626	0.02589	38.63	307.0	661.0	354.0	0.7532	1.3827
76	290.08	0.0013658	0.02550	39.22	308.2	660.7	352.5	0.7552	1.3811
77	290.97	0.0013690	0.02513	39.79	309.4	660.3	351.0	0.7572	1.3794

续表

压力/kgf/cm²（绝）	温度/℃	沸腾水的比容/（m³/kg）	干饱和蒸汽的比容/（m³/kg）	干饱和蒸汽的密度/（kg/m³）	沸腾水的焓/（kcal/kg）	干饱和蒸汽的焓/（kcal/kg）	蒸发潜热/（kcal/kg）	沸腾水的熵/[kcal/（kg·℃）]	干饱和蒸汽的熵/[kcal/（kg·℃）]
78	291.86	0.0013722	0.02476	40.39	310.5	660.0	349.5	0.7592	1.3778
79	292.75	0.0013755	0.02440	40.98	311.7	659.7	348.0	0.7612	1.3761
80	293.62	0.0013787	0.02405	41.58	312.8	659.3	346.5	0.7631	1.3745
81	294.48	0.0013819	0.02372	42.16	313.9	659.0	345.1	0.7650	1.3730
82	295.34	0.0013852	0.02338	42.77	315.0	658.6	343.6	0.7670	1.3714
83	296.19	0.0013885	0.02305	43.38	316.2	658.3	342.1	0.7689	1.3698
84	297.03	0.0013917	0.02273	43.99	317.3	657.9	340.6	0.7708	1.3682
85	297.86	0.0013950	0.02243	44.58	318.4	657.6	339.2	0.7726	1.3666
86	298.69	0.0013983	0.02212	45.21	319.5	657.2	337.7	0.7745	1.3651
87	299.51	0.0014016	0.02182	45.83	320.6	656.8	336.2	0.7763	1.3635
88	300.32	0.0014049	0.02153	46.45	321.6	656.5	334.8	0.7781	1.3620
89	301.12	0.0014082	0.02124	47.08	322.7	656.4	333.4	0.7800	1.3604
90	301.92	0.0014115	0.02096	47.71	323.8	655.7	331.9	0.7818	1.3589
91	302.71	0.0014148	0.02069	48.83	324.9	655.3	330.4	0.7836	1.3574
92	303.49	0.0014181	0.02042	48.97	325.9	655.0	329.1	0.7854	1.3559
93	304.27	0.0014215	0.02016	49.60	327.0	654.6	327.6	0.7871	1.3544
94	305.04	0.0014249	0.01990	50.25	328.0	654.2	326.2	0.7889	1.3529
95	305.80	0.0014282	0.01965	50.89	329.1	653.8	324.7	0.7906	1.3514
96	306.56	0.0014316	0.01940	51.55	330.1	653.3	323.2	0.7924	1.3499
97	307.31	0.0014350	0.01916	52.19	331.2	652.9	321.8	0.7941	1.3484
98	308.06	0.0014384	0.01892	52.85	332.2	652.5	320.3	0.7985	1.3469
99	308.80	0.0014418	0.01869	53.51	333.2	652.1	318.9	0.7975	1.3455
100	309.53	0.0014453	0.01846	54.17	334.2	651.7	317.5	0.7992	1.3440
102	310.98	0.0014522	0.01802	55.49	336.3	650.8	314.5	0.8026	1.3411
104	312.41	0.0014591	0.01759	56.85	338.3	650.0	311.7	0.8059	1.3381
106	313.82	0.0014662	0.01717	58.24	340.3	649.1	308.8	0.8092	1.3352
108	315.21	0.0014733	0.01677	59.63	342.3	648.1	305.8	0.8125	1.3324
110	316.58	0.001480	0.01638	61.05	344.2	647.2	303.0	0.8158	1.3294
112	317.93	0.001488	0.01601	62.46	346.2	646.3	300.1	0.8190	1.3265
114	319.26	0.001495	0.01565	63.90	348.2	655.3	297.2	0.8221	1.3237
116	320.57	0.001502	0.01530	65.36	350.1	644.4	294.3	0.8253	1.3208
118	321.87	0.001510	0.01496	66.85	352.0	643.5	291.5	0.8284	1.3179
120	323.15	0.001517	0.01463	68.35	353.9	642.5	288.6	0.8315	1.3151
122	324.41	0.001525	0.01432	69.83	355.8	641.4	285.6	0.8346	1.3124
124	325.65	0.001533	0.01401	71.38	357.7	640.4	282.7	0.8376	1.3096
126	326.88	0.001541	0.01371	72.94	359.6	639.4	279.8	0.8407	1.3067

续表

压力/kgf/cm²（绝）	温度/℃	沸腾水的比容/(m^3/kg)	干饱和蒸汽的比容/(m^3/kg)	干饱和蒸汽的密度/(kg/m^3)	沸腾水的焓/(kcal/kg)	干饱和蒸汽的焓/(kcal/kg)	蒸发潜热/(kcal/kg)	沸腾水的熵/[kcal/(kg·℃)]	干饱和蒸汽的熵/[kcal/(kg·℃)]
128	328.10	0.001549	0.01341	74.57	361.5	638.3	276.8	0.8437	1.3039
130	329.30	0.001557	0.01313	76.16	363.4	637.2	273.8	0.8467	1.3012
132	330.48	0.001565	0.01286	77.76	365.2	636.2	271.0	0.8496	1.2984
134	331.65	0.001574	0.01259	79.43	367.1	635.1	268.0	0.8526	1.2955
136	332.81	0.001582	0.01233	81.10	369.0	634.0	265.0	0.8556	1.2923
138	333.96	0.001591	0.01207	82.85	370.8	632.8	262.0	0.8584	1.2899
140	335.09	0.001600	0.01182	84.60	372.7	631.7	259.0	0.8614	1.2873
142	336.21	0.001608	0.01159	86.28	374.5	630.5	256.0	0.8643	1.2843
144	337.31	0.001617	0.01134	88.18	376.4	629.4	253.0	0.8672	1.2814
146	338.40	0.001625	0.01111	90.01	378.2	628.1	249.9	0.8700	1.2786
148	339.49	0.001635	0.01088	91.91	380.1	626.9	246.8	0.8730	1.2757
150	340.56	0.001644	0.01066	93.81	381.9	625.6	243.7	0.8758	1.2728
152	341.61	0.001653	0.01045	95.69	383.7	624.3	240.6	0.8786	1.2698
154	342.66	0.001663	0.01024	97.66	385.6	623.0	237.4	0.8815	1.2668
156	343.70	0.001673	0.01003	99.70	387.4	621.6	234.2	0.8844	1.2640
158	344.72	0.001683	0.009826	101.77	389.3	620.3	231.2	0.8873	1.2611
160	345.74	0.001693	0.009625	103.9	391.1	618.9	227.8	0.8901	1.2582
162	346.74	0.001704	0.009431	106.0	392.9	617.5	224.5	0.8930	1.2552
164	347.74	0.001715	0.009237	108.3	394.8	616.0	221.2	0.8959	1.2521
166	348.72	0.001726	0.009048	110.5	396.7	614.5	217.8	0.8987	1.2489
168	349.70	0.001737	0.008862	112.8	398.6	613.0	214.4	0.9016	1.2456
170	350.66	0.001748	0.008681	115.2	400.4	611.5	211.1	0.9045	1.2422
172	351.62	0.001760	0.008501	117.6	402.3	609.8	207.5	0.9074	1.2387
174	352.56	0.001772	0.008325	120.1	404.2	608.2	204.0	0.9103	1.2353
176	353.50	0.001785	0.008150	122.7	406.2	606.5	200.3	0.9132	1.2321
178	354.43	0.001798	0.007974	125.4	408.1	604.7	196.6	0.9162	1.2292

注：(1) 1kgf/cm² = 98.067kPa；

(2) 1kcal = 4.1868kJ。

4.2 过热蒸汽的性质[2]

t_s=饱和温度,℃；i''=干饱和蒸汽的焓，kcal/kg；v''=干饱和蒸汽的比容，m^3/kg；s''=干饱和蒸汽的熵，kcal/(kg·℃)。

表中横线以上的数据为水的性质。

(1) 1.0atm 和 2.0atm 蒸汽

温度/℃	1.0atm(绝)			2.0atm(绝)		
	t_s=99.09 i''=638.7 v''=1.725 s''=1.7592			t_s=119.62 i''=646.3 v''=0.9019 s''=1.7039		
	比容/(m^3/kg)	焓/(kcal/kg)	熵/[kcal/kg·℃]	比容/(m^3/kg)	焓/(kcal/kg)	熵/[kcal/kg·℃]
0	0.0010002	0.0	0.0000	0.0010001	0.0	0.0000
10	0.0010003	10.1	0.0361	0.0010003	10.1	0.0361
20	0.0010018	20.1	0.0708	0.0010018	20.1	0.0708
30	0.0010044	30.0	0.1043	0.0010043	30.0	0.1043
40	0.0010079	40.0	0.1367	0.0010078	40.0	0.1367
50	0.0010121	50.0	0.1681	0.0010120	50.0	0.1681
60	0.0010170	60.0	0.1985	0.0010170	60.0	0.1985
70	0.0010226	70.0	0.2281	0.0010227	70.0	0.2281
80	0.0010289	80.0	0.2568	0.0010289	80.0	0.2568
90	0.0010359	90.1	0.2849	0.0010358	90.1	0.2849
100	1.729	639.0	1.7600	0.0010435	100.2	0.3122
110	1.779	643.8	1.7727	0.0010515	110.2	0.3388
120	1.829	648.6	1.7850	0.9030	646.4	1.7041
130	1.878	653.4	1.7970	0.9287	651.4	1.7165
140	1.926	658.1	1.8087	0.9540	656.3	1.7286
150	1.975	662.9	1.8201	0.9791	661.2	1.7404
160	2.023	667.7	1.8312	1.004	666.1	1.7519
170	2.071	672.5	1.8420	1.029	671.0	1.7631
180	2.119	677.2	1.8525	1.053	675.9	1.7739
190	2.167	681.9	1.8628	1.078	680.7	1.7845
200	2.215	686.6	1.8728	1.102	685.5	1.7948
210	2.263	691.3	1.8828	1.126	690.3	1.8049
220	2.311	696.0	1.8925	1.150	695.1	1.8148
230	2.358	700.8	1.9020	1.174	699.9	1.8244
240	2.406	705.5	1.9113	1.198	704.7	1.8338
250	2.454	710.3	1.9205	1.222	709.5	1.8430
260	2.501	715.0	1.9295	1.246	714.3	1.8521
270	2.548	719.8	1.9384	1.270	719.1	1.8611

续表

温度/℃	1.0atm(绝) $t_s=99.09$ $i''=638.7$ $v''=1.725$ $s''=1.7592$			2.0atm(绝) $t_s=119.62$ $i''=646.3$ $v''=0.9019$ $s''=1.7039$		
	比容/(m^3/kg)	焓/(kcal/kg)	熵/[kcal/kg·℃]	比容/(m^3/kg)	焓/(kcal/kg)	熵/[kcal/kg·℃]
280	2.596	724.6	1.9471	1.294	723.9	1.8699
290	2.643	729.4	1.9557	1.318	728.8	1.8785
300	2.690	734.2	1.9641	1.342	733.7	1.8870
310	2.738	739.0	1.9724	1.366	738.5	1.8954
320	2.785	743.8	1.9806	1.390	743.3	1.9036
330	2.832	748.7	1.9887	1.413	748.2	1.9117
340	2.880	753.5	1.9967	1.437	753.0	1.9197
350	2.927	758.4	2.0045	1.461	757.9	1.9276
360	2.974	763.3	2.0122	1.485	762.8	1.9354
370	3.022	768.2	2.0199	1.508	767.8	1.9431
380	3.069	773.1	2.0275	1.532	772.7	1.9507
390	3.116	778.0	2.0350	1.556	777.6	1.9582
400	3.163	782.9	2.0424	1.579	782.5	1.9656
410	3.211	787.9	2.0497	1.603	787.5	1.9729
420	3.258	792.9	2.0569	1.627	792.5	1.9802
430	3.305	797.8	2.0641	1.651	797.5	1.9874
440	3.352	802.8	2.0712	1.674	802.5	1.9945
450	3.399	807.8	2.0782	1.698	807.5	2.0015
460	3.446	812.9	2.0851	1.722	812.6	2.0084
470	3.494	817.9	2.0919	1.745	817.6	2.0153
480	3.541	823.0	2.0987	1.769	822.7	2.0221
490	3.588	828.1	2.1054	1.792	827.8	2.0283
500	3.635	833.2	2.1120	1.816	832.9	2.0354
510	3.682	838.3	2.1186	1.840	838.0	2.0420
520	3.729	843.4	2.1251	1.863	843.2	2.0485
530	3.777	848.6	2.1316	1.887	848.4	2.0550
540	3.824	853.7	2.1380	1.911	853.5	2.0614
550	3.871	858.9	2.1443	1.934	858.7	2.0677
560	3.918	864.1	2.1506	1.958	863.9	2.0740
570	3.965	869.3	2.1568	1.982	869.1	2.0802
580	4.012	874.5	2.1629	2.005	874.3	2.0864
590	4.059	879.8	2.1690	2.029	879.6	2.0925
600	4.106	885.0	2.1751	2.052	884.9	2.0986
610	4.154	890.3	2.1812	2.076	890.2	2.1047

续表

温度/℃	1.0atm(绝)			2.0atm(绝)		
	t_s = 99.09 i'' = 638.7 v'' = 1.725 s'' = 1.7592			t_s = 119.62 i'' = 646.3 v'' = 0.9019 s'' = 1.7039		
	比容/(m^3/kg)	焓/(kcal/kg)	熵/[kcal/kg·℃]	比容/(m^3/kg)	焓/(kcal/kg)	熵/[kcal/kg·℃]
620	4.201	895.6	2.1872	2.099	895.5	2.1107
630	4.248	900.9	2.1931	2.123	900.8	2.1166
640	4.295	906.2	2.1990	2.146	906.1	2.1225
650	4.342	911.6	2.2048	2.170	911.5	2.1283
660	4.389	917.0	2.2106	2.193	916.8	2.1341
670	4.436	922.4	2.2163	2.217	922.2	2.1398
680	4.483	927.8	2.2220	2.240	927.6	2.1455
690	4.530	933.2	2.2276	2.264	933.0	2.1512
700	4.578	938.6	2.2332	2.289	938.5	2.1568

(2) 3.0atm 和 4.0atm 蒸汽

温度/℃	3.0atm(绝)			4.0atm(绝)		
	t_s = 132.88 i'' = 650.8 v'' = 0.6160 s'' = 1.6716			t_s = 142.92 i'' = 653.9 v'' = 0.4708 s'' = 1.6488		
	比容/(m^3/kg)	焓/(kcal/kg)	熵/[kcal/kg·℃]	比容/(m^3/kg)	焓/(kcal/kg)	熵/[kcal/kg·℃]
0	0.0010001	0.1	0.0000	0.0010000	0.1	0.0000
10	0.0010002	10.1	0.0361	0.0010002	10.1	0.0361
20	0.0010017	20.1	0.0708	0.0010017	20.1	0.0708
30	0.0010043	30.1	0.1043	0.0010042	30.1	0.1043
40	0.0010078	40.0	0.1367	0.0010077	40.1	0.1367
50	0.0010120	50.0	0.1680	0.0010119	50.0	0.1680
60	0.0010170	60.0	0.1984	0.0010169	60.0	0.1984
70	0.0010226	70.0	0.2280	0.0010226	70.0	0.2280
80	0.0010288	80.0	0.2568	0.0010288	80.0	0.2568
90	0.0010358	90.1	0.2848	0.0010357	90.1	0.2848
100	0.0010434	100.2	0.3121	0.0010433	100.2	0.3121
110	0.0010515	110.2	0.3388	0.0010514	110.3	0.3387
120	0.0010602	120.3	0.3649	0.0010602	120.4	0.3648
130	0.0010697	130.5	0.3904	0.0010697	130.6	0.3904
140	0.6296	654.4	1.6805	0.0010798	140.8	0.4154
150	0.6469	659.5	1.6926	0.4806	657.6	1.6576
160	0.6640	664.5	1.7043	0.4938	662.8	1.6697
170	0.6809	669.5	1.7157	0.5068	668.0	1.6814
180	0.6976	674.5	1.7268	0.5197	673.1	1.6929

续表

温度/℃	3.0atm(绝) $t_s=132.88$　$i''=650.8$　$v''=0.6160$　$s''=1.6716$			4.0atm(绝) $t_s=142.92$　$i''=653.9$　$v''=0.4708$　$s''=1.6488$		
	比容/(m^3/kg)	焓/(kcal/kg)	熵/[kcal/kg·℃]	比容/(m^3/kg)	焓/(kcal/kg)	熵/[kcal/kg·℃]
190	0.7142	679.5	1.7376	0.5325	678.2	1.7040
200	0.7307	684.4	1.7482	0.5451	683.2	1.7148
210	0.7471	689.3	1.7585	0.5576	688.2	1.7252
220	0.7635	694.2	1.7685	0.5700	693.2	1.7353
230	0.7798	699.0	1.7782	0.5824	698.1	1.7452
240	0.7960	703.9	1.7878	0.5947	703.1	1.7549
250	0.8122	708.8	1.7972	0.6070	708.0	1.7644
260	0.8283	713.6	1.8064	0.6192	712.9	1.7737
270	0.8444	718.5	1.8154	0.6314	717.8	1.7828
280	0.8605	723.3	1.8243	0.6435	722.7	1.7917
290	0.8766	728.1	1.8330	0.6557	727.6	1.8005
300	0.8926	733.0	1.8416	0.6678	732.5	1.8091
310	0.9085	737.9	1.8500	0.6799	737.4	1.8176
320	0.9245	742.8	1.8583	0.6919	742.3	1.8259
330	0.9405	747.7	1.8665	0.7040	747.2	1.8341
340	0.9564	752.6	1.8745	0.7160	752.1	1.8422
350	0.9723	757.5	1.8824	0.7280	757.0	1.8502
360	0.9883	762.4	1.8902	0.7400	762.0	1.8581
370	1.004	767.3	1.8979	0.7519	766.9	1.8658
380	1.020	772.3	1.9055	0.7639	771.9	1.8734
390	1.036	777.2	1.9130	0.7758	776.8	1.8810
400	1.052	782.2	1.9205	0.7878	781.8	1.8885
410	1.068	787.2	1.9279	0.7997	786.8	1.8959
420	1.083	792.2	1.9352	0.8116	791.8	1.9032
430	1.099	797.2	1.9424	0.8235	796.9	1.9104
440	1.115	802.2	1.9495	0.8354	801.9	1.9175
450	1.131	807.2	1.9565	0.8473	807.0	1.9245
460	1.147	812.3	1.9634	0.8592	812.0	1.9315
470	1.163	817.4	1.9703	0.8711	817.1	1.9384
480	1.178	822.5	1.9771	0.8830	822.2	1.9452
490	1.194	827.6	1.9839	0.8949	827.3	1.9519
500	1.210	832.7	1.9905	0.9067	832.4	1.9586
510	1.226	837.8	1.9971	0.9186	837.6	1.9652
520	1.241	843.0	2.0036	0.9304	842.7	1.9717

续表

温度/℃	3.0atm(绝) t_s=132.88 i''=650.8 v''=0.6160 s''=1.6716			4.0atm(绝) t_s=142.92 i''=653.9 v''=0.4708 s''=1.6488		
	比容/(m³/kg)	焓/(kcal/kg)	熵/[kcal/kg·℃]	比容/(m³/kg)	焓/(kcal/kg)	熵/[kcal/kg·℃]
530	1.257	848.1	2.0101	0.9423	847.9	1.9782
540	1.273	853.3	2.0165	0.9541	853.1	1.9846
550	1.289	858.2	2.0229	0.9660	858.3	1.9910
560	1.304	863.7	2.0292	0.9778	863.5	1.9973
570	1.320	869.9	2.0354	0.9896	868.7	2.0035
580	1.336	874.2	2.0416	1.002	874.0	2.0097
590	1.352	879.4	2.0477	1.013	879.2	2.0158
600	1.367	884.7	2.0538	1.025	884.5	2.0219
610	1.383	890.0	2.0599	1.037	889.8	2.0280
620	1.399	895.3	2.0659	1.049	895.1	2.0340
630	1.414	900.6	2.0718	1.060	900.5	2.0400
640	1.430	906.0	2.0777	1.072	905.8	2.0458
650	1.446	911.3	2.0835	1.084	911.3	2.0517
660	1.462	916.7	2.0893	1.096	916.5	2.0575
670	1.477	922.1	2.0950	1.107	921.9	2.0632
680	1.493	927.5	2.1007	1.119	927.4	2.0689
690	1.509	932.9	2.1064	1.131	932.8	2.0746
700	1.524	938.3	2.1120	1.144	938.2	2.0802

(3) 5.0atm 和 6.0atm 蒸汽

温度/℃	5.0atm(绝) t_s=151.11 i''=656.3 v''=0.3818 s''=1.6310			6.0atm(绝) t_s=158.08 i''=658.3 v''=0.3214 s''=1.6163		
	比容/(m³/kg)	焓/(kcal/kg)	熵/[kcal/kg·℃]	比容/(m³/kg)	焓/(kcal/kg)	熵/[kcal/kg·℃]
0	0.0009999	0.1	0.0000	0.0009999	0.1	0.0000
10	0.0010001	10.2	0.0361	0.0010001	10.2	0.0361
20	0.0010016	20.1	0.0708	0.0010016	20.2	0.0708
30	0.0010042	30.1	0.1043	0.0010041	30.1	0.1043
40	0.0010077	40.1	0.1367	0.0010077	40.1	0.1367
50	0.0010119	50.0	0.1680	0.0010118	50.1	0.1680
60	0.0010168	60.0	0.1984	0.0010168	60.1	0.1984
70	0.0010225	70.0	0.2280	0.0010225	70.1	0.2280
80	0.0010288	80.0	0.2568	0.0010287	80.1	0.2568
90	0.0010357	90.1	0.2848	0.0010356	90.2	0.2848

续表

温度/℃	5.0atm(绝) t_s=151.11 i''=656.3 v''=0.3818 s''=1.6310			6.0atm(绝) t_s=158.08 i''=658.3 v''=0.3214 s''=1.6163		
	比容/(m^3/kg)	焓/(kcal/kg)	熵/[kcal/kg·℃]	比容/(m^3/kg)	焓/(kcal/kg)	熵/[kcal/kg·℃]
100	0.0010433	100.2	0.3121	0.0010432	100.2	0.3121
110	0.0010514	110.3	0.3387	0.0010513	110.3	0.3387
120	0.0010601	120.4	0.3648	0.0010601	120.4	0.3648
130	0.0010696	130.6	0.3904	0.0010696	130.6	0.3903
140	0.0010797	140.8	0.4154	0.0010797	140.8	0.4154
150	0.0010906	151.0	0.4399	0.0010906	151.0	0.4399
160	0.3917	661.0	1.6420	0.3233	659.3	1.6187
170	0.4024	666.4	1.6541	0.3326	664.8	1.6311
180	0.4130	671.7	1.6658	0.3417	670.2	1.6431
190	0.4234	676.9	1.6772	0.3506	675.6	1.6547
200	0.4336	682.1	1.6882	0.3593	680.9	1.6660
210	0.4438	687.2	1.6989	0.3680	686.1	1.6770
220	0.4539	692.2	1.7092	0.3766	691.2	1.6876
230	0.4640	697.2	1.7193	0.3851	696.3	1.6978
240	0.4740	702.2	1.7291	0.3935	701.3	1.7077
250	0.4839	707.2	1.7387	0.4018	706.4	1.7174
260	0.4938	712.1	1.7481	0.4101	711.4	1.7269
270	0.5036	717.1	1.7573	0.4184	716.4	1.7362
280	0.5134	722.0	1.7663	0.4266	721.4	1.7453
290	0.5232	726.9	1.7751	0.4348	726.3	1.7542
300	0.5329	731.9	1.7838	0.4430	731.3	1.7629
310	0.5426	736.9	1.7923	0.4512	736.2	1.7715
320	0.5524	741.7	1.8007	0.4593	741.2	1.7800
330	0.5621	746.7	1.8089	0.4674	746.2	1.7883
340	0.5717	751.6	1.8170	0.4755	751.1	1.7965
350	0.5814	756.6	1.8250	0.4836	756.1	1.8045
360	0.5910	761.5	1.8329	0.4917	761.1	1.8124
370	0.6006	766.5	1.8407	0.4998	766.1	1.8202
380	0.6102	771.5	1.8484	0.5078	771.0	1.8279
390	0.6198	776.5	1.8560	0.5158	776.0	1.8355
400	0.6294	781.5	1.8635	0.5238	781.1	1.8430
410	0.6390	786.5	1.8709	0.5318	786.1	1.8504

续表

温度/℃	5.0atm(绝) t_s=151.11 i''=656.3 v''=0.3818 s''=1.6310			6.0atm(绝) t_s=158.08 i''=658.3 v''=0.3214 s''=1.6163		
	比容/(m^3/kg)	焓/(kcal/kg)	熵/[kcal/kg·℃]	比容/(m^3/kg)	焓/(kcal/kg)	熵/[kcal/kg·℃]
420	0.6485	791.5	1.8782	0.5398	791.2	1.8577
430	0.6581	796.5	1.8854	0.5478	796.2	1.8649
440	0.6677	801.6	1.8926	0.5558	801.3	1.8721
450	0.6772	806.7	1.8996	0.5638	806.3	1.8792
460	0.6867	811.7	1.9066	0.5717	811.4	1.8862
470	0.6962	816.8	1.9135	0.5797	816.6	1.8932
480	0.7058	821.9	1.9203	0.5877	821.7	1.9000
490	0.7153	827.1	1.9271	0.5956	826.8	1.9068
500	0.7248	832.2	1.9338	0.6035	831.9	1.9135
510	0.7343	837.3	1.9404	0.6115	837.1	1.9201
520	0.7438	842.5	1.9469	0.6194	842.3	1.9266
530	0.7533	847.7	1.9534	0.6273	847.5	1.9331
540	0.7628	852.9	1.9598	0.6353	852.7	1.9396
550	0.7723	858.1	1.9662	0.6432	857.9	1.9460
560	0.7818	863.3	1.9725	0.6511	863.1	1.9523
570	0.7913	868.5	1.9788	0.6590	868.4	1.9585
580	0.8008	873.8	1.9850	0.6669	873.6	1.9647
590	0.8102	879.1	1.9911	0.6748	879.9	1.9709
600	0.8197	884.3	1.9972	0.6828	884.2	1.9770
610	0.8292	889.7	2.0033	0.6907	889.5	1.9831
620	0.8387	895.0	2.0093	0.6986	894.8	1.9891
630	0.8481	900.3	2.0152	0.7065	900.2	0.9950
640	0.8576	905.6	2.0211	0.7144	905.5	2.0009
650	0.8670	911.0	2.0270	0.7222	910.9	2.0068
660	0.8765	916.4	2.0328	0.7302	916.3	2.0126
670	0.8860	921.8	2.0385	0.7380	921.7	2.0183
680	0.8954	927.2	2.0442	0.7459	927.1	2.0240
690	0.9049	932.6	0.0499	0.7538	932.5	2.0297
700	0.9143	938.1	2.0555	0.7617	938.0	2.0353

（4）10.0atm 和 12.0atm 蒸汽

温度/℃	10.0atm(绝) t_s=179.04 i''=663.3 v''=0.1980 s''=1.5749			12.0atm(绝) t_s=187.08 i''=664.9 v''=0.1663 s''=1.5598		
	比容/(m^3/kg)	焓/(kcal/kg)	熵/[kcal/kg·℃]	比容/(m^3/kg)	焓/(kcal/kg)	熵/[kcal/kg·℃]
0	0.0009997	0.2	0.0000	0.0009996	0.3	0.0000
10	0.0009999	10.3	0.0361	0.0009998	10.3	0.0361
20	0.0010014	20.3	0.0707	0.0010013	20.3	0.0707
30	0.0010040	30.2	0.1042	0.0010039	30.3	0.1042
40	0.0010075	40.2	0.1366	0.0010074	40.2	0.1366
50	0.0010117	50.2	0.1680	0.0010116	50.2	0.1680
60	0.0010166	60.1	0.1984	0.0010165	60.2	0.1984
70	0.0010223	70.1	0.2279	0.0010222	70.2	0.2279
80	0.0010285	80.1	0.2566	0.0010284	80.2	0.2566
90	0.0010354	90.2	0.2847	0.0010353	90.3	0.2846
100	0.0010430	100.3	0.3120	0.0010429	100.3	0.3120
110	0.0010511	110.4	0.3386	0.0010510	110.3	0.3386
120	0.0010599	120.5	0.3647	0.0010598	120.5	0.3647
130	0.0010694	130.7	0.3903	0.0010692	130.7	0.3902
140	0.0010794	140.8	0.4153	0.0010793	140.9	0.4152
150	0.0010902	151.1	0.4398	0.0010901	151.1	0.4397
160	0.0011018	161.4	0.4638	0.0011017	161.4	0.4638
170	0.0011142	171.8	0.4876	0.0011141	171.8	0.4875
180	0.1986	663.8	1.5760	0.0011273	182.3	0.5109
190	0.2046	669.8	1.5891	0.1677	666.8	1.5638
200	0.2104	675.7	1.6013	0.1729	672.9	1.5768
210	0.2160	681.4	1.6131	0.1779	678.9	1.5891
220	0.2215	686.9	1.6245	0.1827	684.7	1.6009
230	0.2269	692.4	1.6355	0.1873	690.3	1.6123
240	0.2322	697.8	1.6461	0.1919	695.8	1.6232
250	0.2375	703.0	1.6563	0.1964	701.3	1.6337
260	0.2427	708.2	1.6662	0.2008	706.7	1.6439
270	0.2479	713.4	1.6759	0.2052	712.0	1.6537
280	0.2530	718.6	1.6853	0.2096	717.3	1.6633
290	0.2581	723.6	1.6945	0.2139	722.5	1.6727
300	0.2632	728.9	1.7035	0.2182	727.7	1.6818
310	0.2682	734.0	1.7123	0.2224	732.8	1.6907
320	0.2732	739.0	1.7210	0.2266	738.0	1.6995
330	0.2782	744.1	1.7295	0.2308	743.1	1.7081
340	0.2832	749.2	1.7378	0.2350	748.2	1.7165
350	0.2881	754.3	1.7460	0.2392	753.3	1.7248

续表

温度/℃	10.0atm(绝) t_s=179.04 i''=663.3 v''=0.1980 s''=1.5749			12.0atm(绝) t_s=187.08 i''=664.9 v''=0.1663 s''=1.5598		
	比容/(m^3/kg)	焓/(kcal/kg)	熵/[kcal/kg·℃]	比容/(m^3/kg)	焓/(kcal/kg)	熵/[kcal/kg·℃]
360	0.2930	759.3	1.7540	0.2434	758.4	1.7329
370	0.2980	764.4	1.7619	0.2475	763.5	1.7409
380	0.3029	769.5	1.7698	0.2516	768.7	1.7478
390	0.3078	774.6	1.7775	0.2557	773.8	1.7564
400	0.3126	779.6	1.7851	0.2598	778.9	1.7641
410	0.3175	784.7	1.7926	0.2639	784.0	1.7717
420	0.3223	789.8	1.8000	0.2680	789.1	1.7792
430	0.3272	794.8	1.8073	0.2721	794.3	1.7865
440	0.3320	800.0	1.8145	0.2762	799.4	1.7938
450	0.3369	805.2	1.8217	0.2802	804.6	1.8010
460	0.3417	810.3	1.8288	0.2843	809.7	1.8081
470	0.3465	815.4	1.8358	0.2883	814.9	1.8151
480	0.3514	820.6	1.8427	0.2923	820.1	1.8220
490	0.3562	825.8	1.8495	0.2964	825.3	1.8288
500	0.3610	831.0	1.8562	0.3004	830.5	1.8356
510	0.3658	836.2	1.8629	0.3044	835.7	1.8424
520	0.3706	841.4	1.8695	0.3084	840.9	1.8490
530	0.3754	846.6	1.8760	0.3124	846.1	1.8555
540	0.3802	851.2	1.8825	0.3164	851.4	1.8620
550	0.3850	857.1	1.8889	0.3204	856.6	1.8684
560	0.3898	862.3	1.8953	0.3244	861.9	1.8748
570	0.3945	867.6	1.9016	0.3284	867.2	1.8811
580	0.3993	872.9	1.9078	0.3324	872.5	1.8874
590	0.4041	878.2	1.9140	0.3364	877.8	1.8936
600	0.4089	883.5	1.9201	0.3404	883.1	1.8997
610	0.4136	888.8	1.9262	0.3444	888.5	1.9059
620	0.4184	894.2	1.9323	0.3484	893.8	1.9119
630	0.4232	899.5	1.9382	0.3523	899.2	1.9179
640	0.4279	904.9	1.9442	0.3563	904.6	1.9238
650	0.4327	910.3	1.9500	0.3603	910.0	1.9297
660	0.4374	915.7	1.9558	0.3642	915.4	1.9355
670	0.4422	921.1	1.9616	0.3682	920.8	1.9413
680	0.4469	926.6	1.9673	0.3722	926.3	1.9470
690	0.4517	932.0	1.9730	0.3761	931.7	1.9527
700	0.4564	937.4	1.9787	0.3801	937.2	1.9584

(5) 35atm 和 40atm 蒸汽

温度/℃	35atm(绝) $t_s=241.42$ $i''=669.5$ $v''=0.05819$ $s''=1.4647$			40atm(绝) $t_s=249.18$ $i''=669.0$ $v''=0.05078$ $s''=1.4517$		
	比容/(m^3/kg)	焓/(kcal/kg)	熵/[kcal/kg·℃]	比容/(m^3/kg)	焓/(kcal/kg)	熵/[kcal/kg·℃]
0	0.0009984	0.8	0.0000	0.009982	1.0	0.0001
10	0.0009987	10.8	0.0360	0.0009985	10.9	0.0360
20	0.0010003	20.8	0.0706	0.0010001	20.9	0.0705
30	0.0010029	30.7	0.1041	0.0010027	30.9	0.1040
40	0.0010064	40.7	0.1364	0.0010062	40.8	0.1364
50	0.0010106	50.7	0.1677	0.0010103	50.8	0.1677
60	0.0010155	60.6	0.1980	0.0010152	60.7	0.1979
70	0.0010211	70.6	0.2275	0.0010208	70.7	0.2274
80	0.0010273	80.6	0.2562	0.0010271	80.7	0.2561
90	0.0010342	90.7	0.2842	0.0010339	90.8	0.2841
100	0.0010417	100.7	0.3115	0.0010414	100.8	0.3114
110	0.0010498	110.8	0.3381	0.0010495	110.9	0.3380
120	0.0010585	120.9	0.3642	0.0010582	121.0	0.3641
130	0.0010679	131.1	0.3897	0.0010676	131.1	0.3896
140	0.0010779	141.2	0.4147	0.0010776	141.3	0.4146
150	0.0010886	151.5	0.4391	0.0010883	151.5	0.4390
160	0.0011001	161.7	0.4630	0.0010997	161.8	0.4628
170	0.0011124	172.1	0.4866	0.0011120	172.2	0.4862
180	0.0011255	182.6	0.5099	0.0011251	182.6	0.5096
190	0.0011395	193.1	0.5330	0.0011391	193.2	0.5327
200	0.0011547	203.8	0.5558	0.0011542	203.8	0.5555
210	0.0011710	214.5	0.5784	0.0011704	214.6	0.5781
220	0.0011886	225.5	0.6008	0.0011880	225.5	0.6005
230	0.0012078	236.5	0.6230	0.0012071	236.5	0.6228
240	0.0012289	247.8	0.6453	0.0012281	247.8	0.6451
250	0.06010	676.5	1.4784	0.05090	669.7	1.4528
260	0.06226	684.4	1.4932	0.05297	678.4	1.4693
270	0.06430	691.8	1.5069	0.05491	686.5	1.4844
280	0.06625	698.8	1.5197	0.05675	694.1	1.4983
290	0.06812	705.5	1.5317	0.05849	701.2	1.5111
300	0.06993	711.9	1.5430	0.06016	708.0	1.5230
310	0.07169	718.1	1.5537	0.06178	714.6	1.5343
320	0.07341	724.2	1.5640	0.06335	720.9	1.5450
330	0.07510	730.2	1.5740	0.06488	727.1	1.5553
340	0.07676	736.0	1.5836	0.06638	733.2	1.5653

续表

温度/℃	35atm(绝) $t_s=241.42$ $i''=669.5$ $v''=0.05819$ $s''=1.4647$			40atm(绝) $t_s=249.18$ $i''=669.0$ $v''=0.05078$ $s''=1.4517$		
	比容/(m^3/kg)	焓/(kcal/kg)	熵/[kcal/kg·℃]	比容/(m^3/kg)	焓/(kcal/kg)	熵/[kcal/kg·℃]
350	0.07839	741.8	1.5929	0.06786	739.1	1.5749
360	0.08000	747.5	1.6020	0.06931	745.0	1.5843
370	0.08159	753.2	1.6109	0.07074	750.8	1.5934
380	0.08316	758.8	1.6195	0.07215	756.6	1.6022
390	0.08472	764.4	1.6280	0.07355	762.3	1.6108
400	0.08626	770.0	1.6363	0.07493	768.0	1.6193
410	0.08779	775.5	1.6445	0.07630	773.6	1.6276
420	0.08931	781.0	1.6525	0.07765	779.2	1.6358
430	0.09082	786.5	1.6604	0.07899	784.8	1.6438
440	0.09232	792.0	1.6681	0.08032	790.3	1.6516
450	0.09381	797.4	1.6757	0.08164	795.9	1.6593
460	0.09529	802.9	1.6832	0.08295	801.4	1.6669
470	0.09676	808.3	1.6906	0.08426	806.9	1.6744
480	0.09823	813.8	1.6979	0.08556	812.4	1.6818
490	0.09969	819.2	1.7051	0.08685	817.9	1.6891
500	0.1011	824.7	1.7122	0.08814	823.4	1.6962
510	0.1026	830.1	1.7191	0.08942	828.9	1.7032
520	0.1040	835.6	1.7260	0.09069	834.4	1.7102
530	0.1055	841.0	1.7328	0.09196	839.8	1.7171
540	0.1069	846.4	1.7395	0.09322	845.3	1.7239
550	0.1083	851.8	1.7462	0.09448	850.8	1.7306
560	0.1098	857.3	1.7528	0.09574	856.3	1.7372
570	0.1112	862.8	1.7593	0.09699	861.8	1.7437
580	0.1126	868.2	1.7657	0.09824	867.3	1.7502
590	0.1140	873.7	1.7721	0.09948	872.6	1.7566
600	0.1154	879.1	1.7784	0.1007	878.3	1.7629
610	0.1168	884.6	1.7847	0.1021	883.2	1.7680
620	0.1182	890.1	1.7909	0.1034	888.7	1.7742
630	0.1196	895.6	1.7970	0.1047	894.2	1.7803
640	0.1210	901.1	1.8031	0.1059	899.7	1.7864
650	0.1224	906.6	1.8091	0.1071	905.1	1.7924
660	0.1238	912.1	1.8150	0.1083	910.6	1.7983
670	0.1252	917.7	1.8209	0.1095	916.1	1.8042
680	0.1266	923.2	1.8267	0.1107	921.6	1.8101
690	0.1280	928.7	1.8325	0.1119	927.1	1.8159
700	0.1293	934.3	1.8383	0.1131	932.7	1.8217

(6) 100atm 和 120atm 蒸汽

温度/℃	100atm(绝)			120atm(绝)		
	t_s=309.53 i''=651.7 v''=0.01846 s''=1.3440			t_s=323.15 i''=642.5 v''=0.01463 s''=1.3151		
	比容/(m^3/kg)	焓/(kcal/kg)	熵/[kcal/kg·℃]	比容/(m^3/kg)	焓/(kcal/kg)	熵/[kcal/kg·℃]
0	0.0009952	2.4	0.0001	0.0009943	2.9	0.0002
10	0.0009958	12.3	0.0358	0.0009949	12.7	0.0357
20	0.0009975	22.2	0.0702	0.0009966	22.7	0.0701
30	0.0010001	32.1	0.1035	0.0009993	32.6	0.1034
40	0.0010036	42.1	0.1356	0.0010028	42.5	0.1355
50	0.0010077	52.0	0.1667	0.0010069	52.4	0.1665
60	0.0010126	61.9	0.1970	0.0010117	62.3	0.1967
70	0.0010181	71.8	0.2264	0.0010172	72.2	0.2261
80	0.0010243	81.8	0.2550	0.0010234	82.2	0.2547
90	0.0010311	91.8	0.2829	0.0010301	92.1	0.2825
100	0.0010384	101.8	0.3101	0.0010375	102.1	0.3097
110	0.0010434	111.8	0.3367	0.0010454	112.2	0.3363
120	0.0010550	121.9	0.3626	0.0010540	122.2	0.3623
130	0.0010642	132.0	0.3880	0.0010631	132.3	0.3876
140	0.0010740	142.1	0.4128	0.0010728	142.4	0.4124
150	0.0010845	152.3	0.4371	0.0010832	152.6	0.4366
160	0.0010957	162.5	0.4608	0.0010943	162.8	0.4603
170	0.0011076	172.8	0.4841	0.0011062	173.1	0.4836
180	0.0011203	183.2	0.5072	0.0011188	183.5	0.5066
190	0.0011339	193.7	0.5301	0.0011322	193.9	0.5294
200	0.0011485	204.3	0.5527	0.0011466	204.5	0.5520
210	0.0011642	215.0	0.5751	0.0011621	215.1	0.5743
220	0.0011810	225.8	0.5973	0.0011788	225.9	0.5964
230	0.0011993	236.7	0.6192	0.0011968	236.8	0.6183
240	0.0012192	247.9	0.6412	0.0012163	248.0	0.6402
250	0.0012409	259.3	0.6682	0.0012377	259.3	0.6621
260	0.0012650	270.9	0.6862	0.0012613	270.8	0.6839
270	0.0012919	282.7	0.7071	0.0012875	282.6	0.7057
280	0.0013222	294.9	0.7293	0.0013169	294.6	0.7278
290	0.0013569	307.5	0.7520	0.0013505	307.1	0.7501
300	0.0013979	320.7	0.7751	0.0013897	320.1	0.7729
310	0.01854	662.2	1.3452	0.001436	333.8	0.7966
320	0.01988	666.0	1.3688	0.001495	348.8	0.8225
330	0.02105	678.3	1.3891	0.01560	654.1	1.3357
340	0.02210	689.2	1.4071	0.01679	669.2	1.3594

常用物性 4

续表

温度/℃	100atm(绝) $t_s=309.53$　$i''=651.7$　$v''=0.01846$　$s''=1.3440$			120atm(绝) $t_s=323.15$　$i''=642.5$　$v''=0.01463$　$s''=1.3151$		
	比容/(m^3/kg)	焓/(kcal/kg)	熵/[kcal/kg·℃]	比容/(m^3/kg)	焓/(kcal/kg)	熵/[kcal/kg·℃]
350	0.02307	699.0	1.4231	0.01780	681.5	1.3798
360	0.02397	708.0	1.4376	0.01870	692.7	1.3978
370	0.02481	716.5	1.4508	0.01951	703.0	1.4137
380	0.02560	724.6	1.4632	0.02024	711.9	1.4282
390	0.02636	732.3	1.4748	0.02097	720.8	1.4414
400	0.02709	739.8	1.4858	0.02166	729.5	1.4537
410	0.02780	747.0	1.4963	0.02230	737.8	1.4654
420	0.02848	754.1	1.5065	0.02292	745.5	1.4765
430	0.02915	761.0	1.5164	0.02353	752.8	1.4872
440	0.02981	767.8	1.5260	0.02412	759.9	1.4975
450	0.03046	774.4	1.5353	0.02470	766.9	1.5074
460	0.03109	780.9	1.5444	0.02527	773.7	1.5169
470	0.03171	787.3	1.5532	0.02582	780.4	1.5261
480	0.03232	793.6	1.5617	0.02635	787.1	1.5351
490	0.03292	799.9	1.5700	0.02688	793.6	1.5438
500	0.03352	806.1	1.5781	0.02740	800.1	1.5522
510	0.03411	812.2	1.5860	0.02792	806.5	1.5604
520	0.03469	818.2	1.5938	0.02842	812.8	1.5685
530	0.03527	824.3	1.6014	0.02892	819.1	1.5764
540	0.03584	830.3	1.6088	0.02942	825.3	1.5841
550	0.03641	836.3	1.6161	0.02991	831.5	1.5916
560	0.03697	842.2	1.6233	0.03039	837.6	1.5990
570	0.03752	848.1	1.6304	0.03087	843.7	1.6063
580	0.03807	854.0	1.6374	0.03135	849.7	1.6134
590	0.03862	859.9	1.6442	0.03182	855.7	1.6204
600	0.03916	865.8	1.6509	0.03229	861.8	1.6273
610	0.03969	871.7	1.6575	0.03275	867.8	1.6341
620	0.04022	877.5	1.6641	0.03321	873.8	1.6408
630	0.04075	883.4	1.6706	0.03366	879.8	1.6475
640	0.04128	889.2	1.6771	0.03411	885.7	1.6541
650	0.04181	895.0	1.6835	0.03456	891.7	1.6606
660	0.04233	900.9	1.6898	0.03500	897.7	1.6670
670	0.04285	906.7	1.6060	0.03544	903.7	1.6733
680	0.04337	912.6	1.7021	0.03588	909.7	1.6795
690	0.04389	918.5	1.7082	0.03632	915.7	1.6856
700	0.04440	924.3	1.7142	0.03677	921.5	1.6917

注：1atm=1.0332kgf/cm^2=101.325kPa，1kcal=4.1868kJ。

4.3　常用气体的理化性质[2]

序号	名称	化学式	标准状态密度/(kg/m^3)	相对分子质量	比热容 20℃(1atm)/[kcal/(kg℃)]		$K=\frac{C_p}{C_v}$(标准状态)	标准状态黏度/$mPa \cdot s \times 10^{-2}$	标准沸点/℃
					C_p	C_v			
1	氦	He	0.1769	4.003	1.25(15℃)	0.75(15℃)	1.66		-268.9
2	氮	N_2	1.2507	28.02	0.250	0.178	1.40	1.70	-195.78
3	氨	NH_3	0.771	17.03	0.53	0.40	1.29	0.918	-33.4
4	空气		1.293	28.95	0.241	0.172	1.40	1.73	-192
5	氢	H_2	0.0898	2.016	3.408	2.42	1.407	0.842	-252.75
6	二氧化碳	CO_2	1.9768	44	0.200	0.156	1.30	1.37	-78.2(升华)
7	一氧化碳	CO	1.2501	28	0.250	0.180	1.40	1.66	-191.48
8	二氧化氮	NO_2	1.49	46.01	0.192	0.147	1.31		21.2
9	氧	O_2	1.4289	32	0.218	0.156	1.4	2.03	-182.98
10	二氧化硫	SO_2	2.9268	64.06	0.151	0.120	1.25	1.17	-10.8
11	硫化氢	H_2S	1.5392	34.09	0.253	0.192	1.30	1.166	-60.2
12	氯	Cl_2	3.217	70.91	0.115	0.0848	1.36	(16℃) 1.29	-33.8
13	氯化氢	HCl	1.6394	30.465	0.1939	0.1375	1.41	—	-84.95
14	氟	F_2	1.6354	38.00	—	—	—	—	-187
15	氟化氢	HF	0.9218	20.01	—	—	—	—	19.4
16	氯甲烷	CH_3Cl	2.308	50.48	0.177	0.139	1.28	0.989	-24.1

注：1atm=101.325kPa。

熔点/℃	标准沸点之蒸发潜热/(kcal/kg)	临界性质			标准状态之导热系数/[kcal/(m·h·℃)]	爆炸极限/%(体)		自燃点/℃	序号
		温度/℃	压力/atm(绝)	密度/(kg/m^3)		上限	下限		
-272.2	5.52	-267.9	2.26	69.3	0.1226	—	—	—	1
-209.9	47.58	-147.18	33.49	310.96	0.0196	—	—	—	2
-77.7	328	132.4	111.5	23.6	0.0185	27	15.5	—	3
	47	-140.75	37.25	310~350	0.021	—	—	—	4
-259.18	108.5	-239.9	12.80	31	0.140	74.2	4.1	510	5
-56.6 (5.2atm)	137	31.1	72.9	460	0.0118	—	—	—	6
-205	50.5	-140.2	34.53	311	0.0194	74.2	12.5	610	7
-9.3	170	158.2	100.0	570	0.0344	—	—	—	8
-218.4	50.92	-118.82	49.713	429.9	0.0206	—	—	—	9
-75.5	94	157.5	77.78	52.0	0.0066	—	—	—	10
-82.9	131	100.4	88.9		0.0113	45.5	4.3	290	11
-101.6	72.95	144.0	76.1	573	0.0062	—	—	—	12
-114	106	51.5	81.5	42.2	—	—	—	—	13
-223	40.52	-129	55.0	—	—	—	—	—	14
-83	372.76	230.2	—	—	—	—	—	—	15
-44.5	96.9	148	66	370	0.0073	20	8	—	16

4.4 常用溶剂的理化性质[2,11]

序号	名称	分子式	相对分子质量	相对密度	折光率 η_D^{20}	沸点/℃ (760mmHg)	闪点(开口) ℃	凝点 ℃	蒸发潜热 kcal/kg (760mmHg)
1	二乙二醇醚	$O(C_2H_4OH)_2$	106.12	1.1184	1.4472	245 164(50毫米) 128(10毫米)	143.3	-8	83.3 155(10mmHg)
2	三乙二醇醚	$C_2H_4OH-O-C_2H_4-O-C_2H_4OH$	150.17	1.1254	1.4559	287.4 198(50mmHg) 162(10mmHg)	165.5	-7.2	99.4
3	二丙二醇醚	$O(C_3H_6OH)_2$	134.17	1.0252	1.439	231.8	118	-30	
4	环丁砜	$C_4H_8SO_2$	120	1.261 (30℃)	1.4810	285	177	27.6	
5	二甲基亚砜	C_2H_6SO	78.13	1.1008	1.4783	189 98(35mmHg) 74(10mmHg)	90	18.45	162
6	糠醛	$C_5H_4O_2$	96.09	1.1598 (20℃/4℃)		161.7	60	-36.5	108
7	丙酮	CH_3COCH_3	58.08	0.791 (20℃/4℃)		56.2	-19	-94.8	125
8	甲乙酮	$CH_3COC_2H_5$	72.11	0.803 (20℃/4℃)		79.6	-1~-14	-86.6	103.5
9	酚	C_6H_5OH	94.1	1.050 (50℃/4℃)		181.8	79	40.9	122
10	二硫化碳	CS_2	76.13	1.262 (20℃/4℃)		46.3		-111.5	84
11	一乙醇胺	$NH_2CH_2CH_2OH$	61.1	1.0179	1.4539	170.5	93	10.5	
12	二乙醇胺	$NH(CH_2CH_2OH)_2$	105.2	1.0919 (30℃/20℃)	1.4476	269.1	146	28.0	
13	三乙醇胺	$N(CH_2CH_2OH)_3$	149.2	1.1258	1.4852	360.0	193	21.2	
14	吗啉	$O<(C_2H_4, CH_4)>NH$	87.12	1.0017	1.4548	128.6	43	-3.1	120.6
15	二甲基甲酰胺	$H-C(=O)-N(CH_3)_2$	73.09	0.950	1.4269	153	67	-61	137
16	N-甲基吡咯烷酮	$CH_2-C(=O)-N(CH_3)-CH_2-CH_2$ (环)	99	1.037 (15℃/20℃)	1.4703	202		-24	

自燃点/℃	开始分解温度/℃	在水中溶解度%(重)(20℃)	比热容(20℃)kcal/kg℃	表面张力(25℃)达因/厘米	蒸气压(20℃)mmHg	黏度(20℃)厘泊	烃类在溶剂中溶解度(25℃)克/100克	临界性质		爆炸极限%(体)		序号
								温度/℃	压力/(kg/cm²)	上限	下限	
350	164	互溶	0.500	48.5	<0.01	35.7	苯45.5 甲苯20.7 二甲苯11.1 正庚烷1.24					1
	206	互溶	0.5254	45.2	<0.01	47.8	甲苯142.7					2
		互溶	0.55	32	<0.1	48 (25℃)	苯互溶 正庚烷9					3
			0.39	3.7		8.2 (30℃)						4
215			0.49	43	0.417	2.08 (25℃)						5
320		5.9	0.38					396	54.3		2.1	6
540		∞	0.515					235	48.6	13	2.1	7
530		22.6	0.530					260	39.5	11.5	1.8	8
715		8.2	0.338 (固体>22.6℃)					419	62.6			9
124		0.22	0.240					277.7	75.5	50	1.0	10
		全溶			0.4	24.1	苯稍溶					11
662		95.4			<0.01	196.4 (30℃)	苯不溶					12
		全溶			<0.01	613.6 (25℃)						13
310			0.477	37.8	8	2.37						14
			0.5	35.2	2.65	0.802 (25℃)						15
			0.42 (30℃)		4 (60℃)	1.7 (25℃)						16

4.5 化学品的理化性质[2,11]

序号	名　称	分　子　式	相对分子质量	沸点/℃（760mm汞柱）	熔点/℃	相对密度 d_4^{20}	蒸气密度/(kg/m³)/(标准状态)
1	甲醇	CH_2OH	32.04	64.7	-97.1	0.7913	1.43
2	乙醇	C_2H_5OH	46.07	78.3	-114.2	0.7892	2.06
3	乙二醇	$C_2H_4(OH)_2$		197.6	-13	1.1155（20/20℃）	
4	正丙醇	$CH_3CH_2CH_2OH$	60.10	97.2	-126.0	0.8044	2.68
5	异丙醇	$CH_3CHOHCH_3$	60.10	82.2	-89.5	0.7851	2.68
6	正丁醇	$CH_3CH_2CH_2CH_2OH$	74.12	117.8	-89.9	0.8096	3.31
7	仲丁醇	$CH_3CH_2CHOHCH_3$	74.12	99.5	-114.7	0.8066	3.31
8	叔丁醇	$(CH_3)_3COH$	74.12	82.6	-25.4	0.7867	3.31
9	异丁醇	$(CH_3)_2CHCH_2OH$	74.12	108.0	-108.0	0.8020	3.31
10	丙二醇	$C_3H_6(OH)_2$	76.09	187.4		1.0381（25/25℃）	
11	正戊醇	$CH_3CH_2CH_2CH_2CH_2OH$	88.15	138.0	-78.5	0.8130	3.93
12	异戊醇	$CH_3(CH_2)_2CHOHCH_3$	88.15	131.9	-117.2	0.8100	3.93
13	甲醛	HCHO	30.03	-21.0	-92.0	0.815（-20℃）	1.34
14	乙醛	CH_3CHO	44.05	20.2	-123.5	0.783	1.97
15	丙烯醛	CH_2CHCHO	56.06	52.8	-87	0.8390	
16	丙醛	CH_3CH_2CHO	58.08	48.9	-81.1	0.808	
17	戊酮-2	$CH_3COCH_2CH_2CH_3$	86.14	102.3	-77.8	0.806	3.84
18	环己酮	$C_6H_{10}O$	98.15	155.7	-45.0	0.9466	4.36
19	甲醚	CH_3OCH_3	46.07	-23.7	-141.5	0.666	2.06

临界性质		蒸发潜热/(kcal/kg)	溶融热/(kcal/kg)	比热容(20℃时)/[kcal/(kg·℃)]	20℃时在水中溶解度/%(质量)	爆炸极限/%(体积)		自燃点/℃	闪点/℃	序号
温度/℃	压力/(kgf/cm^2)					上限	下限			
240	81.3	263	24.5	0.596	∞	36.5	5.5	470	11	1
234.3	64.4	202	25.8	0.572	∞	20	3.1	425	11~13	2
		191	44.7	0.561	∞				116	3
265.8	51.8	180	20.7	0.560	∞	13.5	2.1	420	22	4
273.5	54.9	160	21.3	0.596	∞	12	2	400	12	5
287.1	50.2	141	29.9	0.560	9 (15℃)	11.3	1.4	340	29	6
265.2	49.9	134		0.648 (40℃)	12.5			390		7
271.9		128		0.521 (60℃)	易溶			478		8
277.6	49.8	138		0.552	10 (15℃)		1.7	430	28	9
		170		0.593	∞			421	102	10
315.0		123	26.7	0.553	2.7 (22℃)	7.6	1.2	330	33	11
		120		0.560	2.6			375	40	12
		170		0.33 (50℃)	能溶	73	4	300		13
188.0		137	17.6	0.45	∞	57	4	140	-27~-38	14
				0.511	40			234		15
					20			207		16
		90.0		0.525 (50℃)						17
		109		0.433 (16℃)	5	9.0	3.2	430	44~47	18
126.9	53.7	111.6	25.6	0.530 (-25℃)				350		19

序号	名　称	分　子　式	相对分子质量	沸点/℃（760mm汞柱）	熔点/℃	相对密度 d_4^{20}	蒸汽密度/（kg/m^3）/（标准状态）
20	乙醚	$(C_2H_5)_2O$	74.12	34.6	−116.3	0.714	3.31
21	丙醚	$(C_3H_7)_2O$	102.18	90.1	−122.0	0.748	4.56
22	异丙醚	$(C_3H_7)_2O$	102.18	68.47	−86.2	0.724	
23	甘油	$C_3H_5(OH)_3$	92.09	290 分解	18.6	1.2613	
24	苯甲醚	$C_6H_5OCH_3$	108.14	153.8	−37.4	0.9940	
25	苯乙醚	$C_6H_5OC_2H_5$	122.17	170.0	−30.2	0.9666	
26	丁醚	$(C_4H_9)_2O$	130.22	142.4	−98	0.769（d_{20}^{20}）	5.79
27	甲基叔丁基醚	$C_4H_9OCH_3$	88.15	55.3	−108.6	0.740	
28	呋喃	$(CH)_2O(CH)_2$	68.08	32.0		0.937（19℃）	3.04
29	邻甲酚	$C_6H_4OHCH_3$	108.14	191.0	30.6	1.020（50℃）	4.83
30	间甲酚	$C_6H_4OHCH_3$	108.14	202.2	11.5	1.0341	4.83
31	对甲酚	$C_6H_4OHCH_3$	108.14	202.0	34.8	1.011（50℃）	4.83
32	甲酸	$HCOOH$	46.03	100.7	8.4	1.220	2.05
33	乙酸	CH_3COOH	60.05	118.1	16.6	1.049	2.68
34	丙酸	C_2H_5COOH	74.08	141.3	−20.8	0.993	3.31
35	丁酸	C_3H_7COOH	88.11	163.5	−74	0.958	3.93
36	戊酸	C_4H_9COOH	102.14	186.3	−34.5	0.939	4.56
37	甲胺	CH_3NH_2	31.06	−6.5	−93.4	0.660	1.34
38	乙胺	$C_2H_5NH_2$	45.09	16.5	−80.6	0.682	2.01
39	吡啶	C_5H_5N	79.10	115.5	−42.0	−0.983	3.53
40	苯胺	$C_6H_5NH_2$	93.13	184.4	−6.1	1.0217	4.16
41	甲基苯胺	$C_6H_5NH(CH_3)$	107.16	196.3	−57.0	0.9868	4.78
42	苯肼	$C_6H_5NHNH_2$	108.14	241，分解	23	1.098	4.83

续表

临界性质		蒸发潜热/(kcal/kg)	溶融热/(kcal/kg)	比热容(20℃时)/[kcal/(kg·g)]	20℃时在水中溶解度/%(质量)	爆炸极限/%(体积)		自燃点/℃	闪点/℃	序号
温度/℃	压力/(kgf/cm²)					上限	下限			
194.7	37.5	86	24	0.558	7.5	40	1.85	160	-40	20
				0.506						21
								443	-9	22
					∞				177	23
368.5	42.6	81.4		0.423 (24℃)						24
374.0	34.9			0.447	不溶					25
		60.5			0.05					26
		76.3		0.51	4.0			460	-28	27
		95.5		0.651 (17℃)	微溶					28
422.3	51.1			0.498 (固体 10℃)	2.45			599		29
432.0	46.5	101		0.479 (固体，10℃)	2.35			559		30
426.0	52.6		26.3	0.486 (固体，18℃)	1.94			559		31
		118	66	0.518	∞			462		32
321.5	59	97	46.6	0.477	∞			423	40	33
339.5	54.1	100	24.3	0.517	∞			475		34
354.7		118	30.0	0.480	易溶			443		35
378.8		103	18.1	0.585 (50℃)	3.7 (16℃)			400		36
157	76.1	198.6	47.2	0.764	易溶			430		37
183.6	57.9	149		0.690	∞			384		38
344.2	62.0	102.0	25.0	0.405	∞	12.4	1.8			39
425.7	54.1	107	27.1	0.494	3.4			617		40
428.6	53.1	101		0.508(100℃)	不溶					41
			36.2		12.6					42

序号	名　称	分　子　式	相对分子质量	沸点/℃（760mm汞柱）	熔点/℃	相对密度 d_4^{20}	蒸汽密度/（kg/m^3）/（标准状态）
43	六甲撑胺（乌洛托平）	$(CH_2)_6N_4$	140.19	263，分解	263	1.331	
44	二苯胺	$(C_6H_5)_2NH$	169.23	302.0	53.0	1.159	7.55
45	丙腈	C_3H_5N	55.08	97.2	-91.9	0.7818	2.46
46	丙烯腈	C_3H_3N	53.07	78.5	-82	0.8060	2.37
47	丁腈	C_4H_2N	69.11	117.6	-112	0.790	3.08
48	尿素	$(NH_2)_2CO$	60.06	分解	132.7	1.335	
49	硝基苯	$C_6H_5NO_2$	123.11	210.9	5.7	1.2032	5.50
50	甲硫醇	CH_4S	48.11	6.8	-122	0.868	2.15
51	乙硫醇	C_2H_6S	62.13	34.4	-144.4	0.839	2.77
52	噻吩	$(CH)_2S(CH)_2$	84.14	84.1	-38.3	1.065	3.75
53	硫化羰	COS	60.07	-50.2	-138.2	1.24（-87℃）	
54	二甲基硫醚	$(CH_3)_2S$	62.13	35.9	-90.3	0.850	2.77
55	二乙基硫醚	$(C_2H_5)_2S$	90.19	90.0	-103.3	0.836	4.03
56	二氯甲烷	CH_2Cl_2	84.93	40.2	-96.7	1.3255	3.79
57	氯仿	$CHCl_3$	119.38	61.2	-63.5	1.490	5.33
58	四氯化碳	CCl_4	153.82	76.8	-22.9	1.594	6.87
59	二氯乙烷-1,1	$C_2H_4Cl_2$	98.96	57.3	-97.6	1.1755	4.42
60	二氯乙烷-1,2	$C_2H_4Cl_2$	98.96	83.6	-35.3	1.253	4.42
61	氯乙烯	C_2H_3Cl	62.5	-13.9	-159.7	0.9195（15℃）	

续表

临界性质		蒸发潜热/(kcal/kg)	溶融热/(kcal/kg)	比热容(20℃时)/[kcal/(kg·g)]	20℃时在水中溶解度/%(质量)	爆炸极限/%(体积)		自燃点/℃	闪点/℃	序号
温度/℃	压力/(kgf/cm^2)					上限	下限			
					150					43
			24.8	0.463 (50℃)	0.03 0.007 (28℃)					44
291.2	42.8	134	26.4	0.507						45
246	34.9	147			能溶	17	3	481	0	46
309.1	38.6	130	17.4	0.530 (50℃)						47
				0.32	108					48
		94.7	22.5	0.350	0.19					49
196.8	73.8	122	29.3	0.440(0℃)				325		50
225.5	56.0	111			1.5			299		51
317.3	49.3		12.4	0.354	不溶			395		52
										53
29.9	56.4	102	30.7	0.453				205		54
284.7	40.4			0.480						55
237.5	62.9	78.7	13	0.276	2			615	不燃	56
260.0	55.6	60.6	19.1	0.237	1.0				不燃	57
283.2	46.5	46.6	3.9	0.203	0.08				不燃	58
250.0	51.7	73.7	13.1					458		59
288.4	54.8	77.4	21.3	0.301	0.87	15.9	6.2	413	~12	60
					难溶	22	4	472	低于 -17.8	61

序号	名　称	分　子　式	相对分子质量	沸点/℃(760mm汞柱)	熔点/℃	相对密度 d_4^{20}	蒸汽密度/(kg/m^3)/(标准状态)
62	顺二氯乙烯	$(CH)_2Cl_2$	96.94	60.3	-80.5	1.2913(15℃)	
63	反二氯乙烯	$(CH)_2Cl_2$	96.94	48.4	-50.0	1.2651(15℃)	
64	1,1,2-三氯乙烷	$C_2H_3Cl_3$	133.41	113.5	-37	1.441	
65	四氯乙烯	C_2Cl_4	165.83	121.3	-22.3	1.6227	
66	环氧乙烷(液体)	C_2H_4O	44	10.73	-111.3	0.8969(0℃)	
67	环氧乙烷(气体)	C_2H_4O	44				1.93(40℃)
68	环氧丙烷	C_3H_6O	58.05	33.9	-112	0.826(25/25℃)	
69	环氧氯丙烷	C_3H_5ClO	92.53	116.56		1.180	
70	碳酸钡	$BaCO_3$	197.37	1450(分解)	1740(90大气压)	4.43	
71	氢氧化钡	$Ba(OH)_2$	171.38			4.495	
72	碳酸钙	$CaCO_3$	100.09	825分解	1339(103大气压)	2.93	
73	氯化钙	$CaCl_2$	110.99	>1600	772	2.152	
74	氢氰酸	HCN	27.03	25.7	-14.2	0.688	
75	硫酸(浓度100%)	H_2SO_4	98.08	304.3	10.45	1.8305	
76	硫酸(浓度98%)	H_2SO_4	98.08	332	0.1	1.8365	
77	硫酸(浓度96%)	H_2SO_4	98.08	311.5	-13.6	1.8355	

续表

临界性质		蒸发潜热/(kcal/kg)	溶融热/(kcal/kg)	比热容(20℃时)/[kcal/(kg·g)]	20℃时在水中溶解度/%(质量)	爆炸极限/%(体积)		自燃点/℃	闪点/℃	序号
温度/℃	压力公(kgf/cm^2)					上限	下限			
		73.4		0.281 (15℃)	不溶					62
		74.2		0.277 (15℃)						63
					微量			460		64
620.2	4.76					50	10			65
		136.1	34.1	0.44					<-18	66
195.8	70.95					100	3	429		67
		121		0.51	40.5	38.5	2.5		-37.2	68
		98 (计算值)							40.5	69
				0.10	0.0022 0.0065 (100℃)					70
					1.65 (0℃) 101.4 (80℃)					71
				0.203 (0℃) 0.214 (100℃)	0.002 (100℃)					72
				0.164	74.5 (20℃)					73
183.5	54.8	233		0.627	∞	40.0	6.0	588	-17.5	74
				0.338	∞					75
				0.3477						76
										77

序号	名　称	分　子　式	相对分子质量	沸点/℃(760mm汞柱)	熔点/℃	相对密度 d_4^{20}	蒸汽密度/(kg/m³)/(标准状态)
78	硫酸(浓度93%)	H_2SO_4	98.08	282.6	-35.0	1.8279	
79	硫酸(浓度70%)	H_2SO_4	98.08	162.2	-42.0	1.6105	
80	硫酸(浓度60%)	H_2SO_4	98.08	141.8	-26.8	1.4983	
81	发烟硫酸(含游离 SO_2 100%)	$H_2SO_4 \cdot SO_3$	178.0	44.7	16.8	1.9228	
82	盐酸(30%)	HCl	36.47	-86	-111	1.1493	
83	氢氟酸	HF	20.0	19.4	-82.8		
84	硼酸(正)	H_3BO_3	61.84		185 分解	1.435(15℃)	
85	磷酸	H_3PO_4	98.00	213	42.35	1.870	
86	氧化钾	K_2O	94.19			2.32	
87	氢氧化钾	KOH	56.10	1324	380	2.044	
88	碳酸钾	K_2CO_3	138.2		909	2.29	
89	氢氧化钠	NaOH	40.00	1388	328	2.130	
90	碳酸钠(纯碱)	Na_2CO_3	106.01		851	2.533	
91	硫酸钠	Na_2SO_4	142.05	1430 分解	885	2.7	
92	氯化钠	NaCl	58.45	1440	800.4	2.163	
93	亚硝酸钠	$NaNO_2$	69.00	320 分解	271	2.17	
94	亚硫酸氢钠	$NaHSO_3$	104.07			1.48	
95	硫酸铵	$(NH_4)_2SO_4$	132.15		513 分解	1.769	
96	五氧化二钒	V_2O_5	181.9	1759 分解	600	3.357	
97	硅	Si	28.08	2600	1420	2.33	
98	硫	S	32.06	444.6	单斜晶 119 菱形晶 112.8	2.046	

续表

临界性质		蒸发潜热/(kcal/kg)	溶融热/(kcal/kg)	比热容(20℃时)/[kcal/(kg·g)]	20℃时在水中溶解度/%(质量)	爆炸极限/%(体积)		自燃点/℃	闪点/℃	序号
温度/℃	压力公(kgf/cm²)					上限	下限			
										78
										79
										80
										81
					72.1					82
230.2		97.5	54.8							83
					2.66(0℃)					84
					548					85
					极易溶					86
					97(0℃)					87
					110.5					88
					42(0℃)					89
					7.1(0℃)					90
					19.4					91
					36.0					92
					84.5					93
										94
					75.4					95
					0.8					96
				0.181(25℃)	不溶					97
					不溶					98

4.6 氨的性质[2]

温度/℃	绝对压力/ (kgf/cm^2)	比容		密度		焓		蒸发潜热/ (kcal/kg)
		液体/ (L/kg)	蒸气/ (m^3/kg)	液体/ (kg/L)	蒸气/ (kg/m^3)	液体/ (kcal/kg)	蒸气/ (kcal/kg)	
-50	0.4169	1.4245	2.6250	0.7020	0.3810	46.16	384.73	338.57
-49	0.4421	1.4269	2.4850	0.7008	0.4021	47.15	385.14	337.99
-48	0.4687	1.4293	2.3531	0.6996	0.4250	48.25	385.54	337.29
-47	0.4965	1.4318	2.2298	0.6984	0.4485	49.29	385.95	336.66
-46	0.5257	1.4342	2.1140	0.6973	0.4730	50.36	386.35	335.99
-45	0.5563	1.4367	2.0052	0.6960	0.4987	51.43	386.75	335.32
-44	0.5883	1.4392	1.9032	0.6948	0.5254	52.47	387.14	334.67
-43	0.6218	1.4417	1.8072	0.6936	0.5533	53.53	387.54	334.01
-42	0.6569	1.4442	1.7169	0.6924	0.5824	54.60	387.93	333.33
-41	0.6936	1.4468	1.6319	0.6912	0.6128	55.68	388.32	332.64
-40	0.7319	1.4493	1.5520	0.6900	0.6443	56.72	388.70	331.98
-39	0.7719	1.4519	1.4768	0.6888	0.6771	57.77	389.09	331.32
-38	0.8137	1.4545	1.4058	0.6875	0.7113	58.82	389.47	330.65
-37	0.8574	1.4571	1.3383	0.6863	0.7469	59.91	389.85	329.94
-36	0.9029	1.4597	1.2756	0.6851	0.7839	60.98	390.23	329.25
-35	0.9504	1.4623	1.2160	0.6889	0.8224	62.05	390.60	328.55
-34	0.9908	1.4649	1.1598	0.6826	0.8622	63.09	390.97	327.88
-33	1.0514	1.4676	1.1465	0.6814	0.9038	64.18	391.34	327.16
-32	1.1051	1.4703	1.0561	0.6801	0.9469	65.26	391.71	326.45
-31	1.1609	1.4730	1.0086	0.6789	0.9915	66.31	392.07	325.76
-30	1.2191	1.4731	0.9635	0.6776	1.038	67.40	392.43	325.03
-29	1.2795	1.4766	0.9209	0.6764	1.086	68.46	392.79	324.33
-28	1.3424	1.4801	0.8805	0.6752	1.136	69.54	393.14	323.60
-27	1.4077	1.4836	0.8422	0.6739	1.187	70.61	393.49	322.88
-26	1.4755	1.4872	0.8059	0.6726	1.241	71.68	393.84	322.16
-25	1.5460	1.4895	0.7715	0.6714	1.296	72.77	394.19	321.42
-24	1.6191	1.4923	0.7388	0.6701	1.354	73.84	394.58	320.69
-23	1.6949	1.4951	0.7078	0.6689	1.413	74.91	394.87	319.96
-22	1.7736	1.4980	0.6783	0.6676	1.474	75.99	395.20	319.21
-21	1.8552	1.5008	0.6503	0.6663	1.538	77.07	395.54	318.47
-20	1.9397	1.5037	0.6237	0.6650	1.603	78.15	395.87	317.72
-19	2.0273	1.5066	0.5984	0.6637	1.671	79.23	396.19	316.96
-18	2.1180	1.5096	0.5743	0.6624	1.741	80.31	396.51	316.20
-17	2.2119	1.5125	0.5514	0.6612	1.814	81.39	396.83	315.44
-16	2.3091	1.5155	0.5296	0.6598	1.888	82.48	397.15	314.67
-15	2.4097	1.5185	0.5088	0.6585	1.965	83.57	397.46	313.89

续表

温度/℃	绝对压力/(kgf/cm²)	比容		密度		焓		蒸发潜热/(kcal/kg)
		液体/(L/kg)	蒸气/(m^3/kg)	液体/(kg/L)	蒸气/(kg/m^3)	液体/(kcal/kg)	蒸气/(kcal/kg)	
-14	2.5137	1.5215	0.4889	0.6572	2.045	84.65	397.77	313.12
-13	2.6212	1.5245	0.4701	0.6560	2.127	85.74	398.08	312.34
-12	2.7324	1.5276	0.4520	0.6546	2.212	86.84	398.38	311.54
-11	2.8472	1.5307	0.4349	0.6533	2.299	87.92	398.68	310.76
-10	2.9653	1.5338	0.4185	0.6520	2.389	89.01	398.97	309.96
-9	3.0883	1.5369	0.4028	0.6507	2.483	90.11	399.26	309.15
-8	3.2147	1.5400	0.3878	0.6494	2.579	91.21	399.55	308.34
-7	3.3452	1.5432	0.3735	0.6480	2.677	92.29	399.83	307.54
-6	3.4798	1.5464	0.3599	0.6467	2.779	93.41	400.12	306.71
-5	3.6186	1.5496	0.3468	0.6453	2.884	94.50	400.39	305.89
-4	3.7617	1.5528	0.3343	0.6440	2.991	95.59	400.66	305.07
-3	3.9092	1.5561	0.3224	0.6426	3.102	96.69	400.93	304.24
-2	4.0612	1.5594	0.3109	0.6413	3.216	97.79	401.20	303.41
-1	4.2179	1.5627	0.3000	0.6399	3.333	98.90	401.46	302.56
0	4.3791	1.5660	0.2895	0.6386	3.454	100.00	401.72	301.72
1	4.5452	1.5694	0.2795	0.6372	3.578	101.10	401.97	300.87
2	4.7161	1.5727	0.2698	0.6358	3.706	102.21	402.22	300.01
3	4.8920	1.5761	0.2606	0.6345	3.837	103.31	402.46	299.15
4	5.0730	1.5796	0.2517	0.6331	3.973	104.44	402.71	298.27
5	5.2591	1.5831	0.2433	0.6317	4.110	105.54	402.95	297.41
6	5.4505	1.5866	0.2351	0.6303	4.254	106.65	403.18	296.53
7	5.6473	1.5911	0.2273	0.6289	4.399	107.77	403.41	295.64
8	5.8495	1.5939	0.2198	0.6275	4.550	108.89	403.64	294.75
9	6.0573	1.5972	0.2126	0.6261	4.704	110.00	403.85	293.85
10	6.2707	1.6008	0.2056	0.6247	4.864	111.12	404.08	292.96
11	6.4900	1.6045	0.1990	0.6232	5.025	112.23	404.29	292.06
12	6.7151	1.6081	0.1926	0.6219	5.192	113.35	404.49	291.14
13	6.9462	1.6118	0.1864	0.6204	5.365	114.47	404.70	290.23
14	7.1834	1.6156	0.1305	0.6190	5.540	115.61	404.90	289.29
15	7.4267	1.6193	0.1748	0.6176	5.721	116.73	405.10	288.37
16	7.6764	1.6231	0.1693	0.6161	5.907	117.86	405.30	287.44
17	7.9325	1.6270	0.1641	0.6146	6.094	119.03	405.50	286.47
18	8.1950	1.6308	0.1590	0.6132	6.289	120.12	405.67	285.55
19	8.4643	1.6347	0.1541	0.6117	6.489	121.25	405.85	284.60
20	8.7402	1.6386	0.1494	0.6103	6.693	122.40	406.03	283.63
21	9.0230	1.6426	0.1449	0.6088	6.901	123.54	406.20	282.66
22	9.3128	1.6466	0.1405	0.6073	7.117	124.70	406.37	281.67

续表

温度/℃	绝对压力/(kgf/cm²)	比容		密度		焓		蒸发潜热/(kcal/kg)
		液体/(L/kg)	蒸气/(m^3/kg)	液体/(kg/L)	蒸气/(kg/m^3)	液体/(kcal/kg)	蒸气/(kcal/kg)	
23	9.6096	1.6506	0.1363	0.6058	7.337	125.82	406.53	280.71
24	9.9136	1.6547	0.1322	0.6043	7.564	126.97	407.70	279.73
25	10.225	1.6588	0.1283	0.6028	7.794	128.13	406.84	278.72
26	10.544	1.6630	0.1245	0.6013	8.032	129.27	406.99	277.72
27	10.870	1.6672	0.1208	0.5998	8.278	130.43	407.16	276.73
28	11.204	1.6714	0.1173	0.5983	8.525	131.59	407.30	275.71
29	11.545	1.6757	0.1139	0.5968	8.780	132.72	407.43	274.71
30	11.895	1.6800	0.1106	0.5952	9.042	133.88	407.56	273.68
31	12.252	1.6844	0.1075	0.5937	9.302	135.01	407.68	272.67
32	12.618	1.6883	0.1044	0.5921	9.579	136.20	407.81	271.61
33	12.992	1.6932	0.1014	0.5906	9.862	137.34	407.92	270.58
34	13.374	1.6977	0.0986	0.5890	10.14	138.52	408.04	269.52
35	13.765	1.7023	0.0958	0.5874	10.44	139.70	408.11	268.44
36	14.164	1.7069	0.0931	0.5859	10.74	140.87	408.25	267.33
37	14.572	1.7115	0.0905	0.5843	11.05	142.04	408.35	266.31
38	14.989	1.7162	0.0880	0.5827	11.36	143.20	408.43	265.23
39	15.415	1.7209	0.0856	0.5811	11.68	144.36	408.49	264.13
40	15.850	1.7257	0.0833	0.5795	12.00	145.57	408.57	263.00
41	16.294	1.7305	0.0810	0.5779	12.35	146.74	408.65	261.91
42	16.747	1.7354	0.0788	0.5762	12.69	147.93	408.73	260.80
43	17.210	1.7404	0.0767	0.5746	13.04	148.09	408.78	259.69
44	17.683	1.7454	0.0746	0.5729	13.40	150.30	408.82	258.52
45	18.165	1.7504	0.0726	0.5713	13.77	151.49	408.87	257.38
46	18.657	1.7555	0.0707	0.5696	14.14	152.70	408.90	256.20
47	19.159	1.7607	0.0688	0.5680	14.53	153.83	408.91	255.08
48	19.672	1.7659	0.0670	0.5663	14.93	155.08	408.93	253.85
49	20.194	1.7713	0.0652	0.5646	15.34	156.28	408.95	252.67
50	20.727	1.7766	0.0635	0.5629	15.75	157.53	408.95	251.42

4.7 常用溶剂相对密度图[2]

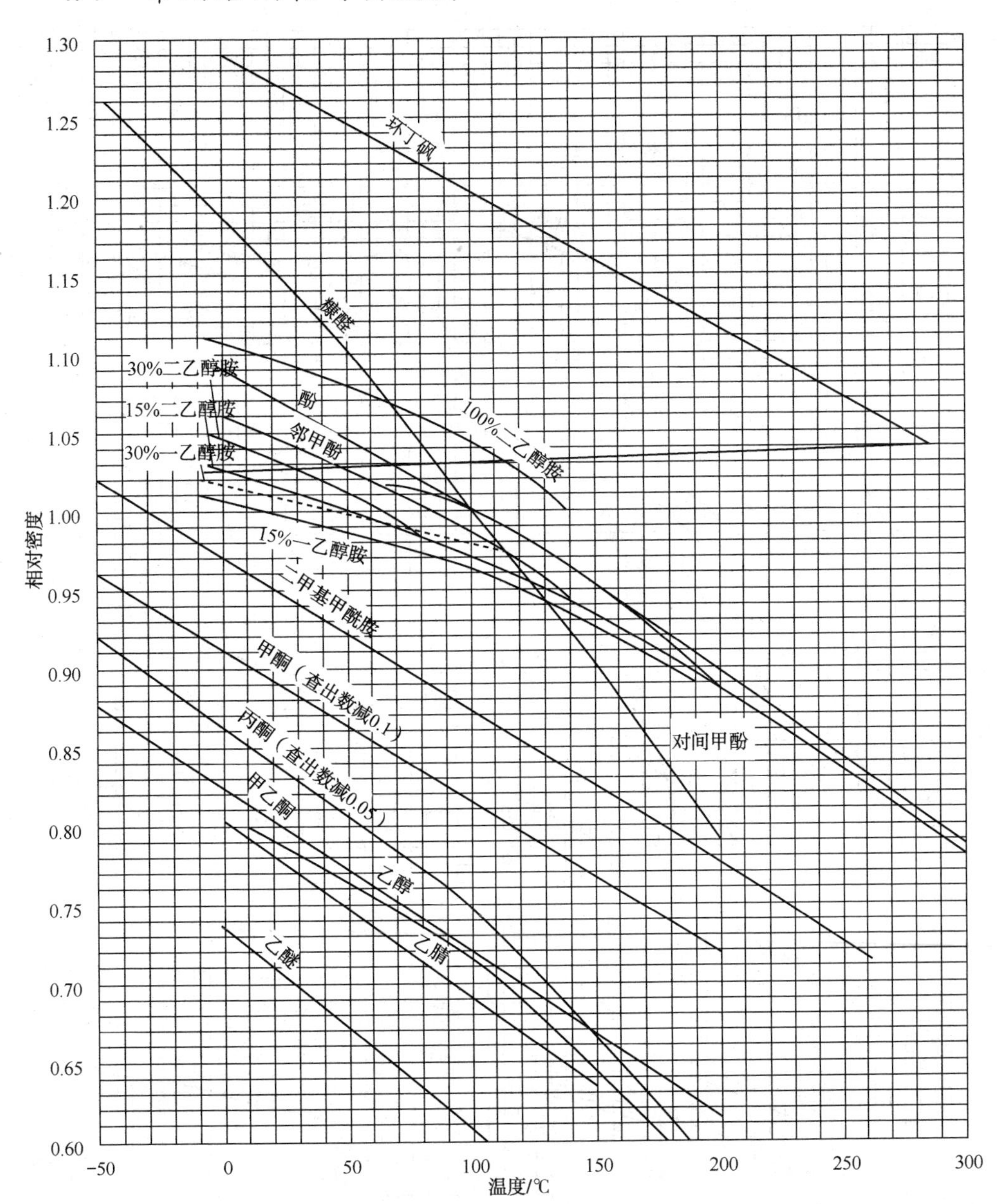

4.8　常用气体平均分子比热容图[2]

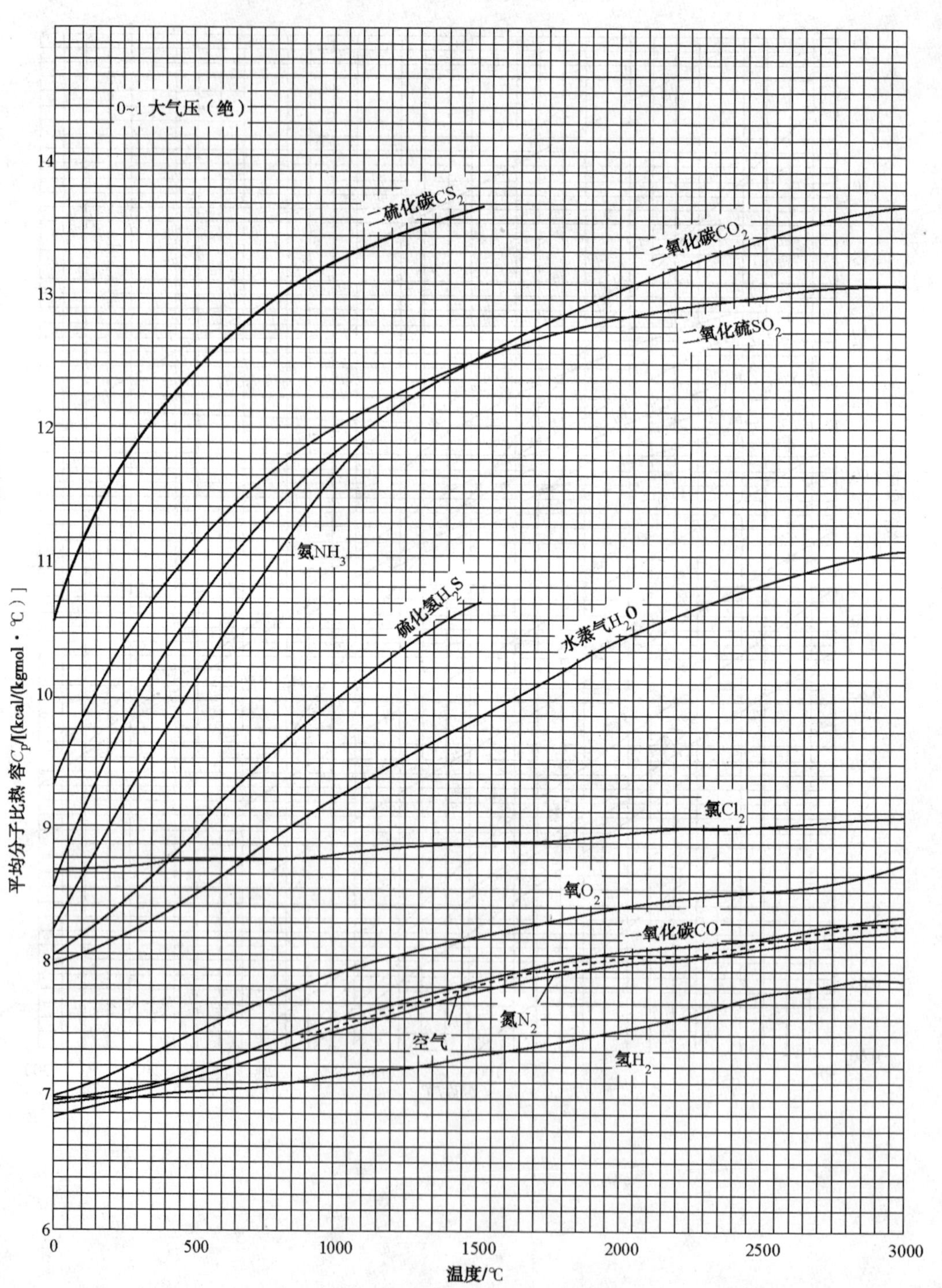

4.9 有机化合物液体黏度图[2]

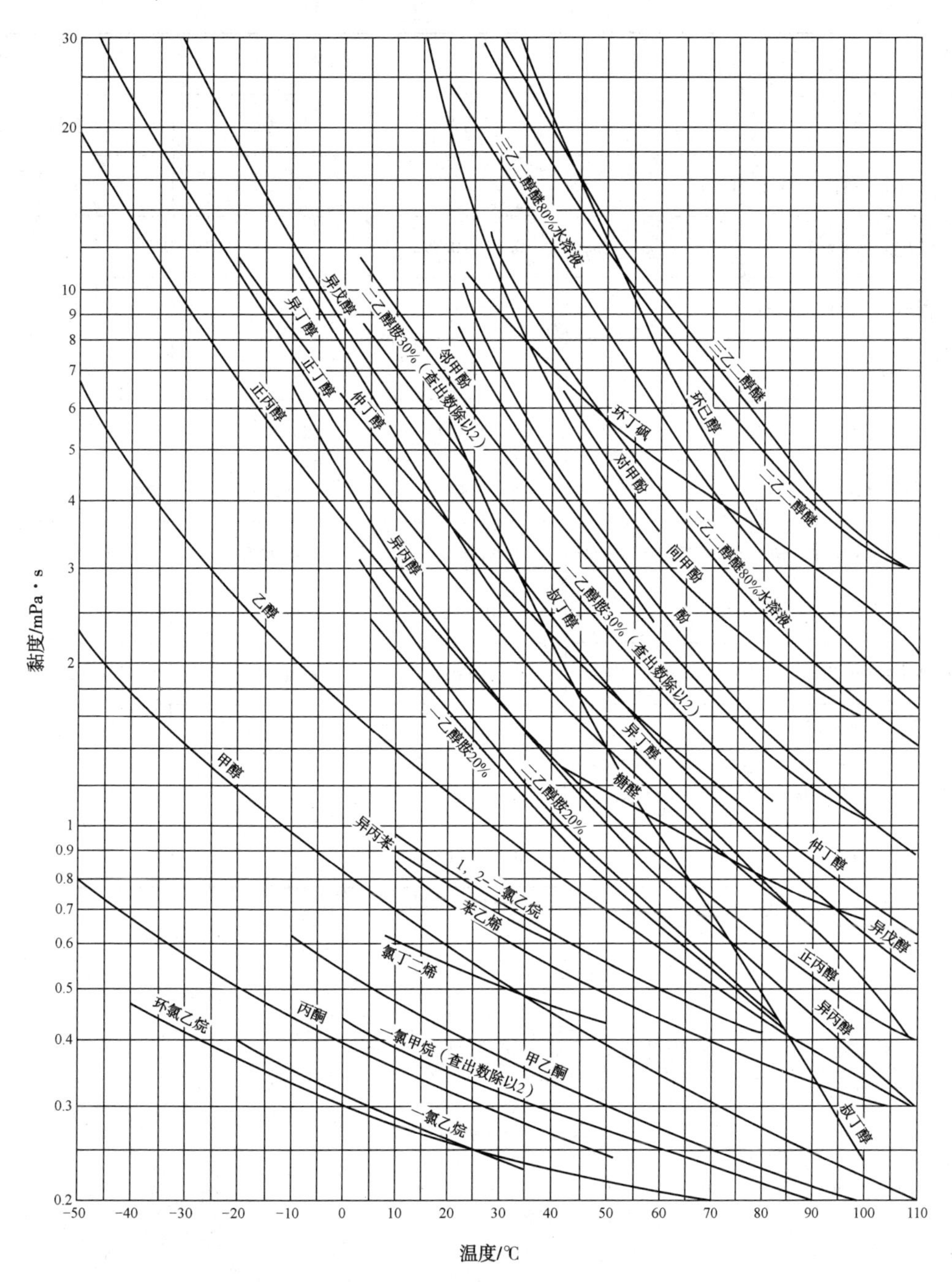

4.10 工业用甲醇质量指标(GB 338—2011)

项目	指标		
	优等品	一等品	合格品
色度 Hazen 单位/(铂-钴色号) ≤	5		10
密度 ρ_{20}/(g/cm^3)	0.791~0.792	0.791~0.793	
沸程①(0℃, 101.3kPa)/℃ ≤	0.8	1.0	1.5
高锰酸钾试验/min ≥	50	30	20
水混溶性试验	通过试验(1+3)	通过试验(1+9)	—
水(质量分数)/% ≤	0.10	0.15	0.20
酸(以 HCOOH 计)(质量分数)/% ≤	0.0015	0.0030	0.0050
或碱(以 NH_3 计)(质量分数)/% ≤	0.0002	0.0008	0.0015
羰基化合物(以 HCHO 计)(质量分数)/% ≤	0.002	0.005	0.010
蒸发残渣(质量分数)/% ≤	0.001	0.003	0.005
硫酸洗涤试验, Hazen 单位(铂-钴色号) ≤	50		—
乙醇(质量分数)/% ≤	供需双方协商	—	

① 包括 64.6℃±0.1℃。

4.11 氢的黏度图[2]

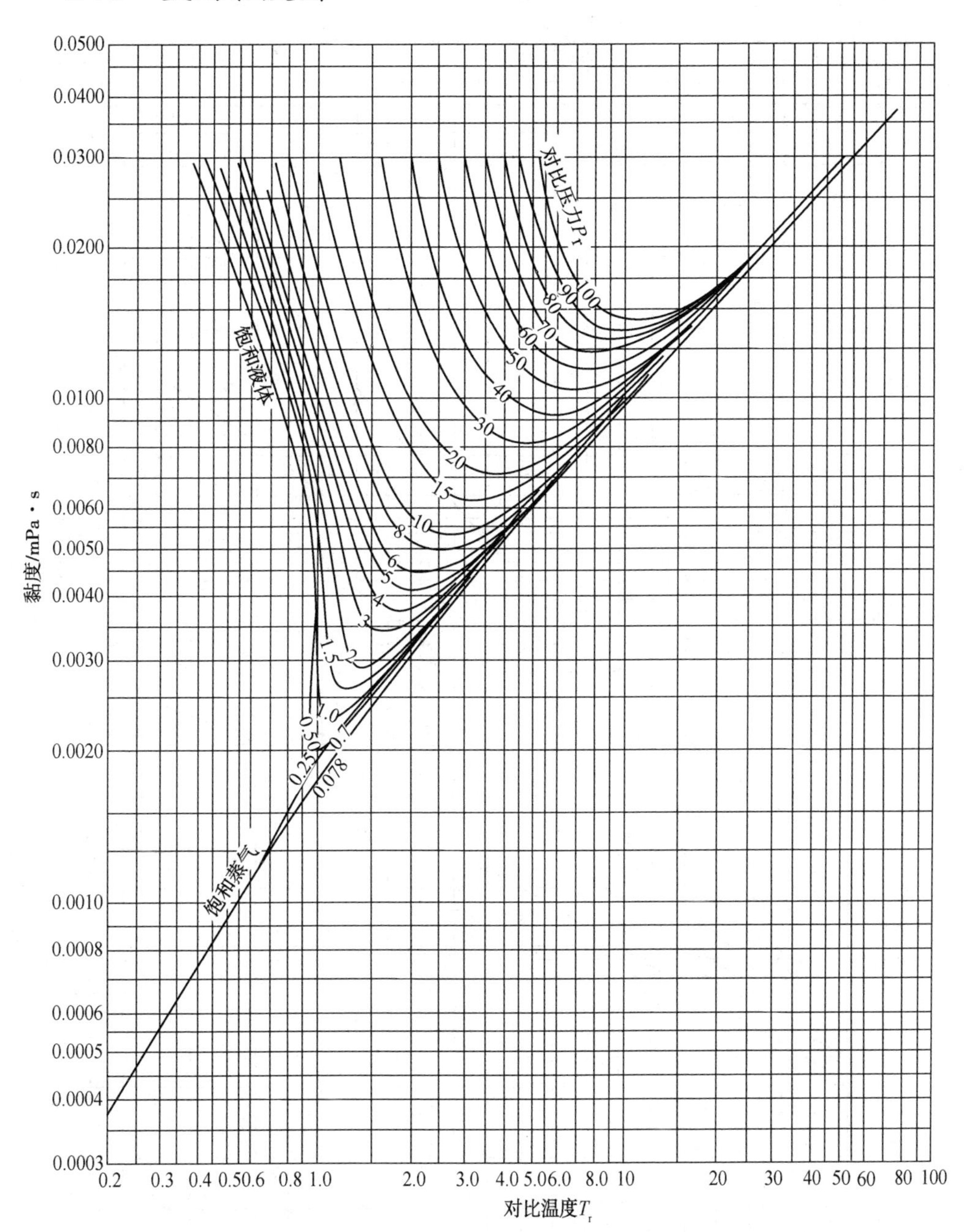
黏度/mPa·s
0.0500
0.0400
0.0300
0.0200
0.0100
0.0080
0.0060
0.0050
0.0040
0.0030
0.0020
0.0010
0.0008
0.0006
0.0005
0.0004
0.0003
0.2
0.3
0.4
0.5
0.6
0.8
1.0
2.0
3.0
4.0
5.0
6.0
8.0
10
20
30
40
50
60
80
100
对比温度T_r
对比压力p_r
饱和液体
饱和蒸气
100
90
80
70
60
50
40
30
20
15
10
8
6
5
4
3
2
1.5
1.0
0.7
0.50
0.25
0.078

4.12 氢氧化钠水溶液黏度图[2]

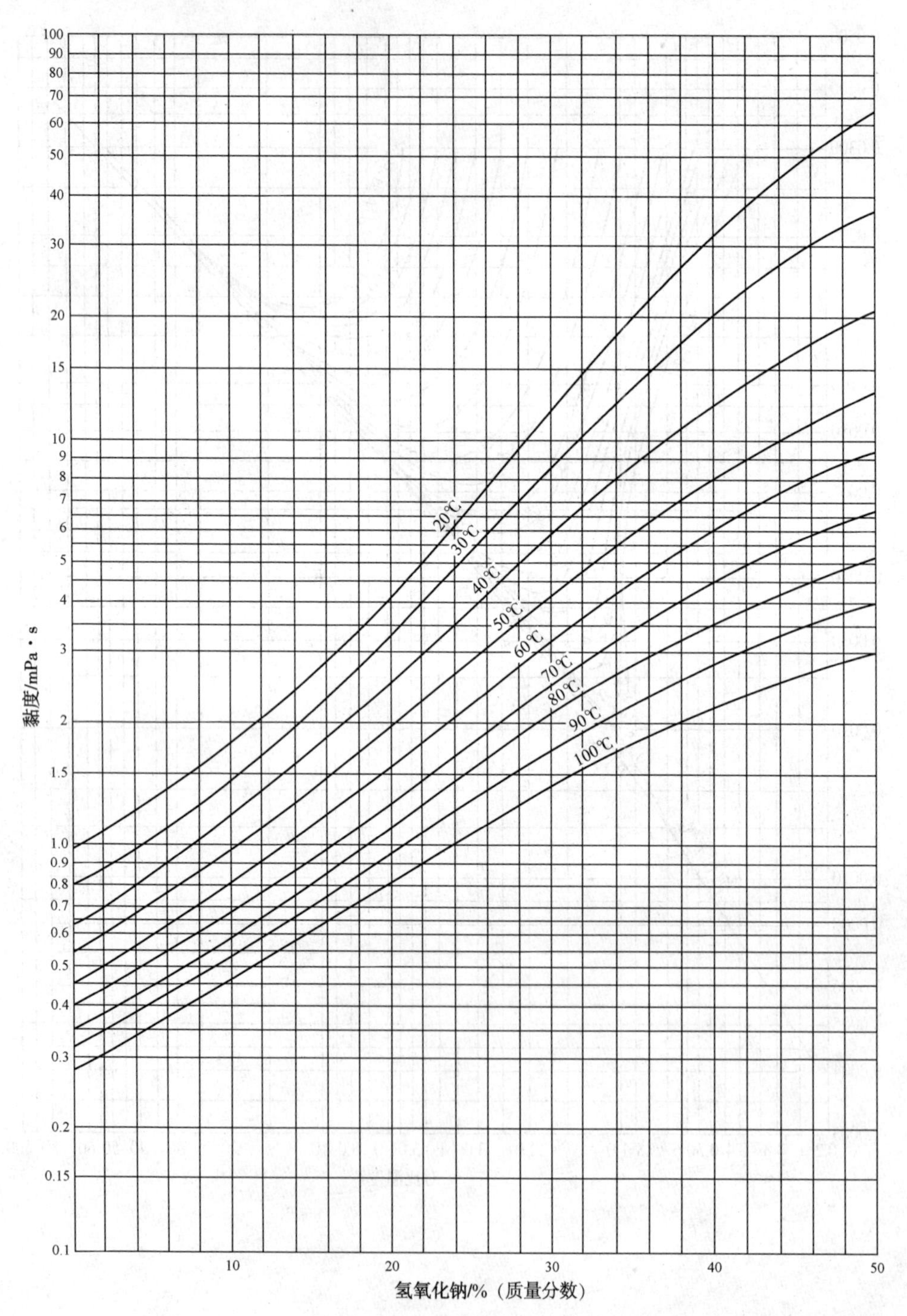

4.13 物质在水中的溶解度[2]

4.13.1 常压下烃类、氢、二氧化碳在水中的溶解度图

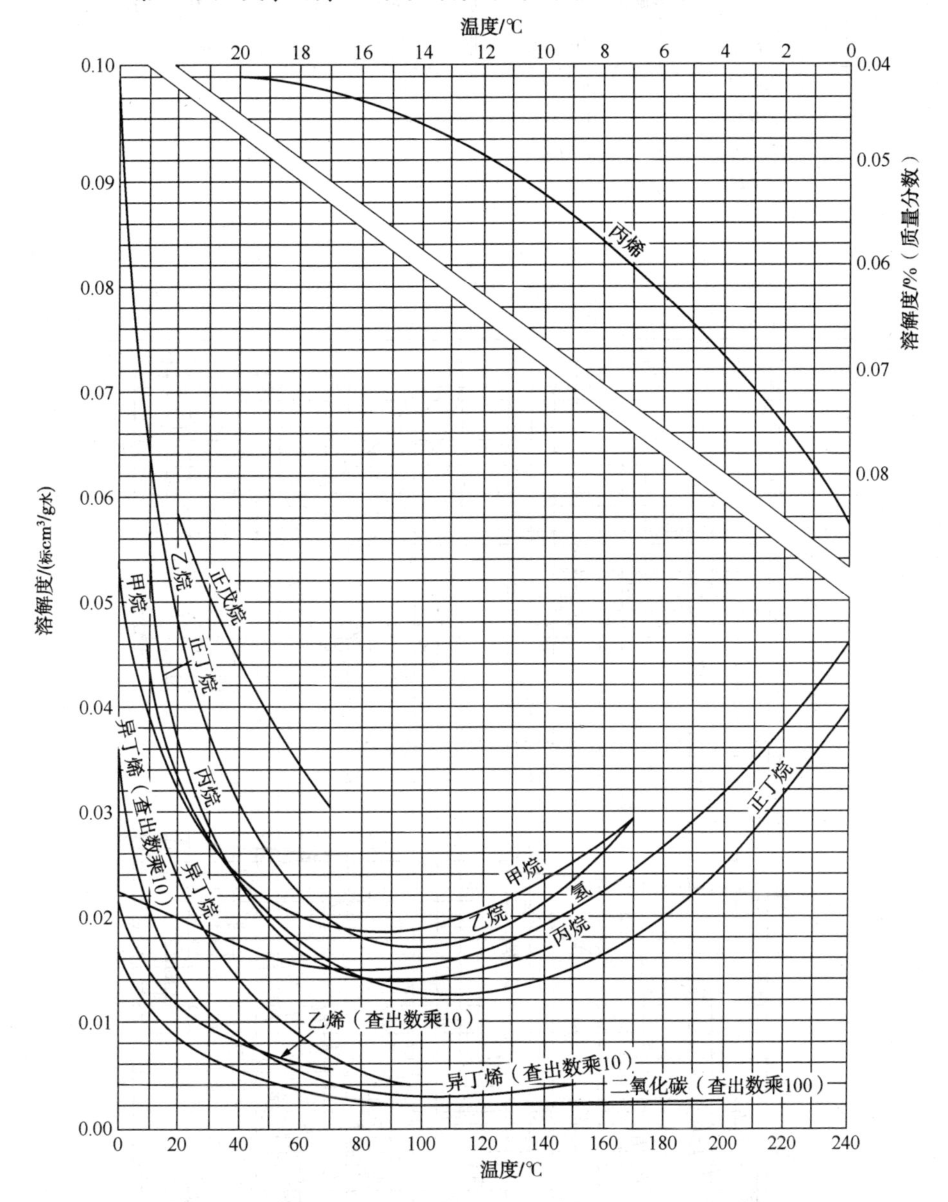

4.13.2 硫化氢在水中的溶解度

（气相分压 760mm 汞柱）

温度/℃	H_2S 溶解度		温度/℃	H_2S 溶解度	
	标准 cm^3/cm^3 水	g/100g 水		标准 cm^3/cm^3 水	g/100g 水
0	4. 670	0. 7066	40	1. 660	0. 2361
5	3. 977	0. 6001	45	1. 516	0. 2110
10	3. 399	0. 5112	50	1. 392	0. 1883
15	2. 945	0. 4411	60	1. 190	0. 1480
20	2. 582	0. 3846	70	1. 022	0. 1101
25	2. 282	0. 3375	80	0. 917	0. 0765
30	2. 037	0. 2983	90	0. 84	0. 041
35	1. 831	0. 2661	100	0. 81	0. 040

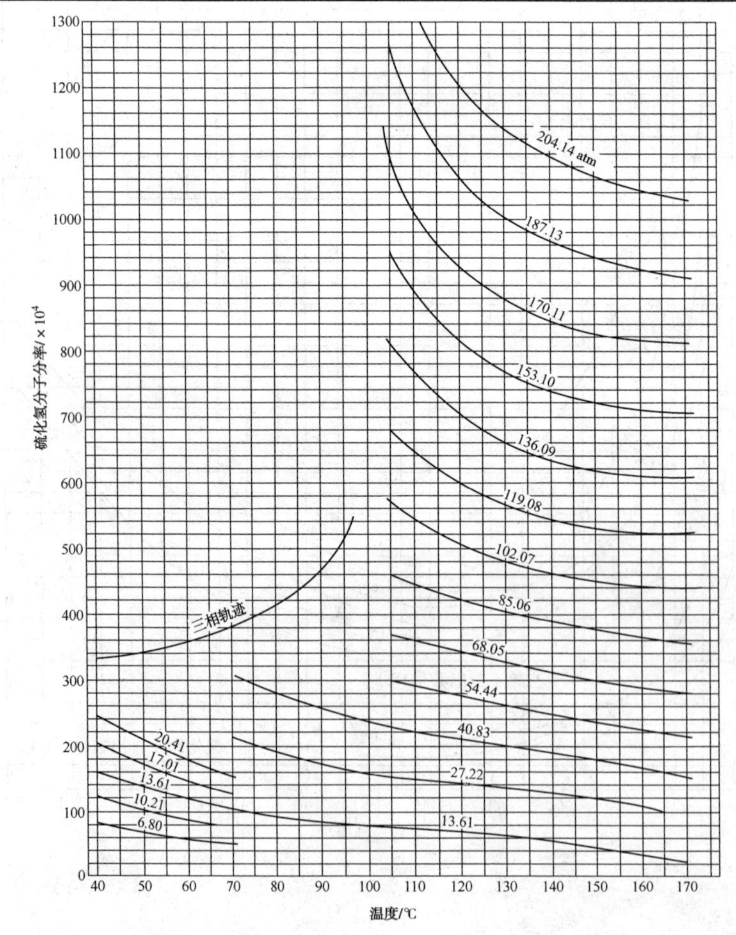

常用物性 4

4.14 水在烃类和石油馏分中的溶解度[2]

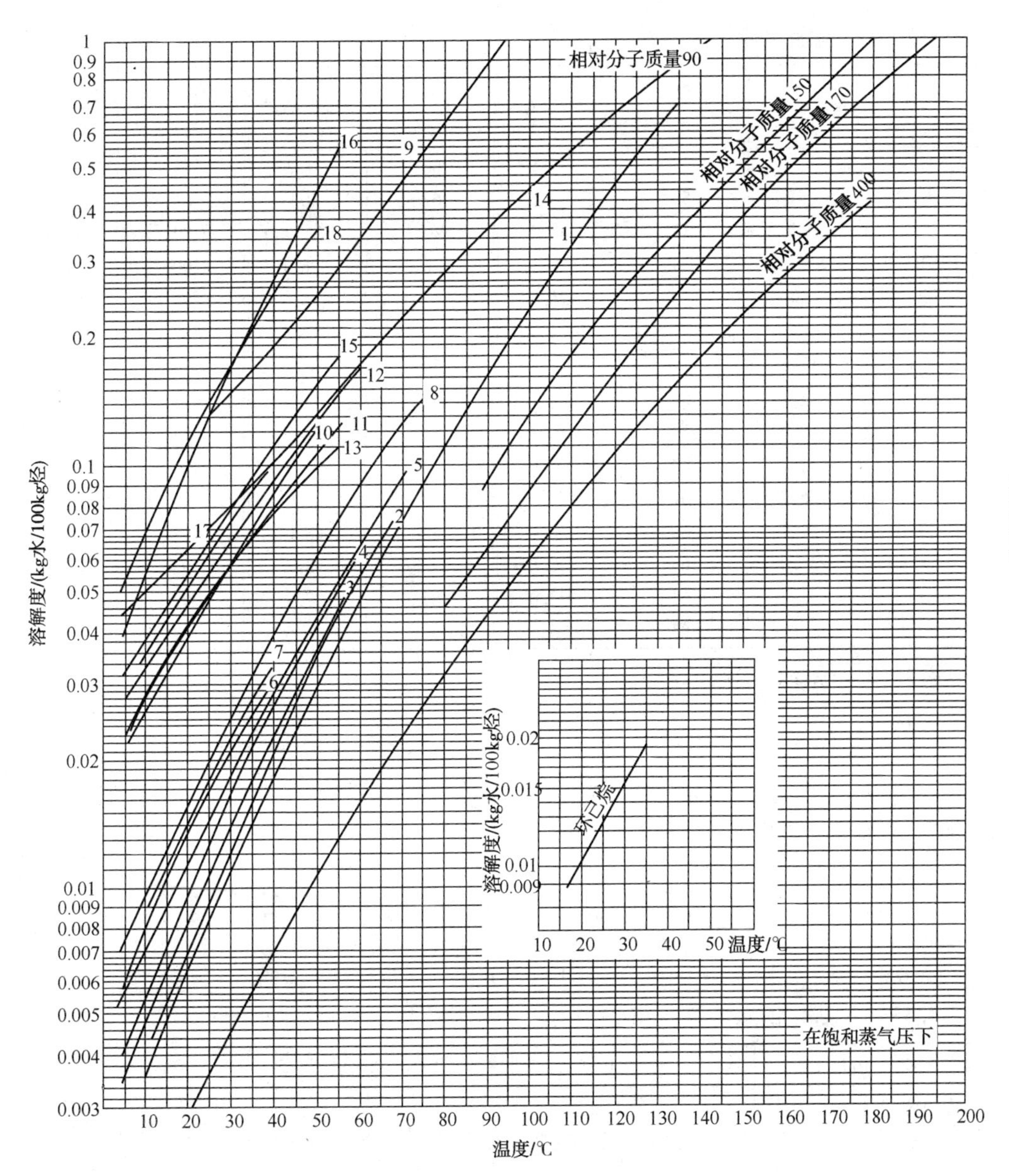

1—正丁烷；2—异丁烷；3—正戊烷；4—异戊烷；5—正己烷；6—正庚烷；7—正辛烷；8—丙烷；9—丙烯；10—异丁烯；11—1-丁烯；12—苯；13—2-丁烯；14—石油馏分（相对分子质量 90）；15—苯乙烯；16—1,5-己二烯；17—1,3-丁二烯；18—1-庚烯

4.15 水溶液的凝点[2]

4.15.1 硫酸水溶液凝点

H_2SO_4/%(质量分数)	凝点/℃	H_2SO_4/%(质量分数)	凝点/℃	H_2SO_4/%(质量分数)	凝点/℃	H_2SO_4/%(质量分数)	凝点/℃
1	-0.2	48	-38.5	66	-37.75	87	+4.1
4	-1.2	50	-34.2	67	-40.3	88	+0.5
8	-3.7	52	-30.9	…	<-39	89	-4.2
10	-5.5	54	-28.3	76	-28.1	90	-10.2
12	-7.6	56	-25.9	77	-19.4	91	-17.3
14	-9.9	57	-24.8	78	-13.6	92	-25.6
16	-12.6	57.6	-24.4	79	-8.2	93	-35.0
18	-15.7	58	-24.5	80	-3.0	93.3	-37.8
20	-19.0	59	-24.85	81	+1.5	94	-30.8
22	-22.7	60	-25.8	82	+4.8	95	-21.8
24	-26.7	61	-27.15	83	+7.0	96	-13.6
26	-31.1	62	-28.85	84	+8.0	97	-6.3
28	-35.9	63	-30.8	84.5	+8.3	98	+0.1
30	-41.2	64	-33.0	85	+7.9	99	+5.7
—	<-41	65	-35.3	86	+6.6	100	+10.45

4.15.2 硫酸盐水溶液凝点

溶液名称	溶质在溶液中的重量百分率/%(质量分数)							
	1	2	4	6	8	10	15	20
硫酸钠溶液	-0.32	-0.61	-1.13	-1.56	—	—	—	—
硫酸钾溶液	-0.26	-0.50	-0.95	—	—	—		
硫酸铜溶液	-0.14	-0.26	-0.49	-0.70	-0.93	-1.18	—	—
硫酸锌溶液	-0.15	-0.28	-0.53	-0.77	-1.01	-1.27	-2.07	—
硫酸锰溶液	-0.15	-0.29	-0.57	-0.88	-1.12	-1.41	-2.37	-3.77
硫酸镁溶液	-0.18	-0.35	-0.70	-1.03	-1.35	-1.82	-1.82	—
硫酸铵溶液	-0.33	-0.63	-1.21	-1.77	-2.32	-2.89	-4.37	—

4.15.3 氯化钠水溶液凝点

NaCl/g/100g 水	凝点/℃	NaCl/g/100g 水	凝点/℃
1.5	-0.9	17.5	-9.8
3.0	-1.8	17.5	-11.0
4.5	-2.6	19.3	-12.2
5.9	-3.5	21.2	-13.6
9.0	-4.4	23.1	-15.1
10.6	-5.4	25.0	-16.0
12.3	-6.4	26.0	-18.2
14.0	-7.5	29.0	-20.0
15.7	-8.6	30.1	-21.2

4.15.4 氢氧化钠水溶液凝点

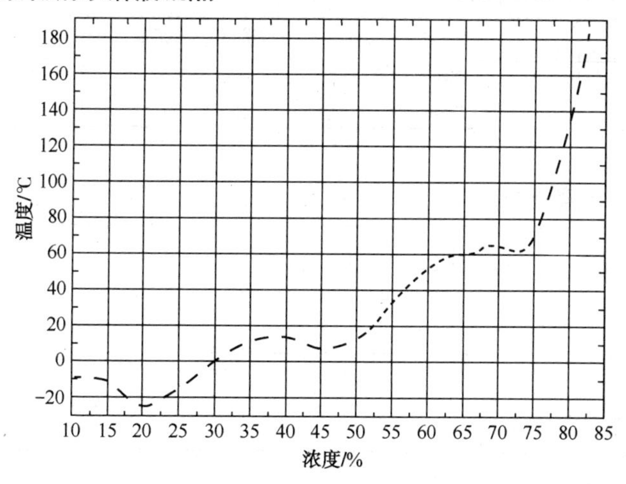

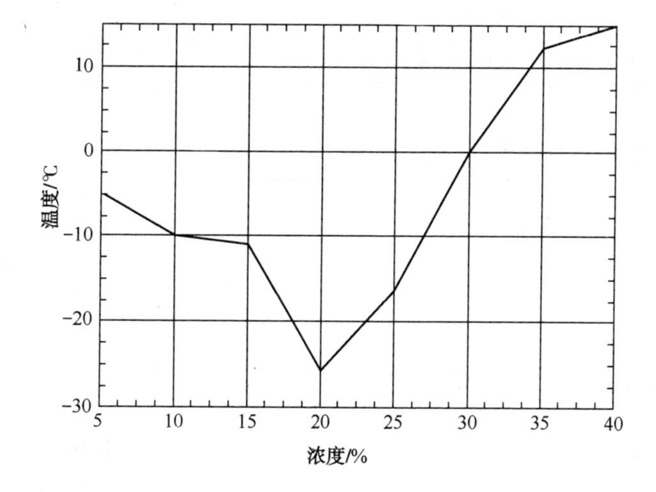

4.15.5 氨水溶液凝点

NH_3/%(质量分数)	凝点/℃	NH_3/%(质量分数)	凝点/℃	NH_3/%(质量分数)	凝点/℃	NH_3/%(质量分数)	凝点/℃
8.75	-10	31.8	-90	50.8	-80	78.8	-90
14.5	-20	33.2	-100.0	56.1	-88.3	80.0	-92.5
21.2	-40	38.6	-90	61.7	-80	82.9	-90
25.9	-60	45.1	-80	65.28	-78.2(熔点)	95.45	-80
29.8	-80	48.08	-79(熔点)	70.4	-80	100	-77.73(熔点)

4.15.6　碳酸钠水溶液凝点

浓度 Na_2CO_3/%	温度/℃	浓度 Na_2CO_3/%	温度/℃
0~37	-2.1	45.7~85.5	35.4
37~45.7	+32.0	85.5 以上	109.0

4.15.7　甘油水溶液凝点

$C_3H_8O_3$/%（质量分数）	10	20	30	40	50	60	70	80
凝点/℃	-1.6	-5	-9.5	-15.4	-23.0	-34.7	-38.9	-20.3

4.15.8　甲醇水溶液凝点

CH_3O/%（质量分数）	1	2	4	6	8	10	15	20	25	30	35
凝点/℃	-0.56	-1.14	-2.37	-3.71	-5.13	-6.57	-10.51	-15.05	-20.18	-25.79	-31.81

4.15.9　乙醇水溶液凝点

C_2H_6O/%（质量分数）	11.3	18.8	20.3	22.1	24.2	26.7	29.9	33.8	39	46.3	56.1	71.9
凝点/℃	-5.0	-9.4	-10.9	-12.2	-14	-16.0	-18.9	-23.6	-28.7	-33.9	-41.0	-51.3

4.15.10　乙二醇水溶液凝点

$C_2H_6O_2$/%（质量分数）	12.5	17.0	25.0	32.5	38.5	44.0	49.0	52.4
凝点/℃	-3.9	-6.7	-12.2	-17.8	-23.3	-28.9	-34.4	-40.4

4.15.11　二乙二醇醚水溶液凝点

$C_3H_{10}O_3$/%（质量分数）	0	10	20	30	40	50	60	64	70	80	90	100
凝点/℃	0	-2	-4	-8	-15	-25	-42	约-52	约-47	约-37	-24	-8

4.16　化学元素的原子量[5]

原子序数	元素符号	元素名称	原子量	原子序数	元素符号	元素名称	原子量
1	H	氢　Hydrogen	1.00794	39	Y	钇　Yttrium	88.90585
2	He	氦　Helium	4.002602	40	Zr	锆　Zirconium	91.224
3	Li	锂　Lithium	6.941	41	Nb	铌　Niobium	92.90638
4	Be	铍　Beryllium	9.012182	42	Mo	钼　Molybdenum	95.94
5	B	硼　Boron	10.811	43	Tc	锝　Technetium	[98]
6	C	碳　Carbon	12.0107	44	Ru	钌　Ruthenium	101.07
7	N	氮　Nitrogen	14.00674	45	Rh	铑　Rhodium	102.9055
8	O	氧　Oxygen	15.9994	46	Pb	钯　Palladium	106.42
9	F	氟　Fluorine	18.9984032	47	Ag	银　Silver	107.8682
10	Ne	氖　Neon	20.1797	48	Cd	镉　Cadmium	112.411
11	Na	钠　Sodium	22.98977	49	In	铟　Indium	114.818
12	Mg	镁　Magnesium	24.305	50	Sn	锡　Tin	118.71
13	Al	铝　Aluminum	26.981538	51	Sb	锑　Antimony	121.76
14	Si	硅　Silicon	28.0855	52	Te	碲　Tellurium	127.6
15	P	磷　Phosphorus	30.973761	53	I	碘　Iodine	126.90447
16	S	硫　Sulfur	32.066	54	Xe	氙　Xenon	131.29
17	Cl	氯　Chlorine	35.4527	55	Cs	铯　Cesium	132.90545
18	Ar	氩　Argon	39.948	56	Ba	钡　Barium	137.327
19	K	钾　Potassium	39.0983	57	La	镧　Lanthanum	138.9055
20	Ca	钙　Calcium	40.078	58	Ce	铈　Cerium	140.166
21	Sc	钪　Scandium	44.95591	59	Pr	镨　Praseodymium	140.90765
22	Ti	钛　Titanium	47.867	60	Nd	钕　Neodymium	144.24
23	V	钒　Vanadium	50.9415	61	Pm	钷　Promethium	[145]
24	Cr	铬　Chromium	51.9961	62	Sm	钐　Samarium	150.36
25	Mn	锰　Manganese	54.938049	63	Eu	铕　Europium	151.964
26	Fe	铁　Iron	55.845	64	Gd	钆　Gadolinium	157.25
27	Co	钴　Cobalt	58.9332	65	Tb	铽　Terbium	158.92534
28	Ni	镍　Nickel	58.6934	66	Dy	镝　Dysprosium	162.5
29	Cu	铜　Copper	63.546	67	Ho	钬　Holmium	164.93032
30	Zn	锌　Zinc	65.39	68	Er	铒　Erbium	167.26
31	Ga	镓　Gallium	69.723	69	Tm	铥　Thulium	168.93421
32	Ge	锗　Germanium	72.61	70	Yb	镱　Ytterbium	173.04
33	As	砷　Arsenic	74.9216	71	Lu	镥　Lutetium	174.967
34	Se	硒　Selenium	78.96	72	Hf	铪　Hafnium	178.49
35	Br	溴　Bromine	79.904	73	Ta	钽　Tantalum	180.9479
36	Kr	氪　Krypton	83.8	74	W	钨　Tungsten	183.84
37	Rb	铷　Rubidium	85.4678	75	Re	铼　Rhenium	186.207
38	Sr	锶　Strontium	87.62	76	Os	锇　Osmium	190.23

续表

原子序数	元素符号	元素名称	原子量	原子序数	元素符号	元素名称	原子量
77	Ir	铱 Iridium	192.217	95	Am	镅 Americium	[243]
78	Pt	铂 Platinum	195.078	96	Cm	锔 Curium	[247]
79	Au	金 Gold	196.96655	97	Bk	锫 Berkelium	[247]
80	Hg	汞 Mercury	200.59	98	Cf	锎 Californium	[251]
81	Tl	铊 Thallium	204.3833	99	Es	锿 Einsteinium	[252]
82	Pb	铅 Lead	207.2	100	Fm	镄 Fermium	[257]
83	Bi	铋 Bismuth	208.98038	101	Md	钔 Mendelevium	[258]
84	Po	钋 Polonium	[209]	102	No	锘 Nobelium	[259]
85	At	砹 Astatine	[210]	103	Lr	铹 Lawrencium	[262]
86	Rn	氡 Radon	[222]	104	Rf	— Rutherfordium	[261]
87	Fr	钫 Francium	[223]	105	Db	— Dubnium	[262]
88	Ra	镭 Radium	[226]	106	Sg	— Seaborgium	[263]
89	Ac	锕 Actinium	[227]	107	Bh	— Bohrium	[264]
90	Th	钍 Thorium	232.0381	108	Hs	— Hassium	[265]
91	Pa	镤 Protactinium	231.03588	109	Mt	— Meitnerium	[268]
92	U	铀 Uranium	238.0289	110	Unn	— Ununnilium	[269]
93	Np	镎 Neptunium	[237]	111	Uuu	— Unununium	[272]
94	Pu	钚 Plutonium	[244]	112	Uub	— Ununbium	[277]

5 安全与环保卫生

炼油厂加工的是易燃易爆的物质，有的介质还具有毒性，安全、环保和卫生是炼油工作者必须高度关注的问题。这里汇集了炼油行业常用的国家和行业标准规范中的有关规定(标准号附在题目的后面)，供读者贯彻执行。

5.1 石油化工可燃气体的安全特性(GB 50493—2009)

序号	物质名称	引燃温度(℃)/组别	沸点/℃	闪点/℃	爆炸浓度(体积分数)/%		火灾危险性分类	蒸气密度/(kg/m^3)	备注
					下限	上限			
1	甲烷	540/T1	-161.5	—	5.0	15.0	甲	0.77	液化后为甲$_A$
2	乙烷	515/T1	-88.9	—	3.0	15.5	甲	1.34	液化后为甲$_A$
3	丙烷	466/T1	-42.1	—	2.1	9.5	甲	2.07	液化后为甲$_A$
4	丁烷	405/T2	-0.5	—	1.9	8.5	甲	2.59	液化后为甲$_A$
5	戊烷	260/T3	36.07	<-40.0	1.4	7.8	甲$_B$	3.22	—
6	己烷	225/T3	68.9	-22.8	1.1	7.5	甲$_B$	3.88	—
7	庚烷	215/T3	98.3	-3.9	1.1	6.7	甲$_B$	4.53	—
8	辛烷	220/T3	125.67	13.3	1.0	6.5	甲$_B$	5.09	—
9	壬烷	205/T3	150.77	31.0	0.7	5.6	乙$_A$	5.73	—
10	环丙烷	500/T1	-33.9	—	2.4	10.4	甲	1.94	液化后为甲$_A$
11	环戊烷	380/T2	469.4	<-6.7	1.4	—	甲$_B$	3.10	—
12	异丁烷	460/T1	-11.7	—	1.8	8.4	甲	2.59	液化后为甲$_A$
13	环己烷	245/T3	81.7	-20.0	1.3	8.0	甲$_B$	3.75	—
14	异戊烷	420/T2	27.8	<-51.1	1.4	7.6	甲$_B$	3.21	—
15	异辛烷	410/T2	99.24	-12.0	1.0	6.0	甲$_B$	5.09	—
16	乙基环丁烷	210/T3	71.1	<-15.6	1.2	7.7	甲$_B$	3.75	—
17	乙基环戊烷	260/T3	103.3	<21	1.1	6.7	甲$_B$	4.40	—
18	乙基环己烷	262/T3	131.7	35	0.9	6.6	乙$_A$	5.04	—
19	甲基环己烷	250/T3	101.1	-3.9	1.2	6.7	甲$_B$	4.40	—
20	乙烯	425/T2	-103.7	—	2.7	36	甲	1.29	液化后为甲$_A$
21	丙烯	460/T1	-47.2	—	2.0	11.1	甲	1.94	液化后为甲$_A$

续表

序号	物质名称	引燃温度(℃)/组别	沸点/℃	闪点/℃	爆炸浓度(体积分数)/%		火灾危险性分类	蒸气密度/(kg/m^3)	备注
					下限	上限			
22	1-丁烯	385/T2	-6.1	—	1.6	10.0	甲	2.46	液化后为甲$_{A}$
23	2-丁烯(顺)	325/T2	3.7	—	1.7	9.0	甲	2.46	液化后为甲$_{A}$
24	2-丁烯(反)	324/T2	1.1	—	1.8	9.7	甲	2.46	液化后为甲$_{A}$
25	丁二烯	420/T2	-4.44	—	2.0	12	甲	2.42	液化后为甲$_{A}$
26	异丁烯	465/T1	-6.7	—	1.8	9.6	甲	2.46	液化后为甲$_{A}$
27	乙炔	305/T2	-84	—	2.5	100	甲	1.16	液化后为甲$_{A}$
28	丙炔	/T1	-2.3	—	1.7	—	甲	1.81	液化后为甲$_{A}$
29	苯	560/T1	80.1	-11.1	1.3	7.1	甲$_{B}$	3.62	—
30	甲苯	480/T1	110.6	4.4	1.2	7.1	甲$_{B}$	4.01	—
31	乙苯	430/T2	136.2	15	1.0	6.7	甲$_{B}$	4.73	—
32	邻-二甲苯	465/T1	144.4	17	1.0	6.0	甲$_{B}$	4.78	—
33	间-二甲苯	530/T1	138.9	25	1.1	7.0	甲$_{B}$	4.78	—
34	对-二甲苯	530/T1	138.3	25	1.1	7.0	甲$_{B}$	4.78	—
35	苯乙烯	490/T1	146.1	32	1.1	6.1	乙$_{A}$	4.64	—
36	环氧乙烷	429/T2	10.56	<-17.8	3.6	100	甲$_{A}$	1.94	—
37	环氧两烷	430/T2	33.9	-37.2	2.8	37	甲$_{B}$	2.59	—
38	甲基醚	350/T2	-23.9	—	3.4	27	甲	2.07	液化后为甲$_{A}$
39	乙醚	170/T4	35	-45	1.9	36	甲$_{B}$	3.36	—
40	乙基甲基醚	190/T4	10.6	-37.2	2.0	10.1	甲$_{A}$	2.72	—
41	二甲醚	240/T3	-23.7	—	3.4	27	甲	2.06	液化后为甲$_{A}$
42	二丁醚	194/T4	141.1	25	1.5	7.6	甲$_{B}$	5.82	—
43	甲醇	385/T2	63.9	11	6.7	36	甲$_{B}$	1.42	—
44	乙醇	422/T2	78.3	12.8	3.3	19	甲$_{B}$	2.06	—
45	丙醇	440/T2	97.2	25	2.1	13.5	甲$_{B}$	2.72	—
46	丁醇	365/T2	117.0	28.9	1.4	11.2	乙$_{A}$	3.36	—
47	戊醇	300/T3	138.0	32.7	1.2	10	乙$_{A}$	3.88	—
48	异丙醇	399/T2	82.8	11.7	2.0	12	甲$_{B}$	2.72	—
49	异丁醇	426/T2	108.0	31.6	1.7	19.0	乙$_{A}$	3.30	—
50	甲醛	430/T2	-19.4	—	7.0	73	甲	1.29	液化后为甲$_{A}$
51	乙醛	175/T4	21.1	-37.8	4.0	60	甲$_{B}$	1.94	—
52	丙醛	207/T3	48.9	-9.4~7.2	2.9	17	甲$_{B}$	2.59	—
53	丙烯醛	235/T3	51.7	-26.1	2.8	31	甲$_{B}$	2.46	—

续表

序号	物质名称	引燃温度(℃)/组别	沸点/℃	闪点/℃	爆炸浓度(体积分数)/%		火灾危险性分类	蒸气密度/(kg/m^3)	备注
					下限	上限			
54	丙酮	465/T1	56.7	-17.8	2.6	12.8	甲$_B$	2.59	—
55	丁醛	230/T3	76	-6.7	2.5	12.5	甲$_B$	3.23	—
56	甲乙酮	515/T1	79.6	-6.1	1.8	10	甲$_B$	3.23	—
57	环已酮	420/T2	156.1	43.9	1.1	8.1	乙$_A$	4.40	—
58	乙酸	465	118.3	42.8	5.4	16	乙$_A$	2.72	—
59	甲酸甲酯	465/T1	32.2	-18.9	5.0	23	甲$_B$	2.72	—
60	甲酸乙酯	455	54.4	-20	2.8	16	甲$_B$	3.37	—
61	乙酸甲酯	501	60	-10	3.1	16	甲$_B$	3.62	—
62	乙酸乙酯	427/T2	77.2	-4.4	2.2	11.0	甲$_B$	3.88	—
63	乙酸丙酯	450	101.7	14.4	2.0	3.0	甲$_B$	4.53	—
64	乙酸丁酯	425/T2	127	22	1.7	7.3	甲$_B$	5.17	—
65	乙酸丁烯酯	427/T2	717.7	7.0	2.6	—	甲$_B$	3.88	—
66	丙烯酸甲酯	415/T2	79.7	-2.9	2.8	25	甲$_B$	3.88	—
67	呋喃	390	31.1	<0	2.3	14.3	甲$_B$	2.97	—
68	四氢呋喃	321/T2	66.1	-14.4	2.0	11.8	甲$_B$	3.23	—
69	氯代甲烷	623/T1	-23.9	—	10.7	17.4	甲	2.33	液化后为甲$_A$
70	氯乙烷	519	12.2	-50	3.8	15.4	甲$_A$	2.84	—
71	溴乙烷	511/T1	37.8	<-20	6.7	11.3	甲$_B$	4.91	—
72	氯丙烷	520/T2	46.1	<-17.8	2.6	11.1	甲$_B$	3.49	—
73	氯丁烷	245/T2	76.6	-9.4	1.8	10.1	甲$_B$	4.14	液化后为甲$_A$
74	溴丁烷	265/T2	102	18.9	2.6	6.6	甲$_B$	6.08	—
75	氯乙烯	413/T2	-13.9	—	3.6	33	甲$_B$	2.84	液化后为甲$_A$
76	烯丙基氯	485/T1	45	-32	2.9	11.1	甲$_B$	3.36	—
77	氯苯	640/T1	132.2	28.9	1.3	7.1	乙$_A$	5.04	—
78	1,2-二氯乙烷	412/T2	83.9	13.3	6.2	16	甲$_B$	4.40	—
79	1,1-二氯乙烯	570/T1	37.2	-17.8	7.3	16	甲$_B$	4.40	—
80	硫化氢	260/T3	-60.4	—	4.3	45.5	甲$_B$	1.54	—
81	二硫化碳	90/T6	46. 2	-30	1.3	5.0	甲$_B$	3.36	—
82	乙硫醇	300/T3	35.0	<26.7	2.8	10.0	甲$_B$	2.72	—
83	乙腈	524/T1	81.6	5.6	4.4	16.0	甲$_B$	1.81	—
84	丙烯腈	481/T1	77.2	0	3.0	17.0	甲$_B$	2.33	—

续表

序号	物质名称	引燃温度(℃)/组别	沸点/℃	闪点/℃	爆炸浓度(体积分数)/%		火灾危险性分类	蒸气密度/(kg/m^3)	备注
					下限	上限			
85	硝基甲烷	418/T2	101.1	35.0	7.3	63	乙$_A$	2.72	—
86	硝基乙烷	414/T2	113.8	27.8	3.4	5.0	甲$_B$	3.36	—
87	亚硝酸乙酯	90/T6	17.2	-35	3.0	50	甲$_B$	3.36	—
88	氰化氢	538/T1	26.1	-17.8	5.6	40	甲$_B$	1.16	—
89	甲胺	430/T2	-6.5	—	4.9	20.1	甲	2.72	液化后为甲$_A$
90	二甲胺	400/T2	7.2	—	2.8	14.4	甲	2.07	—
91	吡啶	550/T2	115.5	<2.8	1.7	12	甲$_B$	3.53	—
92	氢	510/T1	-253	—	4.0	75	甲	0.09	—
93	天然气	484/T1	—	—	3.8	13	甲	—	—
94	城市煤气	520/T1	<-50	—	4.0	—	甲	10.65	—
95	液化石油气	—	—	—	1.0	1.5	甲$_A$	—	气化后为甲类气体,上下限按国际海协数据
96	轻石脑油	285/T3	36~68	<-20.0	1.2	—	甲$_B$	≥3.22	—
97	重石脑油	233/T3	65~177	-22~20	0.6	—	甲$_B$	≥3.61	—
98	汽油	280/T3	50~150	<-20	1.1	5.9	甲$_B$	4.14	—
99	喷气燃料	200/T3	80~250	<28	0.6	—	乙$_A$	6.47	闪点按 GB 1788—79 的数据
100	煤油	223/T3	150~300	≤45	0.6	—	乙$_A$	6.47	—
101	原油	—	—	—	—	—	甲$_B$	—	—

注:“蒸气密度”一栏是在原“蒸气相对密度”数值上乘以 1. 293,为标准状态下的密度。

5.2 石油化工有毒气体的安全特性(GB 50493—2009)

序号	物质名称	相对密度(气体)	熔点/℃	沸点/℃	时间加权平均容许浓度/(mg/m^3)	短时间接触容许浓度/(mg/m^3)	最高容许浓度/(mg/m^3)	直接致害浓度/(mg/m^3)
1	一氧化碳	0.97	-199.1	-191.4	20	30	—	1700
2	氯乙烯	2.15	-160	-13.9	10	25	—	—
3	硫化氢	1.19	-85.5	-60.4	—	—	10	430
4	氯	2.48	-101	-34.5	—	—	1	88
5	氰化氢	0.93	-13.2	25.7	—	—	1	56
6	丙烯腈	1.83	-83.6	77.3	1	2	—	1100
7	二氧化氮	1.58	-11.2	21.2	5	10	—	96

续表

序号	物质名称	相对密度(气体)	熔点/℃	沸点/℃	时间加权平均容许浓度/(mg/m^3)	短时间接触容许浓度/(mg/m^3)	最高容许浓度/(mg/m^3)	直接致害浓度/(mg/m^3)
8	苯	2.7	5.5	80	6	10	—	9800
9	氨	0.77	-78	-33	20	30	—	360
10	碳酰氯	1.38	-104	8.3	—	—	0.5	8

5.3　火灾危险性分类

5.3.1　可燃气体的火灾危险性分类(GB 50160—2008)

类　别	可燃气体与空气混合物的爆炸下限	分类举例
甲	<10%(体积分数)	乙炔,环氧乙烷,氢气,合成气,硫化氢,乙烯,氰化氢,丙烯,丁烯,丁二烯,甲烷,乙烷,丙烷,丁烷,丙二烯,环丙烷,甲胺,环丁烷,甲醛,甲醚(二甲醚),氯甲烷,氯乙烯,异丁烷,异丁烯
乙	≥10%(体积分数)	一氧化碳,氨,溴甲烷

5.3.2　液化烃、可燃液体火灾危险性分类(GB 50160—2008)

名　称	类　别		特　征	分类举例
液化烃	甲	A	15℃时的蒸气压力>0.1MPa的烃类液体及其他类似的液体	液化乙烯,液化乙烷,液化丙烯,液化丙烷,液化丁烯,液化丁烷,液化丁二烯,液化石油气,液化新戊烷,液化环氧乙烷,液化甲醚(二甲醚)液化氯甲烷,液化氯乙烯
可燃液体	甲	B	甲$_A$类以外,闪点<28℃	异戊二烯,异戊烷,汽油,戊烷,二硫化碳,己烷,石油醚,环戊烷,环己烷,辛烷,异辛烷,庚烷,石脑油,原油,苯,甲苯,乙苯,二甲苯,异丁醇,乙醚,丙酮,甲乙酮,丙烯腈,环氧丙烷,甲醇,乙醇,丙醇,二氯乙烷,甲基叔丁基醚
	乙	A	28℃≤闪点≤45℃	丙苯,环氧氯丙烷,苯乙烯,喷气燃料,煤油,丁醇,戊醇,环己酮,异丙苯,液氨
		B	45℃<闪点<60℃	轻柴油,二甲基甲酰胺,二乙基苯
	丙	A	60℃≤闪点≤120℃	重柴油,酚,甲酚,糠醛,20号重油,甲醛,辛醇,单乙醇胺,丙二醇,乙二醇
		B	闪点>120℃	蜡油,100号重油,渣油,变压器油,润滑油,二乙二醇醚,三乙二醇醚,甘油,二氯甲烷,二乙醇胺,三乙醇胺,液体沥青,液硫

5.3.3 生产的火灾危险性分类（GB 50016—2014）

生产的火灾危险性应根据生产中使用或产生的物质性质及其数量等因素划分，可分为甲、乙、丙、丁、戊类，并应符合下表的规定：

生产的火灾危险性类别	使用或产生下列物质生产的火灾危险性特征
甲	(1)闪点小于28℃的液体 (2)爆炸下限小于10%的气体 (3)常温下能自行分解或在空气中氧化能导致迅速自燃或爆炸的物质 (4)常温下受到水或空气中水蒸气的作用，能产生可燃气体并引起燃烧或爆炸的物质 (5)遇酸、受热、撞击、摩擦、催化以及遇有机物或硫黄等易燃的无机物，极易引起燃烧或爆炸的强氧化剂 (6)受撞击、摩擦或与氧化剂、有机物接触时能引起燃烧或爆炸的物质 (7)在密闭设备内操作温度不小于物质本身自燃点的生产
乙	(1)闪点不小于28℃，但小于60℃的液体 (2)爆炸下限不小于10%的气体 (3)不属于甲类的氧化剂 (4)不属于甲类的易燃固体 (5)助燃气体 (6)能与空气形成爆炸性混合物的浮游状态的粉尘、纤维、闪点不小于60℃的液体雾滴
丙	(1)闪点不小于60℃的液体 (2)可燃固体
丁	(1)对不燃烧物质进行加工，并在高温或熔化状态下经常产生强辐射热、火花或火焰的生产 (2)利用气体、液体、固体作为燃料或将气体、液体进行燃烧作其他用的各种生产 (3)常温下使用或加工难燃烧物质的生产
戊	常温下使用或加工不燃烧物质的生产

5.4 平面布置的防火要求

5.4.1 设备、建筑物平面布置的防火间距(m)（GB 50160—2008）

项目				控制室、机柜间、变配电所、化验室、办公室	明火设备	操作温度低于自燃点的工艺设备														操作温度等于或高于自燃点的工艺设备	含可燃液体的污水池、隔油池、酸性污水罐、含油污水罐	丙类物品仓库、乙类物品储存间	备注
						可燃气体压缩机或压缩机房		装置储罐（总容积）					其他工艺设备或房间										
								可燃气体 200~1000m³		液化烃 50~100m³	可燃液体 100~1000m³		可燃气体		液化烃	可燃液体							
						甲	乙	甲	乙	甲$_A$	甲$_B$，乙$_A$	乙$_B$，丙$_A$	甲	乙	甲$_A$	甲$_B$，乙$_A$	乙$_B$，丙$_A$						
控制室、机柜间、变配电所、化验室、办公室				—	15	15	9	15	9	22.5	15	9	15	9	15	15	9	15	15	15	—
明火设备				15	—	22.5	9	15	9	22.5	15	9	15	9	22.5	15	9	4.5	15	15	—
操作温度低于自燃点的工艺设备	可燃气体压缩机或压缩机房		甲	15	22.5	—	—	9	7.5	15	9	7.5	9	7.5	9	9	7.5	9	9	15	注1
			乙	9	9	—	—	7.5	7.5	9	7.5	7.5	—	—	7.5	—	—	4.5	—	9	
	装置储罐（总容积）	可燃气体 200~1000m³	甲	15	15	9	7.5	—	—	—	—	—	9	7.5	9	9	7.5	9	9	15	注2
			乙	9	9	7.5	7.5	—	—	—	—	—	7.5	—	7.5	7.5	—	9	7.5	9	
		液化烃 50~100m³	甲$_A$	22.5	22.5	15	9	—	—	—	—	—	9	7.5	9	9	7.5	15	9	15	
		可燃液体 100~1000m³	甲$_B$、乙$_A$	15	15	9	7.5	—	—	—	—	—	9	7.5	9	9	7.5	9	9	15	
			乙$_B$、丙$_A$	9	9	7.5	7.5	—	—	—	—	—	7.5	—	7.5	7.5	—	9	7.5	9	
	其他工艺设备或房间	可燃气体	甲	15	15	9	—	9	7.5	9	9	7.5	—	—	—	—	—	4.5	—	9	—
			乙	9	9	7.5	—	7.5	—	7.5	7.5	—	—	—	—	—	—	—	—	9	
		液化烃	甲$_A$	15	22.5	9	7.5	9	7.5	9	9	7.5	—	—	—	—	—	7.5	—	15	
		可燃液体	甲$_B$、乙$_A$	15	15	9	—	9	7.5	9	9	7.5	—	—	—	—	—	4.5	—	9	
			乙$_B$、丙$_A$	9	9	7.5	—	7.5	—	7.5	7.5	—	—	—	—	—	—	—	—	9	
操作温度等于或高于自燃点的工艺设备				15	4.5	9	4.5	9	9	15	9	9	4.5	—	7.5	4.5	—	—	4.5	15	注3
含可燃液体的污水池、隔油池、酸性污水罐、含油污水罐				15	15	9	—	9	7.5	9	9	7.5	—	—	—	—	—	4.5	—	9	—
丙类物品仓库、乙类物品储存间				15	15	15	9	15	9	15	15	9	9	9	15	9	9	15	9	—	—
装置储罐组（总容积）	可燃气体	>1000~5000m³	甲、乙	20	20	15	15	*	*	20	15	15	15	15	20	15	15	15	15	15	注4
	液化烃	>100~500m³	甲$_A$	30	30	30	25	25	20	*	25	20	25	20	30	25	20	30	25	25	
	可燃液体	>1000~5000m³	甲$_B$、乙$_A$	25	25	25	20	20	15	25	*	*	20	15	25	20	15	25	20	20	
			乙$_B$、丙$_A$	20	20	20	15	15	15	20	*	*	15	15	20	15	15	20	15	15	

注：1. 单机驱动功率小于 150kW 的可燃气体压缩机，可按操作温度低于自燃点的“其他工艺设备”确定其防火间距；

2. 装置储罐（组）的总容积应符合本规范第 5. 2. 23 条的规定。当装置储罐的总容积：液化烃储罐小于 50m³、可燃液体储罐小于 100m³、可燃气体储罐小于 200m³ 时，可按操作温度低于自燃点的“其他工艺设备”确定其防火间距；

3. 查不到自燃点时，可取 250℃；

4. 装置储罐组的防火设计应符合本规范第 6 章的有关规定；

5. 丙$_B$ 类液体设备的防火间距不限；

6. 散发火花地点与其他设备防火间距同明火设备；

7. 表中“—”表示无防火间距要求或执行相关规范。“ * ”装置储罐集中成组布置。

5.4.2 罐组内相邻可燃液体地上储罐的防火间距（GB 50160—2008）

液体类别	储罐型式			
	固定顶罐		浮顶、内浮顶罐	卧罐
	$V \leqslant 1000m^3$	$V > 1000m^3$		
甲$_B$、乙类	0.75D	0.6D	0.4D	0.8m
丙$_A$类	0.4D			
丙$_B$类	2m	5m		

注：① 表中 D 为相邻较大罐的直径，单罐容积大于 1000m^3 的储罐取直径或高度的较大值；

② 储存不同类别液体的或不同型式的相邻储罐的防火间距应采用本表规定的较大值；

③ 现有浅盘式内浮顶罐的防火间距同固定顶罐；

④ 可燃液体的低压储罐，其防火间距按固定顶罐考虑；

⑤ 储存丙$_B$类可燃液体的浮顶、内浮顶罐，其防火间距大于 15m 时，可取 15m。

5.4.3 可燃物质厂房、储罐与铁路、道路的防火间距（GB 50016—2014）

mm

名　称	厂外铁路线中心线	厂内铁路线中心线	厂外道路路边	厂内道路路边	
				主要	次要
散发可燃气体、可燃蒸气的甲类厂房	30	20	15	10	5
甲、乙类液体储罐	35	25	20	15	10
丙类液体储罐	30	20	15	10	5
可燃、助燃气体储罐	25	20	15	10	5

5.5 爆炸性气体环境

5.5.1 爆炸性气体混合物的分级与分组（GB 50058—2014）

爆炸性气体混合物应按其最大试验安全间隙（MESG）或最小点燃电流比（MICR）分级，按引燃温度分组。

级别	最大试验安全间隙（MESG）/mm	最小点燃电流比（MICR）
ⅡA	≥0.9	>0.8
ⅡB	0.5<MESG<0.9	0.45≤MICR≤0.8
ⅡC	≤0.5	<0.45

组　别	T1	T2	T3	T4	T5	T6
引燃温度 t/℃	$t>450$	$300<t\leqslant 450$	$200<t\leqslant 300$	$135<t\leqslant 200$	$100<t\leqslant 135$	$85<t\leqslant 100$

气体或蒸气爆炸性混合物分级分组举例：

组别	级别		
	ⅡA	ⅡB	ⅡC
T1	甲烷,乙烷,苯乙烯,苯,甲苯,二甲苯,三甲苯,萘,苯酚,甲酚,丙酮,醋酸,二氯乙烯,氨,乙腈,苯胺,吡啶,一氧化碳,甲酸,二乙醇胺,三乙醇胺	环丙烷,丙烯腈,焦炉煤气,甲基叔丁基醚	氢,水煤气
T2	丙烷,丁烷,环戊烷,丙烯,乙苯,异丙苯,甲醇,乙醇,丙醇,丁醇,2-丁酮,环己酮,醋酸乙酯,二氯乙烷,噻吩,甲胺,异丁醇,1-丁烯,吗啉,异辛烷,异戊烷,异丙醇,25号变压器油,溶剂油	乙烯,丁二烯,环氧乙烷,甲醛,糠醛,乙二醇	乙炔
T3	戊烷,己烷,庚烷,辛烷,壬烷,葵烷,环己烷,甲基环戊烷,甲基环己烷,乙基环戊烷,乙基环己烷,萘烷,石脑油,石油(包括车用汽油),燃料油,煤油,柴油,戊醇,己醇,环己醇,环己烯,重柴油	二甲醚,硫化氢,二甲基二硫醚	
T4	乙醛	四氟乙烯	
T5			二硫化碳
T6			硝酸乙酯

5.5.2 爆炸性气体环境危险区域划分（GB 50058—2014）

（1）爆炸性气体环境的区域划分

爆炸性气体环境应根据爆炸性气体混合物出现的频繁程度和持续时间分为0区、1区、2区，分区应符合下列规定：

0区应为连续出现或长期出现爆炸性气体混合物的环境；

1区应为在正常运行时可能出现爆炸性气体混合物的环境；

2区应为在正常运行时不太可能出现爆炸性气体混合物的环境，或即使出现也仅是短时存在的爆炸性气体混合物的环境。

当高挥发性液体可能大量释放并扩散到15m以外时，爆炸危险区域的范围应划分为附加2区。

（2）区域划分和爆炸性混合物出现频率的典型关系

区　域	爆炸性混合物出现频率
0区	1000h/a及以上:10%
1区	大于10h/a,且小于1000h/a:0.1%~10%

续表

区　域	爆炸性混合物出现频率
2区	大于1h/a,且小于10h/a:0.01%~0.1%
非危险区	小于1h/a:0.01%

注：表中的百分数为爆炸性混合物出现时间的近似百分比(一年8760h，按10000h计算)。

(3) 非爆炸危险区域

符合下列条件之一时，可划为非爆炸危险区域：

① 没有释放源且不可能有可燃物质侵入的区域；

② 可燃物质可能出现的最高浓度不超过爆炸下限值的10%；

③ 在生产过程中使用明火的设备附近，或炽热部件的表面温度超过区域内可燃物质引燃温度的设备附近；

④ 在生产装置区外，露天或开敞设置的输送可燃物质的架空管道地带，但其阀门处按具体情况确定。

5.5.3　释放源的分级与爆炸危险区域的划分 (GB 50058—2014)

(1) 释放源的分级

可释放出能形成爆炸性混合物的物质所在的部位或地点称为释放源。释放源应按可燃物质的释放频繁程度和持续时间长短分级：

① 连续级释放源应为连续释放或预计长期释放的释放源。如经常或长期向空间释放的可燃气体或可燃液体的蒸气的排气孔、直接与空间接触的可燃液体的表面等。

② 一级释放源应为在正常运行时预计可能周期性或偶尔释放的释放源。如可燃液体容器的排水口，正常运行时会向空间释放可燃物质的取样点和排气口等。

③ 二级释放源应为在正常运行时，预计不可能释放，当出现释放时，仅是偶尔和短期释放的释放源。如正常运行时不能出现释放可燃物质的机泵和阀门密封、法兰、管道接头、安全阀、排气口和取样点等。

(2) 爆炸危险区域的划分

爆炸危险区域的划分应按释放源级别和通风条件确定。存在连续级释放源的区域可划为0区，存在一级释放源的区域可划为1区，存在二级释放源的区域可划为2区，并应根据通风条件按规定调整区域划分。当通风良好时，可降低爆炸危险区域等级，当通风不良时，应提高爆炸危险等级。

5.5.4　爆炸性气体环境危险区域范围典型示例 (GB 50058—2014)

(1) 可燃物质重于空气，通风良好且为第二级释放源的主要生产装置区，爆炸危险区域的范围划分宜符合下列规定：

① 在爆炸危险区域内，地坪下的坑、沟可划为1区；

② 与释放源的距离为7.5m的范围内可划为2区；

③ 以释放源为中心，总半径为 30m，地坪上的高度为 0.6m，且在 2 区以外的范围内可划为附加 2 区。

释放源接近地坪时可燃物质重于空气，通风良好的生产装置区

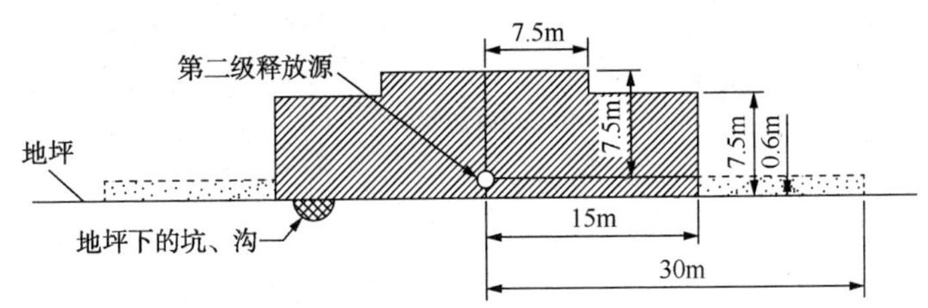

(2) 对于可燃物质重于空气的储罐，爆炸危险区域的范围划分宜符合下列规定；

① 固定式贮罐，在罐体内部未充惰性气体的液体表面以上的空间可划为 0 区，浮顶式贮罐在浮顶移动范围内的空间可划为 1 区；

② 以放空口为中心，半径为 1.5m 的空间和爆炸危险区域内地坪下的坑、沟可划为 1 区；

③ 距离贮罐的外壁和顶部 3m 的范围内可划为 2 区；

④ 当贮罐周围设围堤时，贮罐外壁至围堤，其高度为堤顶高度的范围内可划为 2 区。

可燃物质重于空气，设在户外地坪上的固定式贮罐

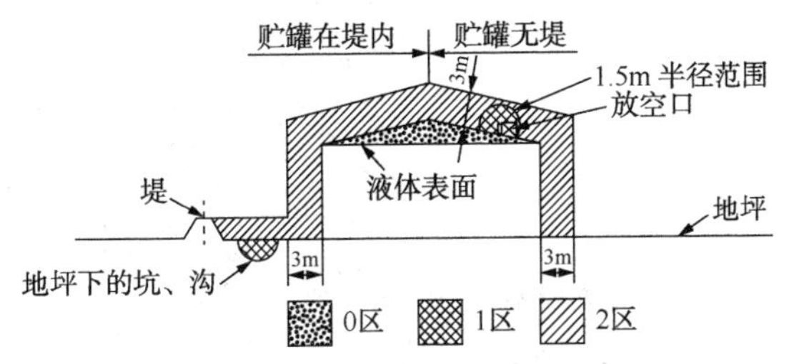

可燃物质重于空气，设在户外地坪上的浮顶式贮罐

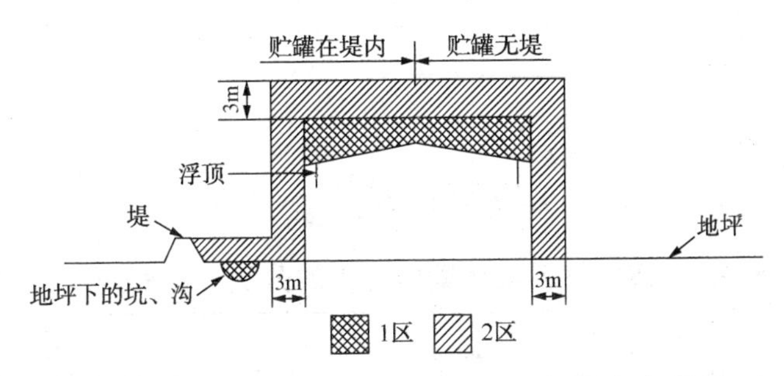

(3) 对于可燃物质轻于空气，通风良好且为第二级释放源的主要生产装置区，当释放源距地坪的高度不超过 4.5m 时，以释放源为中心，半径为 4.5m，顶部与释放源的距离为 4.5m，及释放源至地坪以上的范围内可划为 2 区。释放源距地坪的高度超过 4.5m 时，应根据实践经验确定。

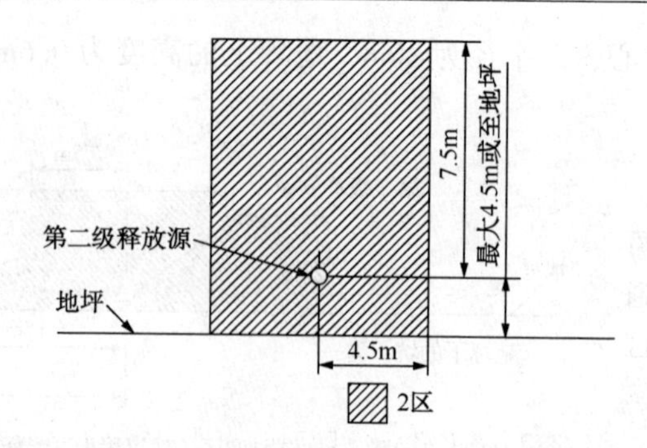

（4）对于可燃物质轻于空气，下部无侧墙，通风良好且为第二级释放源的压缩机厂房，爆炸区域的划分宜符合下列规定：

① 当释放源距地坪的高度不超过4.5m时，以释放源为中心，半径为4.5m，地坪以上至封闭区底部的空间和封闭区内部的范围内可划为2区；

② 屋顶上方百叶窗边外，半径为4.5m，百叶窗顶部以上高度为7.5m的范围内可划为2区。

③ 当释放源距地坪的高度超过4.5m时，应根据实践经验确定。

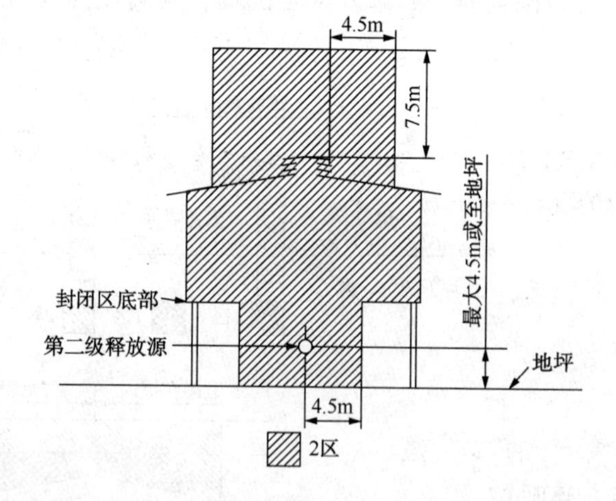

5.6　爆炸性粉尘环境

5.6.1　爆炸性粉尘环境中粉尘的分级（GB 50058—2014）

级　别	粉尘举例
ⅢA 可燃性飞絮	木棉纤维，人造短纤维，木质纤维，纸纤维
ⅢB 非导电性粉尘	红磷，电石，萘，聚乙烯，聚丙烯，聚苯乙烯，聚氯乙烯，酚醛树脂，硬沥青，硬蜡，煤焦油沥青
ⅢC 导电性粉尘	铁，镁，碳黑，锌，褐煤粉，有烟煤粉，瓦斯煤粉，焦炭用煤粉，无烟煤粉，煤焦炭粉

5.6.2 爆炸粉尘环境中危险区域划分(GB 50058—2014)

爆炸危险区域应根据爆炸性粉尘环境出现的频繁程度和持续时间分成以下三区:

(1) 20区应为空气中的可燃性粉尘云持续地或长期地或频繁地出现于爆炸性环境中的区域;

(2) 21区应为在正常运行时,空气中的可燃性粉尘云很可能偶尔出现于爆炸性环境中的区域;

(3) 22区应为在正常运行时,空气中的可燃性粉尘云一般不可能出现于爆炸性粉尘环境中的区域,即使出现,持续时间也是短暂的。

5.7 爆炸性环境用电器设备分类(GB 3836.1—2010)

Ⅰ类电器设备用于煤矿瓦斯气体环境。Ⅰ类防爆型式考虑了瓦斯和煤粉的点燃以及地下用设备增加的物理保护措施。

Ⅱ类电器设备用于除煤矿瓦斯气体之外的其他爆炸性气体环境。Ⅱ类电器设备按照其拟使用的爆炸性环境的种类可进一步再分类:

ⅡA类,代表性气体是丙烷;

ⅡB类,代表性气体是乙烯;

ⅡC类,代表性气体是氢气。

标志ⅢB的设备可适用于ⅡA设备的使用条件,ⅡC类的设备可适用于ⅡA和ⅡB类设备的使的条件。

Ⅲ类电器设备用于除煤矿以外的爆炸性粉尘环境。Ⅲ类电器设备按照其拟使用的爆炸性粉尘环境的特性可进一步再分类:

ⅢA类,可燃性飞絮;

ⅢB类,非导电性粉尘;

ⅢC类,导电性粉尘。

标志ⅢB的设备可适用于ⅢA设备的使用条件,ⅢC类的设备可适用于ⅢA和ⅢB类设备的使的条件。

5.8 危险货物分类(GB 6944—2012)

危险货物(也称危险物品或危险品)是指具有爆炸、易燃、毒害、感染、腐蚀、放射性等危险特性,在运输、储存、生产、经营、使用和处置中,容易造成人身伤亡、财产损毁或环境污染而需要特别防护的物质和物品。

危险货物按其具有的危险性或最主要的危险性分为9个类别,第1类、第2类、第4类、第5类和第6类再分成项别。类别和项别分列如下:

类　别	项　别	备　注
第1类：爆炸品	1.1项： 有整体爆炸危险的物质和物品	整体爆炸是指瞬间能影响到几乎全部载荷的爆炸
	1.2项： 有进射危险，但无整体爆炸危险的物质和物品	
	1.3项： 有燃烧危险并有局部爆炸危险或局部进射危险或这两种危险都有，但无整体爆炸危险的物质和物品	
	1.4项： 不呈现重大危险的物质和物品	包括运输中万一点燃或引发时仅造成较小危险的物质和物品
	1.5项： 有整体爆炸危险的非常不敏感物质	在正常运输条件下引发或由燃烧转为爆炸的可能性极小的物质
	1.6项： 无整体爆炸危险的极端不敏感物质	仅含有极不敏感爆炸物质，并且其意外引发爆炸或传播的概率可忽略不计的物品
第2类：气体	2.1项： 易燃气体	在20℃和101.3kPa条件下爆炸下限小于或等于13%的气体，或爆炸极限(燃烧范围)大于或等于12%的气体
	2.2项： 非易燃无毒气体	包括窒息性气体、氧化性气体以及不属于其他项别的气体；不包括在温度20℃时的压力低于200kPa，并且未经液化或冷冻液化的气体
	2.3项： 毒性气体	毒性或腐蚀性对人类健康造成危害的气体
第3类：易燃液体	—	包括易燃液体和液态退敏爆炸品(为抑制爆炸性能，将爆炸性物质溶解或悬浮在水中或其他物质后，而形成的均匀液态混合物)
第4类：易燃固体、易于自燃的物质、遇水放出易燃气体的物质	4.1项： 易燃固体、自反应物质和固态退敏爆炸品	固态退敏爆炸品为抑制爆炸性物质的爆炸性能，用水或酒精湿润爆炸性物质或用其他物质稀释爆炸性物质后，而形成的均匀固态混合物
	4.2项： 易于自燃的物质	包括发火物质和自热物质
	4.3项： 遇水放出易燃气体的物质	遇水放出易燃气体，且该气体与空气混合能够形成爆炸性混合物的物质

续表

类　别	项　别	备　注
第5类：氧化性物质和有机过氧化物	5.1项：氧化性物质	本身未必燃烧，但通常因放出氧可能引起或促使其他物质燃烧的物质
	5.2项：有机过氧化物	含有两价过氧基结构的有机物质
第6类：毒性物质和感染性物质	6.1项：毒性物质	经吞食、吸入或与皮肤接触后可能造成死亡或严重受伤或损害人类健康的物质
	6.2项：感染性物质	已知或有理由认为含有病原体的物质
第7类：放射性物质	—	含有放射性核素并且其活度浓度和放射性总活度都超过GB 11806规定限值的物质
第8类：腐蚀性物质	—	通过化学作用使生物组织接触时造成严重损伤或在渗漏时会严重损害甚至毁坏其他货物或运载工具的物质
第9类：杂项危险物质和物品	—	存在危险，但不能满足其他类别定义的物质和物品，包括微细粉尘、会放出易燃气体的物质、危害环境物质等。

为了包装目的，除了第1类、第2类、第7类、5.2项和6.2项物质，以及4.1项自反应物质以外的物质，根据其危险程度，划分为三个包装类别：

（1）Ⅰ类包装：具有高度危险性的物质；

（2）Ⅱ类包装：具有中等危险性的物质；

（3）Ⅲ类包装：具有轻度危险性的物质。

5.9 易燃易爆危险品的火灾危险性分级（GA/T 536.1—2013）

5.9.1 易燃气体火灾危险性分级

火灾危险性级别	分级量值
Ⅰ级	爆炸下限小于10%；或不论爆炸下限如何，爆炸极限范围大于或等于12个百分点
Ⅱ级	爆炸下限大于或等于10%并小于或等于13%，且爆炸极限范围小于12个百分点

5.9.2 易燃液体火灾危险性分级

火灾危险性级别	分级量值
Ⅰ级	初沸点小于或等于35℃
Ⅱ级	闪点小于23℃，且初沸点大于35℃
Ⅲ级	闪点大于或等于23℃并小于或等于35℃，且初沸点大于35℃；或闪点大于35℃并小于或等于60℃，初沸点大于35℃，且持续燃烧

5.9.3 易燃固体火灾危险性分级

火灾危险性级别	分级量值
Ⅰ级	火焰在试验样品堆垛上蔓延100mm的时间小于45s(即燃烧速率大于2.2mm/s),火焰在试验样品堆垛上蔓延并且火焰通过湿润段的时间小于4min 对于金属或金属合金粉末,如能点燃并且火焰蔓延到试验样品堆垛全部长度的时间小于或等于5min
Ⅱ级	火焰在试验样品堆垛上蔓延100mm的时间小于45s(即燃烧速率大于2.2mm/s),并且火焰通过湿润段的时间大于或等于4min 对于金属或金属合金粉末,如能点燃并且火焰蔓延到试验样品堆垛全部长度的时间大于5min,但小于或等于10min

5.9.4 易于自燃的物资火灾危险性分级

火灾危险性级别	分级量值
Ⅰ级	发火物质
Ⅱ级	采用边长25mm立方体试验样品试验时,在24h内出现自燃,或试验样品温度超过200℃
Ⅲ级	采用边长100mm立方体试验样品试验时,在24h内出现自燃,或试验样品温度超过200℃

5.10 危险化学品重大危险源辨识(GB 18218—2009)

危险化学品重大危险源的辨识依据是危险化学品的危险特性及其数量。

危险化学品临界量的确定方法如下:

(1) 在表1范围内的危险化学品，其临界量按表1确定;

(2) 未在表1范围内的危险化学品，依据其危险性，按表2确定临界量；若一种危险化学品具有多种危险性，按其中最低的临界量确定。

表1 危险化学品名称及临界量

序号	类别	危险化学品名称和说明	临界量/t
1	爆炸品	叠氮化钡	0.5
2		叠氮化铅	0.5
3		雷酸汞	0.5
4		三硝基苯甲醚	5
5		三硝基甲苯	5
6		硝化甘油	1
7		硝化纤维素	10
8		硝酸铵(含可燃物>0.2%)	5

续表

序号	类别	危险化学品名称和说明	临界量/t
9	易燃气体	丁二烯	5
10		二甲醚	50
11		甲烷,天然气	50
12		氯乙烯	50
13		氢	5
14		液化石油气(含内烷,丁烷及其混合物)	50
15		一甲胺	5
16		乙炔	1
17		乙烯	50
18	毒性气体	氨	10
19		二氟化氧	1
20		二氧化氮	1
21		二氧化硫	20
22		氟	1
23		光气	0.3
24		环氧乙烷	10
25		甲醛(含量>90%)	5
26		磷化氢	1
27		硫化氢	5
28		氯化氢	20
29		氯	5
30		煤气(CO、CO 和 H_2、甲烷的混合物等)	20
31		砷化三氢(胂)	1
32		锑化氢	1
33		硒化氢	1
34		溴甲烷	10
35	易燃液体	苯	50
36		苯乙烯	500
37		丙酮	500
38		丙烯腈	50
39		二硫化碳	50
40		环己烷	500

续表

序号	类别	危险化学品名称和说明	临界量/t
41	易燃液体	环氧丙烷	10
42		甲苯	500
43		甲醇	500
44		汽油	200
45		乙醇	500
46		乙醚	10
47		乙酸乙酯	500
48		正己烷	500
49	易于自燃的物质	黄磷	50
50		烷基铝	1
51		戊硼烷	1
52	遇水放出易燃气体的物质	电石	100
53		钾	1
54		钠	10
55	氧化性物质	发烟硫酸	100
56		过氧化钾	20
57		过氧化钠	20
58		氯酸钾	100
59		氯酸钠	100
60		硝酸(发红烟的)	20
61		硝酸(发红烟的除外,含硝酸>70%)	100
62		硝酸铵(含可燃物≤0.2%)	300
63		硝酸铵基化肥	1000
64	有机过氧化物	过氧乙酸(含量≥60%)	10
65		过氧化甲乙酮(含量≥60%)	10
66	毒性物质	丙酮合氰化氢	20
67		丙烯醛	20
68		氟化氢	1
69		环氧氯丙烷(3-氯-1,2-环氧丙烷)	20
70		环氧溴丙烷(表溴醇)	20
71		甲苯二异氰酸酯	100
72		氯化硫	1
73		氰化氢	1

续表

序号	类别	危险化学品名称和说明	临界量/t
74	毒性物质	三氧化硫	75
75		烯丙胺	20
76		溴	20
77		乙撑亚胺	20
78		异氰酸甲酯	0.75

表 2 未在表 1 中列举的危险化学品类别及其临界量

物质类别	危险性分类及说明	临界量/t
爆炸品	1.1A 爆炸品	1
	除 1.1A 项爆炸品以外的其他 1.1 项爆炸品	10
	除 1.1 项爆炸品以外的其他爆炸品	50
气体	易燃气体：危险性属于 2.1 项的气体	10
	氧化性气体：危险性属于 2.2 项非易燃无毒气体且次要危险性为 5 类的气体	200
	剧毒气体：危险性属于 2.3 项且急性毒性为类别 1 的毒性气体	5
	有毒气体：危险性属于 2.3 项的其他毒性气体	50
易燃液体	极易燃液体：沸点≤35℃且闪点<0℃的液体，或保存温度一直在其沸点以上的易燃液体	10
	高度易燃液体：闪点<23℃的液体（不包括极易燃液体），液态退敏爆炸品	1000
	易燃液体：23℃≤闪点<61℃的液体	5000
易燃固体	危险性属于 4.1 项且包装为Ⅰ类的物质	200
易于自燃的物质	危险性属于 4.2 项且包装为Ⅰ类或Ⅱ类的物质	200
遇水放出易燃气体的物质	危险性属于 4.3 项且包装为Ⅰ类或Ⅱ类的物质	200
氧化性物质	危险性属于 5.1 项且包装为Ⅰ类的物质	50
	危险性属于 5.1 项且包装为Ⅱ或Ⅲ类的物质	200
有机过氧化物	危险性属于 5.2 项的物质	50
毒性物质	危险性属于 6.1 项且急性毒性为类别 1 的物质	50
	危险性属于 6.1 项且急性毒性为类别 2 的物质	500

注：以上危险化学品危险性类别及包装类别根据 GB 12268 确定，急性毒性类别根据 GB 20592 确定。

5.11 危险化学品目录

危险化学品是指具有毒害、腐蚀、爆炸、燃烧、助燃等性质，对人体、设施、环境具有危害的剧毒化学品和其他化学品。

按照《危险化学品安全管理条例》(国务院令第591号)有关规定，安全监管总局会同工业和信息化部、公安部、环境保护部、交通运输部、农业部、国家卫生计生委、质检总局、铁路局、民航局制定了《危险化学品目录(2015版)》。

以下内容摘自该危险化学品目录，其中CAS号是指美国化学文摘社对化学品的唯一登记号，备注是对剧毒化学品的特别注明。

序号	品名	别名	CAS号	备注
2	氨	液氨；氨气	7664-41-7	
46	白磷	黄磷	12185-10-3	
49	苯	纯苯	71-43-2	
51	苯胺	氨基苯	62-53-3	
60	苯酚	酚；石炭酸	108-95-2	
96	苯乙烯[稳定的]	乙烯苯	100-42-5	
98	吡啶	氮杂苯	110-86-1	
107	变性乙醇	变性酒精		
110	1-丙醇	正丙醇	71-23-8	
111	2-丙醇	异丙醇	67-63-0	
137	丙酮	二甲基酮	67-64-1	
139	丙烷		74-98-6	
140	丙烯		115-07-1	
167	粗苯	动力苯；混合苯		
219	2-丁醇	仲丁醇	78-92-2	
223	1，3-丁二烯[稳定的]	联乙烯	106-99-0	
238	1-丁烯		106-98-9	
239	2-丁烯		107-01-7	
241	3-丁烯-2-酮	甲基乙烯基酮；丁烯酮	78-94-4	剧毒
355	1，2-二甲苯	邻二甲苯	95-47-6	
356	1，3-二甲苯	间二甲苯	108-38-3	
357	1，4-二甲苯	对二甲苯	106-42-3	
366	O，O-二甲基-O-(2，2-二氯乙烯基)磷酸酯	敌敌畏	62-73-7	
429	2，2-二甲基丙烷	新戊烷	463-82-1	
432	2，2-二甲基丁烷	新己烷	75-83-2	
433	2，3-二甲基丁烷	二异丙基	79-29-8	

续表

序号	品　　名	别　　名	CAS 号	备注
439	2，2-二甲基庚烷		1071-26-7	
440	2，3-二甲基庚烷		3074-71-3	
441	2，4-二甲基庚烷		2213-23-2	
442	2，5-二甲基庚烷		2216-30-0	
443	3，3-二甲基庚烷		4032-86-4	
444	3，4-二甲基庚烷		922-28-1	
445	3，5-二甲基庚烷		926-82-9	
446	4，4-二甲基庚烷		1068-19-5	
448	1，1-二甲基环己烷		590-66-9	
449	1，2-二甲基环己烷		583-57-3	
450	1，3-二甲基环己烷		591-21-9	
451	1，4-二甲基环己烷		589-90-2	
452	1，1-二甲基环戊烷		1638-26-2	
453	1，2-二甲基环戊烷		2452-99-5	
454	1，3-二甲基环戊烷		2453-00-1	
455	2，2-二甲基己烷		590-73-8	
456	2，3-二甲基己烷		584-94-1	
457	2，4-二甲基己烷		589-43-5	
458	3，3-二甲基己烷		563-16-6	
459	3，4-二甲基己烷		583-48-2	
470	2，2-二甲基戊烷		590-35-2	
471	2，3-二甲基戊烷		565-59-3	
472	2，4-二甲基戊烷	二异丙基甲烷	108-08-7	
473	3，3-二甲基戊烷	2，2-二乙基丙烷	562-49-2	
479	二甲醚	甲醚	115-10-6	
492	二硫化二甲基	二甲二硫；二甲基二硫；甲基化二硫	624-92-0	
556	1，1-二氯乙烷	乙叉二氯	75-34-3	
557	1，2-二氯乙烷	乙撑二氯；亚乙基二氯；1，2-二氯化乙烯	107-06-2	
558	1，1-二氯乙烯	偏二氯乙烯；乙烯叉二氯	75-35-4	
559	1，2-二氯乙烯	二氯化乙炔	540-59-0	
637	二氧化氮		10102-44-0	

续表

序号	品　名	别　名	CAS号	备注
639	二氧化硫	亚硫酸酐	7446-09-5	
642	二氧化碳[压缩的或液化的]	碳酸酐	124-38-9	
644	二氧化碳和氧气混合物			
684	1，2-二乙基苯	邻二乙基苯	135-01-3	
685	1，3-二乙基苯	间二乙基苯	141-93-5	
686	1，4-二乙基苯	对二乙基苯	105-05-5	
723	发烟硫酸	硫酸和三氧化硫的混合物；焦硫酸	8014-95-7	
732	氟		7782-41-4	剧毒
789	钙	金属钙	7440-70-2	
813	高锰酸钾	过锰酸钾；灰锰氧	7722-64-7	
814	高锰酸钠	过锰酸钠	10101-50-5	
832	1-庚烯	正庚烯；正戊基乙烯	592-76-7	
833	2-庚烯		592-77-8	
834	3-庚烯		592-78-9	
835	汞	水银	7439-97-6	
850	1-癸烯		872-05-9	
936	环丙烷		75-19-4	
937	环丁烷		287-23-0	
940	环庚烷		291-64-5	
941	环庚烯		628-92-2	
953	环己烷	六氢化苯	110-82-7	
954	环己烯	1，2，3，4-四氢化苯	110-83-8	
969	环戊烷		287-92-3	
970	环戊烯		142-29-0	
974	环辛烷		292-64-8	
975	环辛烯		931-87-3	
979	1，2-环氧丙烷	氧化丙烯；甲基环氧乙烷	75-56-9	
980	1，2-环氧丁烷	氧化丁烯	106-88-7	
981	环氧乙烷	氧化乙烯	75-21-8	
1014	甲苯	甲基苯；苯基甲烷	108-88-3	
1022	甲醇	木醇；木精	67-56-1	

续表

序号	品　　名	别　　名	CAS 号	备注
1029	甲酚	甲苯基酸；克利沙酸；甲苯酚异构体混合物	1319-77-3	
1114	2-甲基丁烷	异戊烷	78-78-4	
1148	甲基叔丁基醚	2-甲氧基-2-甲基丙烷；MTBE	1634-04-4	
1172	甲硫醚	二甲硫；二甲基硫醚	75-18-3	
1173	甲醛溶液	福尔马林溶液	50-00-0	
1188	甲烷		74-82-8	
1201	甲乙醚	乙甲醚；甲氧基乙烷	540-67-0	
1235	糠醛	呋喃甲醛	98-01-1	
1245	联苯		92-52-4	
1289	硫化氢		7783-06-4	
1290	硫磺	硫	7704-34-9	
1302	硫酸		7664-93-9	
1381	氯	液氯；氯气	7782-50-5	剧毒
1475	氯化氢[无水]		7647-01-0	
1476	氯化氰	氰化氯；氯甲腈	506-77-4	剧毒
1533	氯酸钾		3811-04-9	
1535	氯酸钠		7775-09-9	
1560	氯乙烷	乙基氯	75-00-3	
1561	氯乙烯[稳定的]	乙烯基氯	75-01-4	
1566	吗啉		110-91-8	
1567	煤焦酚	杂酚；粗酚	65996-83-0	
1568	煤焦沥青	焦油沥青；煤沥青；煤膏	65996-93-2	
1569	煤焦油		8007-45-2	
1570	煤气			
1571	煤油	火油；直馏煤油	8008-20-6	
1582	钠	金属钠	7440-23-5	
1585	萘	粗萘；精萘；萘饼	91-20-3	
1621	漂白粉			
1630	汽油		86290-81-5	
1648	氢	氢气	1333-74-0	
1650	氢氟酸	氟化氢溶液	7664-39-3	

续表

序号	品　　名	别　　名	CAS号	备注
1663	氢气和甲烷混合物			
1664	氢氰酸[含量≤20%]		74-90-8	
1667	氢氧化钾	苛性钾	1310-58-3	
	氢氧化钾溶液[含量≥30%]			
1669	氢氧化钠	苛性钠；烧碱	1310-73-2	
	氢氧化钠溶液[含量≥30%]			
1674	柴油[闭杯闪点≤60℃]			
1693	氰化氢	无水氢氰酸	74-90-8	剧毒
1733	溶剂苯			
1734	溶剂油[闭杯闪点≤60℃]			
1738	噻吩	硫杂茂；硫代呋喃	110-02-1	
1799	1，2，3-三甲基苯	连三甲基苯	526-73-8	
1800	1，2，4-三甲基苯	假枯烯	95-63-6	
1801	1，3，5-三甲基苯	均三甲苯	108-67-8	
1806	2，2，4-三甲基己烷		16747-26-5	
1807	2，2，5-三甲基己烷		3522-94-9	
1812	2，2，3-三甲基戊烷		564-02-3	
1813	2，2，4-三甲基戊烷		540-84-1	
1814	2，3，4-三甲基戊烷		565-75-3	
1864	1，1，1-三氯乙烷	甲基氯仿	71-55-6	
1865	1，1，2-三氯乙烷		79-00-5	
1866	三氯乙烯		79-01-6	
1912	三氧化二砷	白砒；砒霜；亚砷酸酐	1327-53-3	剧毒
1924	砷		7440-38-2	
1927	砷化氢	砷化三氢；胂	7784-42-1	剧毒
1964	石脑油		8030-30-6	
1965	石油醚	石油精	8032-32-4	
1966	石油气	原油气		
1967	石油原油	原油	8002-05-9	
2029	1，2，4，5-四甲苯	均四甲苯	95-93-2	
2056	四氯化碳	四氯甲烷	56-23-5	
2063	1，1，2，2-四氯乙烷		79-34-5	

续表

序号	品　　名	别　　名	CAS 号	备注
2064	四氯乙烯	全氯乙烯	127-18-4	
2093	四乙基铅	发动机燃料抗爆混合物	78-00-2	剧毒
2123	天然气[富含甲烷的]	沼气	8006-14-2	
2165	1-戊醇	正戊醇	71-41-0	
2166	2-戊醇	仲戊醇	6032-29-7	
2182	1-戊烯		109-67-1	
2183	2-戊烯		109-68-2	
2285	硝酸		7697-37-2	
2355	1-辛烯		111-66-0	
2361	溴	溴素	7726-95-6	
	溴水[含溴≥3.5%]			
2492	亚硝酸钠		7632-00-0	
2507	盐酸	氢氯酸	7647-01-0	
2528	氧[压缩的或液化的]		7782-44-7	
2548	液化石油气	石油气[液化的]	68476-85-7	
2559	一氧化氮		10102-43-9	
2563	一氧化碳		630-08-0	
2564	一氧化碳和氢气混合物	水煤气		
2566	乙苯	乙基苯	100-41-4	
2622	乙腈	甲基氰	75-05-8	
2625	乙醚	二乙基醚	60-29-7	
2627	乙醛		75-07-0	
2629	乙炔	电石气	74-86-2	
2661	乙烷		74-84-0	
2662	乙烯		74-85-1	
2688	异丙基苯	枯烯；异丙苯	98-82-8	
2695	异丁基苯	异丁苯	538-93-2	
2707	异丁烷	2-甲基丙烷	75-28-5	
2708	异丁烯	2-甲基丙烯	115-11-7	
2711	异庚烯		68975-47-3	
2712	异己烯		27236-46-0	
2740	异辛烷		26635-64-3	

续表

序号	品　名	别　名	CAS 号	备注
2741	异辛烯		5026-76-6	
2755	正丙苯	丙苯；丙基苯	103-65-1	
2761	正丁醇		71-36-3	
2762	正丁基苯		104-51-8	
2778	正丁烷	丁烷	106-97-8	
2782	正庚烷	庚烷	142-82-5	
2789	正己烷	己烷	110-54-3	
2796	正戊烷	戊烷	109-66-0	
2799	正辛烷		111-65-9	
2825	重质苯			
2828	含易燃溶剂的合成树脂、油漆、辅助材料、涂料等制品[闭杯闪点≤60℃]			

5.12 工作场所有害因素职业接触限值(GBZ 2.1—2007)

职业接触限值(OEL)——职业性有害因素的接触限制量值，指劳动者在职业活动过程中长期反复接触，对绝大多数接触者的健康不引起有害作用的容许接触水平。化学有害因素的职业接触限值包括时间加权平均容许浓度、短时间接触浓度和最高容许浓度三类。

时间加权平均容许浓度(PC-TWA)——以时间为权数规定的8h工作日，40h工作周的平均容许接触浓度。

短时间接触容许浓度(PC-STEL)——在遵守PC-TWA前提下容许短时间(15min)接触的浓度。

最高容许浓度(MAC)——工作地点、在一个工作日内、任何时间有毒化学物质均不应超过的浓度。

5.12.1 工作场所空气中化学物质容许浓度表(摘录)

序号	中文名	英文名	OEL/(mg/m^3)			备 注[①]
			MAC	PC-TWA	PC-STEL	
2	氨	Ammonia	—	20	30	—
12	苯	Benzene	—	6	10	皮,G1
13	苯胺	Aniline	—	3	—	皮
16	苯乙烯	Styrene	—	50	100	皮,G2B
17	吡啶	Pyridine	—	4	—	—

续表

序号	中文名	英文名	OEL/(mg/m³)			备注[①]
			MAC	PC-TWA	PC-STEL	
19	丙醇	Propyl alcohol	—	200	300	—
20	丙酸	Propionic acid	—	30	—	—
21	丙酮	Acetone	—	300	450	—
23	丙烯醇	Allyl alcohol	—	2	3	皮
24	丙烯腈	Acrylonitrile	—	1	2	皮,G2B
27	丙烯酸甲酯	Methyl acrylate	—	20	—	皮,敏
32	抽余油(60~220℃)	Raffinate(60~220℃)	—	300	—	—
38	碘	Iodine	1	—	—	—
43	丁醇	Butyl alcohol	—	100	—	—
44	1,3-丁二烯	1,3-Butadiene	—	5	—	G2A
46	丁酮	Methyl ethyl ketone	—	300	600	—
47	丁烯	Butylene	—	100	—	—
49	对苯二甲酸	Terephthalic acid	—	8	15	—
64	二甲苯(全部异构体)	Xylene (all isomers)	—	50	100	—
68	二甲基甲酰胺	Dimethylformamide(DMF)	—	20	—	皮
72	二硫化碳	Carbon disulfide	—	5	10	皮
75	1,2-二氯丙烷	1,2-Dichloropropane	—	350	500	—
76	1,3-二氯丙烯	1,2-Dichloropropene	—	4	—	皮,G2B
78	二氯甲烷	Dichloromethane	—	200	—	G2B-
80	1,2-二氯乙烷	1,2-Dichloroethane	—	7	15	G2B
81	1,2-二氯乙烯	1,2-Dichloroethylene	—	800	—	—
87	二氧化氮	Nitrogen dioxide	—	5	10	—
88	二氧化硫	Sulfur dioxide	—	5	10	—
90	二氧化碳	Carbon dioxide	—	9000	18000	—
100	酚	Phenol	—	10	—	皮
101	呋喃	Furan	—	0.5	—	G2B
102	氟化氢(按F计)	Hydrogen fluoride, as F	2	—	—	—
103	氟化物(不含氟化氢)(按F计)	Fluorides(except HF), as F	—	2	—	—
106	汞-金属汞(蒸气)	Mercury metal (vapor)	—	0.02	0.04	皮
108	钴及其氧化物(按Co计)	Cobalt and oxides, as Co	—	0.05	0.1	G2B

续表

序号	中文名	英文名	OEL/(mg/m^3)			备 注[①]
			MAC	PC-TWA	PC-STEL	
112	过氧化氢	Hydrogen peroxide	—	1.5	—	—
115	环己酮	Cyclohexanone	—	50	—	皮
116	环己烷	Cyclohexane	—	250	—	—
117	环氧丙烷	Propylene oxide	—	5	—	敏,G2B
119	环氧乙烷	Ethylene oxide	—	2	—	G1
121	己二醇	Hexylene glycol	100	—	—	—
123	己内酰胺	Caprolactam	—	5	—	—
126	甲苯	Toluene	—	50	100	皮
128	甲醇	Methanol	—	25	50	皮
129	甲酚(全部异构体)	Cresol (all isomers)	—	10	—	皮
137	甲硫醇	Methyl mercaptan	—	1	—	—
138	甲醛	Formaldehyde	0.5	—	—	敏,G1
142	间苯二酚	Resorcinol	—	20	—	—
147	糠醛	Furfural	—	5	—	皮
151	联苯	Biphenyl	—	1.5	—	—
161	磷酸	Phosphoric acid	—	1	3	—
163	硫化氢	Hydrogen sulfide	10	—	—	—
166	硫酸及三氧化硫	Sulfuric acid and sulfur trioxide	—	1	2	G1
177	氯	Chlorine	1	—	—	—
184	氯化氢及盐酸	Hydrogen chloride and chlorhydric acid	7.5	—	—	—
188	氯甲烷	Methyl chloride	—	60	120	皮
199	吗啉	Morpholine	—	60	—	皮
200	煤焦油沥青挥发物(按苯溶物计)	Coal tar pitch volatiles, as Benzene soluble matters	—	0.2	—	G1
204	萘	Naphthalene	—	50	75	皮,G2B
207	尿素	Urea	—	5	10	—
214	氢氧化钾	Potassium hydroxide	2	—	—	—
215	氢氧化钠	Sodium hydroxide	2	—	—	—
222	壬烷	Nonane	—	500	—	—
223	溶剂汽油	Solvent gasolines	—	300	—	—

续表

序号	中文名	英文名	OEL/(mg/m^3)			备注①
			MAC	PC-TWA	PC-STEL	
232	三氯甲烷	Trichloromethane	—	20	—	G2B
238	三氯乙烯	Trichloroethylene	—	30	—	G2A
244	砷及其无机化合物(按As计)	Arsenic and inorganic compounds, asAs	—	0.01	0.02	G1
247	石油沥青烟(按苯溶物计)	Asphalt (petroleum) fume, as benzene soluble matter	—	5	—	G2B
252	四氯化碳	Carbon tetrachloride	—	15	25	皮,G2B
253	四氯乙烯	Tetrachloroethylene	—	200	—	G2A
257	四乙基铅(按Pb计)	Tetraethyl lead, as Pb	—	0.02	—	皮
261	碳酸钠(纯碱)	Sodium carbonate	—	3	6	—
272	戊醇	Amyl alcohol	—	100	—	—
273	戊烷(全部异构体)	Pentane (all isomers)	—	500	1000	—
277	硝化甘油	Nitroglycerine	1	—	—	皮
284	辛烷	Octane	—	500	—	—
285	溴	Bromine	—	0.6	2	—
289	氧化钙	Calcium oxide	—	2	—	—
291	氧化锌	Zinc oxide	—	3	5	—
293	液化石油气	LPG	—	1000	1500	—
295	一氧化氮	Nitrogen monoxide	—	15	—	—
296	一氧化碳	Carbon monoxide	—	20	30	—
298	乙苯	Ethyl benzene	—	100	150	G2B
299	乙醇胺	Ethanolamine	—	8	15	—
301	乙二醇	Ethylene glycol	—	20	40	—
306	乙腈	Acetonitrile	—	30	—	皮
308	乙醚	Ethyl ether	—	300	500	—
310	乙醛	Acetaldehyde	45	—	—	G2B
311	乙酸	Acetic acid	—	10	20	—
326	异丙醇	Isopropyl alcohol	—	350	700	—
334	茚	Indene	—	50	—	—
338	正庚烷	n-Heptane	—	500	1000	—
339	正已烷	n-Hexane	—	100	180	皮

① 在备注栏内标有(皮)的物质表示可因皮肤、黏膜和眼睛直接接触蒸气、液体和固体,通过完整的皮肤吸收引起全身效应;在备注栏内标(敏),是指该物质可能有致敏作用;在备注栏内标G1为确认人类致癌物,G2A为可能人类致癌物,G2B为可疑人类致癌物。

5.12.2　工作场所空气中粉尘容许浓度表(摘录)

序号	中文名	英文名	化学文摘号(CAS No.)	PC-TWA/(mg/m^3)		备　注
				总尘	呼尘	
5	大理石粉尘	Marble dust	1317-65-3	8	4	—
6	电焊烟尘	Welding fume		4	—	G2B
8	沸石粉尘	Zeolite dust		5	—	—
9	酚醛树脂粉尘	Phenolic aldehyde resin dust		6	—	—
14	活性炭粉尘	Active carbon dust	64365-11-3	5	—	—
18	聚乙烯粉尘	Polyethylene dust	9002-88-4	5	—	—
21	煤尘(游离 SiO_2 含量<10%)	Coal dust (free SiO_2<10%)		4	2.5	—
27	人造玻璃质纤维	Man-made Vitreous filber				
	玻璃棉粉尘	Fibrous glass dust		3	—	—
	矿渣棉粉尘	Slag wool dust		3	—	—
	岩棉粉尘	Rock wool dust		3	—	—
29	沙轮磨尘	Grinding wheel dust		8	—	—
31	石灰石粉尘	Limestone dust	1312-65-3	8	4	—
32	石棉(石棉含量>10%)	Asbestos(Asbestos>10%)	1332-21-4			
	粉尘	dust		0.8	—	G1
	纤维①	Asbestosfibre		0.8f/mL	—	—
33	石墨粉尘	Graphite dust	7782-42-5	4	2	—
34	水泥粉尘(游离 SiO_2 含量<10%)	Cement dust(free SiO_2<10%)		4	1.5	—
35	炭黑粉尘	Carbon fiber dust		4	—	G2B
38	矽尘	Silcon dust	14808-60-7			
	10%≤游离 SiO_2 含量≤50%	10%≤free SiO_2≤50%		1	0.7	G1(结晶型)
	50%≤游离 SiO_2 含量≤80%	50%≤free SiO_2≤80%		0.7	0.3	
	游离 SiO_2 含量>80%	free SiO_2>80%		0.5	0.2	

① 单位 f/mL 为根/毫升。

5.13　石油化工常用毒性介质危害程度的分级(SH/T 3059—2012)

级别	毒物名称举例
极度危害	汞及其化合物,砷及其无机化合物,氯乙烯,铬酸盐,重铬酸盐,黄磷,铍及其化合物,对硫磷,羰基镍,八氟异丁烯,锰及其无机化合物,氰化物,苯,氯甲醚
高度危害	三硝基甲苯,铅及其化合物,二硫化碳,氯,丙烯腈,四氯化碳,硫化氢,甲醛,苯胺,氟化氢,五氯酚及其钠盐,镉及其化合物,敌百虫,氯丙烯,钒及其化合物,溴甲烷,硫酸二甲酯,金属镍,甲苯二异氰酸酯,环氧氯丙烷,砷化氢,敌敌畏,光气,氯丁二烯,一氧化碳,硝基苯

续表

级别	毒物名称举例
中度危害	二甲苯,三氯乙烯,二甲基甲酰胺,六氟丙烯,苯酚,氮氧化物,苯乙烯,甲醇,硝酸,硫酸,盐酸,甲苯
轻度危害	溶剂汽油,丙酮,氢氧化钠,四氟乙烯,氨

5.14 车间卫生特征分级(GBZ 1—2010)

卫生特征	1级	2级	3级	4级
有毒物质	易经皮肤吸收引起中毒的剧毒物质(如有机磷农药、三硝基甲苯、四乙基铅等)	易经皮肤吸收或有恶臭的物质,或高毒物质(如丙烯腈、吡啶、苯酚等)	其他毒物	不接触有害物质或粉尘,不污染或轻度污染身体(如仪表、金属冷加工、机械加工等)
粉尘		严重污染全身或对皮肤有刺激的粉尘(如碳黑、玻璃棉等)	一般粉尘(棉尘)	
其他	处理传染性材料、动物原料(如皮毛等)	高温作业、井下作业	体力劳动强度Ⅲ级或Ⅳ级	

注：虽易经皮肤吸收，但易挥发的有毒物质(如苯等)可按3级确定。

5.15 噪声环境

5.15.1 工业企业噪声控制设计限值(GB/T 50087—2013)

工作场所	噪声限值/dB(A)
生产车间	85
车间内值班室、观察室、休息室、办公室、实验室、设计室室内背景噪声级	70
正常工作状态下精密装配线、精密加工车间、计算机房	70
主控室、集中控制室、通信室、电话总机室、消防值班室,一般办公室、会议室、设计室、实验室室内背景噪声级	60
医务室、教室、值班宿舍室内背景噪声级	55

注：(1) 生产车间噪声限值为每周工作5d，每天工作8h等效声级；对于每周工作5d，每天工作时间不是8h，需计算8h等效声级；对于每周工作日不是5d，需计算40h等效声级；

(2) 室内背景噪声级指室外传入室内的噪声级；

(3) 工业企业脉冲噪声C声级峰值不得超过140dB；

(4) A声级是用A计权网络测得的声压级，C声级是用C计权网络测得的声压级。

5.15.2 环境噪声限值（GB 3096—2008）

单位：dB(A)

声环境功能区类别	功能特点	时段	
		昼间	夜间
0	康复疗养区等特别需要安静的区域	50	40
1	以居民住宅、医疗卫生、文化教育、科研设计、行政办公为主要功能，需要保持安静的区域	55	45
2	以商业金融、集市贸易为主要功能，或者居住、商业、工业混杂，需要维护住宅安静的区域	60	50
3	以工业生产、仓储物流为主要功能，需要防止工业噪声对周围环境产生严重影响的区域	65	55
4	交通干线两侧一定距离之内，需要防止交通噪声对周围环境产生严重影响的区域		
4a	高速公路、一级及二级公路、城市快速路、城市主干及次干路、城市轨道交通(地面段)、内河航道两侧区域	70	55
4b	铁路干线两侧区域	70	60

5.16 大气污染物排放控制要求

5.16.1 石油炼制工业大气污染物排放限值（GB 31570—2015）

(1) 大气污染物排放限值

单位：mg/m^3

序号	污染物项目	工艺加热炉	催化裂化催化剂再生烟气①	重整催化剂再生烟气	酸性气回收装置	氧化沥青装置	废水处理有机废气收集处理装置	有机废气排放口②	污染物排放监控位置
1	颗粒物	20	50	—	—	—	—	—	车间或生产设施排气筒
2	镍及其化合物	—	0.5	—	—	—	—	—	
3	二氧化硫	100	100	—	400	—	—	—	
4	氮氧化物	150 180③	200	—	—	—	—	—	
5	硫酸雾	—	—	—	30④	—	—	—	
6	氯化氢	—	—	30	—	—	—	—	
7	沥青烟	—	—	—	—	20	—	—	
8	苯并(a)芘	—	—	—	—	0.0003	—	—	
9	苯	—	—	—	—	—	4	—	
10	甲苯	—	—	—	—	—	15	—	
11	二甲苯	—	—	—	—	—	20	—	
12	非甲烷总烃	—	—	60	—	—	120	去除效率≥95%	

① 催化裂化余热锅炉吹灰时再生烟气污染物浓度最大值不应超过表中限值的 2 倍，且每次持续时间不应大于 1h。

② 有机废气中若含有颗粒物、二氧化硫或氮氧化物，执行工艺加热炉相应污染物控制要求。

③ 炉膛温度≥850℃的工艺加热炉执行该限值。

④ 酸性气体回收装置生产硫酸时执行该限值。

（2）大气污染物特别排放限值

根据环境保护工作的要求，在国土开发密度已经较高，环境承载能力开始减弱，或大气环境容量较小，生态环境脆弱，容易发生严重大气环境污染问题而需要采取特别保护措施的地区，应严格控制企业的污染排放行为，在上述地区的企业执行大气污染物特别排放限值。执行大气污染物特别排放限值的地区范围、时间，由国务院环境保护主管部门或省级人民政府规定。

单位：mg/m^3

序号	污染物项目	工艺加热炉	催化裂化催化剂再生烟气①	重整催化剂再生烟气	酸性气回收装置	氧化沥青装置	废水处理有机废气收集处理装置	有机废气排放口②	污染物排放监控位置
1	颗粒物	20	30	—	—	—	—	—	车间或生产设施排气筒
2	镍及其化合物	—	0.3	—	—	—	—	—	
3	二氧化硫	50	50	—	100	—	—	—	
4	氮氧化物	100	100	—	—	—	—	—	
5	硫酸雾	—	—	—	5③	—	—	—	
6	氯化氢	—	—	10	—	—	—	—	
7	沥青烟	—	—	—	—	10	—	—	
8	苯并(a)芘	—	—	—	—	0.0003	—	—	
9	苯	—	—	—	—	—	4	—	
10	甲苯	—	—	—	—	—	15	—	
11	二甲苯	—	—	—	—	—	20	—	
12	非甲烷总烃	—	—	30	—	—	120	去除效率≥97%	

① 催化裂化余热锅炉吹灰时再生烟气污染物浓度最大值不应超过表中限值的 2 倍，且每次持续时间不应大于 1h。

② 有机废气中若含有颗粒物、二氧化硫或氮氧化物，执行工艺加热炉相应污染物控制要求。

③ 酸性气体回收装置生产硫酸时执行该限值。

5.16.2　石油炼制工业企业边界大气污染物浓度限值（GB 31570—2015）

企业边界任何 1h 大气污染物平均浓度执行企业边界大气污染物浓度限值：

单位：mg/m^3

序　号	污染物项目	限　值
1	颗粒物	1.0
2	氯化氢	0.2
3	苯并(a)芘	0.000008
4	苯	0.4
5	甲苯	0.8
6	二甲苯	0.8
7	非甲烷总烃	4.0

5.16.3　锅炉大气污染物排放控制要求（GB 13271—2014）

（1）大气污染物排放限值

单位：mg/m^3（烟气黑度除外）

污染物项目	限　值			污染物排放监控位置
	燃煤锅炉	燃油锅炉	燃气锅炉	
颗粒物	50	30	20	烟囱或烟道
二氧化硫	300	200	50	
氮氧化物	300	250	200	
汞及其化合物	0.05	—	—	
烟气黑度(林格曼黑度)/级	≤1			烟囱排放口

（2）大气污染物特别排放限值

省级以上政府规定的重点地区执行下表规定：

单位：mg/m^3（烟气黑度除外）

污染物项目	限　值			污染物排放监控位置
	燃煤锅炉	燃油锅炉	燃气锅炉	
颗粒物	30	30	20	烟囱或烟道
二氧化硫	200	100	50	
氮氧化物	200	200	150	
汞及其化合物	0.05	—	—	
烟气黑度(林格曼黑度)/级	≤1			烟囱排放口

5.16.4　火力发电锅炉及燃气轮机组大气污染物排放限值（GB 13223—2011）

（1）大气污染物排放浓度限值

单位：mg/m³(烟气黑度除外)

序号	燃料和热能转化设施类型	污染物项目	适用条件	限 值	污染物排放监控位置
1	燃煤锅炉	烟尘	全部	30	烟囱或烟道
		二氧化硫	新建锅炉	100 200①	
			现有锅炉	200 400①	
		氮氧化物(以 NO_2 计)	全部	100 200②	
		汞及其化合物	全部	0.03	
2	以油为燃料的锅炉或燃气轮机组	烟尘	全部	30	
		二氧化硫	新建锅炉及燃气轮机组	100	
			现有锅炉及燃气轮机组	200	
		氮氧化物(以 NO_2 计)	新建锅炉	100	
			现有锅炉	200	
			燃气轮机组	120	
3	以气体为燃料的锅炉或燃气轮机组	烟尘	天然气锅炉及燃气轮机组	5	
			其他气体燃料锅炉及燃气轮机组	10	
		二氧化硫	天然气锅炉及燃气轮机组	35	
			其他气体燃料锅炉及燃气轮机组	100	
		氮氧化物(以 NO_2 计)	天然气锅炉	100	
			其他气体燃料锅炉	200	
			天然气燃气轮机组	50	
			其他气体燃料燃气轮机组	120	
4	燃煤锅炉，以油、气体为燃料的锅炉或燃气轮机组	烟气黑度(林格曼黑度)/级	全部	1	烟囱排放口

① 位于广西壮族自治区、重庆市、四川省和贵州省的火力发电锅炉执行该限值；

② 采用 W 形火焰炉膛的火力发电锅炉，现有循环流化床火力发电锅炉，以及 2003 年 12 月 31 日前建成投产或通过建设项目环境影响报告书审批的火力发电锅炉执行该限值。

(2) 重点地区大气污染物特别排放限值

执行大气污染物特别排放限值的具体地域范围、实施时间，由国务院环境保护行政主管部门规定。

单位：mg/m^3（烟气黑度除外）

序号	燃料和热能转化设施类型	污染物项目	适用条件	限值	污染物排放监控位置
1	燃煤锅炉	烟尘	全部	30	烟囱或烟道
		二氧化硫	全部	50	
		氮氧化物（以 NO_2 计）	全部	100	
		汞及其化合物	全部	0.03	
2	以油为燃料的锅炉或燃气轮机组	烟尘	全部	20	
		二氧化硫	全部	50	
		氮氧化物（以 NO_2 计）	燃油锅炉	100	
			燃气轮机组	120	
3	以气体为燃料的锅炉或燃气轮机组	烟尘	全部	5	
		二氧化硫	全部	35	
		氮氧化物（以 NO_2 计）	燃气锅炉	100	
			燃气轮机组	50	
4	燃煤锅炉，以油、气体为燃料的锅炉或燃气轮机组	烟气黑度（林格曼黑度）/级	全部	1	烟囱排放口

5.17　石油炼制工业水污染物排放控制要求（GB 31570—2015）

单位：mg/L（pH 值除外）

序号	污染物项目	水污染物排放限值		水污染物特别排放限值[2]		污染物排放监控位置
		直接排放	间接排放[1]	直接排放	间接排放[1]	
1	pH 值	6~9	—	6~9	—	企业废水总排放口
2	悬浮物	70	—	50	—	
3	化学需氧量	60	—	50	—	
4	五日生化需氧量	20	—	10	—	
5	氨氮	8.0	—	5.0	—	
6	总氮	40	—	30	—	
7	总磷	1.0	—	0.5	—	
8	总有机碳	20	—	15	—	
9	石油类	5.0	20	3.0	15	
10	硫化物	1.0	1.0	0.5	1.0	
11	挥发酚	0.5	0.5	0.3	0.5	

续表

序号	污染物项目	水污染物排放限值		水污染物特别排放限值②		污染物排放监控位置
		直接排放	间接排放①	直接排放	间接排放①	
12	总钒	1.0	1.0	1.0	1.0	企业废水总排放口
13	苯	0.1	0.2	0.1	0.1	
14	甲苯	0.1	0.2	0.1	0.1	
15	邻二甲苯	0.4	0.6	0.2	0.4	
16	间二甲苯	0.4	0.6	0.2	0.4	
17	对二甲苯	0.4	0.6	0.2	0.4	
18	乙苯	0.4	0.6	0.2	0.4	
19	总氰化物	0.5	0.5	0.3	0.5	
20	苯并(a)芘	0.00003				车间或生产设施废水排放口
21	总铅	1.0				
22	总砷	0.5				
23	总镍	1.0				
24	总汞	0.05				
25	烷基汞	不得检出				
加工单位原(料)油基准排水量/(m^3/t 原油)		0.5		0.4		排水量计量位置与污染物排放监控位置相同

① 废水进入城镇污水处理厂或经由城镇污水管线排放，应达到直接排放限值；废水进入园区(包括各类工业园区、开发区、工业聚集地等)污水处理厂执行间接排放限值，未规定限值的污染物项目由企业与园区污水处理厂根据其污水处理能力商定相关标准，并报当地环境保护主管部门备案。

② 根据环境保护工作的要求，在国土开发密度已经较高，环境承载能力开始减弱，或水环境容量较小，生态环境脆弱，容易发生严重水环境污染问题而需要采取特别保护措施的地区，应严格控制企业的污染排放行为，在上述地区的企业执行水污染物特别排放限值。执行水污染物特别排放限值的地区范围、时间，由国务院环境保护主管部门或省级人民政府规定。

5.18　静电接地支线、连接线的最小规格（SH 3097—2000）

设备类型	接地支线	连接线
固定设备	$16mm^2$ 多股铜芯电线 ϕ8mm 镀锌圆钢 12×4(mm)镀锌扁钢	$6mm^2$ 铜芯软绞线或软铜编织线
大型移动设备	$16mm^2$ 铜芯软绞线或 橡套铜芯软电缆	
一般移动设备	$10mm^2$ 铜芯软绞线或 橡套铜芯软电缆	
振动和频繁移动的器件	$6mm^2$ 铜芯软绞线	

6　设备和配管材料

炼油工业系连续生产的大型企业，加工条件复杂，需要应对高压、高温和各种有腐蚀性介质的环境，设备和配管使用材料的品种繁多。这里列出了一些常用设备系列和钢材的牌号及使用条件、常用钢管及法兰等配件、保温伴热、试压试漏，以及基建材料的主要物理性质，供查阅。

6.1　管壳式换热器的类型与基本参数

6.1.1　换热器的分类及代号[13]

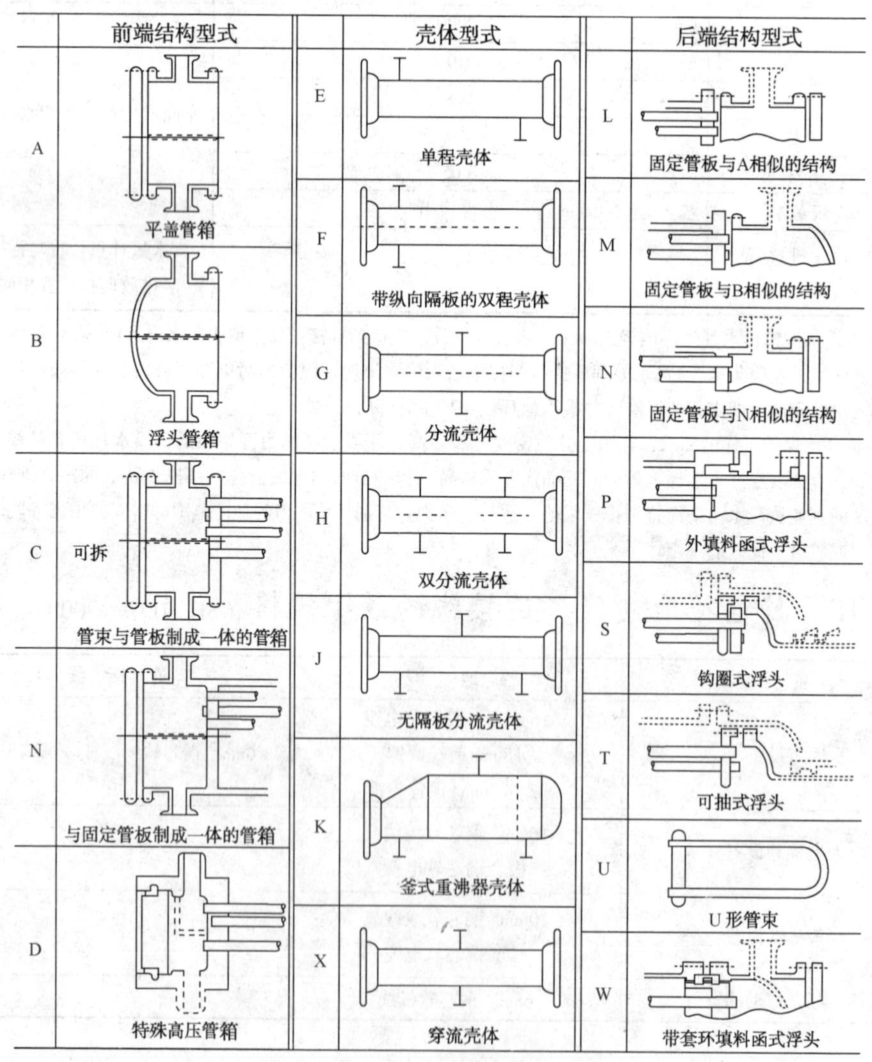

6.1.2 换热器型号表示方法(GB/T 151—2014)

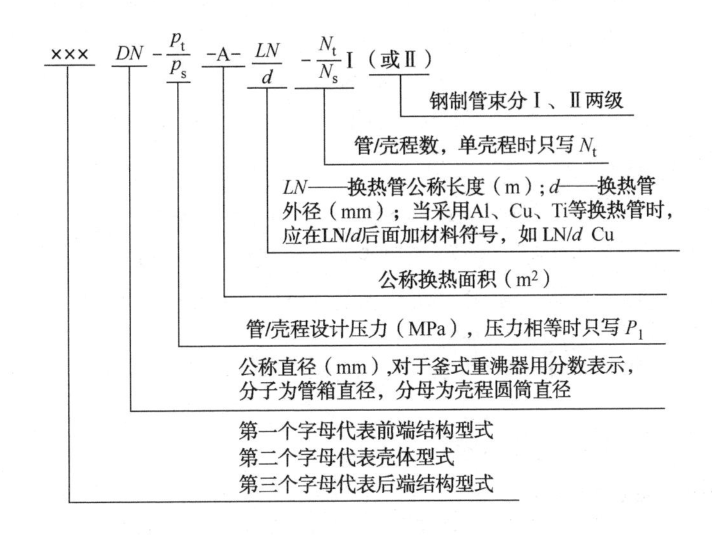

示例：

(1)浮头式热交换器

可拆平盖管箱，公称直径 500mm，管程和壳程设计压力均为 1.6MPa，公称换热面积 54 m²，公称长度 6 m，换热管外径 25mm，4 管程，单壳程的钩圈式浮头热交换器，碳素钢换热管符合 NB/T 47019 的规定，其型号为：

$$\mathrm{AES500-1.6-54-\frac{6}{25}-4\,I}$$

(2) 固定管板式热交换器

可拆封头管箱，公称直径 700mm，管程设计压力 2.5MPa，壳程设计压力 1.6MPa，公称换热面积 200 m²，公称长度 9 m，换热管外径 25mm，4 管程，单壳程的固定管板式热交换器，碳素钢换热管符合 NB/T 47019 的规定，其型号为：

$$\mathrm{BEM700-\frac{2.5}{1.6}-200-\frac{9}{25}-4\,I}$$

(3) U 形管式热交换器

可拆封头管箱，公称直径 500mm，管程设计压力 4.0MPa，壳程设计压力 1.6MPa，公称换热面积 75 m²，公称长度 6 m，换热管外径 19mm。2 管程，单壳程的 U 形管式热交换器，不锈钢换热管符合 GB 13296 的规定，其型号为：

$$\mathrm{BEU500-\frac{4.0}{1.6}-75-\frac{6}{19}-2\,I}$$

(4) 釜式重沸器

可拆平盖管箱，管箱内径 600mm，壳程圆筒内径 1200mm，管程设计压力

2.5MPa，壳程设计压力 1.0MPa，公称换热面积 90m²，公称长度 6m，换热管外径 25mm，2 管程，单壳程的可抽式浮头釜式重沸器，碳素钢换热管符合 GB9948 高级的规定，其型号为：

$$\text{AKT}\frac{600}{1200}-\frac{2.5}{1.0}-90-\frac{6}{25}-2\,\text{II}$$

（5）浮头式冷凝器

可拆封头管箱，公称直径 1200mm，管程设计压力 2.5MPa，壳程设计压力 1.0MPa，公称换热面积 610m²，公称长度 9m，换热管外径 25mm，4 管程，无隔板分流壳体的钩圈式浮头冷凝器，碳素钢换热管符合 GB 9948 高级的规定，其型号为：

$$\text{BJS }1200-\frac{2.5}{1.0}-610-\frac{9}{25}-4\,\text{II}$$

6.1.3 浮头式换热器的基本参数（GB/T 28712.1—2012）

（1）ϕ19 换热管（19mm×2mm）的内导流换热器和冷凝器

公称直径 DN/mm	管程数 N	换热管根数	传热面积 A/m²		管程流通面积/m²	壳程流通面积 S/m²			
			换热管长度 L/mm			折流板间距 B/mm			
			3000	6000		150	200	300	450
325	2	60	10.5		0.0053	0.0273	0.0369		
	4	52	9.1		0.0023	0.0300	0.0405		
400	2	120	20.9	42.3	0.0106	0.0352	0.0476	0.0724	0.1096
	4	108	18.8	38.1	0.0048	0.0325	0.0440	0.0669	0.1012
500	2	206	35.7	72.5	0.0182	0.0407	0.0553	0.0844	0.1280
	4	192	33.2	67.6	0.0085	0.0434	0.0589	0.0899	0.1364
600	2	324	55.8	113.9	0.0286	0.0468	0.0635	0.0969	0.1470
	4	308	53.1	108.2	0.0136	0.0468	0.0635	0.0969	0.1470
	6	284	48.9	99.8	0.0083	0.0468	0.0635	0.0969	0.1470
700	2	468	80.4	164.1	0.0414	0.0554	0.0752	0.1148	0.1742
	4	448	76.9	157.1	0.0198	0.0528	0.0716	0.1093	0.1659
	6	382	65.6	133.9	0.0112	0.0581	0.0789	0.1204	0.1826
800	2	610		213.5	0.0539	0.0606	0.0825	0.1264	0.1923
	4	588		205.8	0.0260	0.0632	0.0861	0.1319	0.2006
	6	518		181.3	0.0152	0.0684	0.0932	0.1428	0.2172

续表

公称直径 DN/mm	管程数 N	换热管根数	传热面积 A/m²		管程流通面积/m²	壳程流通面积 S/m²			
			换热管长度 L/mm			折流板间距 B/mm			
			3000	6000		150	200	300	450
900	2	800		279.2	0.0707	0.0665	0.0906	0.1388	0.2111
	4	776		270.8	0.0343	0.0691	0.0942	0.1443	0.2194
	6	720		251.3	0.0212	0.0691	0.0942	0.1443	0.2194
1000	2	1006		350.6	0.0890	0.0751	0.1023	0.1567	0.2383
	4	980		341.6	0.0433	0.0777	0.1058	0.1621	0.2466
	6	892		311.0	0.0262	0.0829	0.1130	0.1731	0.2632
1100	2	1240		431.3	0.1100	0.0810	0.1104	0.1691	0.2571
	4	1212		421.6	0.0536	0.0836	0.1139	0.1745	0.2654
	6	1120		389.6	0.0329	0.0889	0.1211	0.1855	0.2821
1200	2	1452		504.3	0.1290	0.0908	0.1242	0.1910	0.2912
	4	1424		494.6	0.0629	0.0908	0.1242	0.1910	0.2912
	6	1348		468.2	0.0396	0.0934	0.1278	0.1965	0.2995
1300	4	1700		589.3	0.0751		0.1322	0.2033	0.2100
	6	1616		560.2	0.0476		0.1393	0.2142	0.3266
1400	4	1972		682.6	0.0871		0.1473	0.2265	0.3453
	6	1890		654.2	0.0557		0.1544	0.2374	0.3619
1500	4	2304		795.9	0.1020		0.1588	0.2442	0.3723
	6	2252		777.9	0.0663		0.1588	0.2442	0.3723
1600	4	2632		907.6	0.1160		0.1668	0.2565	0.3911
	6	2520		869.0	0.0742		0.1668	0.2565	0.3911
1700	4	3012		1036.1	0.1330		0.1748	0.2688	0.4098
	6	2834		974.0	0.0835		0.1819	0.2797	0.4264
1800	4	3384		1161.3	0.149		0.1828	0.2811	0.4286
	6	3140		1077.5	0.0925		0.2040	0.3137	0.4783
1900	4	3660		1251.8	0.1617				
	6	3650		1248.4	0.107				

(2)ϕ25 换热管(25mm×2. 5mm)的内导流换热器和冷凝器:

公称直径 DN /mm	管程数 N	换热管根数	传热面积 A/m²		管程流通面积 /m²	壳程流通面积 S/m²			
			换热管长度 L/mm			折流板间距 B/mm			
			3000	6000		150	200	300	450
325	2	32	7. 4		0. 0050	0. 0284	0. 0384		
	4	28	6. 4		0. 0022	0. 0320	0. 0432		
400	2	74	16. 9	34. 4	0. 0116	0. 0320	0. 0432	0. 0657	0. 0995
	4	68	15. 6	31. 6	0. 0053	0. 0355	0. 0480	0. 0730	0. 1105
500	2	124	28. 3	57. 4	0. 0194	0. 0420	0. 0570	0. 0870	0. 1320
	4	116	26. 4	53. 7	0. 0091	0. 0385	0. 0523	0. 0798	0. 1210
600	2	198	44. 9	91. 5	0. 0311	0. 0455	0. 0618	0. 0943	0. 1430
	4	188	42. 6	86. 9	0. 0148	0. 0490	0. 0665	0. 1015	0. 1540
	6	158	35. 8	73. 1	0. 0083	0. 0490	0. 0665	0. 1015	0. 1540
700	2	268	60. 6	123. 7	0. 0421	0. 0525	0. 0713	0. 1088	0. 1650
	4	256	57. 8	118. 1	0. 0201	0. 0560	0. 0760	0. 1160	0. 1760
	6	224	50. 6	103. 4	0. 0116	0. 0630	0. 0855	0. 1305	0. 1980
800	2	366		168. 5	0. 0575	0. 0587	0. 0799	0. 1224	0. 1862
	4	352		162. 1	0. 0276	0. 0621	0. 0846	0. 1296	0. 1971
	6	316		145. 5	0. 0165	0. 0621	0. 0846	0. 1296	0. 1971
900	2	472		216. 8	0. 0741	0. 0656	0. 0893	0. 1368	0. 2081
	4	456		209. 4	0. 0353	0. 0690	0. 0940	0. 1440	0. 2190
	6	426		195. 6	0. 0223	0. 0690	0. 0940	0. 1440	0. 2190
1000	2	606		277. 9	0. 0952	0. 0725	0. 0987	0. 1512	0. 2300
	4	588		269. 7	0. 0462	0. 0759	0. 1034	0. 1584	0. 2409
	6	564		258. 7	0. 0295	0. 0759	0. 1034	0. 1584	0. 2409
1100	2	736		336. 8	0. 1160	0. 0794	0. 1081	0. 1656	0. 2519
	4	716		327. 7	0. 0562	0. 0828	0. 1128	0. 1728	0. 2628
	6	692		316. 7	0. 0362	0. 0828	0. 1128	0. 1728	0. 2628
1200	2	880		402. 2	0. 1380	0. 0884	0. 1209	0. 1859	0. 2834
	4	860		393. 1	0. 0675	0. 0884	0. 1209	0. 1859	0. 2834
	6	828		378. 4	0. 0434	0. 0918	0. 1256	0. 1931	0. 2943

续表

公称直径 DN /mm	管程数 N	换热管根数	传热面积 A/m^2		管程流通面积 $/m^2$	壳程流通面积 S/m^2			
			换热管长度 L/mm			折流板间距 B/mm			
			3000	6000		150	200	300	450
1300	4	1024		467.1	0.0804		0.1302	0.2002	0.3052
	6	972		443.3	0.0509		0.1209	0.1859	0.2834
1400	4	1192		542.9	0.0936		0.1395	0.2145	0.3270
	6	1130		514.7	0.0592		0.1302	0.2002	0.3052
1500	4	1400		636.3	0.1100		0.1442	0.2217	0.3379
	6	1332		605.4	0.0697		0.1488	0.2288	0.3488
1600	4	1592		722.3	0.1250		0.1581	0.2431	0.3706
	6	1518		688.8	0.0795		0.1628	0.2503	0.3815
1700	4	1856		840.1	0.1460		0.1674	0.2574	0.3924
	6	1812		820.2	0.0949		0.1674	0.2574	0.3924
1800	4	2056		928.4	0.161		0.1767	0.2717	0.4142
	6	1986		896.7	0.104		0.1953	0.3003	0.4578
1900	4	2228		1003.0	0.175				
	6	2172		977.5	0.114				

6.1.4 U 形管式热交换器的基本参数(GB/T 28712.3—2012)

(1) ϕ19 换热管(19mm×2mm)的 U 形管换热器

公称直径 DN /mm	管程数 N	换热管根数	传热面积 A/m^2		管程流通面积 $/m^2$	壳程流通面积 S/m^2			
			换热管长度 L/mm			折流板间距 B/mm			
			3000	6000		150	200	300	450
325	2	38	13.4	27.0	0.0067	0.0165	0.0223	0.0339	
	4	30	10.6	21.3	0.0027	0.0327	0.0442	0.0672	
400	2	77	26.5	54.5	0.0136	0.0163	0.0221	0.0336	
	4	68	23.8	48.2	0.0060	0.0352	0.0476	0.0724	
500	2	128	44.6	90.5	0.0227	0.0197	0.0267	0.0406	
	4	114	39.7	80.5	0.0101	0.0440	0.0595	0.0905	
600	2	199	69.1	140.3	0.0352	0.0231	0.0313	0.0476	
	4	184	63.9	129.7	0.0163	0.0528	0.0714	0.1086	

续表

公称直径 DN /mm	管程数 N	换热管根数	传热面积 A/m² 换热管长度 L/mm		管程流通面积 /m²	壳程流通面积 S/m² 折流板间距 B/mm			
			3000	6000		150	200	300	450
700	2	276		194.1	0.0492	0.0266	0.0359	0.0546	0.0827
	4	258		181.4	0.0228	0.0670	0.0906	0.1378	0.2086
800	2	367		257.7	0.0650	0.0300	0.0405	0.0616	0.0933
	4	346		242.8	0.0306	0.0704	0.0952	0.1448	0.2192
900	2	480		336.2	0.0850	0.0334	0.0451	0.0686	0.1039
	4	454		317.8	0.0402	0.0846	0.1144	0.1740	0.2634
1000	2	603		421.5	0.1067			0.0751	0.1140
	4	576		402.4	0.0210			0.1798	0.2728
1100	2	738		514.6	0.1306			0.0821	0.1245
	4	706		492.2	0.0625			0.2088	0.3168
1200	2	885		615.8	0.1566			0.0890	0.1351
	4	852		592.6	0.0754			0.2158	0.3274

（2）ϕ25 换热管（25mm×2.5mm）的 U 形管换热器

公称直径 DN /mm	管程数 N	换热管根数	传热面积 A/m² 换热管长度 L/mm		管程流通面积 /m²	壳程流通面积 S/m² 折流板间距 B/mm			
			3000	6000		150	200	300	450
325	2	13	6.0	12.1	0.0041	0.0249	0.0336	0.0511	
	4	12	5.6	11.2	0.0019	0.0284	0.0384	0.0584	
400	2	32	14.7	29.8	0.0100	0.0284	0.0384	0.0584	
	4	28	12.9	26.1	0.0044	0.0320	0.0432	0.0657	
500	2	57	26.1	53.0	0.0179	0.0355	0.0480	0.0730	
	4	56	25.7	52.1	0.0088	0.0391	0.0528	0.0803	
600	2	94	42.9	87.2	0.0295	0.0391	0.0528	0.0803	
	4	90	41.1	83.5	0.0141	0.0462	0.0624	0.0949	
700	2	129		119.4	0.0411	0.0462	0.0624	0.0949	0.1437
	4	128		118.4	0.0201	0.0533	0.0720	0.1095	0.1658
800	2	182		168.0	0.0571	0.0533	0.0720	0.1095	0.1658
	4	176		162.5	0.0276	0.0604	0.0816	0.1241	0.1879
900	2	231		212.8	0.0725	0.0604	0.0816	0.1241	0.1879
	4	226		202.8	0.0355	0.0675	0.0912	0.1387	0.2100
1000	2	298		273.9	0.0936			0.1378	0.2090
	4	292		268.4	0.0458			0.1523	0.2310

续表

公称直径 DN /mm	管程数 N	换热管根数	传热面积 A/m² 换热管长度 L/mm		管程流通面积 /m²	壳程流通面积 S/m² 折流板间距 B/mm			
			3000	6000		150	200	300	450
1100	2	363		332.9	0.1140			0.1450	0.2200
	4	356		326.5	0.0559			0.1668	0.2530
1200	2	436		399.0	0.1369			0.1595	0.2420
	4	428		391.7	0.0672			0.1958	0.2970

6.1.5 立式热虹吸式重沸器的基本参数(GB/T 28712.4—2012)

ϕ25 管径重沸器的基本参数：

公称直径 DN /mm	公称压力 PN /MPa	管程数 N	管子根数 n	中心排管数	管程流通面积 /m²	计算换热面积/m² 换热管长度 L/mm				
						1500	2000	2500	3000	4500
400	1.00 1.60 2.50	1	98	12	0.0308	10.7	14.6	18.4	—	—
500			174	14	0.0546	19.0	25.9	32.7	—	—
600			245	17	0.0769	26.8	36.4	46.1	—	—
700	0.25 0.60 1.00 1.60 2.50		355	21	0.1115	38.9	52.8	66.7	80.7	—
800			467	23	0.1466	51.1	69.5	87.8	106.1	—
900			605	27	0.1900	66.2	90.0	113.8	137.5	—
1 000			749	30	0.2352	82.0	111.4	140.8	170.2	258.5
1 100			931	33	0.2923	101.9	138.5	175.1	211.6	321.3
1 200			1115	37	0.3501	122.1	165.9	209.6	253.4	384.8
1 300			1301	39	0.4085	142.4	193.5	244.6	295.7	449.0
1 400			1547	43	0.4858	—	230.1	290.8	351.6	533.9
1 500			1753	45	0.5504	—	—	329.6	398.4	605.0
1 600			2023	47	0.6352	—	—	380.4	459.8	698.1
1 700			2245	51	0.7049	—	—	422.1	510.3	774.8
1 800			2559	55	0.8035	—	—	481.1	581.6	883.1
1 900			2899	59	0.9107	—	—	545.1	658.9	1000.5
2 000			3189	61	1.0019	—	—	599.6	724.8	1100.5
2 100	0.60		3547	65	1.1143	—	—	666.9	806.2	1224.5
2 200			3853	67	1.2104	—	—	724.5	875.8	1329.7
2 300			4249	71	1.3349	—	—	798.9	965.8	1466.3
2 400			4601	73	1.4454	—	—	865.1	1045.8	1587.8

注：管程流通面积以碳钢管尺寸计算。

6.2　空冷器的基本参数(NB/T 47007—2010)

6.2.1　空冷器型号表示方法

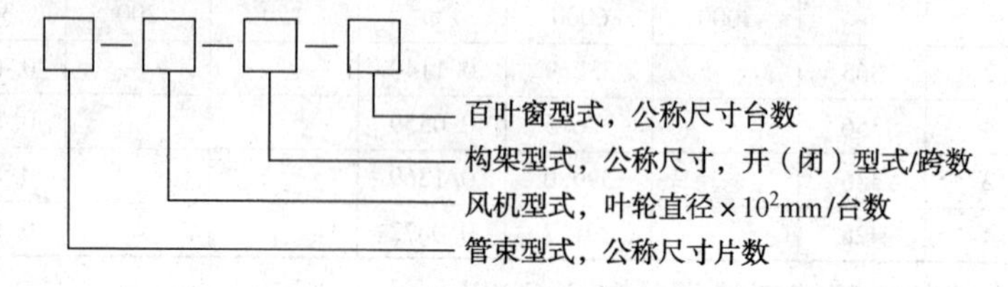

示例：

(1) 鼓风式空冷器

鼓风式空冷器、水平式管束、长×宽为9m×3m、4片；停机手动调角风机、直径3600mm、4台；水平式构架、长×宽为9m×6 m；一跨闭式构架，一跨开式构架；手动调节百叶窗、4台、长×宽为9m×3m的空冷器型号为：

$$\text{GP9×3/4-TF36/4-}\begin{matrix}\text{GJP9×6B/1}\\ \text{GJP9×6K/1}\end{matrix}\text{-SC9×3/4}$$

(2) 引风式空冷器

引风式空冷器、水平管束、长×宽为9m×3m、2片；自动调角风机、直径3600mm、1台，停机手动调角风机、直径3600mm、1台；水平式构架、长×宽为9m×6m；一跨闭式构架；自动调节百叶窗、长×宽为9m×3m的空冷器型号为：

$$\text{YP9×3/2-}\begin{matrix}\text{ZFJ 36/1}\\ \text{TF 36/1}\end{matrix}\text{-YJP9×6B/1-ZC9×3/2}$$

6.2.2　管束基本参数[14]

管束的基本参数包括管束的长、宽、基管的管径、壁厚、管心距、翅片高、翅片厚、翅片间距及管排数和管程数。

(1) 空冷器的换热管有光管和翅片管两种，而翅片管又分为低翅片管和高翅片管。

(2) 换热管的基管直径一般采用25mm和32mm两种规格，特殊情况也可采用38mm等更大规格的换热管。

(3) 换热管长度通常圆整为：3.0m、4.5m、6.0m、9.0m、10.5m、12.0m。

(4) 管排数可为1~8管排，一般用6管排。

(5) 根据介质情况，可设计为1~8管程(Ⅰ~Ⅷ)，但同一管排中只宜布置一个管程。

管束型式与代号：

管束型式	代号	管箱型式	代号	翅片管型式	代号	接管法兰密封面型式	代号
鼓风式水平管束	GP	丝堵式管箱	S	L型翅片管	L	凸面	a
斜顶管束	X	可卸盖板式管箱	KI	LL型翅片管	LL	凹凸面	b
引风式水平管束	YP	可卸帽盖式管箱	K2	滚花型翅片管	KL	榫槽面	c
—	—	集合管式管箱	J	双金属轧制翅片管	DR	环槽面	d
—	—	半圆管式管箱	D	镶嵌型翅片管	G	—	—

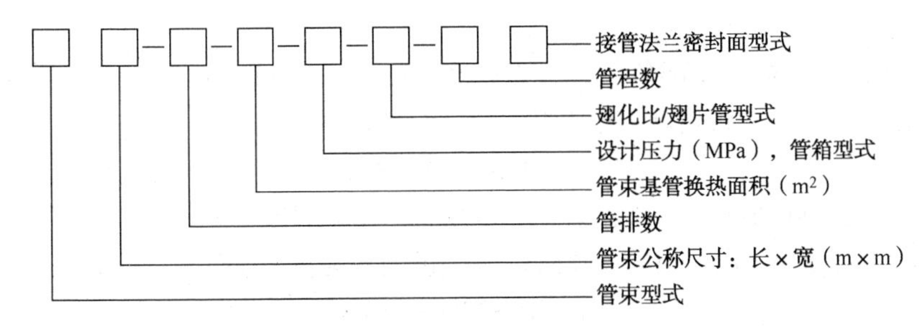

示例：

（1）鼓风式水平管束：长 9m、宽 3m；6 排管；基管换热面积 193m^2；设计压力为 1.6MPa；可卸盖板式管箱；镶嵌型翅片管，翅化比 23.1；6 管程，接管法兰密封面为凸面的管束型号为：

GP 9×3-6-193-1.6 Kl-23.1/G-Ⅵa

（2）斜顶管束：长 4.5m、宽 3m；4 排管；基管换热面积 63.6m^2；设计压力为 4.0MPa；丝堵式管箱；双 L 型翅片管，翅化比 23.1：1 管程，接管法兰密封面为凹凸面的管束型号为：

X4.5×3-4-63.6-4S-23.1/LL-Ⅰ b

6.2.3 风机结构参数[14]

风机直径：1.8m、2.1m、2.4m、2.7m、3.0m、3.3m、3.6m、3.9m、4.2m、4.5m

风机叶片个数：4、6

风机型式与代号：

通风方式	代号	风量调节方式	代号	叶片型式	代号	叶片材料	代号	风机传动方式	代号
鼓风式	G	停机手动调角风机	TF	R 型叶片	R	玻璃钢	b	V 带传动	V
引风式	Y	不停机手动调角风机	BF	B 型叶片	B	铝合金	L	齿轮减速器传动	C
—	—	自动调角风机	ZFJ	—	—	—	—	电动机直接传动	Z
—	—	自动调速风机	ZFS	—	—	—	—	悬挂式带传动，电动机轴朝上	Vs
—	—	—	—	—	—	—	—	悬挂式带传动，电动机轴朝下	Vx

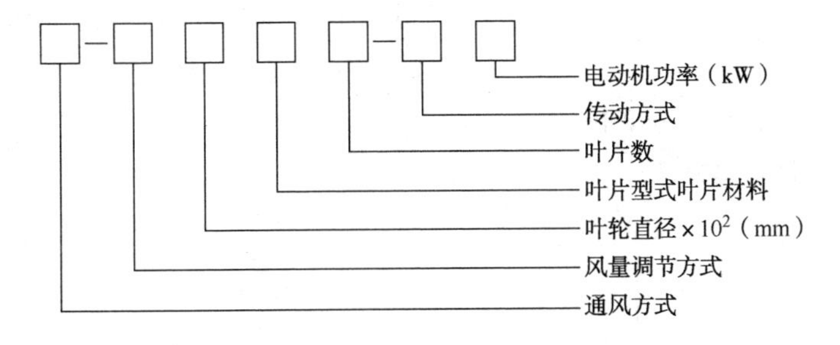

示例：

(1)鼓风式：停机手动调角风机、直径2400mm、R型铝合金叶片、叶片数4个；悬挂式电动机轴朝上V带传动、电动机功率18.5kW的风机型号为：

G-TF24RL4-Vs18.5

(2)引风式：自动调角风机、直径3 000mm、B型玻璃钢叶片、叶片数6个；带支架的直角齿轮传动、电动机功率15kW的风机型号为：

Y-ZFJ30Bb6-C15

6.2.4 构架基本参数[14]

构架基本参数包括构架的型式、开闭类型、风箱型式和构架的公称直径。

构架型式与代号：

构架型式	代号	构架开(闭)型式	代号	风箱型式	代号
鼓风式水平构架	GJP	开式构架	K	方箱型	F
斜顶构架	JX	闭式构架	B	过渡锥型	Z
引风式水平构架	YJP	—	—	斜坡型	P

注：开式构架只能与闭式构架配合使用。

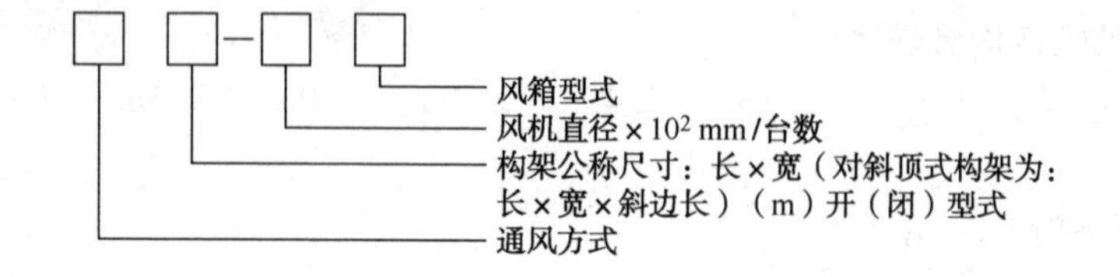

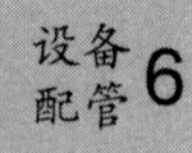

示例：

(1) 鼓风式空冷器水平构架、长9m、宽4m；风机直径3300mm、2台、方箱型风箱；闭式构架，型号为：

GJP9×4B-33/2F

(2) 鼓风式空冷器斜顶构架、长5m、宽6m；斜顶边长4.5m；风机直径4200mm、1台、过渡锥型风箱；闭式构架，型号为：

JX5×6×4.5 B-42/1Z

6.2.5 百叶窗的基本参数[14]

百叶窗的基本参数包括百叶窗的调节方式和百叶窗的规格。百叶窗的调节方式有手动调节(代号SC)和自动调节(代号ZC)两种；百叶窗的规格是指百叶窗的长度和宽度，它应和管束的长度和宽度相对应。

百叶窗型号的表示方法：

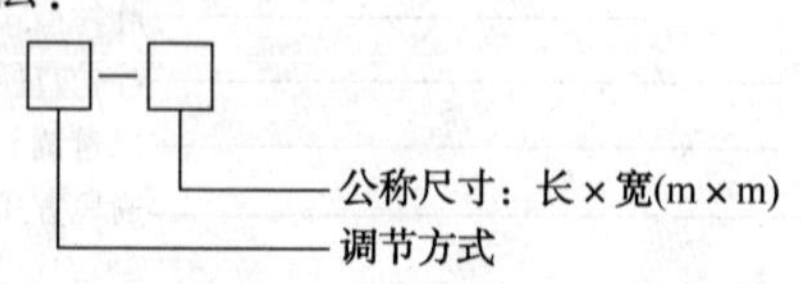

示例：

（1）手动调节百叶窗，长 9m、宽 3m，其型号为 SC9×3

（2）自动调节百叶窗，长 6m、宽 2m，其型号为 ZC6×2

6.3　压力容器的设计压力与温度(SH/T 3074—2007)

6.3.1　压力容器的设计压力

单位：MPa

类型			设计压力 p
内压容器	工作压力 p_0	$0.1 \leq p_0 \leq 1.8$	$p=p_0+0.18$
		$1.8<p_0 \leq 4.0$	$p=1.1p_0$
		$4.0<p_0 \leq 8.0$	$p=p_0+0.4$
		$8.0<p_0$	$p=1.05p_0$
	装有安全阀		$p=(1.05 \sim 1.10)p_0$且不低于安全阀开启压力
	装有爆破片		取不低于爆破片的爆破压力

《压力容器安全监察规程》或工艺系统对容器的设计压力有专门规定时，其设计压力应按规定确定。

对于工作压力小于 0.1MPa，且在装置中较为重要的塔器(如减压塔等)设计压力可取 0.1MPa。

6.3.2　压力容器的设计温度

有外保温(或保冷)的过程容器的设计温度，按下表选取：

单位：℃

最高或最低工作温度 t_0	设计温度 t
$-20<t_0 \leq 15$	$t=t_0-5$(但仍高于−20)
$15<t_0 \leq 350$	$t=t_0+20$
$t_0>350$	$t=t_0+(15 \sim 5)$

注：当 t_0 增加裕量后导致选材跳档时，设计温度的裕量可考虑少加。

有内隔热衬里的容器，其设计温度可通过传热计算得到金属温度后确定，并应留一定余量。

安装在室外的无保温储罐，当最低设计温度受地区环境控制时，可按以下规定选取：

（1）盛装压缩气体的储罐，最低设计温度取月平均最低气温的最低值减 3℃；

（2）盛装液体的体积占容器容积 1/4 以上的储罐，最低设计温度取月平均最低气温的最低值。

6.4　碳钢和低合金钢材料

6.4.1　锅炉和压力容器用钢板（GB 713—2014）

牌号	化学成分（质量分数）/%													
	C①	Si	Mn	Cu	Ni	Cr	Mo	Nb	V	Ti	Alt②	P	S	其他
Q245R	≤0.20	≤0.35	0.50~1.10	≤0.30	≤0.30	≤0.30	≤0.08	≤0.050	≤0.050	≤0.030	≤0.020	≤0.025	≤0.010	Cu+Ni+Cr+Mo≤0.70
Q345R	≤0.20	≤0.55	1.20~1.70	≤0.30	≤0.30	≤0.30	≤0.08	≤0.050	≤0.050	≤0.030	≤0.020	≤0.025	≤0.010	
Q370R	≤0.18	≤0.55	1.20~1.70	≤0.30	≤0.30	≤0.30	≤0.08	0.015~0.050	≤0.050	≤0.030	—	≤0.020	≤0.010	
Q420R	≤0.20	≤0.55	1.30~1.70	≤0.30	0.20~0.50	≤0.30	0.08	0.015~0.050	≤0.100	≤0.030	—	≤0.020	≤0.010	—
18MnMoNbR	≤0.21	0.15~0.50	1.20~1.60	≤0.30	≤0.30	≤0.30	0.45~0.65	0.025~0.050	—	—	—	≤0.020	≤0.010	—
13MnNiMoR	≤0.15	0.15~0.50	1.20~1.60	≤0.30	0.60~1.00	0.20~0.40	0.20~0.40	0.005~0.020	—	—	—	≤0.020	≤0.010	—
15CrMoR	0.08~0.18	0.15~0.40	0.40~0.70	≤0.30	≤0.30	0.80~1.20	0.45~0.60	—	—	—	—	≤0.025	≤0.010	—
14Cr1MoR	≤0.17	0.50~0.80	0.40~0.65	≤0.30	≤0.30	1.15~1.50	0.45~0.65	—	—	—	—	≤0.020	≤0.010	—
12Cr2Mo1R	0.08~0.15	≤0.50	0.30~0.60	≤0.20	≤0.30	2.00~2.50	0.90~1.10	—	—	—	—	≤0.020	≤0.010	—
12Cr1MoVR	0.08~0.15	0.15~0.40	0.40~0.70	≤0.30	≤0.30	0.90~1.20	0.25~0.35	—	0.15~0.30	—	—	≤0.025	≤0.010	—
12Cr2Mo1VR	0.11~0.15	≤0.10	0.30~0.60	≤0.20	≤0.25	2.00~2.50	0.90~1.10	≤0.07	0.25~0.35	≤0.030	—	≤0.010	≤0.005	B≤0.0020 Ca≤0.015
07Cr2A1MoR	≤0.09	0.20~0.50	0.40~0.90	≤0.30	≤0.30	2.00~2.40	0.30~0.50	—	—	—	0.30~0.50	≤0.020	≤0.010	—

① 经供需双方协议，并在合同中注明，C 含量下限可不作要求；
② 未注明的不作要求。

6.4.2　锅炉和压力容器常用钢板新旧标准牌号对照[15]

GB 713—2008	GB 713—1997	GB 6654—1996
Q245	20g	20R
Q345R	16Mng、19Mng	16MnR
Q370R		15MnNbR
18MnMoNbR		18MnMoNbR
13MnNiMoR	13MnNiCrMoNbg	13MnNiMoNbR
15CrMoR	15CrMog	15CrMoR
12CrMoVR	12CrlMoVg	
14CrlMoR		
12Cr2MolR		

6.5　高合金钢材料

6.5.1　常用不锈钢和耐热钢牌号[15]

序号	中国 GB/T 20878—2007			美国 ASTM A959—04	日本 JIS G4303—1998 JIS G4311—1991
	统一数字代号	新牌号	旧牌号		
1	S30220	17Cr18Ni9	2 Cr18Ni9	—	—
2	S30210	12Cr18Ni9	1 Cr18Ni9	S30200，302	SUS302
3	S30408	06Cr19Ni10	0Cr18Ni9	S30400，304	SUS304
4	S30403	022Cr19Ni10	00 Cr19Ni10	S30403，304L	SUS304L
5	S30409	07Cr19Ni10	—	S30409，304H	SUH304H
6	S30920	16Cr23Ni13	2 Cr23Ni13	S30900，309	SUH309
7	S30908	06Cr23Ni13	0 Cr23Ni13	S30908，309S	SUS309S
8	S31020	20Cr25Ni20	2 Cr25Ni20	S31000，310	SUH310
9	S31008	06Cr25Ni20	0 Cr25Ni20	S31008，310S	SUS310S
10	S31608	06Cr17Ni12Mo2	0Cr17Ni12Mo2	S31600，316	SUS316

续表

序号	中国 GB/T 20878—2007			美国 ASTM A959—04	日本 JIS G4303—1998 JIS G4311—1991
	统一数字代号	新牌号	旧牌号		
11	S31603	022Cr17Ni12Mo2	00Cr17Ni14Mo2	S31603，316L	SUS316L
12	S32168	06Cr18Ni11Ti	0Cr18Ni10Ti	S32100，321	SUS321
13	S32169	07Cr19Ni11Ti	1Cr18Ni11Ti	S32109，321H	（SUS321H）
14	S34778	06Cr18Ni11Nb	0Cr18Ni11Nb	S34700，347	SUS347
15	S34779	07Cr18Ni11Nb	1Cr19Ni11Nb	S34709，347H	（SUS347H）
16	S22053	022Cr23Ni5Mo3N	—	S32205，2205	—
17	S25073	022 Cr25Ni7Mo4N	—	S32750，2507	—
18	S11348	06Cr13Al	0Cr13Al	S40500，405	SUS405
19	S41008	06Cr13	0Cr13	S41008，410S	（SUS410S）
20	S41010	12Cr13	1 Cr13	S41000，410	SUS410

6.5.2 常用镍及镍合金材料牌号（JB/T 4756—2006）

序号	中国牌号		ASME 牌号			常用商品牌号
	牌号	曾用牌号	UNS N0.	公称成分	代号	
1	NCu30	—	N04400	67Ni-30Cu	400	Monel 400
2	NS312	1Cr15Ni75Fe8	N06600	72Ni-15Cr-8Fe	600	Inconel 600
3	NS336	0Cr20Ni65Mo10Nb4	N06625	60Ni-22Cr-9Mo-3.5Nb	625	Inconel 625
4	NS111	0Cr20Ni32AlTi	N08800	33Ni-42Fe-21Cr	800	Incoloy 800
5	NS112	1Cr20Ni32AlTi	N08810	33Ni-42Fe-21Cr	800H	Incoloy 800H
6	—	—	N08811	33Ni-42Fe-21Cr	800HP	Incoloy 800HP
7	NS142	0Cr21Ni42Mo3Cu2Ti	N08825	42Ni-21.5Cr-3Mo-2.3Cu	825	Incoloy825

6.6 钢材的腐蚀与操作极限

6.6.1 临氢作业用钢防止脱碳和微裂的操作极限（SH/T 3059—2012）

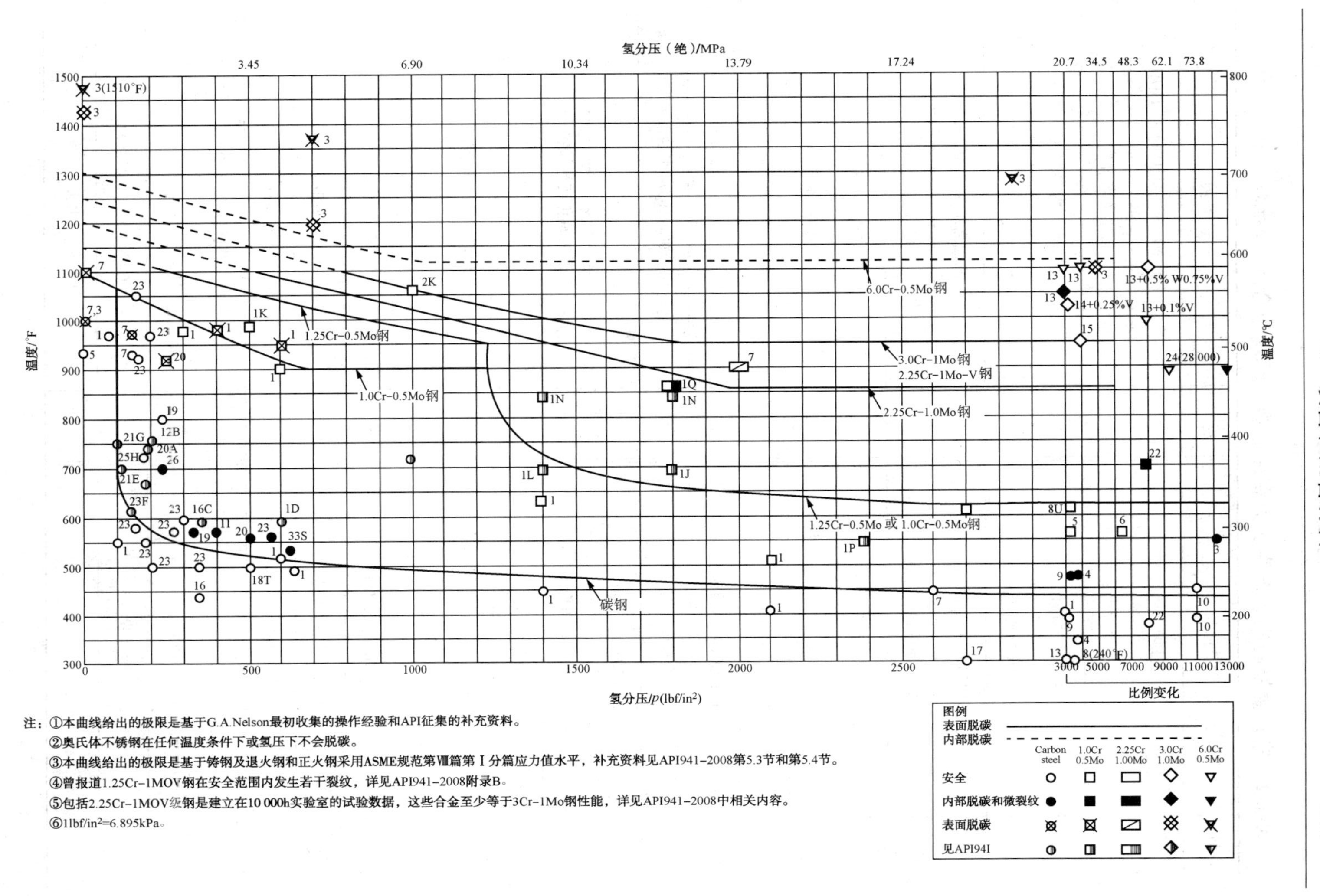

注：①本曲线给出的极限是基于G.A.Nelson最初收集的操作经验和API征集的补充资料。

②奥氏体不锈钢在任何温度条件下或氢压下不会脱碳。

③本曲线给出的极限是基于铸钢及退火钢和正火钢采用ASME规范第Ⅷ篇第Ⅰ分篇应力值水平，补充资料见API941−2008第5.3节和第5.4节。

④曾报道1.25Cr−1MOV钢在安全范围内发生若干裂纹，详见API941−2008附录B。

⑤包括2.25Cr−1MOV级钢是建立在10 000h实验室的试验数据，这些合金至少等于3Cr−1Mo钢性能，详见API941−2008中相关内容。

⑥1lbf/in^2=6.895kPa。

6.6.2 常用金属材料易产生应力腐蚀破裂的环境组合(SH/T 3059—2012)

材料	环境	材料	环境
碳钢及低合金钢	苛性碱溶液	奥氏体不锈钢	高温碱液[NaOH、$Ca(OH)_2$、LiOH]
	氨溶液		氯化物水溶液
	硝酸盐水溶液		海水、海洋大气
	含 HCN 水溶液		连多硫酸
	湿的 $CO-CO_2$ 空气		高温高压含氧高纯水
	硝酸盐和重碳酸溶液		浓缩锅炉水
	含 H_2S 水溶液		260℃水蒸气
	海水		260℃硫酸
	海洋大气和工业大气		湿润空气(湿度 90%)
	CH_3COOH 水溶液		$NaCl+H_2O_2$ 水溶液
	$CaCl_2$、$FeCl_3$ 水溶液		热 $NaCl+H_2O_2$ 水溶液
	$(NH_4)_2CO_3$		热 NaCl
	$H_2SO_4-HNO_3$ 混合酸水溶液		湿的氯化镁绝缘物
钛及钛合金	红烟硝酸		H_2S 水溶液
	N_2O_4(含 O_2、不含 NO,24~74℃)	铜合金	氨蒸气及氨水溶液
	湿的 Cl_2(288℃、346℃、427℃)		三氯化铁
	HCl(10%,35℃)		水,水蒸气
	硫酸(7%~60%)		水银
	甲醇;甲醇蒸气		硝酸银
	海水	铝合金	氯化钠水溶液
	CCl_4		海水
	氟里昂		$CaCl_2+NH_4Cl$ 水溶液
			水银

6.6.3　碳钢在碱液中的使用温度与浓度极限(SH/T 3059—2012)

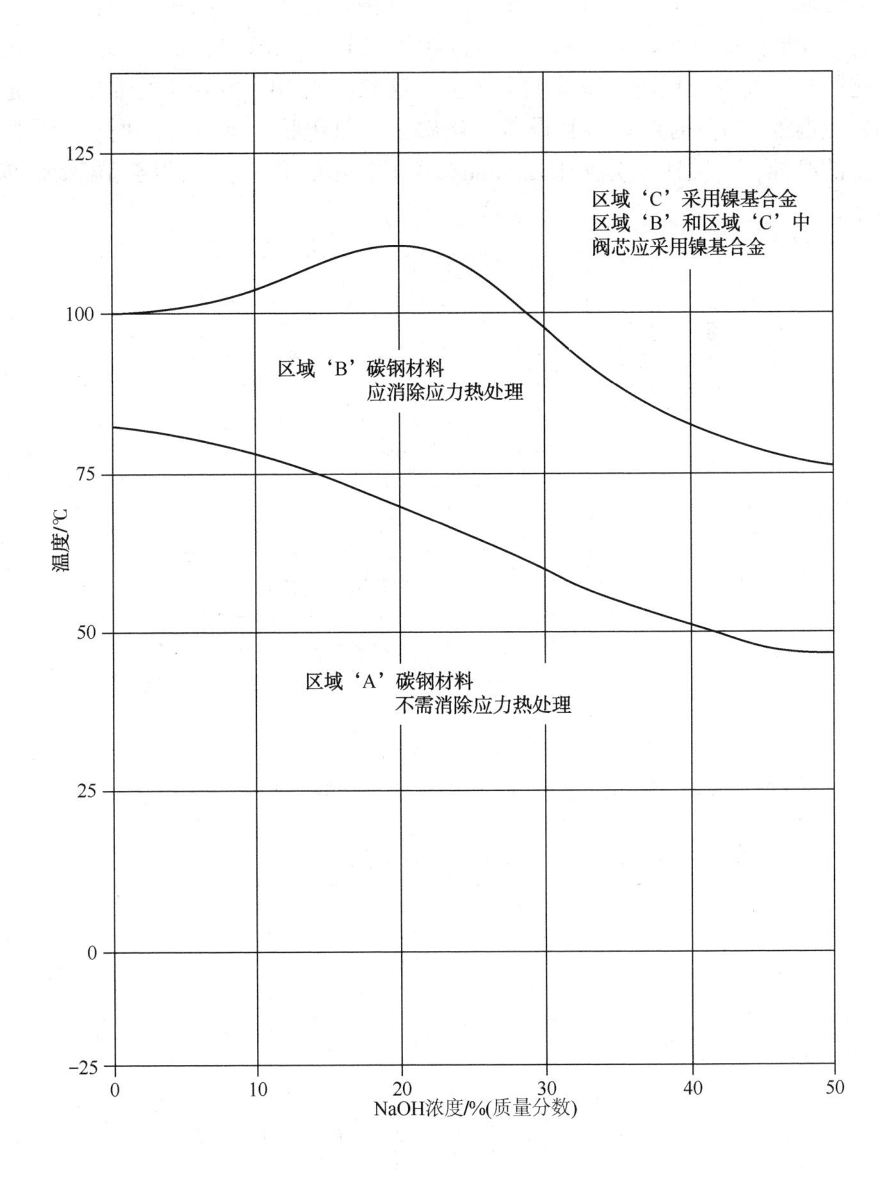

6.6.4 氯化胺对钢材的腐蚀[15]

所有普通钢材对氯化胺腐蚀都很敏感，抗腐蚀能力按以下顺序增强：碳钢、低合金钢、合金 400、双相不锈钢、800、825、合金 625 和 C276 及钛材。

氯化胺盐随高温介质的冷却而结晶沉淀，这取决于 NH_3 和 HCl 的浓度，一般在高于水的露点温度 149℃时对管道和设备产生腐蚀。氯化胺盐具有吸湿性，少量的水能导致严重的腐蚀，腐蚀速率会大于 2.5mm/a。工艺介质中 NH_4Cl 的结晶温度估算值如下图所示。

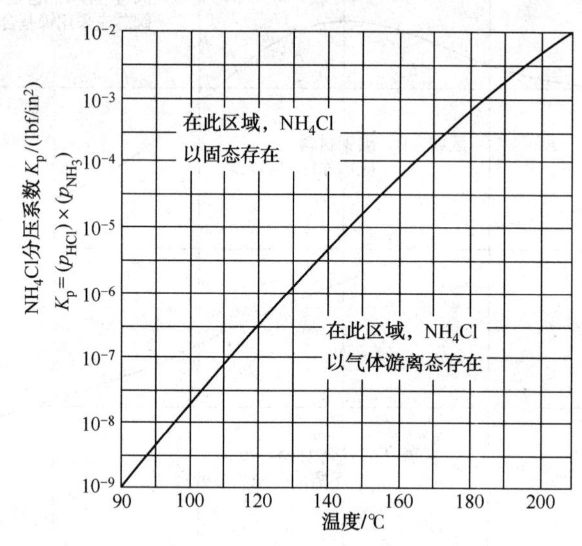

6.7 金属和非金属材料的线膨胀系数[15]

6.7.1 不同温度下金属材料的平均线膨胀系数

材料	在下列温度(℃)与20℃之间的平均线膨胀系数 α/[10^{-6}mm/(mm·℃)]													
	-50	0	50	100	150	200	250	300	350	400	450	500	550	600
碳素钢、碳锰钢、碳钼钢、低铬钼钢(至 Cr3Mo)	10.39	10.76	11.12	11.53	11.88	12.25	12.56	12.90	13.24	13.58	13.93	14.22	14.42	14.62
中铬钼钢(Cr5Mo-Cr9Mo)	9.77	10.16	10.52	10.91	11.15	11.39	11.66	11.90	12.15	12.38	12.63	12.86	13.05	13.18
奥氏体不锈钢(Cr19-Ni14)	15.97	16.28	16.54	16.84	17.06	17.25	17.42	17.61	17.79	17.99	18.19	18.34	18.58	18.71
高铬钢(Cr13、Cr17)	8.95	9.92	9.59	9.94	10.20	10.45	10.67	10.96	11.19	11.41	11.61	11.81	11.97	12.11
Cr25-Ni20	—	—	—	15.84	15.98	16.05	16.06	16.07	16.11	16.13	16.17	16.33	16.56	16.66

续表

材料	在下列温度(℃)与20℃之间的平均线膨胀系数 α/[10^{-6}mm/(mm·℃)]													
	-50	0	50	100	150	200	250	300	350	400	450	500	550	600
蒙纳尔(MonelNi67-Cu30)	12.83	13.26	13.69	14.16	14.45	14.74	15.06	15.36	15.67	15.98	16.28	16.60	16.90	17.15
铝	20.79	21.73	22.52	23.38	23.94	24.44	24.94	25.42	—	—	—	—	—	—
灰铸铁	—	—	—	10.39	10.68	10.97	1.26	11.55	11.85	12.14	12.42	12.71	—	—
青铜	16.35	16.97	17.51	18.07	18.23	18.40	18.55	18.73	18.88	19.04	19.20	19.34	19.49	19.71
黄铜	15.92	16.56	17.11	17.62	18.19	18.38	18.77	19.14	19.50	19.89	20.27	20.66	21.05	21.34
Cu70-Ni30	13.99	14.48	14.94	15.41	15.69	15.99	—	—	—	—	—	—	—	—

6.7.2 非金属材料的线膨胀系数

材料名称	线膨胀系数 α/[mm/(mm·℃)]	材料名称	线膨胀系数 α/[mm/(mm·℃)]
砖(20℃)	9.5×10^{-6}	黏土质耐火制品(20~1300℃)	5.2×10^{-6}
水泥、混凝土(20℃)	$(10\sim14)\times10^{-6}$	硅质耐火制品(20~1670℃)	7.4×10^{-6}
胶木、硬橡皮(20℃)	$(64\sim77)\times10^{-6}$	高品质耐火制品(20~1200℃)	6×10^{-6}
赛璐珞(20~100℃)	100×10^{-6}	刚玉制品	8.1×10^{-6}
有机玻璃(20~100℃)	130×10^{-6}	陶瓷、工业瓷(管)	$(3\sim6)\times10^{-6}$
辉绿岩板	1×10^{-6}	石英玻璃	5.1×10^{-6}
耐酸瓷砖、陶板	$(4.5\sim6)\times10^{-6}$	花岗石	$<8\times10^{-6}$
不透性石墨板(浸渍型)	5.5×10^{-6}	聚酰胺(尼龙6)	$(11\sim14)\times10^{-6}$
硬聚氨乙烯(10~60℃)	59×10^{-6}	聚酰胺(尼龙1010)	$(1.4\sim1.6)\times10^{-6}$
玻璃管道(0~500℃)	$\leqslant5\times10^{-6}$	聚四氟乙烯(纯)	$(1.1\sim2.56)\times10^{-6}$
玻璃(20~100℃)	$(4\sim11.5)\times10^{-6}$		

6.8 钢管

6.8.1 常用钢管的管径与壁厚(SH/T 3405—2012)

公称直径		外径 D_0/mm	管壁厚度/mm										
DN/mm	*NPS*/in		Sch 10S	Sch 40S	Sch 80S	Sch 20	Sch 30	Sch 40	Sch 80	Sch 160	STD	XS	XXS
6	⅛	10.3	1.24	1.73	2.41	—	1.45	1.73	2.41	—	1.73	2.41	—
8	¼	13.7	1.65	2.24	3.02	—	1.85	2.24	3.02	—	2.24	3.02	—
10	⅜	17.1	1.65	2.31	3.20	—	1.85	2.31	3.20	—	2.31	3.20	—
15	½	21.3	2.11	2.77	3.73	—	2.41	2.77	3.73	4.78	2.77	3.73	7.47
20	¾	26.7	2.11	2.87	3.91	—	2.41	2.87	3.91	5.56	2.87	3.91	7.82
25	1	33.4	2.77	3.38	4.55	—	2.90	3.38	4.55	6.35	3.38	4.55	9.09
(32)	1¼	42.2	2.77	3.56	4.85	—	2.97	3.56	4.85	6.35	3.56	4.85	9.70
40	1½	48.3	2.77	3.68	5.08	—	3.18	3.68	5.08	7.14	3.68	5.08	10.15
50	2	60.3	2.77	3.91	5.54	—	3.18	3.91	5.54	8.74	3.91	5.54	11.07
(65)	2½	73	3.05	5.16	7.01	—	4.78	5.16	7.01	9.53	5.16	7.01	14.02
80	3	88.9	3.05	5.49	7.62	—	4.78	5.49	7.62	11.13	5.49	7.62	15.24
(90)	3½	101.6	3.05	5.74	8.08	—	4.78	5.74	8.08	—	5.74	8.08	—
100	4	114.3	3.05	6.02	8.56	—	4.78	6.02	8.56	13.49	6.02	8.56	17.12
(125)	5	141.3	3.40	6.55	9.53	—	—	6.55	9.53	15.88	6.55	9.53	19.05
150	6	168.3	3.40	7.11	10.97	—	—	7.11	10.97	18.26	7.11	10.97	21.95
200	8	219.1	3.76	8.18	12.7	6.35	7.04	8.18	12.70	23.01	8.18	12.70	22.23
250	10	273	4.19	9.27	12.7	6.35	7.80	9.27	15.09	28.58	9.27	12.70	25.40
300	12	323.8	4.57	9.53	12.7	6.35	8.38	10.31	17.48	33.32	9.53	12.70	25.40
350	14	355.6	4.78	9.53	12.7	7.92	9.53	11.13	19.05	35.71	9.53	12.70	—
400	16	406.4	4.78	9.53	12.7	7.92	9.53	12.70	21.44	40.49	9.53	12.70	—
450	18	457	4.78	9.53	12.7	7.92	11.13	14.27	23.83	45.24	9.53	12.70	—
500	20	508	5.54	9.53	12.7	9.53	12.70	15.09	26.19	50.01	9.53	12.70	—
550	22	559	5.54	—	—	9.53	12.70	—	28.58	53.98	9.53	12.70	—
600	24	610	6.35	9.53	12.7	9.53	14.27	17.48	30.96	59.54	9.53	12.70	—
650	26	660	—	—	—	12.70	—	—	—	—	9.53	12.70	—
700	28	711	—	—	—	12.70	15.88	—	—	—	9.53	12.70	—
750	30	762	7.92	—	—	12.70	15.88	—	—	—	9.53	12.70	—
800	32	813	—	—	—	12.70	15.88	17.48	—	—	9.53	12.70	—
850	34	864	—	—	—	12.70	15.88	17.48	—	—	9.53	12.70	—
900	36	914	—	—	—	12.70	15.88	19.05	—	—	9.53	12.70	—

注：(1) 等级代号后面带 S 者仅适用于奥氏体不锈钢管。

(2) 有括号的 *DN* 不推荐使用。

(3) 还有 Sch 5S、10、60、100、120、140 管子表号，不常用，未列入表中。

6.8.2 管道常用钢材使用温度(SH/T 3059—2012)

材料	材料牌号	使用温度/℃
碳素结构钢	Q235A·F	0~200
	Q235A　Q235B	-10~350
	Q235C	-10~400
优质碳素结构钢	10	-29~425
	20	-20~425
	20G	-20~450
	Q245R	-20~450
低合金钢	Q345R	-40~450
	16MnD	-40~350
	09MnD	-50~350
	09Mn2VD	-50~100
	09MnNiD	-70~350
	12CrMo	-20~525
	15CrMo	-20~550
	12CrlMoVG	-20~575
	12Cr2Mo	-20~575
	12Cr5Mo(1Cr5Mo)	-20~600
高合金钢	06Cr13(0Cr13)	-20~400
	06Cr19Ni10(0Cr18Ni9)	-196~700
	06Cr18Nil1Ti(0Cr18Ni10Ti)	-196~700
	06Cr17Ni12Mo2(0Cr17Ni12Mo2)	-196~700
	0Cr18Ni12Mo2Ti	-196~500
	06Cr19Ni13Mo3(0Cr19Ni13Mo3)	-196~700
	022Cr19Ni10(00Cr19Ni10)	-196~425
	022Cr17Ni12Mo2(00Cr17Ni14Mo2)	-196~450
	022Cr19Ni13Mo3(00Cr19Ni13Mo3)	-196~450

注：括弧内材料为旧牌号。

6.8.3 管道分级(SH/T 3059—2012)

序号	管道级别	输送介质	设计条件	
			设计压力 p/MPa	设计温度 t/℃
1	SHA1	(1) 极度危害介质(苯除外)、高度危害丙烯腈、光气介质	—	—
		(2) 苯介质、高度危害介质(丙烯腈、光气除外)、中度危害介质、轻度危害介质	$p \geq 10$	—
			$4 \leq p < 10$	$t \geq 400$
			—	$t < -29$
2	SHA2	(3) 苯介质、高度危害介质(丙烯腈、光气除外)	$4 \leq p < 10$	$-29 \leq t < 400$
			$p < 4$	$t \geq -29$
3	SHA3	(4) 中度危害介质、轻度危害介质	$4 \leq p < 10$	$-29 \leq t < 400$
		(5) 中度危害介质	$p < 4$	$t \geq -29$
		(6) 轻度危害介质	$p < 4$	$t \geq 400$
4	SHA4	(7) 轻度危害介质	$p < 4$	$-29 \leq t < 400$
5	SHB1	(8) 甲类、乙类可燃气体介质和甲类、乙类、丙类可燃液体介质	$p \geq 10$	—
			$4 \leq p < 10$	$t \geq 400$
			—	$t < -29$
6	SHB2	(9) 甲类、乙类可燃气体介质和甲$_A$类、甲$_B$类可燃液体介质	$4 \leq p < 10$	$-29 \leq t < 400$
		(10) 甲$_A$类可燃液体介质	$p < 4$	$t \geq -29$
7	SHB3	(11) 甲类、乙类可燃气体介质、甲$_B$类、乙类可燃液体介质	$p < 4$	$t \geq -29$
		(12) 乙类、丙类可燃液体介质	$4 \leq p < 10$	$-29 \leq t < 400$
		(13) 丙类可燃液体介质	$p < 4$	$t \geq 400$
8	SHB4	(14) 丙类可燃液体介质	$p < 4$	$-29 \leq t < 400$
9	SHC1	(15) 无毒、非可燃介质	$p \geq 10$	—
			—	$t < -29$
10	SHC2	(16) 无毒、非可燃介质	$4 \leq p < 10$	$t \geq 400$
11	SHC3	(17)无毒、非可燃介质	$4 \leq p < 10$	$-29 \leq t < 400$
			$1 < p < 4$	$t \geq 400$
12	SHC4	(18)无毒、非可燃介质	$1 < p < 4$	$-29 \leq t < 400$
			$p \leq 1$	$t \geq 185$
			$p \leq 1$	$-29 \leq t \leq -20$
13	SHC5	(19)无毒、非可燃介质	$p \leq 1$	$-20 < t < 185$

6.9 蒸汽伴热管[16]

6.9.1 蒸汽伴热管根数和管径

被伴热管径(*DN*)/mm	被伴热介质维持温度150℃时			伴热管根数及管径(*n*×*DN*)蒸汽温度151℃时						伴热管根数及管径(*n*×*DN*)蒸汽温度183℃时						
	环境温度/℃			被伴热介质维持温度/℃						被伴热介质维持温度/℃						
	大庆 3.2	北京 11.4	广州 21.8	70	80	90	100	110	120	90	100	110	120	130	140	150
	保温厚度/mm															
15	50	50	40													
20	50	50	40													
25	50	50	50													
40	50	50	50													
50	50	50	50													
80	60	50	50				1×15						1×15			
100	60	60	50													
150	60	60	60													
200	60	60	60													3×15
250	60	60	60													
300	60	60	60													
350	70	60	60				2×15		3×15				2×15		3×15	4×15
400	70	60	60													
450	70	60	60		1×20		2×20		3×20	1×20			2×20		3×20	4×20
500	70	60	60													

6.9.2 蒸汽伴热管最大允许有效伴热长度

伴管直径/mm	蒸汽压力为*p*MPa时的最大允许有效伴热长度/m	
	0.3≤*p*≤0.6	0.6<*p*≤1.0
*ϕ*10	30	40
*ϕ*12	40	50
*DN*15	50	60
*DN*20	60	70
*DN*25	70	80

6.9.3 伴热管的蒸汽用量

单位：kg/(m·h)

蒸汽压力/MPa	伴管直径*DN*/mm	各种工艺管径*DN*		
		≤100	150~300	350~500
0.3	15	0.15	0.25	0.3
	20		0.30	0.32
	25			
0.6~1.0	15	0.17		
	20	0.18	0.30	0.32
	25	0.21	0.32	0.36

6.10　热水伴热管[16]

6.10.1　热水伴热管根数和管径

(n×DN)被伴热管管径(DN)	被伴热介质维持温度100℃时 环境温度/℃			伴热管根数及管径(n×DN) 热水温度90℃时 被伴热介质维持温度/℃				伴热管根数及管径(n×DN) 热水温度100℃时 被伴热介质维持温度/℃				
	大庆 3.2	北京 11.4	广州 21.8	30	40	50	60	30	40	50	60	70
	保温厚度/mm											
15	40	40	30	1×15	1×15	1×15	1×15	1×15	1×15	1×15	1×15	1×15
20	40	40	30	1×15	1×15	1×15	1×15	1×15	1×15	1×15	1×15	1×15
25	40	40	40	1×15	1×15	1×15	1×15	1×15	1×15	1×15	1×15	1×15
40	40	40	40	1×15	1×15	1×15	1×15	1×15	1×15	1×15	1×15	1×15
50	40	40	40	1×15	1×15	1×15	1×15	1×15	1×15	1×15	1×15	1×15
80	50	40	40	1×15	1×15	1×15	1×15	1×15	1×15	1×15	1×15	1×15
100	50	40	40	1×15	1×15	1×15	1×15	1×15	1×15	1×15	1×15	1×15
150	50	50	40	1×15	1×15	1×15	1×15	1×15	1×15	1×15	1×15	2×15
200	50	50	40	1×15	1×15	1×15	2×15	1×15	1×15	1×15	1×15	2×15
250	50	50	40	1×15	1×15	1×15	2×15	1×15	1×15	1×15	1×15	2×15
300	50	50	40	1×15	1×15	2×15	2×15	1×15	1×15	1×15	2×15	2×15
350	50	50	40	1×15	1×15	2×15	2×15	1×15	1×15	1×15	2×15	2×15
400	50	50	40	1×15	1×15	2×15	2×15	1×15	1×15	2×15	2×15	3×15
450	50	50	40	1×20	1×20	2×20	2×20	1×20	1×20	2×20	2×20	3×20
500	50	50	40	1×20	1×20	2×20	2×20	1×20	1×20	2×20	2×20	3×20

6.10.2　热水伴热管最大允许有效伴热长度

伴管直径/mm	热水压力为pMPa时的最大允许有效伴热长度/m		
	0.3≤p≤0.5	0.5<p≤0.7	0.7<p≤1.0
φ10、φ12	40	50	60
DN15	60	70	80
DN20	60	70	80
DN25	70	80	90

6.11 钢制管法兰

钢制管法兰标准主要有两个系列，一个是PN系列(欧洲体系)，另一个是Class系列(美洲体系)。我国石化行业常用的管法兰标准系列如下：

管别	PN系列	Class系列
英制管	GB/T 9112~9123—2010 HG/T 20592—2009	GB/T 9112、9118、9123—2010 HG/T 20615、20623—2009 SH/T 3406—2013
公制管	HG/T 20592—2009 JB/T 74~86—1994	—

6.11.1 PN系列钢制管法兰(HG/T 20592—2009)

(1) 法兰的公称尺寸和钢管外径(PN系列)

PN系列钢制管法兰适用的钢管外径包括A、B两个系列，A系列为国际通用系列(俗称英制管)、B系列为国内沿用系列(俗称公制管)。其公称尺寸*DN*和钢管外径见下表：

公称尺寸 *DN*/mm		10	15	20	25	32	40	50	65	80
钢管外径/mm	A	17.2	21.3	26.9	33.7	42.4	48.3	60.3	76.1	88.9
	B	14	18	25	32	38	45	57	76	89

公称尺寸 *DN*/mm		100	125	150	200	250	300	350	400	450	500
钢管外径/mm	A	114.3	139.7	168.3	219.1	273	323.9	355.6	406.4	457	508
	B	108	133	159	219	273	325	377	426	480	530
公称尺寸 *DN*/mm		600	700	800	900	1000	1200	1400	1600	1800	2000
钢管外径/mm	A	610	711	813	914	1016	1219	1422	1626	1829	2032
	B	630	720	820	920	1020	1220	1420	1620	1820	2020

(2) 钢制管法兰用材料(PN系列)

类别号	类别	钢板		锻件		铸件	
		材料牌号	标准编号	材料牌号	标准编号	材料牌号	标准编号
1C1	碳素钢	—	—	A105 16Mn 16MnD	GB/T 12228 JB 4726 JB 4727	WCB	GB/T 12229
1C2	碳素钢	Q345R	GB 713	—	—	WCC LC3、LCC	GB/T 12229 JB/T 7248
1C3	碳素钢	16MnDR	GB 3531	08Ni3D 25	JB 4727 GB/T 12228	LCB	JB/T 7248

续表

类别号	类别	钢板		锻件		铸件	
		材料牌号	标准编号	材料牌号	标准编号	材料牌号	标准编号
IC4	碳素钢	Q235A、 Q235B 20 Q245R 09MnNiDR	GB/T 3274 (GB/T 700) GB/T 711 GB 713 GB 3531	20 09MnNiD	JB 4726 JB 4727	WCA	GB/T 12229
IC9	铬钼钢 (1~1.25Cr-0.5Mo)	14Cr1MoR 15CrMoR	GB 713 GB 713	14Cr1Mo 15CrMo	JB 4726 JB 4726	WC6	JB/T 5263
IC10	铬钼钢 (2.25Cr-1Mo)	12Cr2Mo1R	GB 713	12Cr2Mol	JB 4726	WC9	JB/T 5263
IC13	铬钼钢 (5Cr-0.5Mo)	—	—	1Cr5Mo	JB 4726	ZG16Cr5MoG	GB/T 16253
IC14	铬钼铬钢 (9Cr-1Mo-V)	—	—	—	—	C12A	JB/T 5263
2C1	304	0Cr18Ni9	GB/T 4237	0Cr18Ni9	JB 4728	CF3 CF8	GB/T 12230 GB/T 12230
2C2	316	0Cr17Ni12Mo2	GB/T 4237	0Cr17Ni12 Mo2	JB 4728	CF3M CF8M	GB/T 12230 GB/T 12230
2C3	304L 316L	00Cr19Ni10 00Cr17Ni14Mo2	GB/T 4237 GB/T 4237	00Cr19Ni10 00Cr17Ni14 Mo2	JB 4728 JB 4728	—	—
2C4	321	0Cr18Ni10Ti	GB/T 4237	0Cr18Ni10Ti	JB 4728	—	—
2C5	347	0Cr18Ni11Nb	GB/T 4237	—	—	—	—
12E0	CF8C	—	—	—	—	CF8C	GB/T 12230

(3) PN16 钢制管法兰最大允许工作压力　　　　单位：10^5Pa(bar 表压)

法兰材料类别号	工作温度/℃								
	50	100	200	300	400	450	500	550	600
1C1	16.0	16.0	15.1	13.4	10.8	6.2	2.7	—	—
1C2	16.0	16.0	16.0	14.9	10.8	6.2	2.7	—	—
1C3	16.0	15.6	14.7	13.0	10.1	6.1	2.7	—	—
1C4	14.4	13.4	12.6	11.2	9.4	6.0	2.7	—	—
1C9	16.0	16.0	16.0	15.5	14.5	13.8	7.9	3.9	1.8
1C10	16.0	16.0	16.0	16.0	15.9	15.3	8.9	4.7	2.1
1C13	16.0	16.0	16.0	16.0	15.6	14.6	6.6	3.7	1.9
1C14	16.0	16.0	16.0	16.0	16.0	16.0	9.4	4.6	2.2

续表

法兰材料类别号	工作温度/℃								
	50	100	200	300	400	450	500	550	600
2C1	14.2	12.1	10.2	9.0	8.4	8.1	7.8	7.3	5.2
2C2	14.3	12.5	10.6	9.3	8.7	8.5	8.4	8.2	6.1
2C3	11.8	10.2	8.5	7.4	6.8	6.5	—		
2C4	14.4	13.1	11.3	10.1	9.3	9.1	8.9	8.7	6.3
2C5	14.4	13.4	11.8	10.6	10.0	9.9	9.8	9.4	6.1
12E0	13.5	12.5	11.0	9.7	8.9	8.7	8.5	8.2	6.1

（4）PN25 钢制管法兰最大允许工作压力　　单位：10^5Pa(bar 表压)

法兰材料类别号	工作温度/℃								
	50	100	200	300	400	450	500	550	600
1C1	25.0	25.0	23.7	20.9	16.9	9.7	4.2	—	—
1C2	25.0	25.0	25.0	23.3	16.9	9.7	4.2	—	—
1C3	25.0	24.4	23.0	20.4	15.9	9.6	4.2	—	—
1C4	22.5	20.9	19.7	17.5	14.8	9.5	4.2	—	—
1C9	25.0	25.0	25.0	24.3	22.7	21.5	12.5	6.1	2.9
1C10	25.0	25.0	25.0	25.0	24.8	23.9	14.0	7.4	3.3
1C13	25.0	25.0	25.0	25.0	24.3	22.8	10.4	5.8	3.0
1C14	25.0	25.0	25.0	25.0	25.0	25.0	14.8	7.2	3.4
2C1	22.1	18.9	16.0	14.2	13.2	12.7	12.3	11.5	8.2
2C2	22.3	19.5	16.5	14.6	13.6	13.4	13.2	12.9	9.6
2C3	18.5	16.0	13.3	11.7	10.7	10.3	—	—	—
2C4	22.5	20.4	17.7	15.8	14.6	14.3	14.0	13.6	9.8
2C5	22.6	20.9	18.4	16.6	15.7	15.5	15.4	14.7	9.6
12E0	21.1	19.6	17.2	15.1	13.9	13.6	13.2	12.8	9.6

（5）PN40 钢制管法兰最大允许工作压力　　单位：10^5Pa(bar 表压)

法兰材料类别号	工作温度/℃								
	50	100	200	300	400	450	500	550	600
1C1	40.0	40.0	37.9	33.5	27.0	15.6	6.8	—	—
1C2	40.0	40.0	40.0	37.2	27.0	15.6	6.8	—	—
1C3	40.0	39.0	36.9	32.6	25.4	15.4	6.8	—	—
1C4	36.1	33.5	31.6	27.9	23.7	15.2	6.8	—	—
1C9	40.0	40.0	40.0	38.9	36.2	34.5	19.9	9.8	1.7
1C10	40.0	40.0	40.0	40.0	39.7	38.3	22.3	12.0	5.3

续表

法兰材料类别号	工作温度/℃								
	50	100	200	300	400	450	500	550	600
1C13	40.0	40.0	40.0	40.0	38.9	36.4	16.6	9.3	4.8
1C14	40.0	40.0	40.0	40.0	40.0	40.0	23.7	11.7	5.5
2C1	35.4	30.3	25.5	22.7	21.2	20.3	19.6	18.4	13.1
2C2	35.6	31.3	26.4	23.4	21.8	21.4	21.0	20.7	15.5
2C3	29.6	25.5	21.2	18.7	17.1	16.5	—	—	—
2C4	35.9	32.7	28.4	25.3	23.4	22.8	22.4	21.8	15.8
2C5	36.1	33.4	29.5	26.6	25.1	24.8	24.6	23.5	15.1
12E0	33.8	31.3	27.6	24.2	22.2	21.7	21.2	20.4	15.3

(6) PN63 钢制管法兰最大允许工作压力　　单位：10^5Pa(bar 表压)

法兰材料类别号	工作温度/℃								
	50	100	200	300	400	450	500	550	600
1C1	63.0	63.0	59.6	52.7	42.5	24.5	10.8	—	—
1C2	63.0	63.0	63.0	58.7	42.5	24.5	10.8	—	—
1C3	63.0	61.4	58.1	51.3	40.0	24.3	10.8	—	—
1C4	56.8	52.7	49.8	44.0	37.4	24.0	10.8	—	—
1C9	63.0	63.0	63.0	61.2	57.1	54.3	31.4	15.6	7.4
1C10	63.0	63.0	63.0	63.0	62.5	60.3	35.2	18.8	8.4
1C13	63.0	63.0	63.0	63.0	61.3	57.3	26.1	14.8	7.6
1C14	63.0	63.0	63.0	63.0	63.0	63.0	37.3	18.4	8.7
2C1	55.8	47.7	40.2	35.8	33.3	31.9	30.9	29.0	20.7
2C2	56.1	49.2	41.6	36.9	34.4	33.7	33.2	32.6	24.4
2C3	46.6	40.2	33.5	29.5	27.0	26.0	—	—	—
2C4	56.6	51.4	44.7	39.8	36.8	36.0	35.3	34.4	24.8
2C5	56.8	52.6	46.4	41.9	39.6	39.0	38.8	37.0	24.3
12E0	53.2	49.3	43.4	38.1	35.0	34.2	33.3	32.2	24.1

6.11.2 Class 系列钢制管法兰(HG/T 20615、20623—2009，SH/T 3406—2013)

(1) 法兰的公称压力等级对照表

PN/bar	Class/psi	PN/bar	Class/psi
11	75	110	600
20	150	150	900
50	300	260	1500
68	400	420	2500

(2) 法兰的公称尺寸和钢管外径(Class 系列)　　单位：mm

公称直径	*DN*	6	8	10	15	20	25	(32)	40
	NPS	1/8	1/4	3/8	1/2	3/4	1	1¼	1½
钢管外径	SH	10.3	13.7	17.1	21.3	26.7	33.4	42.2	48.3
	HG	10.2	13.5	17.2	21.3	26.9	33.7	42.4	48.3
公称直径	*DN*	50	(65)	80	100	(125)	150	200	250
	NPS	2	2½	3	4	5	6	8	10
钢管外径	SH	60.3	73	88.9	114.3	141.3	168.3	219.1	273.1
	HG	60.3	76.1	88.9	114.3	139.7	168.3	219.1	270
公称直径	*DN*	300	350	400	(450)	500	(550)	600	(650)
	NPS	12	14	16	18	20	22	24	26
钢管外径	SH	323.9	355.6	406.4	457	508	559	610	660
	HG	323.9	355.6	406.4	457.0	508.0	559.0	610	660
公称直径	*DN*	700	(750)	800	(850)	900	(950)	1000	(1050)
	NPS	28	30	32	34	36	38	40	42
钢管外径	SH	711	762	813	864	914	965	1016	1067
	HG	711	762	813	864	914	965	1016	1067
公称直径	*DN*	(1100)	(1150)	1200	1300	1400	(1500)	1600	(1700)
	NPS	44	46	48	52	56	60	64	68
钢管外径	SH	1118	1168	1219	1321	1422	1524	1626	1727
	HG	1118	1168	1219	1321	1422	1524	1626	1727
公称直径	*DN*	1800	(1900)	2000	2200	2400	2600	2800	3000
	NPS	72	76	80	88	96	104	112	120
钢管外径	SH	1829	1930	2032	2235	2438	2642	2845	3048
	HG	1829	1930	2030					

(3) 钢制管法兰用材料(Class 系列)

1) 钢制管法兰(HG/T 20615、20623—2009)

类别号	类别	钢板		锻件		铸件	
		材料牌号	标准编号	材料牌号	标准编号	材料牌号	标准编号
1.0	碳素钢	Q235A， Q235B 20 Q245R	GB/T 3274 (GB/T 700) GB/T 711 GB 713	20	JB 4726	WCA	GB/T 12229

续表

类别号	类别	钢板		锻件		铸件	
		材料牌号	标准编号	材料牌号	标准编号	材料牌号	标准编号
1.1	碳素钢			A105 16Mn 16MnD	GB/T 12228 JB 4726 JB 4727	WCB	GB/T 12229
1.2	碳素钢	Q345R	GB713	—	—	WCC LC3、LCC	GB 12229 JB/T 7248
1.3	碳素钢	16MnDR	GB 3531	08Ni3D 25	JB 4727 GB/T 12228	LCB	JB/T 7248
1.4	碳素钢	09MnNiDR	GB 3531	09MnNiD	JB 4727		
1.9	铬钼钢(1.25Cr-0.5Mo)	14Cr1MoR	GB 713	14CrlMo	JB 4726	WC6	JB/T 5263
1.10	铬钼钢(2.25Cr-1Mo)	12Cr2MolR	GB 713	12Cr2Mol	JB 4726	WC9	JB/T 5263
1.13	铬钼钢(5Cr-0.5Mo)	—	—	1Cr5Mo	JB 4726	ZG16Cr5MoG	GB/T 16253
1.15	铬钼铬钢(9Cr-1Mo-V)	—	—	—	—	C12A	JB/T 5263
1.17	铬钼钢(1Cr-0.5Mo)	15CrMoR	GB 713	15CrMo	JB 4726		
2.1	304	0Cr18Ni9	GB/T 4237	0Cr18Ni9	JB 4728	CF3 CF8	GB/T 12230 GB/T 12230
2.2	316	0Cr17Ni12Mo2	GB/T 4237	0Cr17Ni12Mo2	JB 4728	CF3M CF8M	GB/T 12230 GB/T 12230
2.3	304L 316L	00Cr19Ni10 00Cr17Ni14Mo2	GB/T 4237	00Cr19Ni10 00Cr17Ni14Mo2	JB 4728	—	—
2.4	321	0Cr18Ni10Ti	GB/T 4237	0Cr18Ni10Ti	JB 4728	—	—
2.5	347	0Cr18NillNb	GB/T 4237	—	—	—	—
2.11	CF8C	—	—	—	—	CF8C	GB/T 12230

2）石油化工钢制管法兰(SH/T 3406—2013)

组别号	类别	钢板		锻件	
		材料牌号	标准编号	材料牌号	标准编号
1.0	碳素钢	Q235A，Q235B 20 Q245R	GB/T 3274 GB/T 711 GB 713	20	NB/T 47008
1.1	碳素钢	—	—	A105 16Mo 16MnD	ASTM A105/A105M NB/T 47008 NB/T 47009
1.2	碳素钢	Q345R	GB713	—	—
1.3	碳素钢	16MnDR	GB 3531	08Ni3D	NB/T 47009
1.4	碳素钢	09MnNiDR	GB 3531	09MnNiD	NB/T 47009
1.9	铬钼钢(1.25Cr-0.5Mo)	14Cr1MoR	GB 713	14CrlMo	NB/T 47008

续表

组别号	类别	钢板		锻件	
		材料牌号	标准编号	材料牌号	标准编号
1. 10	铬钼钢(2. 25Cr-1Mo)	12Cr2MolR	GB 713	12Cr2Mol	NB/T 47008
1. 13	铬钼钢(5Cr-0. 5Mo)	—	—	1Cr5Mo	NB/T 47008
1. 16	铬钼钢(1Cr-0. 3Mo-V)	12CrlMoVR	GB 713	12CrlMoV	NB/T 47008
1. 17	铬钼钢(1Cr-0. 5Mo)	15CrMoR	GB 713	15CrMo	NB/T 47008
2. 1	奥氏体不锈钢(304)	S30408(06Cr19Ni10)	GB 24511	S30408	NB/T 47010
2. 2	奥氏体不锈钢(316)	S31608(06Cr17Ni12Mo2)		S31608	
2. 3	奥氏体不锈钢(304L)	S30403(022Cr19Ni10)		S30403	
	奥氏体不锈钢(316L)	S31603(022Cr17Ni12Mo2)		S31603	
2. 4	奥氏体不锈钢(321)	S32168(06Cr18NillTi)		S32168	
2. 5	奥氏体不锈钢(347)	S34779(07Cr18NillNb)	—	S34779	

(4) 钢制管法兰最大允许工作压力(Class 系列)

材料类别号	工作温度/℃	最大允许工作压力/10^5Pa(bar)					
		Class150 (PN20)	Class300 (PN50)	Class600 (PN110)	Class900 (PN150)	Class1500 (PN260)	Class2500 (PN420)
1. 0	≤38	16. 0	41. 8	83. 6	—	—	—
	100	14. 8	38. 7	77. 4	—	—	—
	200	13. 8	36. 4	72. 8	—	—	—
	250	12. 1	35	69. 9	—	—	—
	300	10. 2	33. 1	66. 2	—	—	—
	350	8. 4	31. 2	62. 5	—	—	—
	400	6. 5	29. 4	58. 7	—	—	—
	450	4. 6	21. 5	43	—	—	—
1. 1	≤38	19. 6	51. 1	102. 1	153. 2	255. 3	425. 5
	100	17. 7	46. 6	93. 2	139. 8	233. 0	388. 3
	200	13. 8	43. 8	87. 6	131. 4	219. 0	365. 0
	300	10. 2	39. 8	79. 6	119. 5	199. 1	331. 8
	400	6. 5	34. 7	69. 4	104. 2	173. 6	289. 3
	450	4. 6	23. 0	46. 0	69. 0	115. 0	191. 7
1. 9	≤38	19. 8	51. 7	103. 4	155. 1	258. 6	430. 9
	100	17. 7	51. 5	103. 0	154. 4	257. 4	429. 0
	200	13. 8	48. 0	95. 9	143. 9	239. 8	399. 6
	300	10. 2	42. 9	85. 7	128. 6	214. 4	357. 1
	400	6. 5	36. 5	73. 3	109. 8	183. 1	304. 9
	450	4. 6	33. 7	67. 7	101. 4	169. 0	281. 8
	500	2. 8	25. 7	51. 5	77. 2	128. 6	214. 4
	550	—	12. 7	25. 4	38. 1	63. 5	105. 9

续表

材料类别号	工作温度/℃	最大允许工作压力/10^5Pa(bar)					
		Class150 (PN20)	Class300 (PN50)	Class600 (PN110)	Class900 (PN150)	Class1500 (PN260)	Class2500 (PN420)
1.13	≤38	20.0	51.7	103.4	155.1	258.6	430.9
	100	17.7	51.5	103.0	154.6	257.6	429.4
	200	13.8	48.6	97.2	145.8	243.4	405.4
	300	10.2	42.9	85.7	128.6	214.4	357.1
	400	6.5	36.5	73.3	109.8	183.1	304.9
	450	4.6	33.7	67.7	101.4	169.0	281.8
	500	2.8	21.4	42.8	64.1	106.9	178.2
	550	—	12.0	24.1	36.1	60.2	100.4
2.1	≤38	19.0	49.6	99.3	148.9	248.2	413.7
	100	15.7	40.9	81.7	122.6	204.3	340.4
	200	13.2	34.5	69.0	103.4	172.4	287.3
	300	10.2	30.9	61.8	92.7	154.6	257.6
	400	6.5	28.4	56.9	85.3	142.2	237.0
	450	4.6	27.4	54.8	82.2	137.0	228.4
	500	2.8	26.5	53.0	79.5	132.4	220.7
	550	—	23.6	47.1	70.7	117.8	196.3
	600	—	16.9	33.8	50.6	84.4	140.7
	650	—	11.3	22.5	33.8	56.3	93.8
	700	—	8.0	16.1	24.1	40.1	66.9
2.2	≤38	19.0	49.6	99.3	148.9	248.2	413.7
	100	16.2	42.2	84.4	126.6	211.0	351.6
	200	13.7	35.7	71.3	107.0	178.3	297.2
	300	10.2	31.6	63.2	94.9	158.1	263.5
	400	6.5	29.4	58.9	88.3	147.2	245.3
	450	4.6	28.8	57.7	86.5	144.2	240.4
	500	2.8	28.2	56.5	84.7	140.9	235.0
	550	—	25.0	49.8	74.8	124.9	208.0
	600	—	19.9	39.8	59.7	99.5	165.9
	650	—	12.7	25.3	38.0	63.3	105.5
	700	—	8.4	16.8	25.1	41.9	69.8

续表

材料类别号	工作温度/℃	最大允许工作压力/10⁵Pa(bar)					
		Class150 (PN20)	Class300 (PN50)	Class600 (PN110)	Class900 (PN150)	Class1500 (PN260)	Class2500 (PN420)
2.3	≤38	15.9	41.4	82.7	124.1	206.8	344.7
	100	13.3	34.8	69.6	104.4	173.9	289.9
	150	12.0	31.4	62.8	94.2	157.0	261.6
	200	11.2	29.2	58.3	87.5	145.8	243.0
	250	10.5	27.5	54.9	82.4	137.3	228.9
	300	10.0	26.1	52.1	78.2	130.3	217.2
	350	8.4	25.1	50.1	75.2	125.4	208.9
	400	6.5	24.3	48.6	72.9	121.5	202.5
	450	4.6	23.4	46.8	70.2	117.1	195.1
2.4	≤38	19.0	49.6	99.3	148.9	248.2	413.7
	100	17.0	44.2	88.5	132.7	221.2	368.7
	200	13.8	38.3	76.6	114.9	191.5	319.1
	300	10.2	34.1	68.3	102.4	170.7	284.6
	400	6.5	31.6	63.2	94.8	157.9	263.2
	450	4.6	30.8	61.7	92.5	154.2	256.9
	500	2.8	28.2	56.5	84.7	140.9	235.0
	550	—	25.0	49.8	74.8	124.9	208.0
	600	—	20.3	40.5	60.8	101.3	168.9
	650	—	12.6	25.3	37.9	63.2	105.4
	700	—	7.9	15.8	23.7	39.5	65.9
2.5	≤38	19.0	49.6	99.3	148.9	248.2	413.7
	100	17.4	45.3	90.6	135.9	226.5	377.4
	200	13.8	39.9	79.9	119.8	199.7	332.8
	300	10.2	36.1	72.2	108.3	180.4	300.7
	400	6.5	33.9	67.8	101.7	169.5	282.6
	450	4.6	33.5	66.9	100.4	167.3	278.8
	500	2.8	28.2	56.5	84.7	140.9	235.0
	550	—	25.0	49.8	74.8	124.9	208.0
	600	—	21.6	42.9	64.2	107.0	178.5
	650	—	14.1	28.1	42.5	70.7	117.7
	700	—	10.1	20.0	29.8	49.7	83.0

6.12 法兰、垫片和紧固件选配(SH/T 3059—2012)

公称压力	垫片	温度/℃												
		-196~-101	-100~-41	-40~-21	-20~100	101~150	151~200	201~300	301~350	351~400	401~500	501~550	551~650	651~700
		紧固件材料　螺栓/螺母												
PN20	石棉橡胶板	—	—	—	Q235A/Q235A			35CrMoA/35		—		—	—	—
	聚四氟乙烯包覆垫片	—	—	35CrMoA/30CrMoA			—			—		—	—	—
	缠绕式垫片	0Cr19Ni9/0Cr19Ni9	35CrMoA/30CrMoA		35CrMoA/35					35CrMoA/30CrMoA		25Cr2MoVA/35CrMoA	0Cr19Ni9/0Cr19Ni9	0Cr15Ni25Ti2MoA1VB/0Cr15Ni25Ti2MoA1VB
	金属环垫													
	柔性石墨复合垫片													—
PN50	石棉橡胶板	—	—		35CrMoA/35					—		—	—	—
	聚四氟乙烯包覆垫片	—	—				—							
	缠绕式垫片	0Cr19Ni9/0Cr19Ni9	35CrMoA/30CrMoA		35CrMoA/35					35CrMoA/30CrMoA		25Cr2MoVA/35CrMoA	0Cr19Ni9/0Cr19Ni9	0Cr15Ni25Ti2MoA1VB/0Cr15Ni25Ti2MoA1VB
	金属环垫													
	柔性石墨复合垫片													—
	齿形组合垫													
	金属包覆垫片											—	—	
PN68	缠绕式垫片	—	35CrMoA/30CrMoA		35CrMoA/35					35CrMoA/30CrMoA		25Cr2MoVA/35CrMoA	0Cr19Ni9/0Cr19Ni9	0Cr15Ni25Ti2MoA1VB/0Cr15Ni25Ti2MoA1VB
	金属环垫													
	柔性石墨复合垫片													—
	齿形组合垫													
	金属包覆垫片											—	—	

续表

<table>
<tr><th rowspan="2">公称压力</th><th rowspan="2">垫片</th><th colspan="13">温度/℃</th></tr>
<tr><th>-196~-101</th><th>-100~-41</th><th>-40~-21</th><th>-20~100</th><th>101~150</th><th>151~200</th><th>201~300</th><th>301~350</th><th>351~400</th><th>401~500</th><th>501~550</th><th>551~650</th><th>651~700</th></tr>
<tr><th></th><th></th><th colspan="13">紧固件材料　螺栓/螺母</th></tr>
<tr><td rowspan="5">PN110</td><td>缠绕式垫片</td><td rowspan="5">—</td><td rowspan="5" colspan="2">35CrMoA/
30CrMoA</td><td rowspan="5" colspan="6">35CrMoA/35</td><td rowspan="5" colspan="2">35CrMoA/
30CrMoA</td><td rowspan="4">25Cr2MoVA/
35CrMoA</td><td rowspan="4">0Cr19Ni9/
0Cr19Ni9</td><td rowspan="2">0Cr15Ni25Ti2MoA1VB/
0Cr15Ni25Ti2MoA1VB</td></tr>
<tr><td>金属环垫</td></tr>
<tr><td>柔性石墨复合垫片</td><td rowspan="3">—</td></tr>
<tr><td>齿形组合垫</td></tr>
<tr><td>金属包覆垫片</td><td>—</td><td>—</td></tr>
<tr><td rowspan="4">PN150</td><td>缠绕式垫片</td><td rowspan="4">—</td><td rowspan="4" colspan="2">35CrMoA/30CrMoA</td><td rowspan="4" colspan="6">35CrMoA/35</td><td rowspan="4" colspan="2">35CrMoA/
30CrMoA</td><td rowspan="3">25Cr2MoVA/
35CrMoA</td><td rowspan="3">0Cr19Ni9/
0Cr19Ni9</td><td rowspan="4">—</td></tr>
<tr><td>金属环垫</td></tr>
<tr><td>齿形组合垫</td></tr>
<tr><td>金属包覆垫片</td><td>—</td><td>—</td></tr>
<tr><td rowspan="3">PN260</td><td>缠绕式垫片</td><td rowspan="3">—</td><td rowspan="3" colspan="2">35CrMoA/30CrMoA</td><td rowspan="3" colspan="6">35CrMoA/35</td><td rowspan="3" colspan="2">35CrMoA/
30CrMoA</td><td rowspan="3">25Cr2MoVA/
35CrMoA</td><td rowspan="3">0Cr19Ni9/
0Cr19Ni9</td><td rowspan="3">—</td></tr>
<tr><td>金属环垫</td></tr>
<tr><td>齿形组合垫</td></tr>
<tr><td rowspan="2">PN420</td><td>金属环垫</td><td rowspan="2">—</td><td rowspan="2" colspan="2">35CrMoA/30CrMoA</td><td rowspan="2" colspan="6">35CrMoA/35</td><td rowspan="2" colspan="2">35CrMoA/
30CrMoA</td><td rowspan="2">25Cr2MoVA/
35CrMoA</td><td rowspan="2">0Cr19Ni9/
0Cr19Ni9</td><td rowspan="2">—</td></tr>
<tr><td>齿形组合垫</td></tr>
</table>

注：斜线上方为螺柱和螺栓材料，下方为螺母材料。

6 设备配管

6.13 泵用过滤器不锈钢丝网技术参数(SH/T 3411—1999)

孔目数/目	丝径/mm	可拦截的粒径/mm	有效面积/%	孔目数/目	丝径/mm	可拦截的粒径/mm	有效面积/%
10	0.508	2.032	64	30	0.234	0.614	53
12	0.457	1.660	61	32	0.234	0.560	50
14	0.376	1.438	63	36	0.234	0.472	46
16	0.315	1.273	65	38	0.213	0.455	46
18	0.315	1.096	61	40	0.192	0.422	49
20	0.315	0.955	57	50	0.152	0.356	50
22	0.273	0.882	59	60	0.122	0.301	51
24	0.273	0.785	56	80	0.102	0.216	47
26	0.234	0.743	59	100	0.081	0.173	46
28	0.234	0.673	56	120	0.081	0.131	38

6.14 绝热层材料主要性能(SH/T 3010—2013)

序号	材料名称	使用密度 ρ/(kg/m^3)	最高使用温度/℃	推荐使用温度/℃	常用导热系数 λ_0/[W/(m·K)]	抗压强度/MPa
1	硅酸钙制品	170	650(Ⅰ型)	≤550	0.055(70℃时)	≥0.5
			1000(Ⅱ型)	≤900		
		220	650(Ⅰ型)	≤550	0.062(70℃时)	≥0.6
			1000(Ⅱ型)	≤900		
2	复合硅酸盐制品	涂料 180~200(干态)	600	≤500	≤0.065(70℃时)	—
		毡 60~80	550	≤450	≤0.043(70℃时)	—
		毡 81~130	600	≤500	≤0.044(70℃时)	—
		管壳 80~180	600	≤500	≤0.048(70℃时)	≥0.3
3	岩棉制品	毡 60~100	500	≤400	≤0.044(70℃时)	—
		缝毡 80~130	650	≤550	≤0.043(70℃时) $\lambda \le 0.09(t_m=350℃)$	
		板 60~100	500	≤400	≤0.044(70℃时)	
		板 101~160	550	≤450	≤0.043(70℃时) $\lambda \le 0.09(t_m=350℃)$	
		管壳 100~150	450	≤350	≤0.044(70℃时) $\lambda \le 0.10(t_m=350℃)$	

续表

序号	材料名称	使用密度 ρ/(kg/m^3)	最高使用温度/℃	推荐使用温度/℃	常用导热系数 λ_0/[W/(m·K)]	抗压强度/MPa
4	矿渣棉制品	毡 80~100	400	≤300	≤0.044(70℃时)	—
		毡 101~130	450	≤350	≤0.043(70℃时)	
		板 80~100	400	≤300	≤0.044(70℃时)	
		板 101~130	450	≤350	≤0.043(70℃时)	
		管壳≥100	400	≤300	≤0.044(70℃时)	
5	玻璃棉制品	毯 24~40	400	≤300	≤0.046(70℃时)	—
		毯 41~120	450	≤350	≤0.041(70℃时)	
		板 24	400	≤300	≤0.047(70℃时)	
		板 32	400	≤300	≤0.044(70℃时)	
		板 40	450	≤350	≤0.042(70℃时)	
		板 48	450	≤350	≤0.041(70℃时)	
		板 64	450	≤350	≤0.040(70℃时)	
		毡 24	400	≤300	≤0.046(70℃时)	
		毡 32	400	≤300	≤0.046(70℃时)	
		毡 40	450	≤350	≤0.046(70℃时)	
		毡 48	450	≤350	≤0.041(70℃时)	
		管壳≥48	400	≤300	≤0.041(70℃时)	
6	硅酸铝棉及其制品	1#毯 96	1000	≤800	≤0.044(70℃时)	—
		1#毯 128				
		2#毯 96	1200	≤1000		
		2#毯 128				
		1#毯≤200	1000	≤800		
		1#毯≤200	1200	≤1000		
		板、管壳≤220	1100	≤1000		
7	硅酸镁纤维毯	100±10 130±10	900	≤700	≤0.040(70℃时)	—
8	柔性泡沫橡塑制品	40~60	-40~105	-35~85	≤0.036(0℃时)	—
9	硬质聚氨酯泡沫塑料	45~55	-80~100	-65~80	≤0.023(25℃时)	≥0.2
10	泡沫玻璃	Ⅰ类 120±8	-196~450	-196~400	≤0.045(25℃时)	≥0.8
		Ⅱ类 160±10			≤0.064(25℃时)	
11	聚异氰脲酸酯	40~50	-196~120	-170~100	≤0.029(25℃时)	≥0.22

续表

序号	材料名称	使用密度 ρ/(kg/m³)	最高使用温度/℃	推荐使用温度/℃	常用导热系数 λ_0/[W/(m·K)]	抗压强度/MPa
12	高密度聚异氰脲酸酯	160±16	-196~120	-196~100	≤0.038(25℃时)	≥1.6(常温)
						≥2.0(-196℃)
		240±24	-196~110		≤0.045(25℃时)	≥2.5(常温)
						≥3.5(-196℃)
		320±32			≤0.050(25℃时)	≥5(常温)
						≥7(-196℃)
		450±45			≤0.080(25℃时)	≥10.0(常温)
						≥14.0(-196℃)
		550±55			≤0.090(25℃时)	≥15.0(常温)
						≥20.0(-196℃)
13	丁腈橡胶发泡制品	40~60	-100~105	-50~105	≤0.034(0℃时)	≥0.16(-40℃)
14	二烯烃弹性体发泡制品	60~70	-196~125	-196~125	≤0.038(0℃时)	≥0.37(-100℃)

6.15 设备保温厚度选用表[16]

保温材料	介质温度/℃	环境温度/℃								
		-15	-10	-5	0	5	10	20	25	30
岩棉	100	70	65	65	60	55	55	50	45	40
	150	85	85	80	80	75	75	70	65	60
	200	100	100	95	95	90	90	85	80	80
	250	115	110	110	105	105	105	100	95	95
	300	125	125	120	120	120	115	110	110	105
玻璃棉	100	70	70	65	65	60	60	55	55	50
	150	85	80	80	80	75	75	75	70	70
	200	100	100	95	95	95	90	90	85	85
	250	110	110	105	105	100	100	95	90	90
	300	120	120	120	115	110	110	105	100	100
硅酸钙	100	85	80	75	70	70	65	55	55	50
	150	100	100	95	90	90	85	80	75	70
	200	115	110	110	105	100	100	95	90	90
	250	125	120	120	115	115	110	110	105	105
	300	135	135	130	130	125	125	120	115	115
	350	145	140	140	140	135	135	130	130	125
	400	155	155	150	150	150	145	145	140	140
	450	170	165	165	165	160	160	155	155	150
	500	180	180	175	175	170	170	165	165	165
	550	190	190	185	185	185	180	180	175	175

续表

保温材料	介质温度/℃	环境温度/℃								
		-15	-10	-5	0	5	10	20	25	30
硅酸铝	100	20	20	20	20	20	20	20	20	20
	150	20	20	20	20	20	20	20	20	20
	200	30	30	30	30	30	30	30	30	30
	250	50	50	50	50	50	40	40	40	40
	300	70	70	70	60	60	60	60	60	60
	350	80	80	80	80	80	80	80	70	70
	400	100	100	100	100	100	90	90	90	90
	450	120	120	120	120	110	110	110	110	110
	500	140	140	140	140	130	130	130	130	130
	550	170	160	160	160	160	160	150	150	150

注：上表系按平面计算的绝对层厚度，适用于圆筒形设备和公称直径大于1m的管道。

6.16　管道保温厚度选用表[16]

6.16.1　岩棉、矿渣棉及其制品的保温厚度选用表

环境温度/℃	管道内介质温度/℃	管道公称直径/mm																				
		15	20	25	40	50	80	100	150	200	250	300	350	400	450	500	550	600	700	800	900	1000
-15	100	30	35	35	40	40	45	50	50	55	55	55	60	60	60	60	60	60	65	65	65	65
	150	35	40	40	50	50	55	60	60	65	70	70	70	70	75	75	75	75	80	80	80	80
	200	40	45	50	55	55	65	65	70	70	75	80	80	85	85	85	85	90	90	90	90	90
	250	45	50	55	60	65	70	75	75	80	85	90	90	95	95	95	95	100	100	100	100	105
-10	100	30	35	35	40	40	45	45	50	50	55	55	55	55	60	60	60	60	60	60	60	60
	150	35	40	40	50	50	55	60	60	60	65	65	70	70	70	75	75	75	75	75	75	75
	200	40	45	45	50	55	60	65	65	70	75	75	80	80	80	85	85	85	85	90	90	90
	250	45	50	55	60	60	70	75	75	80	85	85	90	90	95	95	95	95	100	100	100	100
-5	100	30	30	35	40	40	45	45	45	50	50	50	55	55	55	55	55	55	60	60	60	60
	150	35	40	40	45	50	55	55	55	60	65	65	70	70	70	70	70	70	75	75	75	75
	200	40	45	45	55	55	60	65	65	70	75	75	75	80	80	80	80	85	85	85	85	85
	250	45	50	55	60	60	70	70	75	80	85	85	90	90	90	95	95	95	95	95	100	100
0	100	30	30	30	35	40	40	45	45	50	50	50	50	50	55	55	55	55	55	55	55	55
	150	35	40	40	45	45	50	55	55	60	60	65	65	65	70	70	70	70	70	70	70	70
	200	40	45	45	50	55	60	65	65	70	70	75	75	80	80	80	80	80	85	85	85	85
	250	45	50	50	60	60	65	70	70	75	80	85	85	90	90	90	90	90	95	95	95	95

续表

环境温度/℃	管道内介质温度/℃	管道公称直径/mm																				
		15	20	25	40	50	80	100	150	200	250	300	350	400	450	500	550	600	700	800	900	1000
5	100	25	30	30	35	35	40	40	45	45	45	50	50	50	50	50	50	50	50	55	55	55
	150	35	35	40	45	45	50	50	55	55	60	60	65	65	65	65	65	70	70	70	70	70
	200	40	40	45	50	50	60	60	65	65	70	75	75	75	75	80	80	80	80	80	80	85
	250	45	50	50	55	60	65	70	70	75	80	85	85	85	90	90	90	90	95	95	95	95
10	100	25	30	30	35	35	40	40	40	45	45	45	45	45	50	50	50	50	50	50	50	50
	150	35	35	40	40	45	50	50	55	55	60	60	60	60	65	65	65	65	65	65	65	65
	200	40	40	45	50	50	55	60	60	65	70	70	70	75	75	75	75	80	80	80	80	80
	250	45	45	50	55	60	65	70	70	75	80	80	85	85	85	90	90	90	90	95	95	95
20	100	25	25	30	30	30	35	35	35	40	40	40	40	40	45	45	45	45	45	45	45	45
	150	30	35	35	40	40	45	50	50	50	55	55	55	60	60	60	60	60	60	60	65	65
	200	35	40	40	45	50	55	55	60	60	65	65	70	70	70	70	75	75	75	75	75	75
	250	40	45	50	55	55	60	65	65	70	75	80	80	80	85	85	85	85	90	90	90	90
25	100	20	25	25	30	30	30	35	35	35	40	40	40	40	40	40	40	40	40	40	40	40
	150	30	30	35	40	40	45	45	50	50	50	55	55	55	55	60	60	60	60	60	60	60
	200	35	40	40	45	50	55	55	55	60	65	65	65	70	70	70	70	70	70	75	75	75
	250	40	45	50	55	55	60	65	65	70	75	75	80	80	80	85	85	85	85	85	85	85

6.16.2 硅酸钙绝热制品的保温厚度选用表

环境温度/℃	管道内介质温度/℃	管道公称直径/mm																				
		15	20	25	40	50	80	100	150	200	250	300	350	400	450	500	550	600	700	800	900	1000
-15	100	35	35	40	45	45	50	55	55	60	60	60	65	65	65	65	65	65	70	70	70	70
	150	40	40	45	50	50	55	60	60	65	70	70	75	75	75	75	80	80	80	80	80	80
	200	40	45	50	55	55	65	65	70	75	75	80	80	85	85	85	85	85	90	90	90	90
	250	45	50	50	60	60	70	70	75	80	80	85	85	90	90	90	95	95	95	95	95	95
	300	45	50	55	60	65	70	75	75	85	85	90	90	95	95	95	100	100	100	105	105	105
	350	50	55	55	65	65	75	80	80	85	90	95	95	100	100	105	105	105	105	110	110	110
	400	55	55	60	70	70	80	85	85	90	95	100	105	105	110	110	110	110	115	115	115	120
	450	55	60	65	70	75	85	90	90	95	100	105	110	110	115	115	115	120	120	125	125	125
	500	55	60	65	75	75	85	90	95	100	105	110	115	115	120	120	125	125	125	130	130	130
	550	60	65	70	80	80	90	95	100	105	110	115	120	125	125	125	130	130	135	135	135	140

续表

环境温度/℃	管道内介质温度/℃	管道公称直径/mm																				
		15	20	25	40	50	80	100	150	200	250	300	350	400	450	500	550	600	700	800	900	1000
-10	100	35	35	40	45	45	50	50	50	55	60	60	60	60	65	65	65	65	65	65	65	65
	150	40	40	45	50	50	55	60	60	65	70	70	70	70	75	75	75	75	80	80	80	80
	200	40	45	50	55	55	60	65	65	70	75	75	80	80	80	85	85	85	85	85	90	90
	250	45	50	50	60	60	65	70	70	75	80	85	85	90	90	90	90	90	95	95	95	95
	300	45	50	55	60	65	70	75	75	80	85	90	90	95	95	95	95	100	100	100	105	105
	350	50	55	55	65	65	75	80	80	85	90	95	95	100	100	100	105	105	105	105	110	110
	400	50	55	60	70	70	80	85	85	90	95	100	100	105	105	110	110	110	115	115	115	115
	450	55	60	65	70	75	85	85	90	95	100	105	110	110	115	115	115	120	120	120	125	125
	500	55	60	65	75	75	85	90	95	100	105	110	115	115	120	120	120	125	125	130	130	130
	550	60	65	70	80	80	90	95	95	105	110	115	120	120	125	125	130	130	130	135	135	135
-5	100	30	35	35	40	45	45	50	50	55	55	55	60	60	60	60	60	60	65	65	65	65
	150	35	40	45	50	50	55	60	60	65	65	70	70	70	70	75	75	75	75	75	75	75
	200	40	45	45	55	55	60	65	65	70	75	75	80	80	80	80	80	85	85	85	85	85
	250	45	50	50	55	60	65	70	70	75	80	80	85	85	85	90	90	90	90	95	95	95
	300	45	50	55	60	60	70	70	75	80	85	90	90	90	95	95	95	95	100	100	100	100
	350	50	55	55	65	65	75	75	80	85	90	90	95	95	100	100	100	100	105	105	105	105
	400	50	55	60	65	70	80	80	85	90	95	100	100	105	105	105	110	110	110	115	115	115
	450	55	60	65	70	75	80	85	90	95	100	105	105	110	110	115	115	115	120	120	120	125
	500	55	60	65	75	75	85	90	90	100	105	110	115	115	120	120	120	125	125	125	130	130
	550	60	65	70	75	80	90	95	95	105	110	115	120	120	125	125	125	130	130	135	135	135
0	100	30	35	35	40	40	45	45	50	50	55	55	55	55	55	60	60	60	60	60	60	60
	150	35	40	40	45	50	55	55	60	60	65	65	70	70	70	70	70	70	75	75	75	75
	200	40	45	45	50	55	60	65	65	70	70	75	75	75	80	80	80	80	80	80	85	85
	250	45	50	50	55	60	65	70	70	75	80	80	85	85	85	85	90	90	90	90	90	95
	300	45	50	55	60	60	70	70	75	80	85	85	90	90	90	95	95	95	95	100	100	100
	350	50	50	55	65	65	70	75	80	85	90	90	95	95	95	100	100	100	100	105	105	105
	400	50	55	60	65	70	75	80	85	90	95	95	100	100	105	105	105	110	110	110	115	115
	450	55	60	60	70	70	80	85	85	95	100	105	105	110	110	115	115	115	120	120	120	120
	500	55	60	65	75	75	85	90	90	100	105	110	110	115	115	120	120	120	125	125	125	130
	550	60	65	70	75	80	90	95	95	105	110	115	115	120	120	125	125	130	130	130	135	135

续表

环境温度/℃	管道内介质温度/℃	管道公称直径/mm																				
		15	20	25	40	50	80	100	150	200	250	300	350	400	450	500	550	600	700	800	900	1000
5	100	30	30	35	40	40	45	45	45	50	50	50	55	55	55	55	55	55	55	55	60	60
	150	35	40	40	45	45	55	55	55	60	65	65	65	65	70	70	70	70	70	70	70	70
	200	40	45	45	50	50	60	60	65	65	70	75	75	75	75	80	80	80	80	80	80	80
	250	40	45	50	55	55	65	65	70	75	75	80	80	85	85	85	85	85	90	90	90	90
	300	45	50	50	60	60	70	70	75	80	80	85	85	90	90	90	95	95	95	95	100	100
	350	45	50	55	60	65	70	75	75	85	85	90	95	95	95	100	100	100	100	105	105	105
	400	50	55	60	65	70	75	80	80	90	95	95	100	100	105	105	105	105	110	110	110	110
	450	55	60	60	70	70	80	85	85	95	100	105	105	110	110	110	115	115	115	120	120	120
	500	55	60	65	75	75	85	90	90	100	105	110	110	115	115	115	120	120	125	125	125	125
	550	60	65	65	75	80	90	95	95	105	110	115	115	120	120	125	125	125	130	130	135	135
10	100	30	30	35	35	40	40	45	45	45	50	50	50	50	55	55	55	55	55	55	55	55
	150	35	40	40	45	45	50	55	55	60	60	60	65	65	65	65	65	70	70	70	70	70
	200	40	40	45	50	50	60	60	60	65	70	70	75	75	75	75	75	75	80	80	80	80
	250	40	45	50	55	55	65	65	65	70	75	80	80	80	85	85	85	85	85	90	90	90
	300	45	50	50	60	60	65	70	70	75	80	85	85	90	90	90	90	90	95	95	95	95
	350	45	50	55	60	65	70	75	75	80	85	90	90	95	95	95	95	100	100	100	100	105
	400	50	55	60	65	65	75	80	80	85	90	95	100	100	100	105	105	105	110	110	110	110
	450	55	55	60	70	70	80	85	85	95	100	100	105	105	110	110	110	115	115	115	120	120
	500	55	60	65	70	75	85	90	90	100	105	105	110	110	115	115	120	120	120	125	125	125
	550	60	65	65	75	80	90	90	95	100	105	110	115	120	120	125	125	125	130	130	135	135
20	100	25	30	35	35	35	40	40	40	40	45	45	45	45	45	45	45	50	50	50	50	50
	150	35	35	40	40	45	50	50	50	55	55	60	60	60	60	60	65	65	65	65	65	65
	200	35	40	45	50	50	55	60	60	65	65	70	70	70	70	70	75	75	75	75	75	75
	250	40	45	45	55	55	60	65	65	70	75	75	75	80	80	80	80	80	85	85	85	85
	300	45	45	50	55	60	65	70	70	75	80	80	85	85	85	90	90	90	90	90	95	95
	350	45	50	55	60	60	70	75	75	80	85	85	90	90	90	95	95	95	95	100	100	100
	400	50	55	55	65	65	75	80	80	85	90	95	95	100	100	100	100	105	105	105	110	110
	450	50	55	60	70	70	80	85	85	90	95	100	100	105	105	110	110	110	115	115	115	115
	500	55	60	65	70	75	80	85	90	95	100	105	110	110	115	115	115	115	120	120	125	125
	550	55	65	65	75	80	85	90	95	100	105	110	115	115	120	120	120	125	125	130	130	130

续表

环境温度/℃	管道内介质温度/℃	管道公称直径/mm																				
		15	20	25	40	50	80	100	150	200	250	300	350	400	450	500	550	600	700	800	900	1000
25	100	25	30	30	30	35	35	35	40	40	40	40	40	45	45	45	45	45	45	45	45	45
	150	30	35	35	40	40	45	50	50	55	55	55	60	60	60	60	60	60	60	60	60	65
	200	35	40	40	45	50	55	55	55	60	65	65	70	70	70	70	70	70	75	75	75	75
	250	40	45	45	50	55	60	60	65	70	70	75	75	75	80	80	80	80	80	85	85	85
	300	45	45	50	55	55	65	65	70	75	75	80	80	85	85	85	85	90	90	90	90	90
	350	45	50	50	60	60	70	70	75	80	85	85	90	90	90	90	95	95	95	95	100	100
	400	50	55	55	65	65	75	75	80	85	90	90	95	95	100	100	100	100	105	105	105	105
	450	50	55	60	65	70	80	80	85	90	95	100	100	105	105	105	110	110	110	115	115	115
	500	55	60	65	70	75	80	85	90	95	100	105	105	110	110	115	115	115	120	120	120	120
	550	55	60	65	75	75	85	90	90	100	105	110	115	115	120	120	120	125	125	125	130	130

6.17 管道保冷厚度选用表[16]

6.17.1 硬质聚氨酯泡沫塑料制品的保冷厚度选用表

城市名称	环境温度/℃	管径/mm		15	20	25	40	50	80	100	150	200	250	300	350	400	450	500
		保冷层厚度/mm																
哈尔滨	3.6	介质温度/℃	-65	70	80	80	90	100	110	110	120	130	130	140	140	140	150	150
			-50	70	70	80	80	90	100	100	110	120	120	120	130	130	130	140
			-35	60	60	70	70	80	90	90	100	100	110	110	100	110	110	120
			-20	50	50	60	60	60	70	70	80	80	90	90	90	90	90	100
			-10	40	40	50	50	50	60	60	60	70	70	70	70	70	80	80
			0	30	30	30	30	30	40	40	40	40	40	40	40	40	40	50
北京	11.4	介质温度/℃	-65	80	80	90	90	100	110	120	130	130	140	140	150	150	150	150
			-50	70	80	80	90	90	100	110	120	120	130	130	130	140	140	150
			-35	60	70	70	80	80	90	100	100	110	110	120	120	120	120	130
			-20	60	60	60	70	70	80	80	90	90	100	100	100	100	110	110
			-10	50	50	60	60	60	70	70	80	80	80	90	90	90	90	100
			0	40	40	40	50	50	50	60	60	60	60	70	70	70	70	70
南京	15.3	介质温度/℃	-65	80	80	90	100	100	110	120	130	140	140	150	150	150	160	160
			-50	70	80	80	90	90	100	1109	120	120	130	130	140	140	140	140
			-35	70	70	70	80	90	100	100	110	110	120	120	120	130	130	130
			-20	60	60	60	70	80	80	90	90	100	100	100	110	110	110	110
			-10	50	60	60	60	70	70	80	80	90	90	90	90	90	100	100
			0	40	50	50	50	60	60	60	70	70	70	70	80	80	80	80

续表

城市名称	环境温度/℃	管径/mm		15	20	25	40	50	80	100	150	200	250	300	350	400	450	500
				保冷层厚度/mm														
洛阳	14.6	介质温度/℃	-65	80	80	90	100	100	110	120	130	130	140	140	150	150	150	160
			-50	70	80	80	90	90	100	110	120	120	130	130	140	140	140	140
			-35	70	70	70	80	90	90	100	110	110	120	120	120	130	130	130
			-20	60	60	60	70	70	80	90	90	100	100	100	110	110	110	110
			-10	50	50	60	60	70	70	80	80	90	90	90	90	90	90	100
			0	40	50	50	50	50	60	60	70	70	70	70	70	80	80	80
大连	10.2	介质温度/℃	-65	80	80	90	90	100	110	110	120	130	140	140	150	150	150	150
			-50	70	80	80	90	90	100	110	110	120	130	130	130	140	140	140
			-35	60	70	70	80	80	90	100	100	110	110	120	120	120	120	130
			-20	60	60	60	70	70	80	80	90	90	100	100	100	100	100	100
			-10	50	50	50	60	60	70	70	80	80	80	80	80	90	90	90
			0	40	40	40	50	50	50	50	60	60	60	60	60	70	70	70
上海	15.7	介质温度/℃	-65	80	80	90	100	100	110	120	130	140	140	150	150	150	160	160
			-50	70	80	80	90	90	100	110	120	130	130	130	140	140	140	140
			-35	70	70	80	80	90	100	100	110	110	120	120	120	130	130	130
			-20	60	60	70	70	80	80	90	90	100	100	100	110	110	110	110
			-10	50	60	60	60	70	70	80	80	90	90	90	90	100	100	100
			0	40	50	50	50	60	60	60	70	70	70	80	80	80	80	80
兰州	9.1	介质温度/℃	-65	80	80	90	90	100	110	110	120	130	140	140	140	150	150	150
			-50	70	70	80	90	90	100	110	110	120	120	130	130	130	140	140
			-35	60	70	70	80	80	90	90	100	110	110	110	120	120	120	120
			-20	50	60	60	70	70	80	80	90	90	90	100	100	100	100	100
			-10	50	50	50	60	60	70	70	70	80	80	80	80	80	90	90
			0	40	40	40	40	50	50	50	60	60	60	60	60	60	60	60
广州	21.8	介质温度/℃	-65	80	90	90	100	100	120	120	130	140	150	150	150	160	160	160
			-50	80	80	80	90	100	110	110	120	130	130	140	140	150	150	150
			-35	70	70	80	90	90	100	100	110	120	120	130	130	130	130	140
			-20	60	70	70	80	80	90	90	100	100	110	110	110	120	120	120
			-10	60	60	60	70	70	80	80	90	90	100	100	100	100	110	110
			90	50	50	50	60	60	70	70	80	80	80	90	90	90	90	90

注：表中厚度按冷价 300 元/kJ、导热系数 0.028、材料价格 2300 元/m^2计算。

6.17.2 聚苯乙烯泡沫塑料制品的保冷厚度选用表

城市名称	环境温度/℃	管径/mm		15	20	25	40	50	80	100	150	200	250	300	350	400	450	500
		保冷层厚度/mm																
哈尔滨	3.6	介质温度/℃	-65	130	140	150	160	170	180	200	220	230	240	250	260	260	270	270
			-50	120	130	130	150	150	170	180	200	210	220	230	230	240	240	250
			-35	110	110	120	130	140	150	160	170	180	190	200	200	210	210	220
			-20	90	90	100	110	110	130	130	140	150	160	160	170	170	180	180
			-10	70	80	80	90	90	100	110	120	120	130	130	130	140	140	140
			0	50	50	50	50	60	60	70	70	70	80	80	80	80	80	80
北京	11.4	介质温度/℃	-65	140	140	150	170	180	200	210	220	240	250	260	270	280	280	290
			-50	120	130	140	150	160	180	190	210	220	230	240	250	250	260	260
			-35	110	120	130	140	150	160	170	190	200	210	210	220	230	230	240
			-20	100	100	110	120	130	140	150	160	170	180	180	190	190	200	200
			-10	80	90	90	100	110	120	130	140	150	150	160	160	170	170	170
			0	70	70	80	80	90	100	100	110	110	120	120	130	130	130	130
南京	15.3	介质温度/℃	-65	140	150	150	170	180	200	210	230	230	260	270	270	280	290	290
			-50	130	140	140	150	170	180	190	210	220	240	240	250	260	260	270
			-35	120	120	130	140	150	170	180	190	200	210	220	230	230	240	240
			-20	100	110	110	130	130	150	150	170	180	190	190	200	200	210	210
			-10	90	100	100	110	120	130	140	150	160	160	170	170	180	180	180
			0	80	80	80	90	100	110	110	120	130	130	140	140	140	150	150
洛阳	14.6	介质温度/℃	-65	140	150	150	170	180	200	210	230	240	250	260	270	280	290	290
			-50	130	140	140	160	170	180	190	210	220	230	240	250	260	260	270
			-35	120	120	130	140	150	170	170	190	200	210	220	230	230	240	240
			-20	100	110	110	120	130	140	140	170	180	180	190	200	200	200	210
			-10	90	90	100	110	120	130	130	150	150	160	170	170	180	180	180
			0	70	80	80	90	100	110	110	120	130	130	140	140	140	140	150
大连	10.2	介质温度/℃	-65	140	140	150	170	170	190	200	220	240	250	260	270	270	280	290
			-50	120	130	140	150	160	180	190	290	220	230	240	240	250	260	260
			-35	110	120	120	140	140	160	170	180	200	200	210	220	220	230	230
			-20	100	100	110	120	120	140	140	160	170	170	180	180	190	190	200
			-10	80	90	90	100	110	120	120	140	140	150	150	160	160	160	170
			0	60	70	70	80	80	90	100	100	110	110	120	120	120	120	130

续表

城市名称	环境温度/℃	管径/mm		15	20	25	40	50	80	100	150	200	250	300	350	400	450	500
		保冷层厚度/mm																
上海	15.7	介质温度/℃	-65	140	150	150	170	180	200	210	230	230	260	270	270	280	290	290
			-50	130	140	140	160	170	180	190	210	230	240	250	250	260	270	270
			-35	120	120	130	140	150	150	160	170	200	210	220	230	230	240	240
			-20	100	110	110	130	130	150	150	170	180	190	190	200	200	210	210
			-10	90	100	100	110	120	130	140	150	160	160	170	170	180	180	180
			0	80	80	80	90	100	110	110	120	130	140	140	140	150	150	150
兰州	3.6	介质温度/℃	-65	130	140	150	170	170	190	200	220	240	250	260	260	270	280	280
			-50	120	130	140	150	160	180	190	200	220	230	240	250	250	250	260
			-35	110	120	120	140	140	160	170	180	190	200	210	220	220	230	230
			-20	90	100	110	120	120	140	140	160	160	170	180	180	190	190	190
			-10	80	90	90	100	110	120	120	130	140	150	150	150	160	160	160
			0	60	70	70	80	80	90	90	100	100	110	110	110	120	120	120
广州	21.8	介质温度/℃	-65	140	150	160	180	180	200	220	240	250	260	270	280	290	300	300
			-50	130	140	150	160	170	190	200	220	230	240	250	260	270	270	280
			-35	120	130	140	150	160	170	180	200	210	220	230	240	240	250	250
			-20	110	120	120	130	140	160	160	180	190	200	210	210	220	220	230
			-10	100	100	110	120	130	140	150	160	170	180	180	190	190	200	200
			0	90	90	90	110	110	120	130	140	150	150	160	160	170	170	170

注：表中厚度按冷价 300 元/kJ、导热系数 0.036、材料价格 640 元/m^2 计算。

6.18　管道防烫厚度选用表[16]

岩棉/硅酸钙厚度的选用

环境温度/℃		管道公称直径/mm														
		15	20	25	40	50	80	100	150	200	250	300	350	400	450	500
20	A①	20	20	20	20	20	20	20	20	20	20	20	20	20	20	20
	B②	20	20	20	20	20	20	20	20	20	20	20	20	20	20	20
25	A	20	20	20	20	20	20	20	20	20	20	20	20	20	20	20
	B	20	20	20	20	20	20	20	20	20	20	20	20	20	20	20
30	A	20	20	20	20	20	20	20	20	20	30	30	30	30	30	30
	B	20	20	20	20	20	30	30	30	30	30	30	30	30	30	30

① A 表示岩棉制品，B 表示硅酸钙制品；

② 表中数据是按照表面温度法、取防烫层外表面温度保持 60℃、介质温度为 120℃ 的条件计算的。

6.19 设备和管道的表面色和标志色(SH 3043—2014)

6.19.1 设备的表面色和标志文字色

序号	设备类别		表面色	标志文字色	备 注
1	静设备		银	大红 R03	—
2	工业炉		银	大红 R03	—
3	锅炉		银	大红 R03	—
4	机械设备	泵	银	大红 R03	或出厂色
		电机	苹果绿 G01		
		压缩机、离心机	苹果绿 G01		
		风机	天酞蓝 PB09		
5	输油臂		大红 R03	白	—
6	鹤管		银	大红 R03	—
7	消防设备		大红 R03	白	—
8	钢烟囱		银	—	—
9	火炬		银	—	—
10	联轴器防护罩		淡黄 Y06	—	—

注：表面色和标志文字色名后的 R03、G01 等代号与 GB/T 3181 标准中对应颜色的代号一致。

6.19.2 管道的表面色

序号	名 称		表 面 色
1	物料管道	一般物料	银
		酸、碱	紫 P02
2	公用物料管道	水	艳绿 G03
		污水	黑
		蒸汽	银
		空气及氧	天酞蓝 PB09
		氮	淡黄 Y06
		氨	中黄 Y07
3	排大气紧急放空管		大红 R03
4	消防管道		大红 R03
5	电气、仪表保护管		黑
6	仪表管道	仪表风管	天酞蓝 PB09
		气动信号管、导压管	银

6.19.3 阀门、管道附件的表面色

序号	名称		表面色	备注
1	阀门阀体	灰铸铁、可锻铸铁	黑	
		球墨铸铁	银	
		碳素钢	中灰 B02	
		耐酸钢	海蓝 PB05	
		合金钢	中酞蓝 PB04	
2	阀门手轮、手柄	钢阀门	海蓝 PB05	
		铸铁阀门	大红 R03	或出厂色
3	调节阀	铸铁阀体	黑	
		铸钢阀体	中灰 B02	
		锻钢阀体	银	
		膜头	大红 R03	
4	安全阀		大红 R03	
5	管道附件		银	

6.19.4 构架、平台及梯子的表面色

序号	名称	表面色
1	梁、柱、斜撑、吊柱、管架和管道支吊架	蓝灰 PB08 或中酞蓝 PB04
2	铺板、踏板	蓝灰 PB08 或中酞蓝 PB04
3	栏杆(含立柱)、护栏、扶手	淡黄 Y06
4	栏杆挡板	蓝灰 PB08 或中酞蓝 PB04

6.20 管道的试压与试漏(GB 50517—2010)

6.20.1 液压试验

(1) 管道焊接检查和检验合格后，每个管道系统在初次运行前应进行压力试验。压力试验除另有规定外一般使用工业用水进行液压试验。

(2) 当管道的设计温度高于试验温度时，试验压力应按下式计算：

$$p_s = 1.5p\,[\sigma]_1 / [\sigma]_2$$

式中 p_s——试验压力(表压)，MPa；

p——设计压力(表压)，MPa；

$[\sigma]_1$——试验温度下，管材的许用应力，MPa；

$[\sigma]_2$——设计温度下，管材的许用应力，MPa。

当$[\sigma]_1/[\sigma]_2$大于6.5时，取6.5。

当p_s在试验温度下，产生超过屈服强度的应力时，应将试验压力p_s降至不超过

屈服强度 90%时的最大压力。

（3）真空管道的试验压力应为 0.2MPa。

（4）液体压力试验时，应缓慢升压，达到试验压力后停压 10min，然后降至设计压力，停压 30min，应以不降压、无泄漏、无变形即为强度和严密性试验为合格。

6.20.2 气压试验

（1）受条件限制不能进行液压试验时，可按规定在设置压力泄放装置等条件下进行气压试验，一般用空气作为试验介质。

（2）系统试验压力设计无规定时，应按设计压力的 1.15 倍取值。

（3）气体压力试验时，应逐步缓慢增加压力。当压力升至试验压力的 50%时，稳压 3min，未发现异常或泄漏，继续按试验压力的 10%逐级升压，每级稳压 3min，直至试验压力，稳压 10min。再将压力降至设计压力，涂刷中性发泡剂对试压系统进行检查，管道无变形、无泄漏即为强度和严密试验合格。

6.20.3 泄漏性试验和真空试验

（1）气体泄漏性试验的试验压力应为设计压力，一般采用空气作试验介质。

（2）泄漏性试验的检查重点应是阀门填料函、法兰或螺纹连接处、放空阀、排气阀、排水阀等。

（3）气体试漏性试验时，试验压力应逐级缓慢上升。当达到试验压力时，停压 10min 后，用涂刷中性发泡剂的方法，巡回检查所有密封点，无泄漏应为合格。

（4）真空管道系统，压力试验合格后，应以 0.1MPa 气体进行泄漏性试验。

（5）真空管道在气体泄漏性试验合格后，真空系统联动试运转时，还应进行真空度试验。当系统内真空度达到设计文件要求时，应停止抽真空，进行系统的增压率考核。考核时间应为 24h，增压率应按下式计算，不大于 5%应为合格。

$$\Delta p = \frac{p_2 - p_1}{p_1} \times 100\%$$

式中 p_1——试验初始绝压，MPa

p_2——24h 时的实际绝压，MPa

Δp——24h 的增压率，%。

6.21 基建材料的主要物理性质[2]

名 称	密度/(kg/m^3)	导热系数/[kcal/(m·h·℃)]	比热容/[kcal/(kg·℃)]
天然石材			
花岗岩	2500~2800	2.8	0.22
石灰岩	1700~2400	0.5~1.2	0.22
大理石	2700	3.0	0.22

续表

名　　称	密度/(kg/m^3)	导热系数/[kcal/(m·h·℃)]	比热容/[kcal/(kg·℃)]
石灰质凝灰岩	1300	0.45	0.22
散粒材料			
干砂	1500~1700	0.39~0.50	0.19
粘土	1600~1800	0.4~0.46	0.18(+20~-20℃)
颗粒白土	700~900		
瓷球	1200~1600		
卵石	1400~1700	0.42	0.20(+20~-20℃)
锅炉煤渣	700~1100	0.16~0.26	
石灰砂装	1600~1800	0.38~0.48	0.20
砖			
普通粘土砖	1600~1900	0.40~0.58	0.22
耐火砖	1840	0.9(800~1100℃)	0.21~0.24
绝缘砖(多孔)	600~1400	0.14~0.32	
硅藻土砖	900~1300	0.19~0.29	0.17
混凝土			
普通混凝土	2000~2400	1.1~1.33	0.20
矿渣混凝土	1000~1700	0.35~0.60	0.18~0.20
钢筋混凝土	2200~2400	1.33	0.20
陶粒混凝土	1400	0.35	
泡沫混凝土	400~1000	0.11~0.25	0.20
木材			
松木	500~600	0.06~0.09	0.65(0~100℃)
柞木	700~900	0.1~0.13	0.26
软木	100~300	0.035~0.055	0.23
树脂木屑板	300	0.10	0.45
胶合板	600	0.15	0.60
金属			
钢	7850	39.0	0.11
熔铁(生铁)	7220	54.0	0.12
铝	2670	175.0	0.22
黄铜	8600	73.5	0.090
铜	8800	330.0	0.091
镍	9000	50.0	0.11
锡	7230	55.0	0.054
汞	13600	7.5	0.033

续表

名　称	密度/(kg/m³)	导热系数/[kcal/(m·h·℃)]	比热容/[kcal/(kg·℃)]
铅	11400	30.0	0.031
银	10500	394.0	0.056
锌	7000	100	0.094
球墨熔铁	7300		
不锈钢	7900	15	0.12
塑料			
酚醛	1250~1300	0.11~0.22	0.3~0.4
聚酰胺	1130	0.27	0.46
聚丙烯	900	0.12	0.46
聚酯	1200	0.16	0.39
聚醋酸乙烯	1200~1600	0.14	0.24
聚氯乙烯	1380~1400	0.14	0.44
聚苯乙烯	1050~1070	0.07	0.32
低压聚乙烯	940	0.25	0.61
中压聚乙烯	920	0.22	0.53
聚四氟乙烯	2100~2300	0.21	0.25
其他			
有机玻璃	1180~1190	0.12~0.17	
玻璃	2500	0.64	0.16
石英玻璃	2210		0.20
瓷器	2400	0.89	0.26
石棉水泥瓦和板	1600~1900	0.3	
油毛毡	200~300	0.036~0.050	
耐酸陶制品	2200~2300	0.8~0.9	0.18~0.19
橡胶	1200	0.14	0.33
耐酸砖和板	2100~2400		
耐酸搪瓷	2300~2700	0.85~0.9	0.2~0.3
辉绿岩板	2900~3000	0.85	0.25
电极石墨	1400~1600	100~110	0.152
不透性石墨(浸渍)	1800~1900	90~110	
煤			0.31
水	1000	0.5	1
冰	900	2.0	0.505

7 工艺数据与计算

计算是技术人员需要经常从事的工作，计算机的普及解决了计算中很多难题。但在日常工作中有很多零碎简单的问题，通过简易计算就能解决，不需要也不可能都要上计算机。这里列出的是一些与炼油工艺有关的一般常用基础计算数据和公式，为技术工作提供方便。

7.1 基本常数与公式

7.1.1 基本常数[3]

名　称	符　号	数　值	单　位
光速(真空)	c	2.997925×10^{8}	m/s
Avogadro(阿伏伽德罗)常数	N_A	6.02214×10^{23}	molecul/(g-mol)
Planck(普朗克)常数	h	6.6261×10^{-27}	(erg)(s)/mol
Faraday(法拉第)常数	F	96485.3	C/mol
冰点绝对温度 0℃ 32℉	 $T_{0℃}$ $T_{32℉}$	 273.15 491.67	 K °R
0℃和零压力下(理想气体) 1mol 气体的压力-体积乘积	$(pV)_{T_{0℃}}^{p=0}$	2271.11 22.4141 2.27111×10^{6}	J/(g-mol) (L)(atm)/(g-mol) (m^3)(Pa)/(kg-mol)
电荷载	$e=\frac{F}{N_A}$	1.60218×10^{-19}	C
气体常数	$R=\frac{(pV)_{T_{0℃}}^{p=0}}{T_{0℃}}$	8.3145 1.9872 82.058 62.364 0.084786 8314.5 1.9859 1545.4 10.732 0.73024 554.99	joules/(g-mol)(K) g-cal/(g-mol)(K) (cm^3)(atm)/(g-mol)(K) (mm Hg)(L)/(g-mol)(K) (kg/cm^2)(L)/(g-mol)(K) (Pa)(cu m)/(kg-mol)(K) Btu/(lb · mol)(°R) ft-lb[力]/(lb · mol)(°R) (psia)(ft^3)/(lb · mol)(°R) (atm)(ft^3)/(lb · mol)(°R) (mm Hg)(ft^3)/(lb · mol)(°R)

续表

名　称	符　号	数　值	单　位
Boltzmann(波耳兹曼)常数	$K=\frac{R}{N_A}$	1.38066×10^{-16}	erg/(molecule)(K)
二次辐射常数	$C_2=\frac{hc}{k}$	1.43877	cm·℃
标准重力	g_0	980.665 32.174	cm/s^2 ft/s^2
标准大气压	atm	1013250 14.696 101325	dyn/cm^2 psia Pa
标准毫米汞柱压力	mmHg	1/760	atm
卡路里(热化学)	cal	4.1840 4.1840×10^7	J erg
卡路里(国际蒸汽表)	cal_{IT}	4.1868	J
圆周率	π	3.14159	
自然对数基数	e	2.71828	
自然对数(基数 e)，$\log_e 10$	ln 10	2.30258509	

7.1.2 伯努利方程(Bernoulli equation)[17]

伯努利方程是流体宏观运动机械能守恒原理的数学表达式，方程表明位能、静压能和动能三项能量可以相互转换，但总和不变。

$$Zg+\frac{P}{\rho}+\frac{U^2}{2}=\text{常数}$$

式中 Z——距离基准面的高度，m；

P——静压力，Pa；

U——流体速度，m/s；

ρ——流体密度，kg/m^3；

g——重力加速度，$9.81m/s^2$。

7.1.3 雷诺数(Rynolds number)[17,18]

雷诺数是判别黏性流体流动状态的无因次数群，用于判别流动特征。

$$Re=\frac{d_i u\rho}{\mu}$$

式中 Re——雷诺数；

d_i——管内径，mm；

ρ——流体密度，kg/m^3；

μ——流体动力黏度，mPa·s(cP)；

u——流速，m/s。

7.1.4 气体状态方程[19]

$$pV=nZR_M T=mZRT$$

式中 p——压力，Pa；

V——容积，m^3；

n——摩尔数，kmol；

Z——气体压缩系数；

R——气体常数，kJ/(kg·K)；

R_M——通用气体常数，$R_M=8.314$kJ/(kmol·K)；

T——温度，K；

m——质量，kg。

7.2 炼油工艺主要操作参数

序号	工艺名称	压力/MPa	温度/℃	空速/h^{-1}	氢油比①（体积或摩尔）	其他
1	原油电脱盐	0.8~1.6	110~150			
2	常压蒸馏	0.05~0.08	塔顶 110~140 塔底 348~353			
3	减压蒸馏	1~7kPa(绝)	塔顶 70~90 塔底 370~400			
4	催化裂化	0.08~0.25	480~538	反应时间 3s		剂油比 7~9 回炼比 0.1~0.3
5	催化裂解	0.08~0.14	540~580	2~4		剂油比 10~15
6	延迟焦化	0.1~0.2	490~500	18~24 h		循环比 0.05~0.2
7	减黏裂化	0.5~0.8	420~435			
8	S Zorb 工艺	2.7~3.1	400~440	3.0~7.0	(0.18~0.22)	硫差 5.0~7.5%
9	加氢裂化	10~20	370~440	1.0~2.0	1000~1500	
10	汽油加氢精制	2.0~4.0	280~340	2.0~8.0	100~500	
11	煤油加氢精制	2.5~3.2	220~340	2.0~4.0	150~300	
12	柴油加氢精制	4.0~8.0	300~400	1.2~3.0	500~700	
13	蜡油加氢精制	8~12	360~420	1.0~2.0	400~1000	
14	渣油加氢精制	15~17	380~410	0.1~0.3	800~1100	
15	石蜡加氢精制	5~10	260~330	0.5~1.0	300~400	
16	临氢降凝	3~5	390~420	1~1.5	260~450	
17	制氢(转化炉)	2.0~3.05	800~870			水碳比 3.0~3.5

续表

序号	工艺名称	压力/MPa	温度/℃	空速/h^{-1}	氢油比①(体积或摩尔)	其 他
18	半再生催化重整	1.0~1.5	480~510	1.5~2.5	(5~8)	
19	连续重整	0.34~0.8	480~540	1.0~2.0	(1.5~3.0)	
20	芳烃抽提(环丁砜液-液抽提)	0.50~0.65	塔顶 70~100 塔底 55~85			溶剂比 3.0~4.5
21	芳烃抽提(环丁砜抽提蒸馏)	0.1~0.2	塔顶 80~120 塔底 160~178			溶剂比 3.5~4.5
22	歧化及烷基转移	2.0~3.0	340~480	2~3.5	(2~4)	
23	二甲苯异构化	0.8~2.0	350~440	3~10	(1~5)	
24	PX 吸附分离	0.8~0.9	170~180			
25	C_5/C_6 异构化(中温)	1.5~2.5	210~300	1~2	(2~3)	
26	C_5/C_6 异构化(低温)	3.0~3.5	100~180	1~2	(0.05~2)	
27	选择性叠合	3.9~4	82~130	0.65~1.3		
28	非选择性叠合	3~5	190~220	1~3		
29	硫酸烷基化	0.3~0.5	6~10			酸烃比 1~1.5
30	氢氟酸烷基化	0.5~0.6	30~40			酸烃比(体积)4~5
31	甲基叔丁基醚	1.0~1.3	40~80	2		醇烯比 1.05~1.2
32	丙烷脱沥青	3.7~4.4	60~70			溶剂比 5~8
33	糠醛精制	0.7	塔顶 100~130 塔底 70~110			溶剂比 2~5
34	分子筛脱蜡	0~0.15	320~340	0.2~0.3		筛油比 13~18
35	溶剂脱蜡(结晶)	2~4	-15~-40			溶剂比 3.7∶1
36	氧化沥青	0.1	250~300	氧化时间 4~8h		
37	硫磺回收(Claus)	0.05~0.07	1300~300	800~1000		$H_2S:SO_2=2:1$

①带括号数据为摩尔比。

7.3 装置规模与投资的关系[20]

建设装置首先要确定的就是装置规模，由于规模对投资影响比较大，应当根据实际需要慎重确定。对于技术条件相同，装置规模不同的 A、B 两套装置，如建设范围相同，其投资关系可以大致用下式表示：

$$\frac{C_A}{C_B}=\left[\frac{Q_A}{Q_B}\right]^x$$

式中 C——装置投资；

Q——装置规模；

x——朗格指数(也称投资规模指数)，一般而言，各炼油装置朗格指数如下：

常压蒸馏	0.7	催化重整	0.62~0.75
常减压蒸馏	0.6	芳烃抽提	0.6
催化裂化	0.7~0.83	干气制氢	0.65~0.7
延迟焦化	0.7~0.81	气体分馏	0.7
加氢裂化	0.71~0.82	烷基化	0.6~0.65
加氢精制	0.65~0.85	氧化沥青	0.65
渣油加氢	0.8	丙烷脱沥青	0.73

7.4 能耗计算(GB 30251—2013)

炼油能源消耗统计包括燃料(含催化烧焦)、电、蒸汽及耗能工质，不包括作为原料用途的能源。炼油生产过程消耗的各种能源，均折算为标油进行能耗计算，单位采用千克标油(kgoe)。

炼油与非炼油系统的热量交换(含直供)以热量接受方实际有效利用为原则。热物料的起始计算温度为60℃；以热水形式供给的热量，按低温热进行标油的折算。

新建炼油企业炼油单位产品能耗准入值的指标包括炼油(单位)综合能耗和单位能量因数能耗。炼油生产装置能量因数为装置加工量系数与装置能量系数乘积之和。

7.4.1 能源及耗能工质折算标油系数

序号	项目	单位	折算系数 千克标油(kgoe)	折算系数 兆焦(MJ)	备注
1	标油	t	1000	41868	
2	燃料油	t	1000	41868	
3	油田天然气	m^3	0.930	38.94	
4	气田天然气	m^3	0.850	35.59	
5	炼厂燃料气	t	950	39.775	
6	制氢 PSA 尾气	t	320	13.398	
7	催化烧焦	t	950	39.775	
8	石油焦	t	800	33.494	
9	煤	tce	700	29.308	
10	电	kW·h	0.228	9.546	
11	10.0MPa 级蒸汽	t	92	3.852	7.0MPa≤p
12	5.0MPa 级蒸汽	t	90	3.768	4.5MPa≤p<7.0MPa
13	3.5MPa 级蒸汽	t	88	3.684	3.0MPa≤p<4.5MPa
14	2.5MPa 级蒸汽	t	85	3.559	2.0MPa≤p<3.0MPa
15	1.5MPa 级蒸汽	t	80	3.349	1.2MPa≤p<2.0MPa
16	1.0MPa 级蒸汽	t	76	3.182	0.8MPa≤p<1.2MPa

续表

序号	项目	单位	折算系数 千克标油(kgoe)	折算系数 兆焦(MJ)	备注
17	0. 7MPa 级蒸汽	t	72	3. 014	0. 6MPa≤p<0. 8MPa
18	0. 3MPa 级蒸汽	t	66	2. 763	0. 3MPa≤p<0. 6MPa
19	<0. 3MPa 级蒸汽	t	55	2. 303	
20	新鲜水	t	0. 17	7. 12	
21	循环水	t	0. 10	4. 19	
22	软化水	t	0. 25	10. 47	
23	除盐水	t	2. 30	96. 30	
24	低压除氧水	t	9. 20	385. 19	
25	凝汽式蒸汽轮机凝结水	t	3. 65	152. 8	
26	加热设备凝结水	t	7. 65	320. 3	
27	低温热	MJ	0. 012	0. 5	

7. 4. 2　炼油生产装置能耗定额及能量系数

装置名称		能耗定额/(kgoe/t)	能量系数	计算基准
蒸馏装置①	常减压蒸馏	10	1. 0	处理量
	常压蒸馏	9	0. 9	处理量
	润滑油型常减压蒸馏	10. 5	1. 05	处理量
催化裂化②	蜡油催化裂化③	48	4. 8	处理量
	重油催化裂化	55	5. 5	处理量
	常渣催化裂化	75	7. 5	处理量
	深度催化裂解④	80	8. 0	处理量
	MIPCGP	55	5. 5	处理量
	双提升管催化裂化	59	5. 9	处理量
焦化⑤	延迟焦化	25	2. 5	处理量
	稠油延迟焦化	33	3. 3	处理量
催化重整⑥	预处理和连续重整	90	9. 0	重整进料量
	预处理和固定床重整	80	8. 0	重整进料量
	预处理和组合床重整	85	8. 5	重整进料量
	脱重组分塔	22	2. 2	处理量
	芳烃抽提	40	4. 0	处理量
	芳烃分离(苯、甲苯塔)	20	2. 0	处理量
	芳烃分离(苯、甲苯、混二甲苯塔)	25	2. 5	处理量
加氢裂化⑦		33×(1. 3−X)	3. 3×(1. 3−X)	处理量(不含原料氢气)

续表

装置名称		能耗定额/(kgoe/t)	能量系数	计算基准
加氢处理[8]	蜡油	16	1.6	处理量(不含原料氢气)
	渣油	20	2.0	处理量(不含原料氢气)
中压加氢改质		28	2.8	处理量(不含原料氢气)
加氢精制	轻质油 $p<3$MPa	10	1.0	处理量(不含原料氢气)
	轻质油 3MPa$\leqslant p<6$MPa	12	1.2	处理量(不含原料氢气)
	轻质油 $p\geqslant 6$MPa	12	1.2	处理量(不含原料氢气)
	石蜡、地蜡加氢	22	2.2	处理量(不含原料氢气)
	润滑油加氢 $p\leqslant 3$MPa	12	1.2	处理量(不含原料氢气)
	润滑油加氢 $p>3$MPa	22	2.2	处理量(不含原料氢气)
制氢(含氢气提纯)	气体	1100	110.0	产氢量(t)
	轻油	1100	110.0	产氢量(t)
	重油	1500	150.0	产氢量(t)
润滑油溶剂精制	轻质糠醛精制	20	2.0	处理量
	重质糠醛精制	28	2.8	处理量
	酚精制	31	3.1	处理量
溶剂脱沥青		26	2.6	处理量
脱蜡与油蜡精制	酮苯脱蜡	50	5.0	处理量
	酮苯脱蜡脱油	80	8.0	处理量
	地蜡脱油	90	9.0	处理量
	润滑油白土精制	9	0.9	处理量
	石蜡发汗	13	1.3	处理量
	石蜡白土精制	5	0.5	处理量
	石蜡板框成型	15	1.5	处理量
	石蜡机械化成型	15	1.5	处理量
润滑油中压加氢改质[9]		65	6.5	处理量
润滑油高压加氢裂化[10]		78	7.8	处理量
气体分馏	三塔流程	39	3.9	处理量
	四塔流程	48	4.8	处理量
	五塔和六塔流程	51	5.1	处理量
烷基化	硫酸法	105	10.5	烷基化油产量
	氢氟酸法	129	12.9	烷基化油产量

续表

装置名称		能耗定额/(kgoe/t)	能量系数	计算基准
三废处理	溶剂再生	7	0.7	溶剂塔的进料(按浓度40%折算)
	硫磺回收⑪	10	1.0	硫磺产量
	气体脱硫(含溶剂再生)	15	1.5	处理量
	气体脱硫	0.3	0.03	处理量
污水汽提	单塔	15	1.5	处理量
	双塔	18	1.8	处理量
MTBE		95	9.5	对产量
催化汽油吸附脱硫		8.5	0.85	处理量
其他装置	石脑油异构	50	5.0	处理量
	柴油碱洗	1	0.1	处理量
	冷榨脱蜡	10	1.0	处理量
	分子筛脱蜡	130	13.0	处理量
	减粘裂化	9	0.9	处理量
	临氢降凝	20	2.0	处理量(不含原料氢气)
	LPG 脱硫醇	1.8	0.18	处理量
	环烷酸	27	2.7	处理量
	催化干气提浓	55	5.5	处理量
	催化油浆抽提	15	1.5	处理量
	催化油浆拔头	5	0.5	处理量
	PSA 提纯氢	80	8.0	产氢量
	炼厂干气提纯氢气	120	12.0	处理量
	氧化沥青	15	1.5	处理量

①含电脱盐及轻烃回收；若增加轻重石脑油分离，能耗定额相应增加1.0kgoe/t。

②含吸收稳定及汽油脱硫醇；没有或不开吸收稳定时，能耗定额相应减少3.5kgoe/t；若增加汽油回炼，能耗定额相应增加3.0kgoe/t。

③原料中常压渣油比例在20%以下或减压渣油比例在10%以下。

④若干气与液化气收率在36%(含)以上，能耗定额增加5.0kgoe/t

⑤没有或不开吸收稳定时，能耗定额相应减少5.0kgoe/t。

⑥流程到重整汽油脱戊烷塔。

⑦包括循环氢脱硫、气体和液化气脱硫、不含溶剂再生，X为尾油收率。

⑧包括循环氢脱硫、气体和液化气脱硫、不含溶剂再生。

⑨包括加氢处理、常减压和加氢精制。

⑩包括加氢裂化、常减压、临氢降凝和加氢精制。

⑪包括尾气处理，不包括溶剂再生单元；产量在15kt/a以上时，能耗定额为-30kgoe/t。

7.5　烃类混合物的气液平衡

(1) 气液平衡关系

烃类混合物在气液平衡条件下各组分在气液相中的平衡关系如下：

$$y_i = K_i x_i$$

$$X_i = x_i L + y_i (100 - L)$$

式中　y_i——i 组分在平衡气体中的摩尔分数；

x_i——i 组分在平衡液体中的摩尔分数；

K_i——i 组分在气液平衡条件(温度、压力)下的平衡常数；

X_i——每 100 分子总混合物中组分 i 的总摩尔数；

L——每 100 分子总混合物中平衡液体的摩尔数。

(2) 露点

气相混合物的露点即气体在一定压力下冷却到饱和状态开始冷凝的温度，此时：

$$\sum \frac{y_i}{K_i} = 1$$

(3) 泡点

液相混合物的泡点即液体在一定压力下加热达到气液平衡状态开始汽化的温度，此时：

$$\sum K_i x_i = 1$$

7.6　渣油原料分类及其适合的加工工艺[21]

渣油分类	渣油原料性质			比例(119 种)		典型的改质工艺				
							加氢			
	Ni+V/(μg/g)	残炭/%	硫/%	常压渣油/%	减压渣油/%	渣油催化裂化	固定床	移动床沸腾床	浆液床	焦化，溶剂脱沥青
易加工	<25	<7	<0.5	25	0	△				
不难加工	<70			48	49		△			
稍难加工	70~200			16	25		△	△	△	△
难加工	200~800			10	21			△	△	△
极难加工	>800			1	5				△	△

7.7　延迟焦化产率估算[22]

延迟焦化产品分布可以根据焦化原料的康氏残炭值 CCR 按以下关系式估算：

焦炭产率/%　　　COK = 1.6×CCR

气体($<C_4$)产率/%　　Gas=7.8+0.144×CCR

焦化汽油产率/%　　Nao=11.29+0.343×CCR

焦化柴油+蜡油产率/%　　TGO=100-(COK+Gas+Nao)

焦化柴油产率/%　　CGO=0.648×TGO

焦化蜡油产率/%　　CVGO=0.352×TGO

焦化柴油相对密度为0.8762，焦化蜡油相对密度按0.9762计，两者的体积收率分别为67.3%和32.7%。

以上产品分布关联基于以下条件：

相对密度不超过0.9465的直馏减压渣油，汽油干点为200℃，蜡油干点为475~495℃，焦炭塔表压为0.15~0.2MPa。

7.8　加氢过程的氢耗量与反应热[21]

7.8.1　加氢过程的氢耗量(以原料为基础)

氢耗量	体积比/(Nm^3/m^3)	质量分数/%
馏分油加氢		
石脑油—直馏	7.0~10.5	0.08~0.12
—催化裂化汽油	61.3~70.0	0.7~0.8
—热加工	87.6~105.1	1.0~1.2
灯　油—直馏	7.0~10.5	0.08~0.11
柴油馏分—直馏	17.5~35.0	0.2~0.4
—热加工	70.0~87.6	0.7~0.9
—催化裂化柴油	52.5~70.0	0.6~0.8
蜡油和渣油加氢处理		
减压蜡油—直馏	43.8~70.0	0.4~0.7
常压渣油	87.6~175.1	0.9~1.7
365℃+焦化蜡油	175.1~227.6	1.7~2.1
减压渣油	175.1~227.6	1.5~2.0
加氢裂化		
减压蜡油—最大石脑油方案	315.2~420.2	3.1~4.1
—最大中间馏分方案	175.1~315.2	1.7~3.1
减压渣油	175.1~227.6	1.5~2.0

7.8.2　加氢过程主要反应的平均反应热

反应类型	单　位	数　据
烯烃加氢饱和	J/kmol	-1.047×10^{8}
芳烃加氢饱和	J/kmol	-3.256×10^{7}
加氢脱硫	J/kmol	-6.978×10^{7}
加氢脱氮	J/kmol	-9.304×10^{7}
环烷烃加氢开环	J/kmol	-9.304×10^{6}
烷烃加氢裂化	J/mol 分子增加	-1.477×10^{7}

7.9　催化重整的芳烃潜含量和产品辛烷值[7]

7.9.1　芳烃潜含量

芳烃潜含量是表征重整原料的一项指标，它是原料中的环烷烃全部都转化为芳烃的量与原料中的芳烃量之和。芳烃潜含量高说明原料较富，对重整反应有利；反之原料较贫，对重整反应不利。以 $C_6\sim C_8$芳烃为例计算芳烃潜含量：

芳烃潜含量(%)＝苯潜含量+甲苯潜含量+C_8芳烃潜含量

苯潜含量(%)＝C_6环烷(%)×(78/84)+苯(%)

甲苯潜含量(%)＝C_7环烷(%)×(92/98)+甲苯(%)

C_8芳烃潜含量(%)＝C_8环烷(%)×(106/112)+C_8芳烃(%)

式中的78、84、92、98、106、112分别为苯、C_6环烷、甲苯、C_7环烷、C_8芳烃、C_8环烷的相对分子质量。

7.9.2　重整油辛烷值与反应温度的关系

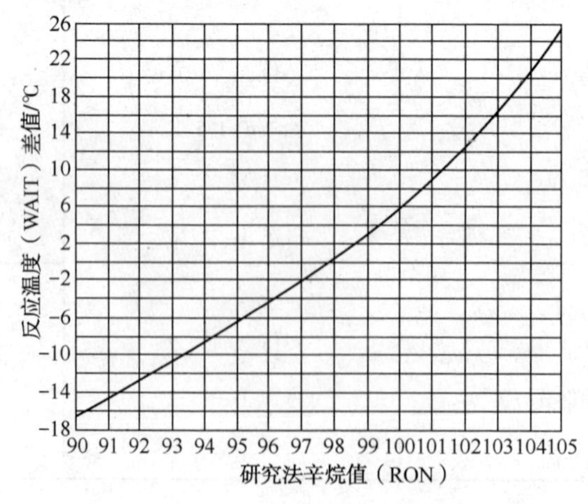

7.9.3 重整油辛烷值与催化剂相对积炭因数的关系

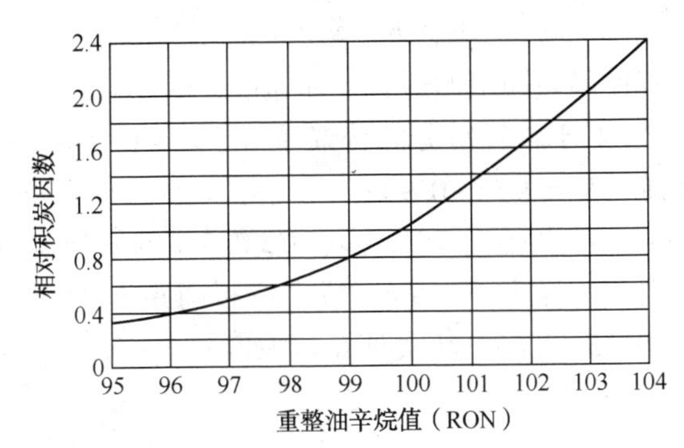

7.9.4 重整油辛烷值与芳烃含量的关系

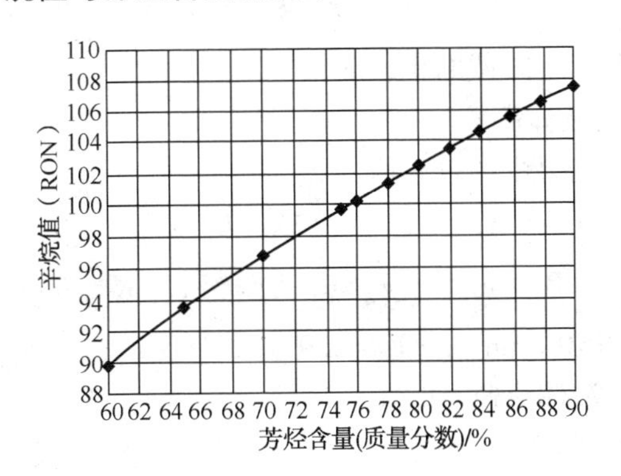

7.10 浮阀塔的计算[23]

7.10.1 初估塔径

浮阀塔在选定塔板间距以后，可按以下步骤估算塔径：

（A）最大允许气体速度

$$W_{max}=\frac{0.055\sqrt{gH}}{1+2\dfrac{L}{V}\sqrt{\dfrac{\gamma_1}{\gamma_v}}}\sqrt{\frac{\gamma_1-\gamma_v}{\gamma_v}}$$

式中 W_{max}——塔板气相空间截面(即已扣除降液管面积)的最大允许气体速度，m/s；

g——重力加速度，9.81m/s^2；

H——塔板间距，m；

L——液体体积流量，m^3/s；

V——气体体积流量，m^3/s；

γ_1——液相密度，kg/m^3；

γ_v——气相密度，kg/m^3。

(B) 适宜的气体操作速度

$$W_a = K \cdot K_s \cdot W_{max}$$

式中　W_a——塔板气相空间截面上的适宜气体速度，m/s；

K_s——系统因数(对于较轻组分的分馏系统，$K_s = 0.95 \sim 1.0$；对于重黏油品的分馏系统，$K_s = 0.85 \sim 0.9$)；

K——安全系数(对直径大于 0.9m、$H>0.5$m 的常压和加压操作的塔，$K=0.82$；对于直径小于 0.9m，或者塔板间距 $H \leqslant 0.5$m，以及真空操作的塔，$K=0.55 \sim 0.65$，H 大时 K 取大值)。

(C) 气相空间截面积

$$F_a = \frac{V}{W_a}$$

式中　F_a——计算的气相空间截面积，m^2。

(D) 计算降液管内液体流速

选以下两式中计算结果中的较小值：

$$V_d = 0.17K \cdot K_s$$

当 $H \leqslant 0.75$m 时　$V_d = 7.98 \times 10^{-3} K \cdot K_s \sqrt{H(\gamma_1 - \gamma_v)}$

或当 $H>0.75$m 时　$V_d = 6.97 \times 10^{-3} K \cdot K_s \sqrt{\gamma_1 - \gamma_v}$

式中　V_d——降液管内液体流速，m/s。

(E) 计算的降液管面积

取以下两式中计算结果中的较大值：

$$F_{d1} = \frac{L}{V_d}$$

$$F_{d1} = 0.11F_a$$

式中　F_{d1}——计算的降液管面积，m^2。

(F) 计算的塔横截面积及塔径

$$F_t = F_a + F_{d1}$$

$$D_c = \sqrt{\frac{F_t}{0.785}}$$

式中　F_t——计算的塔横截面积，m^2；

D_c——计算塔径，m。

(G) 采用的塔径及空塔气速

根据计算的塔径，考虑操作弹性及塔内件布置等因素确定采用的塔径，从而确定塔的结构参数：

$$F = 0.785D^2$$

$$W=\frac{V}{F}$$

$$F_{d}=\left(\frac{F}{F_{t}}\right)\times F_{d1}$$

式中　D——采用的塔径，m；

F——采用的塔横截面积，m^2；

W——空塔气速，m/s；

F_d——降液管面积，m^2。

7.10.2　浮阀阀孔的动能因数

$$F_{o}=W_{o}\sqrt{\gamma_{v}}$$

式中　F_o——浮阀动能因数；

W_o——浮阀孔速，m/s；

γ_v——气相密度，kg/m^3。

阀孔动能因数 F_o 正常操作范围 8~11，下限 5~6。

7.10.3　降液管中液相停留时间

$$\tau=\frac{F_{d}\cdot H}{L}$$

式中　τ——液体在降液管内停留时间，s；

F_d——降液管面积，m^2；

H——塔板间距，m；

L——液体体积流量，m^3/s。

液体在降液管内停留时间一般对不起泡物料取 $\tau \geq 3.5s$，对微起泡或中等起泡物料取 $\tau > 4 \sim 5s$，对严重起泡物料 $\tau > 7s$。

7.10.4　溢流强度

溢流堰堰长：单溢流一般为采用塔径的 0.6~0.8 倍，双溢流(两侧)一般为采用塔径的 0.5~0.7 倍。

$$S_{w}=\frac{L}{l_{w}}$$

式中　S_w——堰上溢流强度，$m^3/(m \cdot h)$；

L——液体体积流量，m^3/h；

l_w——溢流堰长度，m。

堰上溢流强度一般不大于 70 $m^3/(m \cdot h)$。

7.10.5　降液管底缘距塔板的高度

决定降液管底缘距塔板高度(底隙)的因素是既要防止沉淀物堆积或堵塞降液管，

使液体顺利流入下层塔板，同时又要防止上升气体由降液管通过形成短路而破坏塔板的正常操作。

$$h_b = \frac{L}{l_w \times W_b}$$

式中　h_b——降液管底缘距塔板的高度，m；

L——液体体积流量，m^3/s；

l_w——溢流堰长度，m；

W_b——降液管底缘出口处流速，一般取 0.1~0.3m/s(易发泡物料取小值)，不超过 0.3~0.45m/s。

对较小的塔，h_b最小可到 20~25mm 左右，一般在 35mm 以上，以保证液体通过降液管下端出口处的压力降等于 13~25mm 液柱。

7.11　填料塔的计算[10]

7.11.1　填料的分类及其性能

(A) 散堆填料

拉西环

鲍尔环

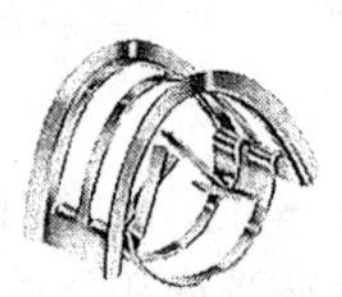
Intalox 矩鞍环

阶梯环

扁环

环矩鞍填料

① 国产瓷拉西环填料特性(乱堆)

外径/mm	高×厚/(mm×mm)	堆积个数/(个/m^3)	堆积密度/(kg/m^3)	比表面积/(m^2/m^3)	空隙率/%	泛点填料因子/m^{-1}
16	16×2	192500	730	305	73	900
25	25×2.5	49000	505	190	78	400
40	40×4.5	127000	577	126	75	350
50	50×4.5	6000	457	93	81	220
80	80×9.5	1910	714	76	68	280

② 鲍尔环填料几何特性数据(干装，散堆)

材料	公称尺寸/mm	外径×高×厚/(mm×mm×mm)	堆积个数/(个/m^3)	堆积密度/(kg/m^3)	比表面积 a/(m^2/m^3)	空隙率 ε/(m^3/m^3)	干填料因子 F (a/ε^3)/m^{-1}
塑料	76	76×76×2.6	1930	70.9	72.2	0.92	94
	50①	50×50×1.5	6500	74.8	112	0.901	154
	50②	50×50×1.5	6100	73.7	92.7	0.9	127
	38	38×38×1.4	15800	98.0	155	0.89	220
	25	25×25×1.2	42900	150	175	0.901	239
	16	16×16×1.1	112000	141	183	0.911	249
金属	50	50×50×1.0	6500	395	112.3	0.949	131
	38	38×38×0.8	13000	365	129	0.945	153
	25	25×25×0.6	55900	427	219	0.934	269
	16	16×16×0.8	143000	216	239	0.928	299

① 系指填料内筋形成为#形；

② 系指填料内筋形式为二层十字形。

③ Intalox 金属矩鞍环填料几何特性数据

DN/mm	堆积个数/(个/m^3)	空隙率/%	填料因子 F_p/m^{-1}	等板高度 $HETP$/mm
25	168425	96.7	441	355~485
40	50140	97.3	258	460~610
50	14685	97.8	194	560~740
70	4625	98.1	129	790~1060

④ 国产金属环矩鞍填料的几何特性数据

公称尺寸/mm	外径×高×厚/(d×H×δ)mm×mm×mm	堆积个数 n/(p/m^3)	堆积密度① ρ/(kg/m^3)	比表面积 a/(m^2/m^3)	空隙率 ε/(m^3/m^3)	干填料因子 F(a/ε^3)/m^{-1}
76	76×60×1.2	3320	244.7	57.6	0.97	63.1
50	80×40×1.0	10400	291.0	74.9	0.96	84.7
38	38×30×0.8	24680	365.0	112.0	0.96	126.6
25	25×20×0.6	101160	409.0	185.0	0.96	209.1

注：金属材质填料堆密度除注明者外，仅适用于碳钢和不锈钢，若用同样厚度的其他板材时，对铜乘以1.14；对铝乘以0.34；对镍、蒙乃尔合金乘以1.14。

⑤ 阶梯环填料几何特性数据

材料	公称尺寸/mm	外径×高×厚/(d×H×δ) mm×mm×mm	堆积个数 n/(个/m^3)	堆积密度 ρ/(kg/m^3)	比表面积 a/(m^2/m^3)	空隙率 ε/(m^3/m^3)	干填料因子 $F(a/\varepsilon^3)/m^{-1}$
金属（干装）	50	50×28×1. 0	11600	400	109. 2	0. 95	127. 4
	38	38×19×0. 8	31890	475. 5	154. 3	0. 94	185. 8
	25	25×12. 5×0. 6	97160	439	220	0. 93	273. 5

注：金属填料堆密度系指采用碳钢和不锈钢材质，若用同样厚度的其他板材时，对铜乘以 1. 14；对铝乘以 0. 34；对镍、蒙乃尔合金乘以 1. 14。

⑥ 扁环填料的几何特性数据

公称尺寸/mm	外径×高×厚/(mm×mm×mm)	堆积密度/(kg/m^3)	比表面积/(m^2/m^3)	空隙率/(m^3/m^3)	堆积个数/(个/m^3)
16	16×5. 5×0. 5	604	348	92. 3	630000
25	25×90×0. 5	506	228	93. 6	160000
38	38×12. 7×0. 7	390	150	95. 0	48000
50	50×17. 0×0. 8	275	115	96. 5	21500

(B) 规整填料

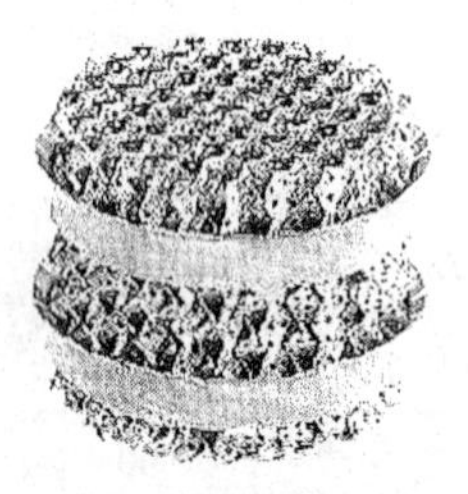

Mellapak金属板波纹填料

刺孔金属波纹板填料

金属丝网波纹填料

① Mellapak 型金属板波纹填料的几何特性

型　　号	比表面积/(m^2/m^3)	波纹倾角/(°)	空隙率/(m^3/m^3)	峰高/mm
125X	125	30	0. 98	25
125Y	125	45	0. 98	25
250X	250	30	0. 97	
250Y	250	45	0. 97	12
350X	350	30	0. 94	
350Y	350	45	0. 94	9
500X	500	30	0. 92	6. 3
500Y	500	45	0. 92	6. 3

② 刺孔金属板波纹填料特性参数

型号	理论级数/(1/m)	空隙率/(m^3/m^3)	比表面积/(m^2/m^3)	压降/(Pa/m)	堆积密度/(kg/m^3)	最大 F 因子/[$m/s(kg/m^3)^{0.5}$]
700Y	5~7	0.85	700	930	240~280	1.6
500X	3~4	0.93	500	200	170~200	2.1
250Y	2.5~3	0.97	250	300	85~100	2.6

③ 金属丝网波纹填料的几何参数

型　号	250(AX)	500(BX)	700(CY)
波峰高/mm		6.3	4.3
波距/mm		10.2	7.3
齿形角度		78	81
倾度/(°)	30	30	45
比表面积/(m^2/m^3)	250	500	700
水力直径/mm	15	7.5	5.0
空隙率/(m^3/m^3)	0.95	0.90	0.85
堆积密度/(kg/m^3)	125	250	350
最大 F 因子/[$m/s(kg/m^3)^{0.5}$]	2.5~3.5	2.0~2.4	1.5~2.0
液体喷淋密度/[$m^3/(m^2 \cdot h)$]	0.2~12	0.2~12	0.2~12
等板高度 $HETP$/mm	400~550	200~350	150~300
压降/Pa	10~40	40	67
持液量/%	2	4.2	6
最大分段高度/m	5~6	3~4	2~3
使用范围	理论板数不多的精密精馏	热敏性、难分离物质的真空精馏	同分异构混合物分离

7.11.2 泛点气速与填料层压降

泛点气速下，持液量的增多使液相由分散相变为连续相，而气相则由连续相变为分散相。此时气体呈气泡形式通过液层，气流出现脉动，液体被大量带出塔顶，塔的稳定操作被破坏，形成液泛。

用于泛点和压降计算的通用关联图：

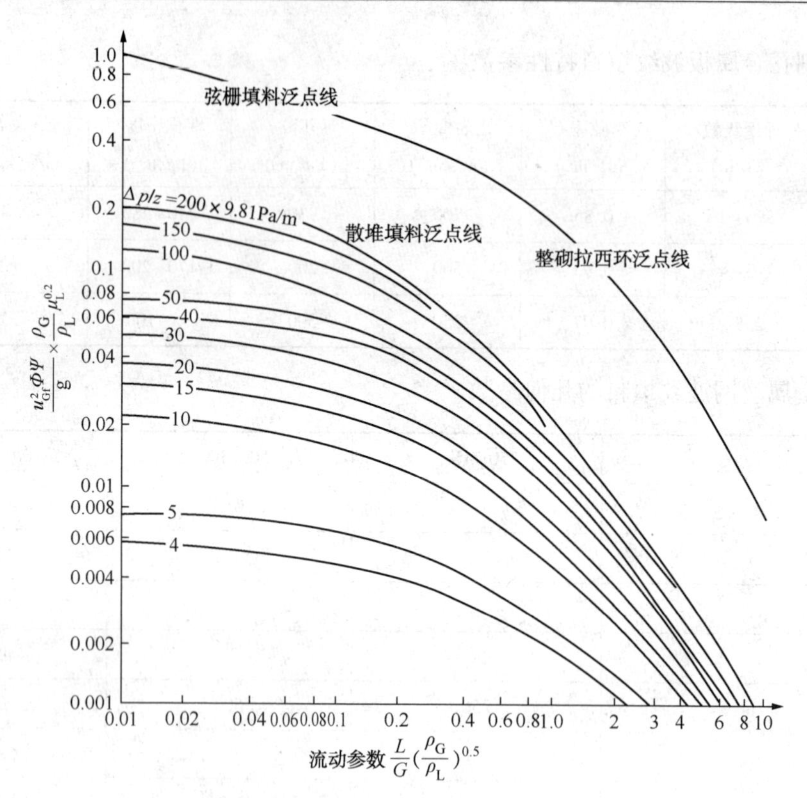

图中 L、G——液体和气体的质量流率，kg/(m^2 · s)；

ρ_L、ρ_G——液体和气体的密度，kg/m^3；

u_{Gf}——泛点气速，m/s；

Φ——湿填料因子，m^{-1}(计算泛点气速用 Φ_F，计算压降用 Φ_P)；

Ψ——液体密度校正系数，$\Psi=\gamma_{H_2O}/\gamma_L$，即水与液体的密度之比；

μ_L——液体粘度，mPa · s；

$\Delta p/z$——单位填料高度的压力，Pa/m；

g——重力加速度，g=9.807m/s^2。

(1) 泛点填料因子 Φ_F

填料类型	填料尺寸/mm				
	16	25	38	50	76
金属鲍尔环	410	293	160	160	
塑料鲍尔环	550	280	184	140	92
金属矩鞍环		170	150	135	120
金属阶梯环		259	160	140	89
塑料阶梯环	474	260	170	127	77
瓷矩鞍环	1100	550	200	226	
瓷拉西环	1000	450	350	220	

(2) 压降填料因子 Φ_P

填料类型	填料尺寸/mm				
	16	25	38	50	76
金属鲍尔环	306	205	114	98	
塑料鲍尔环	343	232	114	125/110	62
金属矩鞍环		138	93.4	71	36
金属阶梯环		182	118	82	
塑料阶梯环		176	116	89	46
瓷矩鞍环	700	215	140	160	
瓷拉西环	1050	576	450	288	

通用关联图对于水-空气系统准确率很高，对于非水系统，流动参数在0.05~0.3之间的准确率比较高，其余范围内则偏低。

7.11.3　填料塔径计算

$$D=\sqrt{\frac{4V_s}{\pi u}}$$

式中　D——塔的直径，m；

V_s——气体体积流量，m^3/s；

u——空塔气速，m/s。

泛点气速 u_F 是填料塔操作气速的上限，操作空塔气速与泛点气速之比称为泛点率。

对于散堆填料：$u/u_F=0.5\sim0.85$；

对于规整填料：$u/u_F=0.6\sim0.95$。

泛点率的选择主要考虑以下两方面的因素：一是物系的发泡情况，对易起泡沫的物系泛点率应取低限值，对无泡沫的物系可取较高的泛点率。二是填料塔的操作压力，对于加压操作的塔，可取较高的泛点率，对于减压操作的塔，应取较低的泛点率。

7.11.4　填料层高度的计算

等板高度法计算的基本公式：

$$Z=HETP\cdot N_T$$

式中　Z——总填料高度，m；

$HETP$——等板高度，m；

N_T——理论板数。

7.11.5　填料层的分段

设计得到的填料高度应根据塔径的大小及填料层高度的情况考虑是否进行分段。对于散堆填料，允许的最大填料层高度 h_{max} 与 h/D(分段高度与塔径之比)的关系见下表：

填料类型	h/D	h_{max}/m	填料类型	h/D	h_{max}/m
拉西环	2.5	≤4	阶梯环	8~15	≤6
矩鞍环	5~8	≤6	环矩鞍环	8~15	≤6
鲍尔环	5~10	≤6			

对于规整填料，填料层高度可按下式确定：

$$h=(15\sim20)HETP$$

式中 h——规整填料分段高度，m；

$HETP$——规整填料等板高度，m。

7.12 容器计算[24]

7.12.1 气液分离的容器

这类容器用来分离气体和液体。属于这类容器的有油气分离器、塔顶回流罐、蒸汽分水器、压缩机入口分液罐等。

(A) 气体速度

当气体连续通过容器时，为使夹带的液滴得以沉降，气体在容器的气体空间有一个临界速度，按下式计算：

$$W_0=0.048\sqrt{\frac{\rho_L-\rho_v}{\rho_v}}$$

式中 W_0——气体临界速度，m/s；

ρ_L——操作条件下的液相密度，kg/m^3；

ρ_v——操作条件下的气相密度，kg/m^3。

允许的气体速度一般为临界速度的80%~170%。

对于允许有一定液沫夹带的容器，如回流罐、燃料气分液罐、紧急放空罐等，容器中不装破沫网时，气体速度可取临界速度的170%。

工艺计算 7

对于压缩机入口分液罐、蒸汽分水器等对液沫夹带限制严格的容器，不装破沫网时，气体速度可取临界速度的80%；装破沫网时，气体速度可取临界速度的100%~150%，或将装破沫网作为安全措施，气体速度仍取临界速度的80%。

(B) 气体空间

气体空间一般只需要根据允许气体速度确定其通过气体的截面积和气体空间高度。

根据允许气体速度计算气体空间截面积时，对于卧罐，此截面积是指高液面以上与液面垂直的弓形截面积，对于立罐是指水平截面积。

$$aAr=\frac{V}{W}$$

式中 Ar——罐截面积，m^2；

W——允许气体速度，m/s；

V——操作条件下气体流率，m^3/s；

a——系数，对于卧罐为高液面以上弓形面积与卧罐圆截面积之比值(以小数表示)，对于立罐 a 为 1。

对于某些容器，如气体带有液体会对放入系统造成潜在危险时，气体流率可按 2 倍正常流率考虑，以 $2V$ 代入上式，并且使气体空间的容积不小于相当于 10min 液体产品流率的容积。

容器最高液面以上气体空间高度按以下情况确定：

卧罐：取以下二者中的较大值：$H_r \geqslant 0.2D$，$H_r \geqslant 0.3m$

立罐：$H_r \geqslant 1.5D$

式中 H_r——气体空间高度(对于卧罐，即为圆截面上的拱高)，m；

D——罐的直径，m。

(C) 塔顶回流罐的液体空间

塔顶回流罐的液体空间包括油品和水所占空间。容器中油品最高液面和最低液面之间的容积由油品停留时间决定，油品最低液面以下容积为水的空间。

① 液体停留时间。回流罐内油品停留时间决定于工艺、操作和自动控制要求。当塔顶油品去下一工序时，停留时间按液体产品 15min 或回流 5min 考虑，取二者中之大值。当塔顶液体产品去储罐时，按液体产品 3min 或回流 5min 考虑，取二者中较大值。减压塔顶馏出油按馏出油量 30min 考虑。如塔顶油品含水，需在容器中分水时，求得之容积尚须大于按以下要求所求得之容积，以保证分水所需的沉降时间：

当产品为汽油、煤油时，按塔顶油品(即液体产品量与回流量之和)5min；

当产品为柴油时，按沉降速度为 0.15m/min 考虑；

当产品为重柴油或更重产品时，按沉降速度为 0.075m/min 考虑。

② 油品空间容积。油品空间容积按选定的停留时间确定：

卧罐：
$$(A_r - aA_r - A_w)L = \frac{t}{60}Q$$

立罐：
$$A_r H_L = \frac{t}{60}Q$$

式中 A_w——低液面以下空间截面积(弓形面积)，一般取低液面高出罐底 150mm，如罐底装有分水斗，则 A_w 可不考虑，m^2；

L——罐长(切线至切线距离)，m；

t——停留时间，min；

Q——操作条件下液体流率(油品、液体产品或回流流率)，m^3/h；

H_L——液体空间高度，m。

③ 水空间(分水斗)容积

产品低液面以下容积为水空间容积，分别按卧罐、立罐计算。

卧罐一般都在罐底装分水斗，分水斗的直径考虑机械设计的要求。当罐直径大于或等于1.5m时，不大于罐直径的1/3，当罐直径小于1.5m时，不大于罐直径的1/2，一般不小于300mm。分水斗采用仪表控制液面时，其高度应不小于1m，低水位至高水位的高度按水流率5min考虑。

立罐一般取水层高度0.7~0.8m(其中包括垫水层高0.3m)。

(D) 其他分液罐的液体空间

① 蒸汽分水器。液体空间按加热器和蒸汽管线容积的1/3或2min进水量考虑，取二者中的大值。

② 压缩机入口分液器。按压缩机前的最大单个生产设备10min液体量考虑。对于两级之间的缓冲罐，按两级之间10min之内最大冷凝液量考虑。对于冷冻系统，按送至系统内最大冷却设备5min正常冷冻剂量考虑。

③ 燃料气分液罐。气体入口嘴子至上面的气体出口嘴子的距离一般不小于760mm。自容器底部至警报液面之间的空间作为储液容量。警报液面通常在入口嘴子底部之下300mm。

7.12.2　液液分离的容器

装置内常用的液液分离容器主要是油水分离器、洗涤沉降罐等。一般情况下，油品等轻相为连续相，水或酸碱等重相为分散相。

(A) 卧式沉降罐

① 罐的直径。对于黏性液体(如原油等)按下式计算罐的直径：

$$D=660\frac{QS}{\mu}$$

式中　D——罐的直径，m；

Q——液体流率，m^3/s；

S——操作温度下液体相对密度；

μ——操作温度下液体黏度，mPa·s。

对于非黏性液体，按液体在罐内流速0.003~0.005m/s计算罐的直径。

② 罐的长度。对于黏性液体按下式计算：

$$L=1.6\frac{Q}{W_d D}$$

式中　L——罐的长度，m；

D——罐的直径，m；

W_d——液滴沉降速度，m/s。

对于非黏性液体，可按以下液体在罐内的停留时间计算罐的长度：汽油水洗、碱洗15~20min，轻柴油水洗、碱洗20~30min，重柴油30~45min，回流罐5~10min。

(B) 立式沉降罐

① 罐的直径

$$D=1.13\sqrt{\frac{Q}{W_L}}$$

式中 W_L——液体在罐内流速，0.002~0.005m/s（黏性液体取小值，非黏性液体取大值）。

② 罐的高度

$$H=H_0+H_1+H_2+H_3$$

式中 H——罐的总高度，m；

H_0——罐顶空间高度，m（一般取0.8m）；

H_1——油层高度，m；

H_2——水层高度，m（一般取0.4~0.5m）；

H_3——垫水层高度，m（一般取0.3m）。

油层高度 H_1 按下式计算：

$$H_1=60W_Lt$$

式中 t 为沉降分离所需时间：汽油水洗、碱洗15~20min；轻柴油水洗、碱洗20~30min；重柴油30~45min；回流罐5~10min。

7.12.3 用于缓冲的容器

用于缓冲的容器包括油品加工过程中上下工序之间缓冲罐和为炼油装置服务的燃料油、溶剂及化学药剂等储罐。

（1）油品上下工序之间的缓冲罐一般采用卧式罐，按下列条件设计：

① 罐内液体储量按10~30min液体流率考虑；

② 罐内空间缓冲容积取50%罐总容积；

③ 液体在罐内的流速取0.003~0.005m/s。

（2）燃料油、溶剂及化学药剂等储罐应根据装置的需要和全厂供料情况确定其容积。

7.12.4 破沫网

对于液沫夹带限制严格的气液分离器，在气体出口处多装有金属丝破沫网。对于卧罐，破沫网的面积一般约为气体出口面积的4倍。对于立罐，破沫网的面积一般与罐的截面积相同。破沫网顶至罐顶切线的距离，当罐的直径在1m以下时取300mm，大于1m时取450mm。

泡沫网的厚度一般为100mm或150mm。

7.13 换热器的计算

7.13.1 换热器的基本关系式[14]

$$Q=K\cdot A\cdot \Delta T$$

式中 Q——换热器的热负荷，W；

K——换热器的传热系数，W/(m²·K)；

A——换热器的传热面积，m²；

ΔT——换热器的有效平均温差，℃；

$$\Delta T = \Delta T_m \cdot F_T$$

ΔT_m——换热器的对数平均温差，℃；

F_T——温差校正系数。

7.13.2　换热器的对数平均温差[14]

$$\Delta T_m = (\Delta t_h - \Delta t_c) / \ln(\Delta t_h / \Delta t_c)$$

式中　ΔT_m——对数平均温差，℃；

Δt_h——热端温差，℃，$\Delta t_h = T_1 - t_2$；

Δt_c——冷端温差，℃，$\Delta t_c = T_2 - t_1$；

T_1，T_2——热流进出口温度，℃；

t_1，t_2——冷流进出口温度，℃。

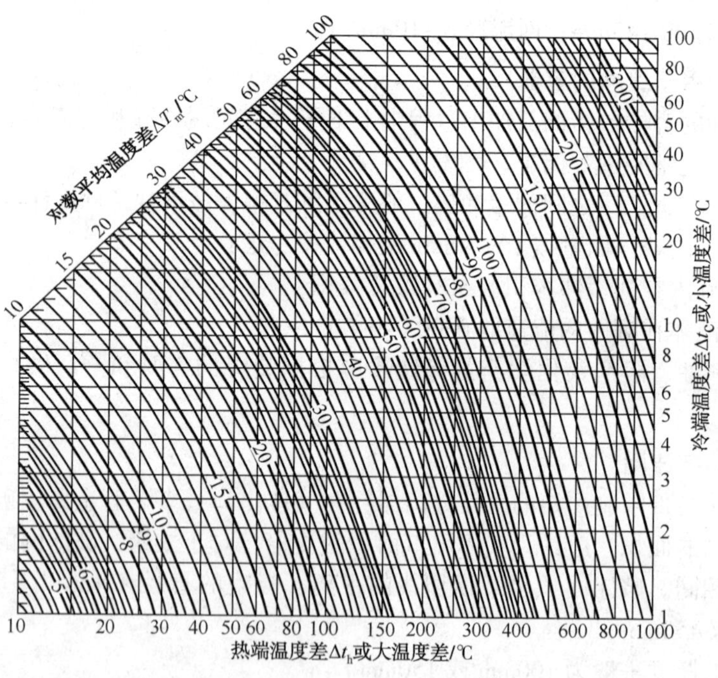

7.13.3　对数平均温差的校正系数[13,14]

换热器对数平均温差校正系数不得小于0.8，否则经济上不合理，并可能在温度变化时校正值急剧下降，影响操作的稳定性。因此，当温差校正系数F小于0.8时，应当增加管程数或壳程数，或用多个换热器串联。

纯顺流或纯逆流换热时，温度校正系数F_T为1。

（1）一壳程对数平均温差的校正系数图

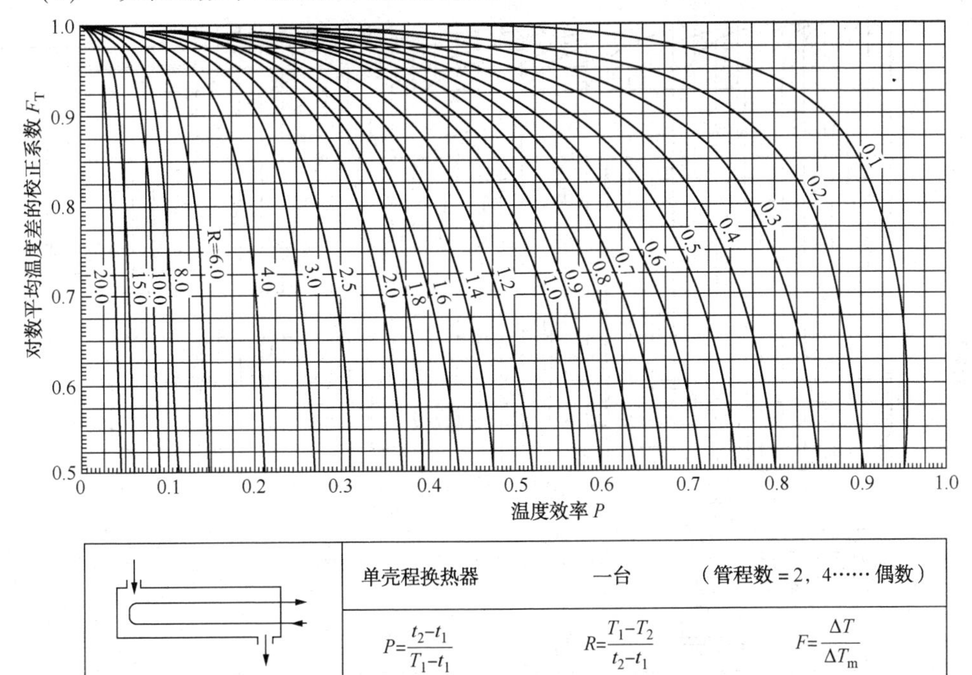

（2）二壳程对数平均温差的校正系数图

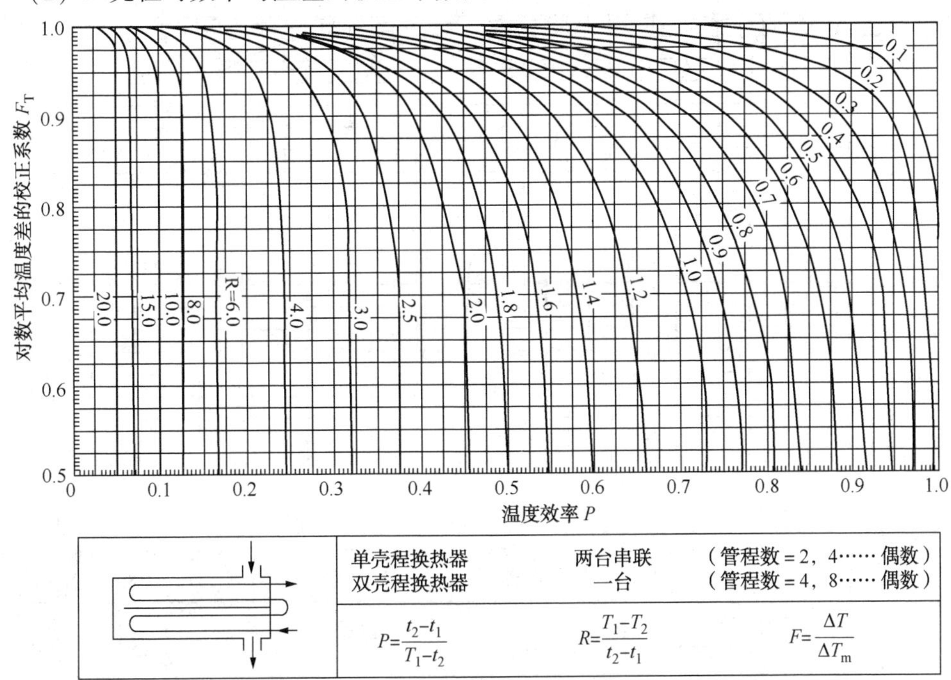

(双壳换热器的管程数为2时， F_t=1.0)

(3) 三壳程对数平均温差的校正系数图

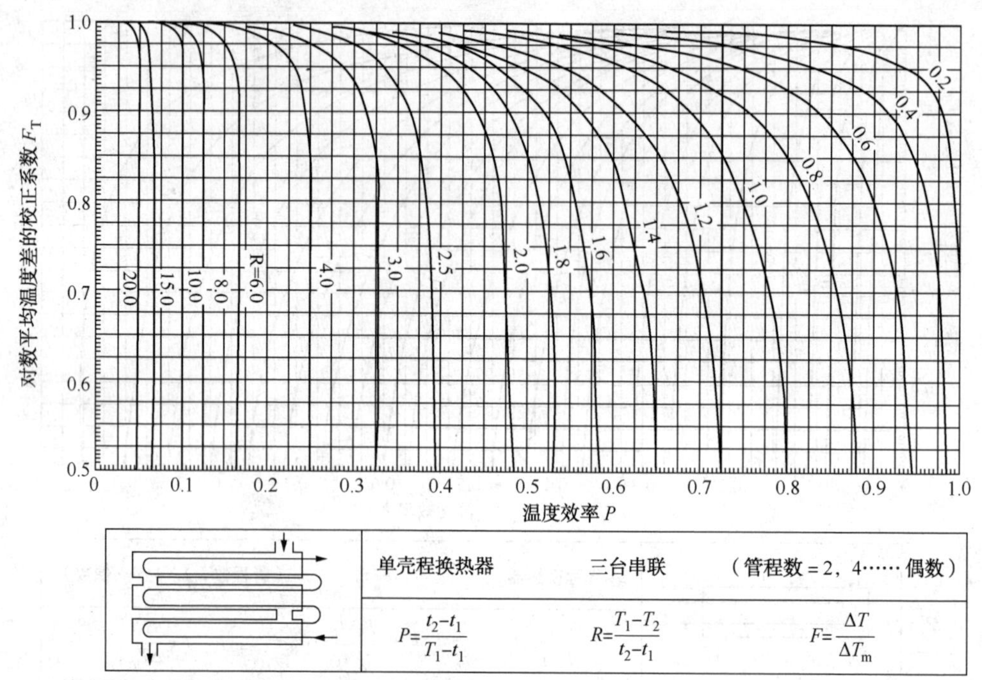

(4) 四壳程对数平均温差的校正系数图

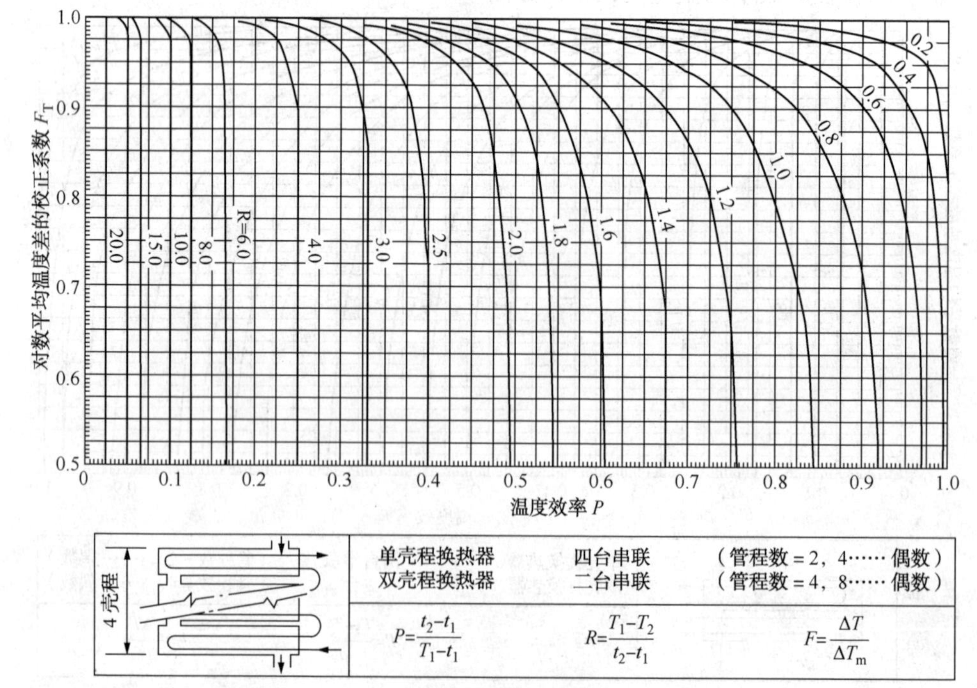

(双壳换热器的管程数为2时，F_t=1.0)

（5）五壳程对数平均温差的校正系数图

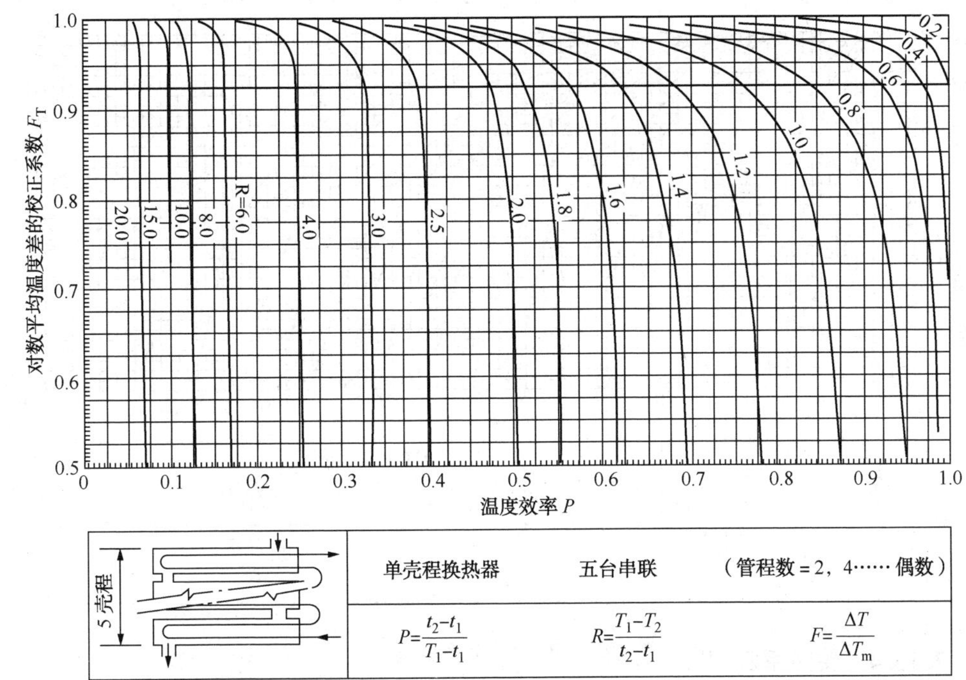

（6）六壳程对数平均温差的校正系数图

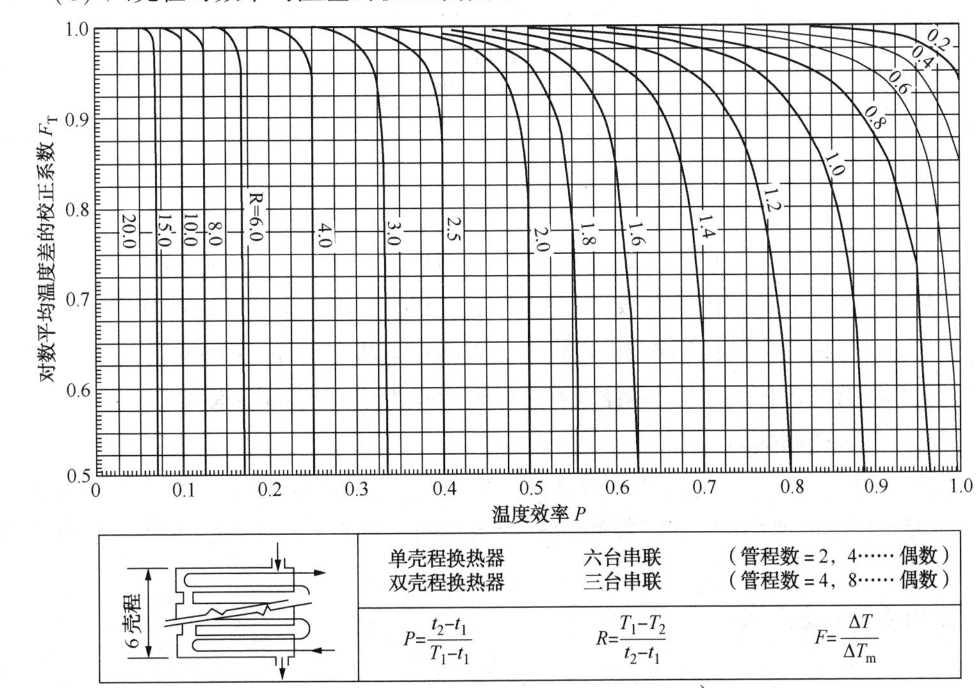

(双壳换热器的管程数为2时， F_t=1.0)

（7）一分流壳程偶数管程对数平均温差的校正系数图

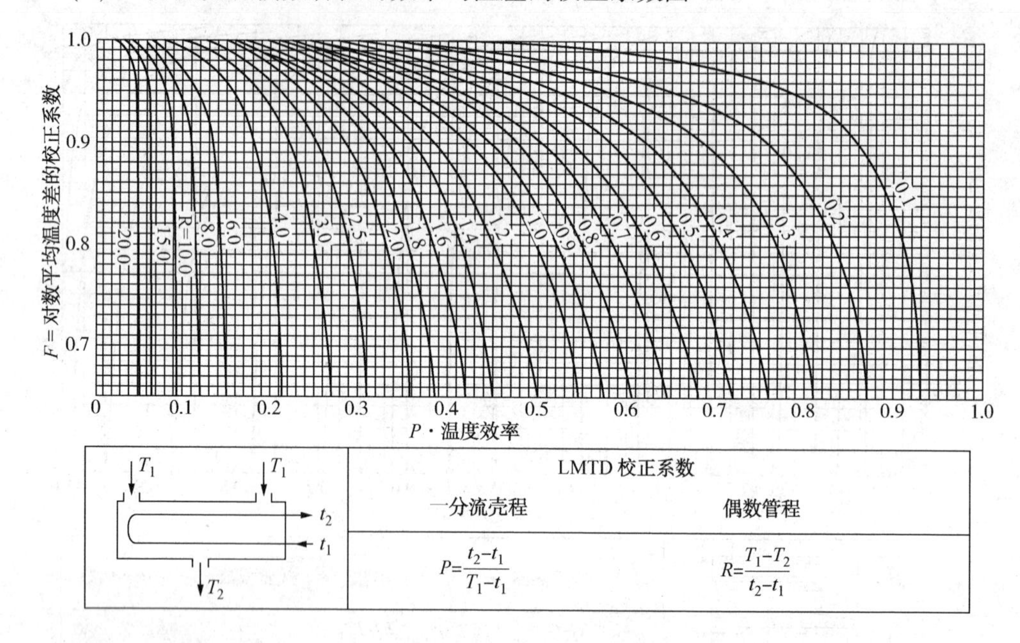

7.13.4 传热系数[14]

$$K=\frac{1}{\frac{A_o}{A_i}\cdot\left(\frac{1}{h_i}+r_i\right)+\left(\frac{1}{h_o}+r_o\right)+r_p}$$

式中 K——总传热系数(以管外壁表面积为基准)，W/(m^2 · K)；

A_o——管外壁表面积，m^2；

A_i——管内壁表面积，m^2；

h_i——管内流体膜传热系数(以管内壁表面积为基准)，W/(m^2 · K)；

h_o——管外流体膜传热系数(以管外壁表面积为基准)，W/(m^2 · K)；

r_i——管内流体的结垢热阻(以管内壁表面积为基准)，m^2 · K/W；

r_o——管外流体的结垢热阻(以管外壁表面积为基准)，m^2 · K/W；

r_p——管壁的热阻，m^2 · K/W。

在相同温差条件下，总传热系数越大，所需的传热面积越小。提高总传热系数的途径一般是提高流速(增加管程数和缩短折流板间距等)，但流速增加会使流动阻力增加。

常用流体流速范围：

流体种类		一般液体	易结垢液体	气　体
流速/(m/s)	管程	0.5~3.0	>1	5~30
	壳程	0.2~1.5	>0.5	3~15

油品换热器传热系数参考值：

壳　程			管　程			
名　称	相对密度 d_4^{20}	结垢热阻/($m^2 \cdot K/W$)	水	汽油	轻柴油	重柴油
			垢阻 0.00034/($m^2 \cdot K/W$)	垢阻 0.00017/($m^2 \cdot K/W$)	垢阻 0.00034/($m^2 \cdot K/W$)	垢阻 0.00052/($m^2 \cdot K/W$)
			经验总传热系数/[W/($m^2 \cdot K$)]			
C_3 馏分		0.00017	520	490	490	460
C_4 馏分		0.00017	490	460	440	440
汽油	0.775	0.00017	440	440	380	350
轻汽油	0.697	0.00017	460	440	320	320
重汽油	0.797	0.00017	410	370	320	290
柴油	0.821	0.00017	330	350	320	290
轻柴油	0.872	0.00034	280	350	290	290
重柴油	0.918	0.00051	240	320	290	260
蒸馏残油	0.948	0.00086		320	260	230
重燃料油	0.996	0.00086		260	230	200

7.14 加热炉的燃烧计算

7.14.1 燃料的发热量[25]

燃料的发热量(热值)是完全燃烧时的热效应，即最大反应热。按燃烧产物中水蒸气所处的相态(液态还是气态)，有高、低热值之分。

高热值是燃料完全燃烧后所生成的水已冷凝为液体水状态时计算出来的热值。

低热值是燃料完全燃烧后所生成的水为蒸汽状态时的热值。由于排烟温度一般均超过水蒸气的凝结温度，因此在加热炉计算中常常只需用到低热值。

(1) 燃料油的热值可以实测，也可按其元素组成计算：

$$Q_H = 339C + 1256H + 109(S - O)$$

$$Q_L = 339C + 1030H + 109(S - O) - 25W$$

式中　Q_H——燃料油的高热值，kJ/kg；

Q_L——燃料油的低热值，kJ/kg；

C、H、O、S、W——燃料油中的碳、氢、氧、硫和水分的质量分数。

(2) 燃料气的低热值由下式求得：

按体积计算 $$Q_X = \sum X_i Q_{Xi}$$

按重量计算 $$Q_Y = \sum Y_i Q_{Yi}$$

式中 Q_X——燃料气的体积低热值，kJ/Nm^3燃料气；

Q_Y——燃料气的重量低热值，kJ/kg 燃料气；

Q_{Xi}——燃料气中各组分的体积低热值，kJ/Nm^3；

Q_{Yi}——燃料气中各组分的重量低热值，kJ/kg；

X_i——燃料气中各组分的体积分数,%；

Y_i——燃料气中各组分的质量分数,%。

燃料气中各组分的低热值可从下表中查出：

名　称	分 子 式	密度/(kg/Nm^3)	低热值(体积)/(MJ/Nm^3)	低热值(重量)/(MJ/kg)
一氧化碳	CO	1.2501	12.64	10.11
硫化氢	H_2S	1.5392	23.38	15.19
氢	H_2	0.0898	10.74	119.64
甲烷	CH_4	0.7162	35.71	49.86
乙烷	C_2H_6	1.3423	63.58	47.37
乙烯	C_2H_4	1.2523	59.47	47.49
乙炔	C_2H_2	1.1623	56.45	48.57
丙烷	C_3H_8	1.9685	91.03	46.24
丙烯	C_3H_6	1.8785	86.41	46.00
丁烷	C_4H_{10}	2.5946	118.41	45.64
丁烯	C_4H_8	2.5046	113.71	45.40
戊烷	C_5H_{12}	3.2208	145.78	45.26
戊烯	C_5H_{10}	3.1308	138.37	44.20

7.14.2 燃料燃烧的理论空气量(SY/T 0538—2012)

(1) 燃料油完全燃烧时的理论空气量按下式计算：

$$L_o = \frac{2.67C+8H+S-O}{23.2}$$

式中 L_o——理论空气量，kg 空气/kg 燃料油；

C、H、S、O——燃料油中碳、氢、硫、氧元素的质量分数，用百分数表示。

(2) 燃料气完全燃烧时的理论空气量按下式计算：

$$L_o = 0.0619\left[0.5\,H_2 + 0.5CO + \sum\left(m + \frac{n}{4}\right)C_m H_n + 1.5\,H_2S - O_2\right]$$

式中　L_o——燃料气的理论空气量，kg 空气/m^3燃料气；

H_2、CO、H_2S、C_mH_n、O_2——燃料气中各组分的体积分数，用百分数表示；

m——碳氢化合物中的碳原子数；

n——碳氢化合物中的氢原子数。

7.14.3　过剩空气系数

实际进入炉膛的空气量与理论空气量之比，叫做过剩空气系数。可根据烟气的组成按下式计算[25]：

$$\alpha=\frac{21}{21-79\times\dfrac{O_2-0.5(CO+H_2)-2\,CH_4}{100-(CO_2+SO_2+O_2+CO+H_2+CH_4)}}$$

式中　α——过剩空气系数；

O_2、CO_2、CO、SO_2、H_2、CH_4——烟气中各相应成分的体积百分数。

加热炉的过剩空气系数还可以根据烟气中的氧含量分析数据由下图查出，含氧量从采样分析得到的是干烟气，氧化锆在线分析值为湿烟气[26]。

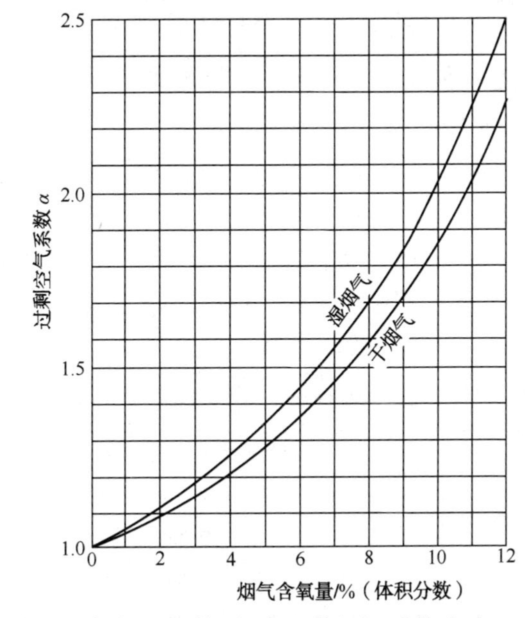

在合理控制炉子燃烧的条件下，烧油时过剩空气系数应为 1.15~1.25，烧气时应为 1.05~1.15。过剩空气系数太小则燃烧不完全，过大会增加排烟热损失，降低炉子热效率。

7.14.4　加热炉的烟气[25]

（1）燃料油燃烧后产生的烟气质量包括燃料本身质量、实际空气质量和雾化蒸汽的质量，由二氧化碳（CO_2）、二氧化硫（SO_2）、水蒸气（H_2O）、氧（O_2）和氮（N_2）等组成，各组分的质量按下列各式计算：

$$G_{CO_2}=\frac{44}{12}\cdot\frac{C}{100}=0.0367C \qquad kg/kg\ 燃料$$

$$G_{SO_2}=\frac{64}{32}\cdot\frac{S}{100}=0.02S \qquad kg/kg\ 燃料$$

$$G_{H_2O}=\frac{18}{2}\cdot\frac{H}{100}\cdot\frac{W}{100}+W_s$$

$$=0.09H+0.01W+W_s \qquad kg/kg\ 燃料$$

$$G_{O_2}=0.232(\alpha-1)L_o \qquad kg/kg\ 燃料$$

$$G_{N_2}=0.768\alpha L_o \qquad kg/kg\ 燃料$$

式中　C、H、O、S、W——燃料油中碳、氢、氧、硫和水分的质量分数,%；

L_o——理论空气量(重量)，kg 空气/kg 燃料；

α——过剩空气系数。

（2）燃料气燃烧后的烟气中各组分的质量为：

$$W_{CO_2}=\sum Y_i a_i+CO_2 \qquad kg/kg\ 燃料气(a\ 值见下表)$$

$$W_{H_2O}=\sum Y_i b_i \qquad kg/kg\ 燃料气(b\ 值见下表)$$

$$W_{H_2S}=1.88H_2S \qquad kg/kg\ 燃料气$$

$$W_{N_2}=0.768\alpha L_o+N_2 \qquad kg/kg\ 燃料气$$

$$W_{O_2}=0.232(\alpha-1)L_o+O_2 \qquad kg/kg\ 燃料气$$

式中　CO_2、H_2S、N_2、O_2——燃料气中二氧化碳、硫化氢、氮和氧的质量分数,%；

L_o——理论空气量(重量)，kg 空气/kg 燃料；

α——过剩空气系数；

a、b——计算系数，见下表。

名　称	分　子　式	理论空气量		计算系数	
		/(Nm^3/Nm^3)	/(kg/kg)	a	b
一氧化碳	CO	2.38	2.46	1.57	0
硫化氢	H_2S	7.14	6.00	0	0.53
氢	H_2	2.38	34.27	0	9
甲烷	CH_4	9.52	17.19	2.75	2.25
乙烷	C_2H_6	16.66	16.05	2.93	1.8
乙烯	C_2H_4	14.28	14.74	3.14	1.29
乙炔	C_2H_2	11.9	13.24	3.39	0.69
丙烷	C_3H_8	23.8	15.63	3	1.64

续表

名　称	分 子 式	理论空气量		计算系数	
		/(Nm^3/Nm^3)	/(kg/kg)	a	b
丙烯	C_3H_6	22.42	15.43	3.14	1.29
丁烷	C_4H_{10}	30.94	15.42	3.03	1.55
丁烯	C_4H_8	28.56	14.74	3.14	1.29
戊烷	C_5H_{12}	38.08	15.29	3.06	1.5
戊烯	C_5H_{10}	35.7	14.75	3.14	1.29

7.14.5 加热炉排烟热损失[25]

烟气热焓与燃料低热值之比 q_1 与烟气温度的关系(基准温度 15.6℃):

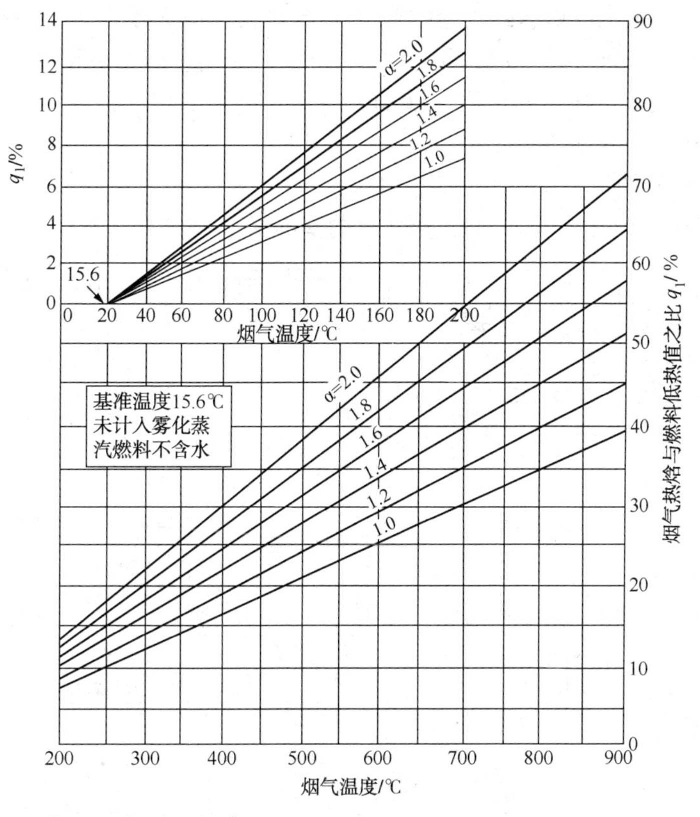

7.15 加热炉的热效率

7.15.1 加热炉热效率计算(SH/T 3045—2003)

热效率是加热炉有效能量与供给能量之比，表示加热炉热能利用的有效程度。

$$\eta=\frac{Q}{B(h_L+\Delta h_a+\Delta h_f+\Delta h_m)}\times 100$$

或

$$\eta=\left(1-\frac{h_u+h_s+h_t}{h_L+\Delta h_a+\Delta h_f+\Delta h_m}\right)\times 100$$

式中 η——加热炉热效率,%;

Q——有效利用能量(热负荷), kJ/h;

B——燃料耗量, kg/h;

h_L——燃料低发热量, kJ/kg;

h_u——不完全燃烧损失, kJ/kg(一般取不大于 h_L 的 0.5%, 对于气体燃料和轻质燃料油可忽略不计);

h_s——排烟热损失, kJ/kg;

h_t——散热损失, kJ/kg(无空气预热系统时, 不应大于燃料低发热量的 1.5%, 有空气预热系统时, 不应大于 2.5%, 还应考虑炉型和热负荷的大小);

Δh_a——空气带入显热修正值, kJ/kg;

Δh_f——燃料带入显热修正值, kJ/kg;

Δh_m——雾化剂带入显热修正值, kJ/kg。

烟气中 H_2O、CO、CO_2 和 SO_2 的焓(焓的基准温度 15.6℃, 气体):

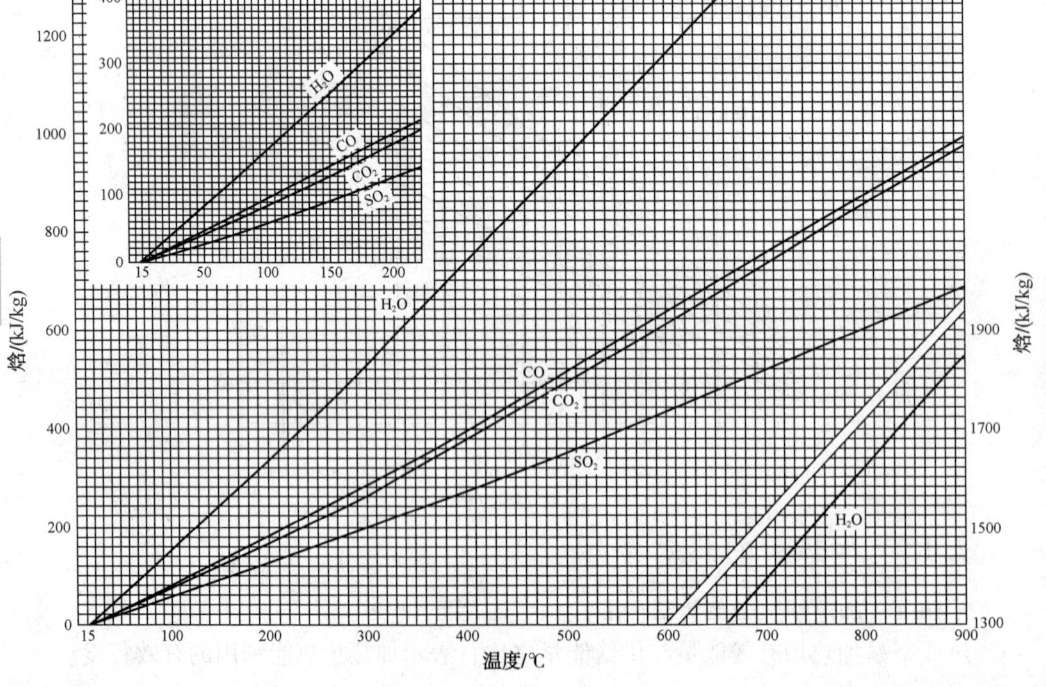

工艺计算 7

空气、O_2和N_2的焓(焓的基准温度15.6℃)：

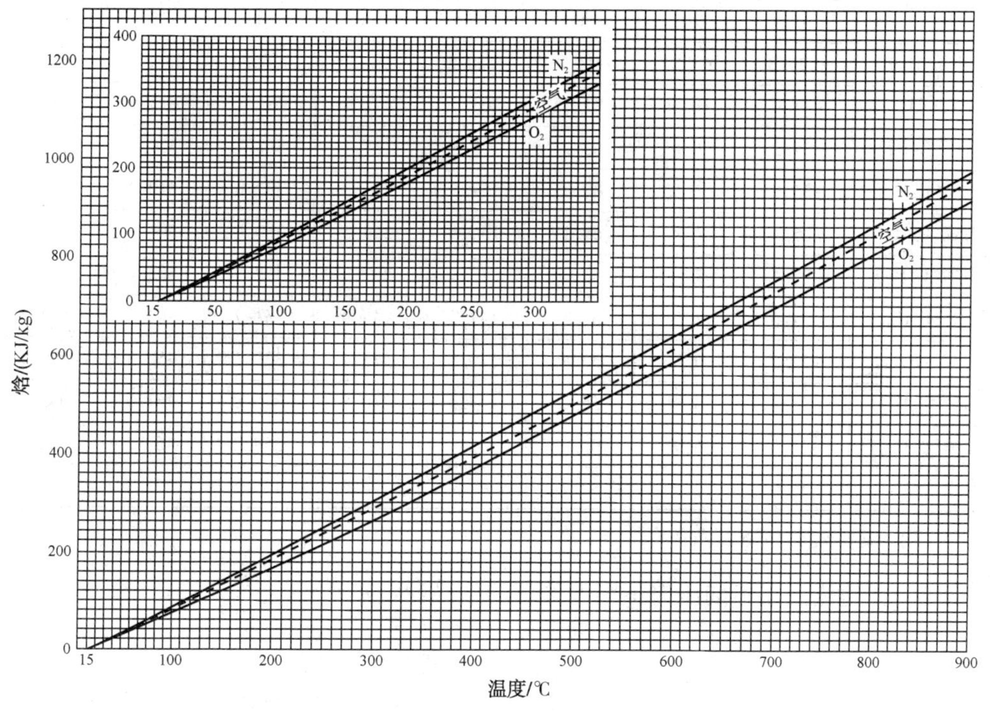

注：计算基准温度15.6℃，显热按以下热焓修正：

（1）燃料油在不同温度下的焓(kJ/kg)：

相对密度	温　度/℃											
ρ_{20}	80	100	120	140	160	180	200	220	240	260	280	300
0.90	117.0	156.7	198.1	241.1	285.7	331.9	379.8	429.2	480.3	533.1	587.4	643.4
0.91	116.1	155.5	196.6	239.3	283.6	329.5	377.0	426.1	476.9	529.2	583.2	638.8
0.92	115.2	154.4	195.2	237.5	281.5	327.1	374.3	423.0	473.4	525.4	579.0	634.2
0.93	114.3	153.2	193.7	235.8	279.4	324.7	371.5	419.9	470.0	521.6	574.8	629.6
0.94	113.5	152.1	192.2	234.0	277.3	322.2	368.8	416.9	466.5	517.8	570.6	625.1
0.95	112.6	150.9	190.8	232.2	275.2	319.8	366.0	413.8	463.1	514.0	566.5	620.5
0.96	111.7	149.7	189.3	230.4	273.1	317.4	363.3	410.7	459.6	510.2	562.3	615.9
0.97	110.9	148.6	187.8	228.7	271.1	315.0	360.5	407.6	456.2	506.3	558.1	611.4
0.98	110.0	147.4	186.4	226.9	269.0	312.6	357.8	404.5	452.7	502.5	553.9	606.8
0.99	109.1	146.2	184.9	225.1	266.9	310.2	355.0	401.4	449.3	498.7	549.7	602.2

注：焓的基准温度为15℃，液体。

（2）氢及纯烃理想气体在不同温度下的焓(kJ/kg)

气　体	温　度/℃							
	0	20	50	100	150	200	250	300
氢气(H_2)	−226.3	63.8	498.1	1220.8	1942.9	2665.3	3388.4	4112.8
甲烷(CH_4)	−35.9	10.3	82.2	208.4	342.6	484.4	633.6	790.2
乙烷(C_2H_6)	−27.2	7.9	63.9	165.6	277.4	398.7	529.2	668.5
乙烯(C_2H_4)	−25.6	7.4	60.4	157.6	265.3	382.8	510.0	646.2
丙烷(C_3H_8)	−25.4	7.3	60.1	156.6	263.6	380.4	506.5	641.6
丙烯(C_3H_6)	−25.4	7.3	59.9	155.9	262.2	378.2	503.4	637.4
丁烷(C_4H_{10})	−24.6	7.1	57.3	147.7	245.9	351.7	464.5	584.2
丁烯(C_4H_8)	−22.8	6.6	53.8	140.1	235.4	339.1	450.9	570.2
戊烷(C_5H_{12})	−23.4	6.8	55.2	143.4	240.8	346.8	461.0	583.0
戊烯(C_6H_{10})	−24.0	6.9	56.3	146.3	245.4	353.2	469.1	593.0
硫化氢(H_2S)	−13.9	3.9	31.1	77.3	124.5	172.5	221.3	270.9

注：焓的基准温度为15℃，气体。

（3）雾化蒸汽在不同压力不同温度下的焓(kJ/kg)

温度/℃	压　力/MPa											
	0.10	0.15	0.20	0.25	0.30	0.40	0.50	0.60	0.70	0.80	0.90	1.00
120	2650.2	2646.1	2637.7	—	—	—	—	—	—	—	—	—
140	2690.0	2686.7	2682.5	2678.3	2674.5	—	—	—	—	—	—	—
160	2730.2	2726.9	2723.5	2720.2	2716.8	2709.7	2702.2	2695.0	—	—	—	—
170	2750.3	2747.0	2744.0	2741.1	2737.7	2731.5	2724.8	2718.1	2711.0	2704.3	—	—
180	2770.0	2767.1	2764.5	2761.6	2758.7	2752.8	2747.0	2740.7	2734.4	2728.1	2721.0	2713.9
190	2789.7	2787.2	2784.6	2782.1	2779.6	2774.2	2768.7	2763.3	2757.4	2751.7	2745.3	2739.0
200	2809.3	2807.2	2804.7	2802.6	2800.1	2795.1	2790.5	2785.5	2780.0	2774.6	2769.1	2763.7
220	2848.7	2847.0	2844.9	2842.8	2841.2	2837.0	2832.8	2828.6	2824.0	2819.8	2815.2	2810.6
240	2888.5	2886.8	2885.1	2883.4	2881.8	2878.4	2874.4	2870.9	2867.6	2863.8	2860.0	2856.2
260	2928.2	2927.0	2925.3	2923.6	2922.4	2919.5	2916.1	2913.2	2909.8	2906.5	2903.5	2899.8
280	2968.4	2967.2	2965.5	2964.3	2963.0	2960.5	2957.6	2955.0	2952.1	2949.2	2946.3	2943.3
300	3008.6	3007.4	3006.5	3005.3	3003.6	3001.5	2990.0	2996.5	2994.0	2991.5	2989.0	2986.4
400	3212.5	3211.7	3210.9	3210.4	3209.6	3207.9	3206.6	3205.0	3203.3	3202.1	3200.4	3198.7

注：（1）焓的基准温度为15℃，水。

（2）水蒸气在基准温度下的焓值为2530kJ/kg。

7.15.2　加热炉热效率简化计算(SHF 0001—90)

加热炉的热效率习惯上用100%效率减去排烟热损失、不完全燃烧热损失和炉体散热损失来计算，即

$$\eta = 100 - q_1 - q_2 - q_3$$

式中　η——综合效率,%；

q_1——排烟损失热量占供给能量的分数,%；

q_2——不完全燃烧损失热量占供给能量的分数,%；

$$q_1 = \frac{(0.0083+0.031\alpha)(t_g+0.000135t_g^2)+(5.65+0.0047t_g)w-1.1}{1+0.00034(t_a-15.6)+0.0657w}$$

$$q_2 = \frac{(4.043\alpha-0.252)\times10^{-4}\cdot CO}{1+0.00034(t_a-15.6)+0.0657w}$$

采用气体燃料时，没有雾化蒸汽，如不用外部热源加热空气，则计算公式可进一步简化：

$$q_1 = (0.0083+0.031\alpha)(t_g+0.000135\,t_g^2)-1.1$$

$$q_2 = (4.043\alpha-0.252)\times10^{-4}\cdot CO$$

q_3——表面散热损失热量占供给能量的分数,%；（根据被测炉子测试数据及操作热负荷选取，一般为2.5%）

t_g——排烟温度,℃；

t_a——外供热源预热空气时，热空气的温度,℃；（当燃烧用空气不预热或自身热源预热空气时，按基准温度15.6℃计算）

α——过剩空气系数，按下式公式计算：

干燥气(取样分析)　　$\alpha = \dfrac{21-0.0627\cdot O_2}{21-O_2}$

湿烟气(氧化锆氧分析仪)　　$\alpha = \dfrac{21+0.116\cdot O_2}{21-O_2}$

O_2——烟气中氧含量分数,%；

CO——烟气中一氧化碳含量，μg/g；

w——雾化蒸汽用量，kg/kg燃料。

7.16　压缩机的工艺计算

7.16.1　往复式压缩机的排气温度[7]

往复式压缩机的排气温度可按绝热压缩公式计算：

$$T_2 = T_1\left(\frac{p_2}{p_1}\right)^{\frac{k-1}{k}}$$

式中　T_2、T_1——压缩机每级排气和吸气温度，K；

p_2、p_1——压缩机每级排气和吸气压力，MPa(a)；

k——气体绝热指数，$k=\dfrac{c_p}{c_v}$；

c_p、c_v——气体的等压比热容和等容比热容，kJ/(kg·K)。

考虑到氢压机的预期排气温度要比绝热排气温度高，绝热排气温度控制在130℃以下为宜。

7.16.2　往复式压缩机的功率[7]

每级压缩机在绝热压缩过程中所消耗的功率为：

$$N=16.67p_1V_1\frac{k}{k-1}[\varepsilon^{\frac{k-1}{k}}-1]$$

$$N_s=\frac{N}{\eta_g\cdot\eta_e}\qquad \varepsilon=\frac{p_2}{p_1(1-\alpha_1)(1-\alpha_2)}$$

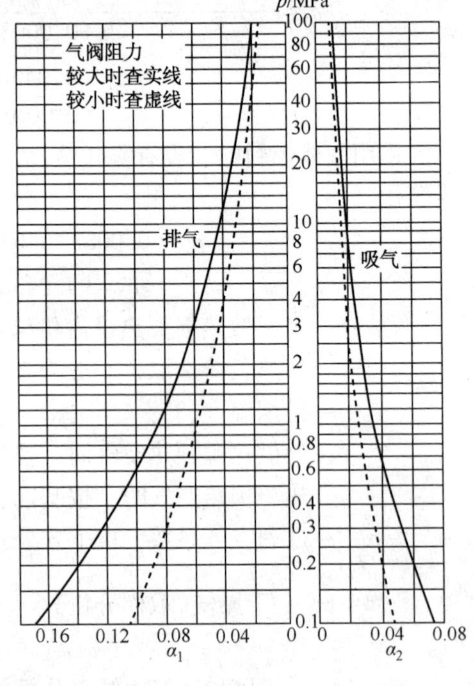

式中　N——理论功率，kW(高压下尚需考虑压缩性系数的校正)；

N_s——轴功率，kW；

p_2、p_1——压缩机排气和吸气压力，MPa(a)；

V_1——吸入状态下的体积流量，m^3/min；

k——绝热指数；

η_g——机械效率，大型压缩机为0.90~0.95，小型压缩机为0.85~0.90；

η_e——传动效率，皮带传动为0.96~0.99，齿轮传动为0.97~0.99，直联为1.0；

ε——包括进、排气阀压力损失在内的每级实际压缩比；

α_1、α_2——相对压力损失系数，不同压力下的相对压力损失系数见图。

7.16.3　离心式压缩机的排气温度[7]

离心式压缩机的排气温度按多变压缩计算：

$$T_2=T_1\left(\frac{p_2}{p_1}\right)^{\frac{m-1}{m}}$$

式中　T_2、T_1——压缩机出入口温度，K；

p_2、p_1——压缩机出入口压力，MPa(a)；

m——多变指数。

多变指数 m 可根据绝热指数 k 通过多变效率从以下两图中查出：

（1）离心压缩机的多变效率

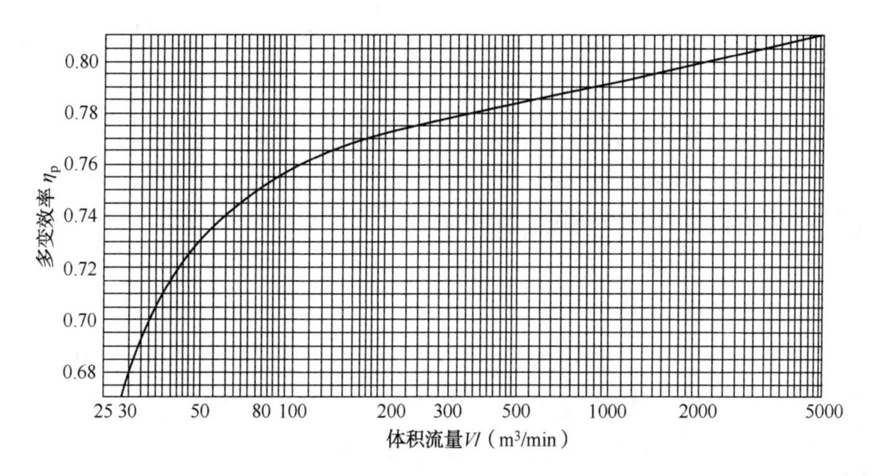

（2）多变指数和多变效率的关系图

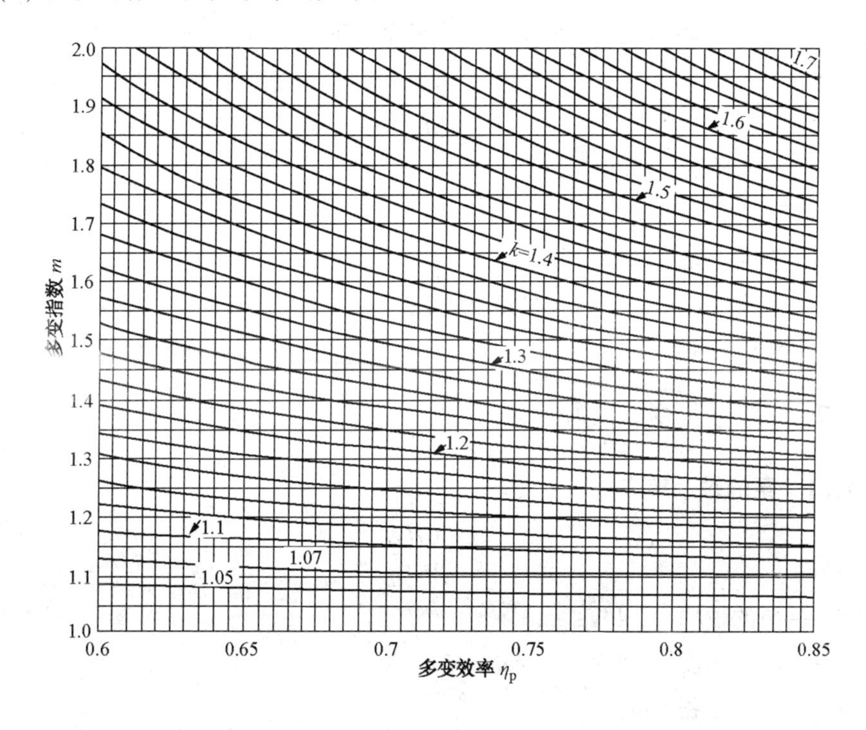

7.16.4　离心式压缩机的功率[7]

$$N=16.67p_1V_1\frac{m}{m-1}\left[\left(\frac{p_2}{p_1}\right)^{\frac{m-1}{m}}-1\right]$$

$$N_s=\frac{N}{\eta_g\cdot\eta_e}$$

式中　N——理论功率，kW；

N_s——轴功率，kW；

p_2、p_1——压缩机排气和吸气压力，MPa(a)；

V_1——吸入状态下的体积流量，m^3/min；

m——多变指数；

η_g——机械效率，>2000kW 为 0.97～0.98；1000～2000kW 为 0.96～0.97；<1000kW为 0.94～0.96；

η_e——传动效率，齿轮增速箱传动为 0.93～0.98，直联为 1.0。

7.16.5　汽轮机蒸汽耗量[7]

离心式压缩机一般由汽轮机驱动，蒸汽耗量按下式估算：

$$G=\frac{3600N_d}{\Delta H\eta_i\cdot\eta_g}$$

式中　G——蒸汽耗量，kg/h；

N_d——汽轮的额定功率，kW；

ΔH——蒸汽焓降，kJ/kg；

η_i——汽轮机效率，取 $\eta_i=0.60\sim0.75$；

η_g——机械效率，$\eta_g=0.985$。

7.17　泵的工艺计算

7.17.1　泵的轴功率[18]

$$N=\frac{QH\gamma}{367\eta}$$

式中　N——泵的轴功率，kW；

Q——输送温度下泵的流率，m^3/h；

H——泵的扬程，m；

γ——输送温度下液体的相对密度；

η——泵效率，%。

7.17.2 汽蚀余量[18]

(1) 汽蚀余量是在泵进口处单位质量液体所具有的超过汽化压力的富余能量：

$$汽蚀余量(NPSH)=\frac{100(p_s-p_v)}{\gamma}+\frac{V_s^2}{2g}$$

式中 $NPSH$——汽蚀余量，m；

p_s——泵进口处绝对压力，MPa(a)；

p_v——泵输送温度下液体的饱和蒸汽压，MPa(a)；

V_s——进口侧管线的流速，m/s；

γ——输送温度下液体的相对密度；

g——重力加速度，9.81m/s^2。

(2) 必需汽蚀余量$(NPSH)_r$是指泵进口处所必需具有的超过汽化压力的能量，是使泵工作时不产生汽蚀现象所必需具有的富余能量，是泵本身具有的一种特性，由泵厂提供。

(3) 有效汽蚀余量$(NPSH)_a$是泵进口侧系统提供给泵进口处超过汽化压力的能量：

$$(NPSH)_a=\left(\frac{p_s-p_v}{\gamma}\right)\times100+H_s-h_s$$

式中 $(NPSH)_a$——有效汽蚀余量，m；

p_s——泵吸入侧容器中液面上的压力，MPa(a)；

p_v——泵输送温度下液体的饱和蒸汽压，MPa(a)；

h_s——泵入口侧管线系统的阻力，m；

H_s——泵入口最低液面至泵中心线的高度差(当液面高于泵中心线时为正值，低于泵中心线时为负值)，m。

(4) 有效汽蚀余量$(NPSH)_a$必须大于泵的必需汽蚀余量$(NPSH)_r$，以确保泵工作时不产生汽蚀。

7.18 管道压力降计算[16]

流体在管道中流动时的压力降包括直管压力降和局部障碍所产生的压力降，局部障碍系指管道中的管件、阀门、流量计等。

$$\Delta p=\Delta p_f+\Delta p_t$$

式中 Δp——管道压力降，kPa；

Δp_f——直管压力降，kPa；

Δp_t——局部压力降，kPa。

7.18.1　直管压力降

$$\Delta p_f = \lambda \frac{L}{d_i} \frac{\rho u^2}{2}$$

式中　Δp_f——直管压力降，kPa；

λ——摩擦系数；

L——直管长度，m；

d_i——直管内径，mm；

ρ——流体密度，kg/m^3；

u——流速，m/s。

摩擦系数 λ 可根据雷诺数和管壁相对粗糙度从下图查出：

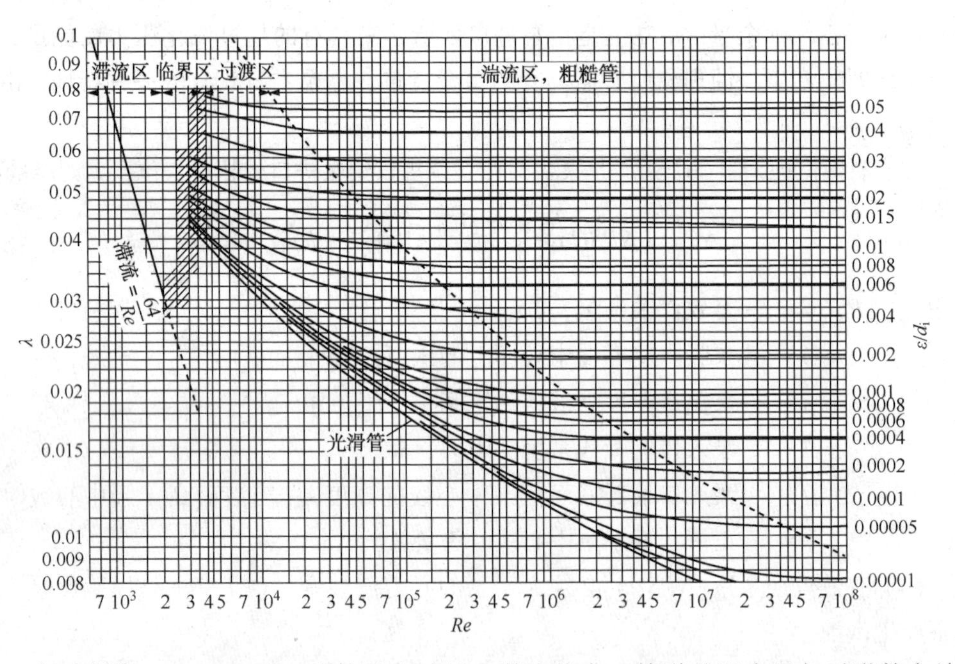

当雷诺数 $Re \leqslant 2000$ 时，流体的流动处于滞流状态，管道的阻力只与雷诺数有关。

当雷诺数 $Re = 2000 \sim 4000$ 时，流体的流动处于临界区，或是滞流或是湍流，管道的阻力还不能作出确切的关联。

当雷诺数 $Re \geqslant 4000$ 时，流体的流动进入过渡湍流区或完全湍流区，管道的阻力部分或完全是管壁相对粗糙度的函数。

7.18.2　各种局部阻力的当量长度

因局部阻力而导致的压力降，相当于流体通过其相同管径的某一长度的直管的压力降，此直管长度称为当量长度。

各种管件、阀门及流量计等以管径(d_i)计的当量长度(L_e/d_i)：

名　　称	L_e/d_i	名　　称	L_e/d_i
45°标准弯头	16	(3/4 开)	40
90°标准弯头	30~40	(1/2 开)	200
90°方形弯头	60	(1/4 开)	800
180°弯头	50~75	带有滤水器的底阀(全开)	420
三通管(标准)		止回阀(旋启式)(全开)	135
流向		升降式止回阀	600
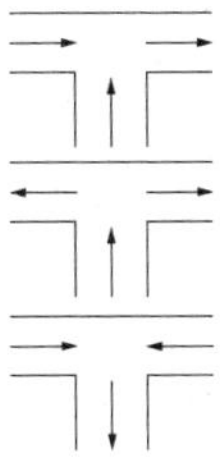		蝶阀(全开)	
	40	$DN \leqslant 200$	45
	60	DN 250~350	35
		DN 400~600	25
	90	旋笼阀(全开)	18
		盘式流量计(水表)	400
截止阀(标准式)(全开)	300	文氏流量计	12
角阀(标准式)(全开)	145	转子流量计	200~300
闸阀(全开)	7	由容器进入管道的入管嘴	20

注：表中 L_e、d_i 单位为 m。

7.19 管径计算[16]

7.19.1 流速与管径

根据流率与流速计算管径：

$$d_i = 18.8\sqrt{\frac{q}{u}}$$

式中 d_i——管内径，mm；

q——在操作条件下流体的体积流率，m^3/h；

u——流体的流速，m/s。

管径与流率、流速的关系图：

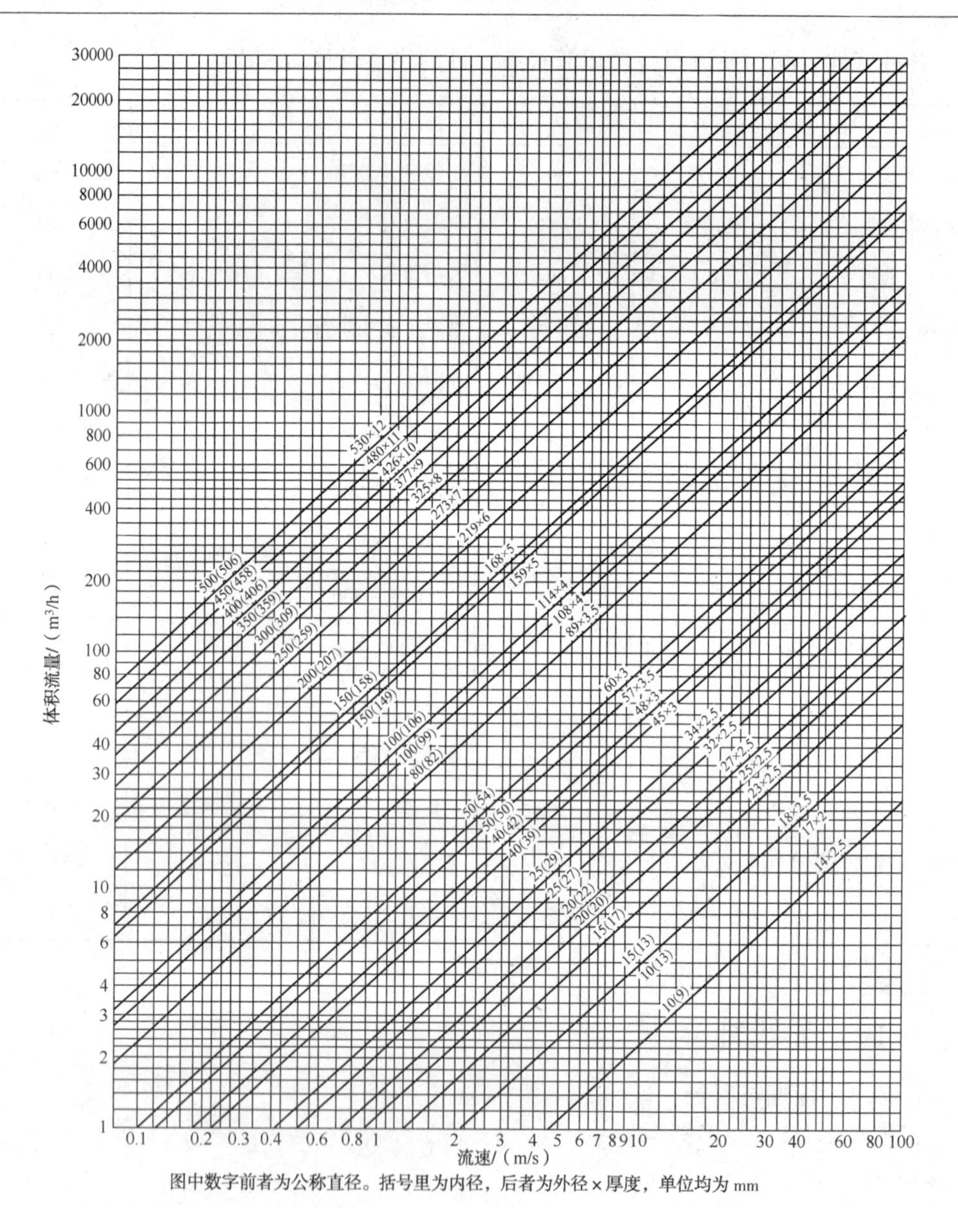

图中数字前者为公称直径。括号里为内径，后者为外径×厚度，单位均为 mm

7.19.2　根据压力降计算管径

当选定每 100m 管长的压力降时，可由下式求管径：

$$d_i = 11.4\rho^{0.207}\mu^{0.033}q^{0.38}\Delta p_{100}^{-0.207}$$

式中　d_i——管内径，mm；

ρ——在操作条件下的流体密度，kg/m^3；

μ——在操作条件下的流体运动黏度，mm^2/s；

q——在操作条件下的流体体积流率，m^3/h；

Δp_{100}——每百米管长允许压力降，kPa。

7.19.3 管道常用流速与压力降

应用类型	流速/(m/s)	最大压力降/(kPa/100m)
一、液体(碳钢管)		
一般推荐	1.5~4.0	60
层流	1.2~1.5	
湍流：液体密度/(kg/m³)		
1600	1.5~2.4	
800	1.8~3.0	
320	2.5~4.0	
泵进口：饱和液体	0.5~1.5	10~11
不饱和液体	1.0~2.0	20~22
负压下	0.3~0.7	5
泵出口：流量≤50m³/h	1.5~2.0	80
51~150m³/h	2.4~3.0	45~50
>150m³/h	3.0~4.0	45
自流管道	0.7~1.5	5.0
冷冻剂管道	0.6~1.2	6
设备底部出口	1.0~1.5	10
塔进料	1.0~1.5	15
二、水(碳钢管)		
一般推荐	0.6~4.0	45
水管公称直径 *DN* 25	0.6~0.9	
50	0.9~1.4	
100	1.5~2.0	
150	2.0~2.7	
200	2.4~3.0	
250	3.0~3.5	
300	3.0~4.0	
400	3.0~4.0	
≥500	3.0~4.0	
泵进口	1.2~2.0	
泵出口	1.5~3.0	
锅炉进口	2.0~3.5	
工艺用水	0.6~1.5	45
冷却水	1.5~3.0	30
冷凝器出口	0.9~1.5	
三、特殊液体(碳钢管)		
酚不溶液	0.9(最大)	
浓硫酸	1.2(最大)	
碱液	1.2(最大)	
盐水和弱碱	1.8(最大)	
液氨	1.5(最大)	
液氯	1.5(最大)	
富 CO_2 胺液(不锈钢管)	3.0(最大)	
一般液体(塑料管或橡胶衬里管)	3.0(最大)	
含悬浮固体	0.9(最低) 2.5(最大)	
氯化氢液(橡胶衬里管)	1.8	
四、气体(钢)		
一般推荐　压力等级/MPa		
$p>3.5$		45
$1.4<p\leqslant3.5$		35
$1.0<p\leqslant1.4$		15
$0.35<p\leqslant1.0$		7
$0<p\leqslant0.35$		3.5
负压下		
$p<49$kPa		1.13
$101\text{kPa}\geqslant p>49\text{kPa}$		1.96
装置界区内气体管道		12
压缩机吸入管道：		
$101\text{kPa}<p_1\leqslant111\text{kPa}$		1.96
$111\text{kPa}<p_1\leqslant0.45\text{MPa}$		4.50
$p>0.45$MPa		$0.01p_1$
压缩机的排出管道和压力管道		
$p_1\leqslant0.45$MPa		4.50
$p_1\geqslant0.45$MPa		$0.01p_1$
通风机管道 $p_1=101$kPa		1.96
冷冻剂进口	5~10	
冷冻剂出口	10~18	
塔顶　$p>0.35$MPa	12~15	4~10
常压	18~30	4~10
负压 $p<0.07$MPa	38~60	1~2
蒸汽		
一般推荐　饱和	60(最大)	
过热	75(最大)	
$p\leqslant0.3$MPa		10
$0.3<p\leqslant0.6$MPa		15
$0.6<p\leqslant1.0$MPa		20
$p>1.0$MPa		30
短引出管		50
泵驱动机进口	4~10	
工艺蒸汽($p\geqslant3$MPa)	20~40	
锅炉和汽轮机管道		
$p>1.4$MPa	35~90	60
低于大气压蒸汽		
$50\text{kPa}<p\leqslant100\text{kPa}$	40	
$20\text{kPa}<p\leqslant50\text{kPa}$	60	
$5\text{kPa}<p\leqslant20\text{kPa}$	75	

7.19.4 常用管道的流量和压力降

以下列出的是常用密度(ρ)和黏度(μ)的油品以及不同压力(P)下的饱和水蒸气，在管壁绝对粗糙度 $\varepsilon=0.2$mm 和不同工况下，各种尺寸管线(公称直径 DN 和管内径 d_i)的常用流率(q)、线速(u)及每 100m 管长压降(Δp)的情况，供选用管径时参考。

(1) 油品管道的流量和压力降(一)

$$\rho=800\mathrm{kg/m^3},\ \mu=5\mathrm{mm^2/s},\ \varepsilon=0.2\mathrm{mm}$$

管子规格		泵的吸入管道						泵的排出管道		
		饱和液体			不饱和液体					
DN	d_i/m	q_v/(m^3/h)	u/(m/s)	Δp/(kPa/100m)	q_v/(m^3/h)	u/(m/s)	Δp/(kPa/100m)	q_v/(m^3/h)	u/(m/s)	Δp/(kPa/100m)
20	0.0210	0.45	0.358	10.278	0.6	0.477	20.329	1.0	0.794	49.769
25	0.0270	0.45~0.80	0.214~0.380	3.668~9.904	0.6~1.2	0.285~0.569	4.894~20.131	1.0~1.8	0.475~0.854	14.650~48.641
40	0.0400	0.8~2.4	0.168~0.503	1.270~10.886	1.2~3.4	0.251~0.712	2.888~20.221	1.8~5.5	0.377~1.152	5.861~48.785
50	0.0520	2.4~4.5	0.310~0.582	3.086~10.280	3.4~6.5	0.440~0.840	6.253~19.989	5.5~10.0	0.711~1.293	14.737~44.114
80	0.0780	4.5~13.0	0.264~0.762	1.510~10.002	6.5~19.0	0.381~1.113	2.881~20.027	10~30	0.586~1.757	6.219~46.939
100	0.1020	13~27	0.445~0.923	2.682~10.058	19~40	0.650~1.368	5.313~20.824	30~60	1.026~2.052	12.211~44.703
150	0.1540	27~85	0.402~1.266	1.314~10.666	40~120	0.596~1.787	2.672~20.314	60~182	0.894~2.711	5.597~44.820
200	0.2030	85~170	0.729~1.458	2.720~9.804	120~250	1.029~2.144	5.129~20.270	182~380	1.561~3.458	11.141~45.097
250	0.2540	170~320	0.922~1.735	3.140~10.231	250~455	1.356~2.467	6.432~19.922	380~700	2.060~3.795	14.162~45.574
300	0.3050	320~500	1.225~1.915	4.309~9.941	455~720	1.742~2.757	8.312~19.913	700~1100	2.681~4.213	18.851~44.962
350	0.3340	500~640	1.589~2.034	6.237~9.921	720~920	2.288~2.924	12.430~19.834	1100~1400	3.496~4.449	27.988~44.552
400	0.3800	640~920	1.556~2.237	5.079~10.075	920~1310	2.237~3.185	10.075~19.810	1400~2000	3.404~4.863	22.504~44.886
450	0.4290	920~1260	1.771~2.426	5.622~10.216	1310~1800	2.522~3.466	11.001~20.176	2000~2700	3.851~5.198	24.798~44.337
500	0.4780	1260~1660	1.967~2.591	6.024~10.156	1800~2400	2.810~3.746	11.875~20.663	2700~3600	4.215~5.620	25.972~45.376

(2) 油品管道的流量和压力降(二)

$\rho=850\text{kg/m}^3$，$\mu=5\text{mm}^2/\text{s}$，$\varepsilon=0.2\text{mm}$

管子规格		泵的吸入管道						泵的排出管道		
		饱和液体			不饱和液体					
DN	d_i/m	q_v/(m³/h)	u/(m/s)	Δp/(kPa/100m)	q_v/(m³/h)	u/(m/s)	Δp/(kPa/100m)	q_v/(m³/h)	u/(m/s)	Δp/(kPa/100m)
25	0.0270	0.2	0.95	10.382	0.4	0.190	20.782	0.9	0.427	46.760
40	0.0400	0.2~1.0	0.042~0.209	2.203~10.114	0.4~2.0	0.084~0.419	4.407~20.228	0.9~4.5	0.188~0.942	9.106~45.531
50	0.0520	1.0~2.8	0.129~0.362	3.857~10.800	2.0~5.6	0.259~0.724	7.715~21.601	4.5~9.0	0.582~1.164	17.360~51.832
80	0.0780	2.8~13.0	0.164~0.762	2.217~10.294	5.6~16.0	0.328~0.937	4.434~21.625	9.0~25.0	0.527~1.465	7.131~47.281
100	0.1020	13~22	0.445~0.752	3.507~10.530	16~32	0.547~1.094	4.316~20.286	25~50	0.855~1.710	13.163~46.422
150	0.1540	22~67	0.328~0.998	1.125~10.579	32~95	0.477~1.415	2.819~19.490	50~155	0.745~2.209	6.153~46.445
200	0.2030	67~138	0.575~1.183	2.762~9.990	95~205	0.815~1.758	5.206~20.106	155~320	1.329~2.744	12.270~44.580
250	0.2540	138~260	0.748~1.410	3.345~10.153	205~380	1.112~2.060	6.682~19.964	320~595	1.735~3.226	14.698~44.857
300	0.3950	260~415	0.996~1.589	4.412~10.070	380~610	1.455~2.336	8.633~20.109	595~950	2.279~3.638	19.241~44.886
350	0.3340	415~530	1.319~1.684	6.426~9.976	610~785	1.939~2.495	12.783~20.139	950~1220	3.019~3.877	28.450~44.890
400	0.3800	530~760	1.289~1.848	5.218~9.930	785~1120	1.909~2.723	10.554~19.980	1220~1750	2.966~4.255	23.334~44.986
450	0.4290	760~1040	1.463~2.002	5.648~9.939	1120~1540	2.156~2.965	11.343~20.181	1750~2390	3.369~4.602	25.441~44.995
500	0.4780	1040~1370	1.623~2.139	5.977~9.800	1540~2030	2.404~3.169	12.099~19.992	2390~3150	3.731~4.917	26.966~44.900

(3) 油品管道的流量和压力降(三)

$\rho=940\text{kg/m}^3$，$\mu=100\text{mm}^2/\text{s}$，$\varepsilon=0.2\text{mm}$

管子规格		泵的吸入管道						泵的排出管道		
		饱和液体			不饱和液体					
DN	d_i/m	q_v/(m^3/h)	u/(m/s)	Δp/(kPa/100m)	q_v/(m^3/h)	u/(m/s)	Δp/(kPa/100m)	q_v/(m^3/h)	u/(m/s)	Δp/(kPa/100m)
40	0.0400	0.29	0.061	10.812	0.59	0.124	21.998	1.3	0.272	48.469
50	0.0520	0.29~0.75	0.038~0.097	4.124~10.664	0.59~1.50	0.076~0.194	8.389~21.329	1.3~3.5	0.168~0.453	18.485~49.767
80	0.0780	0.75~3.75	0.044~0.220	2.189~10.945	1.5~7.5	0.088~0.439	4.378~21.891	3.5~17.0	0.205~0.996	10.216~49.619
100	0.1020	3.75~11.00	0.128~0.376	3.729~10.939	7.5~22.0	0.257~0.752	7.459~21.879	17~50	0.581~1.710	16.906~49.716
150	0.1540	11~58	0.164~0.864	2.075~10.942	22.0~85.0	0.328~1.266	4.151~16.036	50~130	0.745~1.936	9.433~48.948
200	0.2030	58~110	0.497~0.943	3.626~6.878	85~170	0.729~1.458	5.315~21.089	130~258	1.115~2.212	13.188~44.844
250	0.2540	110~210	0.596~1.139	2.750~10.280	170~315	0.922~1.708	7.102~21.312	258~480	1.399~2.603	14.765~44.250
300	0.3050	210~340	0.804~1.302	4.501~10.460	315~515	1.206~1.972	9.151~21.837	480~775	1.838~2.968	19.335~44.547
350	0.3340	340~445	1.081~1.414	6.717~10.901	515~655	1.637~2.082	14.001~21.281	775~1000	2.463~3.178	28.545~44.609
400	0.3800	445~630	1.082~1.532	5.770~10.524	655~940	1.593~2.286	11.251~21.112	1000~1440	2.431~3.501	23.529~44.712
450	0.4290	630~870	1.213~1.675	6.050~10.553	940~1300	1.810~2.503	12.104~21.296	1440~1980	2.772~3.812	25.540~44.781
500	0.4780	870~1160	1.358~1.811	6.428~10.618	1300~1700	2.029~2.654	12.930~20.720	1980~2630	3.091~4.105	27.070~44.765

（4）饱和水蒸气管道的流量和压力降

管子规格		p=0.3MPa			p=0.6MPa			p=1.0MPa		
DN	d_i/m	q_m/(kg/h)	u/(m/s)	Δp/(kPa/100m)	q_m/(kg/h)	u/(m/s)	Δp/(kPa/100m)	q_m/(kg/h)	u/(m/s)	Δp/(kPa/100m)
20	0.0210	16.5	7.941	9.866	28.5	7.148	14.956	42.2	6.518	19.942

续表

管子规格		$p=0.3$MPa			$p=0.6$MPa			$p=1.0$MPa		
DN	d_i/m	q_m/(kg/h)	u/(m/s)	Δp/(kPa/100m)	q_m/(kg/h)	u/(m/s)	Δp/(kPa/100m)	q_m/(kg/h)	u/(m/s)	Δp/(kPa/100m)
25	0.0270	16.5~33.0	4.743~9.487	2.605~9.904	28.5~56.7	4.270~8.494	3.897~14.902	42.2~84.0	3.894~7.751	5.161~19.923
40	0.0400	33~99	4.186~12.557	1.196~10.000	56.7~169.0	3.748~11.171	1.771~14.936	84.0~250.0	3.420~10.178	2.341~19.962
50	0.0520	99~188	7.755~14.726	2.861~9.993	169.0~321.0	6.899~13.103	4.237~14.964	250~474	6.285~11.917	5.633~19.949
80	0.0780	188~537	6.672~19.058	1.286~9.992	321~917	5.937~16.959	1.902~14.998	474~1353	5.399~15.412	2.518~19.998
100	0.1020	573~1094	11.124~22.663	2.469~9.989	917~1866	9.899~20.144	3.683~14.998	1353~2752	8.996~18.298	4.893~19.996
150	0.1540	1094~3274	9.871~29.540	1.158~10.000	1866~5575	8.774~26.217	1.722~15.000	2752~8258	7.970~23.915	2.283~19.996
200	0.2030	3274~6770	17.006~35.165	2.380~9.995	5575~11525	15.091~31.196	3.552~14.998	8258~17055	13.767~28.433	4.767~20.000
250	0.2540	6770~12355	22.237~40.582	3.036~10.000	11525~21124	19.728~36.159	4.545~15.000	17055~31081	17.981~32.768	6.098~20.000
300	0.3050	12355~19470	28.663~45.169	4.056~9.996	21124~33269	25.539~40.222	6.132~15.000	31081~48950	23.143~36.449	8.063~20.000
350	0.3340	19470~24866	37.484~47.873	6.153~9.999	33269~42467	33.379~42.607	9.304~15.000	48950~62484	30.248~38.611	12.274~20.000
400	0.3800	24866~35340	36.625~52.053	4.975~9.999	42467~60326	32.597~46.305	7.515~15.000	62484~88760	29.539~41.961	9.911~20.00
450	0.4290	35340~47872	41.219~55.836	5.471~10.000	60326~81678	36.668~49.646	8.183~15.000	88760~120176	33.228~44.989	10.910~20.000
500	0.4780	47872~63026	45.269~59.600	5.788~10.00	81678~107500	40.251~52.976	8.659~15.000	120176~158169	36.475~48.007	11.546~20.000

7.20 安全阀的泄放量(HG/T 20570.2—95)

安全阀的泄放量按操作失误、火灾、公用工程及设备故障三类事故来分析可能引起设备超压的状态，分别计算它们的泄放量，以其中最大泄放量作为安全阀的设计泄放量，但不考虑各种可能工况的叠加方式。

7.20.1　操作失误的泄放量

(1) 出口阀门关闭，入口阀门未关，泄放量为被关闭的管道最大正常流量。

(2) 充满液体的设备进出口阀门关闭时，泄放量为从外部正常输入热量引起的体积膨胀量。

7.20.2　公用工程及设备故障

(1) 循环水故障。塔顶冷凝器断水时，塔顶安全阀泄放量为正常工况下进入冷凝器的最大蒸气量。以循环水为冷却水的其他换热器，应仔细分析断水时的影响范围，确定泄放量。

(2) 电力故障。停电时，用电机驱动的回流泵将停止转动，塔顶安全阀的泄放量为该事故工况下进入塔顶冷凝器的蒸气量。塔顶冷凝器为不装百叶的空冷器时，在停电情况下，塔顶安全阀的泄放量为正常工况下进入冷凝器最大蒸气量的75%。停电工况还要仔细分析其影响范围，如泵、压缩机、风机、阀门的驱动机构等，以确定足够的泄放量。

(3) 控制阀故障。安装在设备出口的控制阀，发生故障时若处于全闭位置，则所设安全阀的泄放量为流经此控制阀的最大正常流量。安装在设备入口的控制阀，发生故障时若处于全开位置时，对于液体管道，安全阀的泄放量为控制阀最大通过量与正常流量之差，并且要估计高压侧物料有无闪蒸；对于气体管道，如果满足低压侧的设计压力小于高压侧的设计压力的2/3，则安全阀的泄放量应按下式计算：

$$W=3171.3(C_{V1}-C_{V2})p_h(G_g/T)^{1/2}$$

式中　W——质量泄放流量，kg/h；

C_{V1}——控制阀的 C_v 值；

C_{V2}——控制阀最小流量下的的 C_v 值；

p_h——高压侧工作压力，MPa；

G_g——气相密度，kg/m^3；

T——泄放温度，K。

如果高压侧物料有可能向低压侧传热，则必须考虑传热的影响。

7.20.3　火灾的泄放量

容器内液面之下的面积称为湿润面积，外部火焰传入的热量通过湿润面积使容器内的物料气化，但距地面或能形成大面积火焰的平台7.5m高度以上的面积不属于火灾影响范围。

安全阀的火灾安全泄放量：

无保温层
$$W=\frac{2.55\times10^5\times F\times A^{0.82}}{H_1}$$

有保温层
$$W=\frac{2.61\times(650-t)\times\lambda\times A^{0.82}}{d_o\cdot H_1}$$

式中 W——质量泄放量，kg/h；

H_1——泄放条件下气化热，kJ/kg；

A——湿润面积，m^2；

F——容器外壁校正系数

容器在地面上无保温 $F=1.0$

容器在地面下用沙土覆盖 $F=0.3$

容器顶部有大于 10L/(m^2·min)水喷淋装置 $F=0.6$

λ——保温材料的导热系数，kJ/(m·h·℃)；

d_o——保温材料厚度，m；

t——泄放温度，℃。

7.21 安全阀尺寸计算(HG/T 20570.2—95)

最小泄放面积为物料流经安全阀时通过的最小截面积，对于全启式安全阀为喉径截面积，对于微启式安全阀为环隙面积。

7.21.1 临界条件的判断

气体流经阀孔时发生膨胀，其流速和比容随下游压力降低而增加，在给定阀嘴入口条件下，通过阀嘴的质量流率不断增加，一直到在阀嘴处达到极限速度也就是阀嘴处流动介质达到声速。与极限速度相对应的流量就是临界流量。在临界流动条件下，即使阀嘴的下游压力(背压)非常低，阀嘴处的实际压力也不会低于临界流动压力。也就是说，在临界流动状态下，不论出口压力如何降低，安全阀通过阀芯的泄放流量保持不变。

安全阀尺寸计算，根据流体是临界流动还是亚临界流动的情况，分别采用不同的公式。阀嘴下游的压力(背压)p_b 小于或等于临界流动压力 p_{cf}的为临界流动；大于临界流动压力 p_{cf}的为亚临界流动。

临界流动压力可以用理想气体关系式的方程得到：

$$p_{cf}=p\left(\frac{2}{k+1}\right)^{\frac{k}{k-1}}$$

式中 p_{cf}——临界流动压力，MPa(绝压)；

p——泄放压力，MPa(绝压)；

k——绝热指数。

7.21.2 气体或蒸气在临界流动条件下的最小泄放面积

$$a=\frac{13.16W}{C_0\cdot X\cdot p\cdot K_b}\sqrt{\frac{TZ}{M}}$$

式中 a——最小泄放面积，mm^2；

W——质量泄放流量，kg/h；

C_0——流量系数；

p——泄放压力，MPa；

T——泄放温度，K；

Z——气体压缩因子；

M——相对分子质量；

X——气体特性系数，为绝热指数 k 的函数：

$$X = 520\sqrt{k \cdot \left(\frac{2}{k+1}\right)^{\frac{k+1}{k-1}}}$$

K_b——背压修正系数，在临界条件下，对于弹簧式安全阀 $K_b = 1.0$。对于波纹管背压平衡式安全阀，K_b从下图查出：

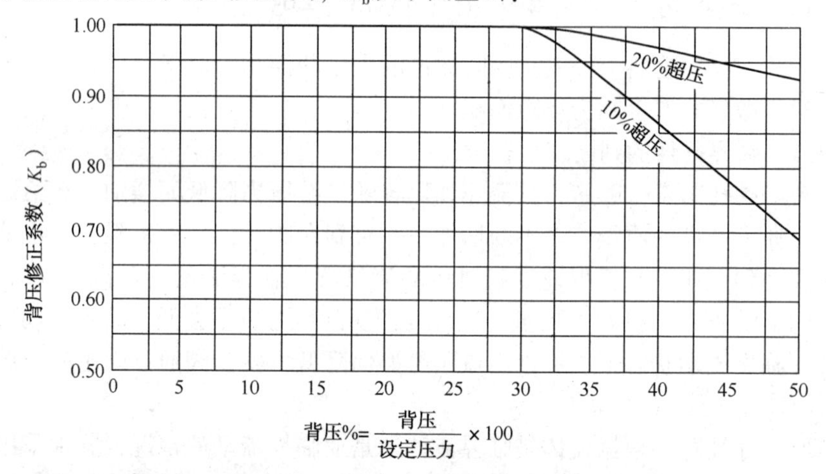

7.21.3　气体或蒸气在亚临界流动条件下的最小泄放面积

(1)导阀式安全阀和弹簧设定时考虑了静背压的影响的弹簧式安全阀，在亚临界流动条件下的最小泄放面积按下式计算：

$$a = 1.8 \times 10^{-2} \frac{W}{C_0 \cdot K_f}\sqrt{\frac{ZT}{Mp(p - p_b)}}$$

式中　a——最小泄放面积，mm^2；

W——质量泄放流量，kg/h；

C_0——流量系数，由制造厂提供(无制造厂数据时取为0.975)；

p——泄放压力，MPa；

p_b——背压，MPa；

Z——气体压缩因子；

T——泄放温度，K；

M——相对分子质量；

K_f——亚临界流动系数，可由下图查出。

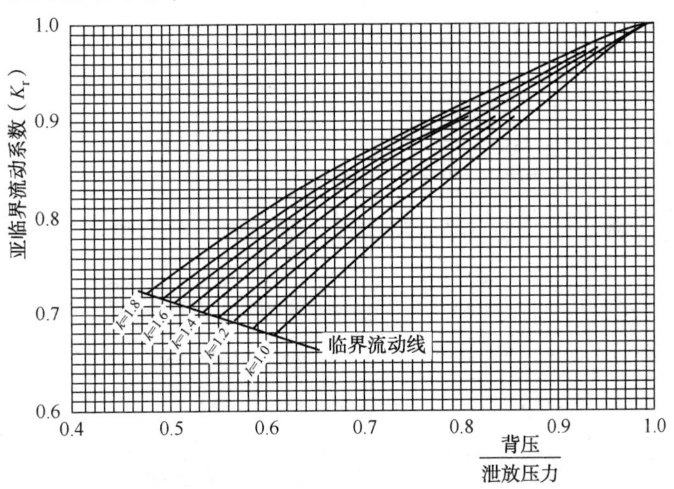

（2）简便计算弹簧式安全阀在亚临界流动条件下的最小泄放面积时，可先按临界流动条件计算，再将计算结果除以按下图查出的背压修正系数 K_b，即为亚临界条件下的最小泄放面积。

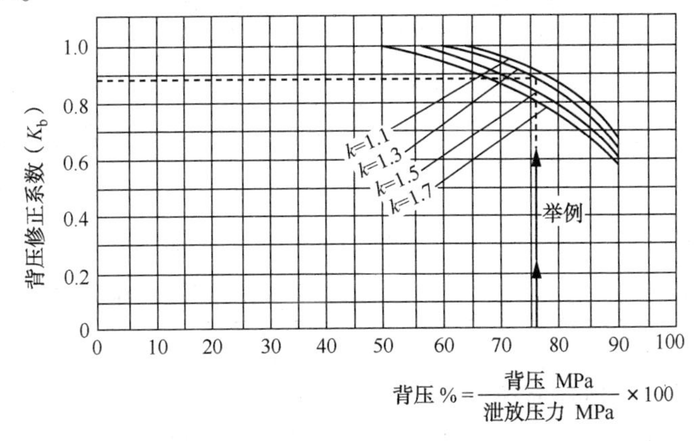

（3）背压平衡式安全阀在亚临界流动时的最小泄放面积按临界流动泄放面积公式计算，但由制造厂提供背压修正系数 K_b。

7.21.4 水蒸气最小泄放面积

$$a = 0.19\frac{W}{C_0 \cdot p \cdot K_{sh}K_N}$$

式中 a——最小泄放面积，mm^2；

W——质量泄放流量，kg/h；

C_0——流量系数，由制造厂提供(无制造厂数据时取为0.975)；

p——泄放压力，MPa；

K_N——Napier 系数，按下述要求选取：

$$p \leqslant 10.44\text{MPa 时}，K_N = 1.0$$

$$10.44\text{MPa} < p \leqslant 22.17\text{MPa 时}，K_N = \frac{27.637p - 1000}{33.234p - 1061}$$

K_{sb}——过热蒸汽校正系数，由下表查出：

设定压力/MPa \ 温度/℃	饱和温度	200	220	240	260	280	300	320	340	360	380	400	420	440	460	480
0.5	1.005	0.996	0.972	0.951	0.931	0.913	0.896	0.879	0.864	0.849	0.835	0.822				
1.0	0.978	0.981	0.983	0.960	0.938	0.919	0.901	0.884	0.868	0.853	0.838	0.825				
1.5	0.977	0.976	0.970	0.972	0.947	0.925	0.906	0.888	0.872	0.856	0.841	0.828				
2.0	0.972		0.967	0.964	0.955	0.932	0.912	0.893	0.876	0.860	0.845	0.830	0.817	0.804	0.792	0.780
2.5	0.969			0.961	0.961	0.937	0.918	0.898	0.880	0.863	0.848	0.833	0.819	0.806	0.793	0.782
3.0	0.967			0.962	0.957	0.949	0.924	0.903	0.885	0.867	0.851	0.836	0.822	0.808	0.795	0.783
4.0	0.965				0.958	0.954	0.934	0.915	0.894	0.875	0.857	0.841	0.826	0.813	0.799	0.787
5.0	0.966					0.955	0.953	0.927	0.904	0.884	0.865	0.848	0.832	0.817	0.803	0.790
6.0	0.968					0.962	0.953	0.941	0.911	0.891	0.872	0.854	0.838	0.822	0.808	0.794
7.0	0.971						0.958	0.954	0.924	0.901	0.881	0.861	0.844	0.827	0.812	0.798
8.0	0.975						0.967	0.956	0.937	0.912	0.888	0.868	0.850	0.833	0.817	0.802
9.0	0.980							0.962	0.957	0.926	0.897	0.876	0.856	0.838	0.822	0.807
10.0	0.986							0.971	0.961	0.936	0.909	0.883	0.863	0.844	0.827	0.811

7.21.5　液体最小泄放面积

$$a = 0.916\frac{V}{C_0 \cdot K_p \cdot K_w \cdot K_v}\sqrt{\frac{G_1}{p - p_b}}$$

式中　a——最小泄放面积，mm^2；

V——体积泄放流量，m^3/h；

C_0——流量系数，由阀门制造商提供；

p——泄放压力，MPa；

p_b——背压，MPa；

K_p——液体超压修正系数，由下图查出：

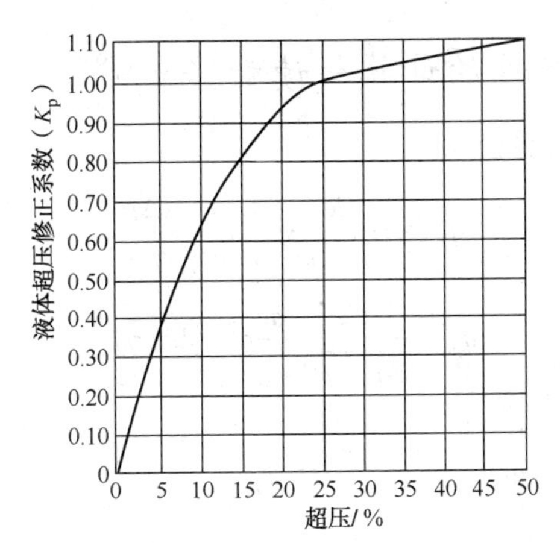

K_w——液体背压修正系数，对弹簧式安全阀 $K_w=1.0$，对于波纹管背压平衡式安全阀超压25%时的背压修正系数从下图查出，或由制造厂提供。

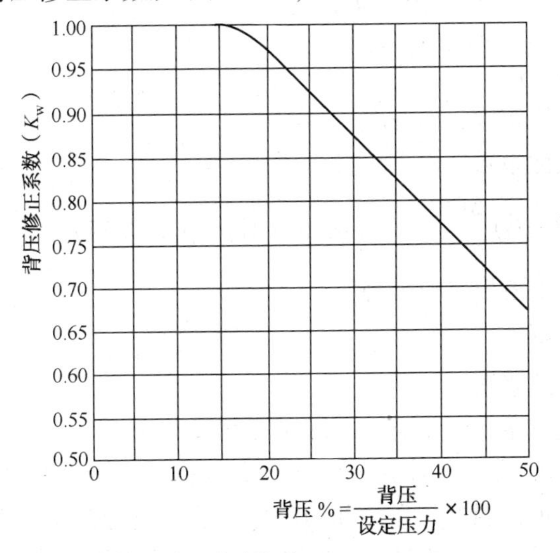

K_v——液体黏度修正系数，由下图查出：

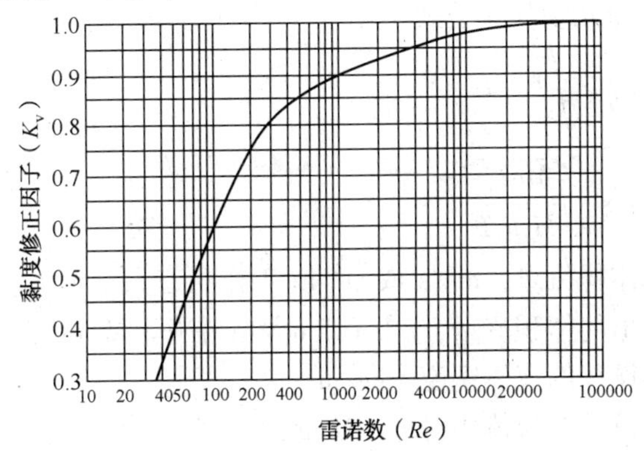

7.22 差压流量计的计算与读数修正[19]

7.22.1 孔板流量计算公式

$$q_V = \frac{C\epsilon}{\sqrt{1-\beta^4}}\frac{\pi}{4}d^2\sqrt{\frac{2\Delta p}{\gamma_1}}$$

$$q_m = \frac{C\epsilon}{\sqrt{1-\beta^4}}\frac{\pi}{4}d^2\sqrt{2\Delta p\gamma_1}$$

式中 q_V——体积流量，m^3/s；

q_m——质量流量，kg/s；

C——流出系数；

β——直径比，$\beta=d/D$；

d——节流件的开孔直径，m；

D——管道内径，m；

Δp——差压值，Pa；

γ_1——被测流体密度，kg/m^3；

ϵ——可膨胀性系数；

$$\epsilon = 1-(0.41+0.35\beta^4)\frac{\Delta p}{kp_1} \quad （使用范围\ p_2/p_1 \geqslant 0.75）$$

p_1、p_2——上游和下游取压口处静压；

k——绝热指数。

7.22.2 流量读数修正

用孔板差压测量流量，经常会有实际工况与设计工况不同的情况，如温度、压力和流体性质变化，这时就需要对流量计读数进行校正。液体按实际工作密度进行修正，气体需要按实际工作温度、压力和相对分子质量进行修正，而且根据气体方程换算的推导，工作状态示值与标准状态示值的修正应采用不同的修正公式。

(1) 工作状态流量示值修正公式

气体或液体：$q_c = q\times\sqrt{\frac{\gamma}{\gamma_c}}$

对于气体：$q_c = q\times\sqrt{\frac{MpT_c}{M_c p_c T}}$

式中 q_c——校正后体积流量，m^3/s 或 m^3/h(工作状态)；

q——仪表读出的体积流量，m^3/s 或 m^3/h(工作状态)；

γ_c、γ——实际和设计的流体密度，kg/m^3；

M_c、M——实际和设计的流体相对分子质量；

p_c、p——实际和设计的操作压力，kPa；

T_c、T——实际和设计的操作温度，K。

(2) 标准状态气体流量示值修正公式

$$Q_c = Q \times \sqrt{\frac{Mp_cT}{M_cpT_c}}$$

式中 Q_c——校正后体积流量，Nm^3/h(标准状态)；

Q——仪表读出的体积流量，Nm^3/h(标准状态)；

7.23 限流孔板的计算(HG/T 20570.15—95)

7.23.1 孔板类型

限流孔板在管道中用于限制流体的流量或降低流体的压力，按孔板上开孔数分为单孔板和多孔板，按板数分为单板和多板。

对于气体和蒸汽，限流孔板后压力(p_2)不能小于板前压力(p_1)的55%。因此，$p_2 \geqslant 0.55p_1$时用单板，$p_2 < 0.55p_1$时用多板。

对于液体，压降≤2.5MPa时选择单板孔板，压降>2.5MPa时选择多板孔板，并且每块孔板的压降要小于2.5MPa。

管道公称直径小于或等于150 mm的管路，通常采用单孔孔板，大于150mm时采用多孔孔板。

孔板厚度在340℃以下一般按以下管径要求确定(超过340℃增加3mm)：

*DN*25~150mm采用3mm，*DN*200~400mm采用6mm，*DN*≥450mm采用9.5mm。

7.23.2 气体孔板计算

气体、蒸汽的单板孔板按下式计算：

$$W = 43.78 \cdot C \cdot d_0^2 \cdot p_1 \sqrt{\left(\frac{M}{ZT}\right)\left(\frac{k}{k-1}\right)\left[\left(\frac{p_2}{p_1}\right)^{\frac{2}{k}} - \left(\frac{p_2}{p_1}\right)^{\frac{k+1}{k}}\right]}$$

式中 W——流体的重量流量，kg/h；

C——孔板流量系数，由雷诺数 Re 和 d_0/D 求得(见7.23.4内容)；

d_0——孔板孔径，m；

D——管道内径，m；

p_1——孔板前压力，Pa；

p_2——孔板后压力或临界限流压力，取其大者，Pa；

M——相对分子质量；

Z——压缩系数；

T——孔板前流体温度，K；

k——绝热指数，$k=C_p/C_v$；

C_p、C_v——气体的等压比热容和等容比热容，kJ/(kg·K)。

临界限流压力(p_c)的推荐值：

饱和蒸汽：$p_c = 0.58p_1$

过热蒸汽及多原子气体：$p_c = 0.55p_1$

空气及双原子气体：$p_c = 0.53p_1$

上述三式中，p_1 为孔板前的压力。

7.23.3　液体孔板计算

液体的单板孔板按下式计算：

$$Q = 128.45 \cdot C \cdot d_o^2 \sqrt{\frac{\Delta p}{\gamma}}$$

式中　Q——工作状态下体积流量，m^3/h；

C——孔板流量系数；

d_o——孔板孔径，m；

Δp——通过孔板的压降，Pa；

γ——工作状态下的相对密度(与4℃水的密度相比)。

7.23.4　限流孔板的流量系数

限流孔板流量系数 C 由以管径为基准的雷诺数(Re)和孔径与管道内径之比(d_o/D)，从下图查出：

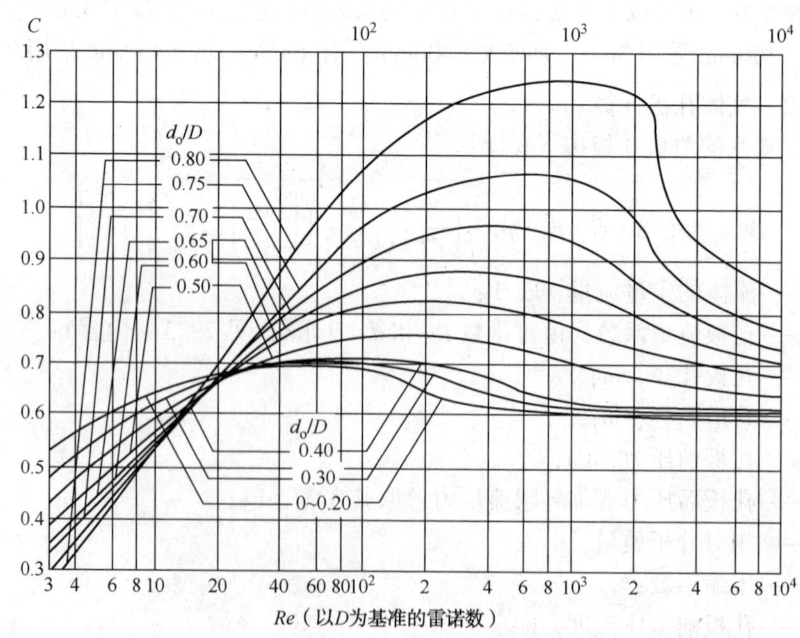

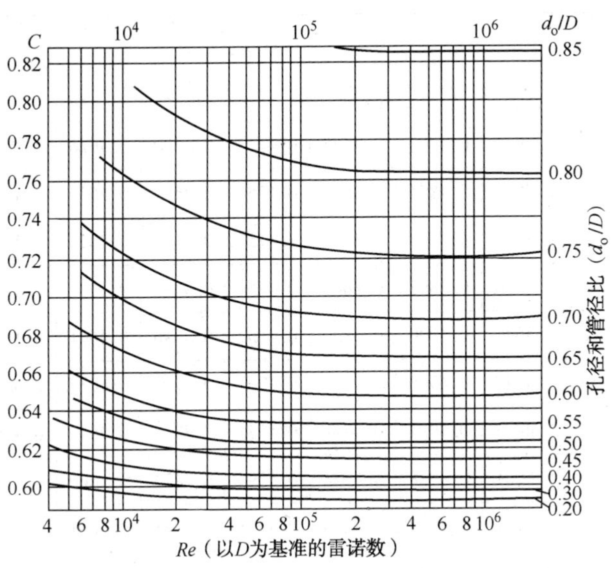

7.23.5　孔板临界流率压力比

按照计算的孔板孔径(d_o)，然后根据 d_o/D 值和绝热指数(k)值由下表查临界流率压力比(γ_c)。当每块孔板前后压力比 $p_2/p_1 \leqslant \gamma_c$ 时，可使流体流量限制在一定数值，说明计算出的 d_o 有效，否则需改变压降或调整管道的管径，再重新计算，直到满足要求为止。

临界流率压力比与绝热指数及孔板的 d_o/D 值关系表：

d_o/D \ γ_c \ k	$k=\frac{C_P}{C_V}$									
	1.05	1.10	1.15	1.20	1.25	1.30	1.35	1.40	1.45	1.50
0.05	0.5954	0.5847	0.5744	0.5645	0.5549	0.5457	0.5369	0.5283	0.5200	0.5120
0.10	0.5954	0.5847	0.5744	0.5645	0.5549	0.5457	0.5369	0.5283	0.5200	0.5120
0.15	0.5954	0.5847	0.5744	0.5645	0.5550	0.5458	0.5369	0.5283	0.5201	0.5121
0.20	0.5956	0.5849	0.5746	0.5647	0.5551	0.5459	0.5370	0.5285	0.5202	0.5122
0.25	0.5958	0.6851	0.5748	0.5649	0.5554	0.5462	0.5373	0.5288	0.5205	0.5125
0.30	0.5963	0.5856	0.5753	0.5654	0.5559	0.5467	0.5378	0.5293	0.5210	0.5130
0.35	0.5971	0.5864	0.5762	0.5663	0.5567	0.5476	0.5387	0.5302	0.5219	0.5139
0.40	0.5983	0.5877	0.5774	0.5676	0.5580	0.5489	0.5400	0.5315	0.5232	0.5153
0.45	0.6001	0.5895	0.5793	0.5694	0.5600	0.5508	0.5420	0.5335	0.5252	0.5173
0.50	0.6027	0.5921	0.5819	0.5721	0.5627	0.5536	0.5448	0.5363	0.5281	0.5201
0.55	0.6062	0.5957	0.5856	0.5758	0.5664	0.5574	0.5486	0.5401	0.5320	0.5241
0.60	0.6111	0.6006	0.5906	0.5809	0.5715	0.5625	0.5538	0.5454	0.5373	0.5294
0.65	0.6175	0.6072	0.5973	0.5877	0.5784	0.5695	0.5609	0.5525	0.5445	0.5367
0.70	0.6262	0.6160	0.6062	0.5968	0.5877	0.5788	0.5703	0.5621	0.5541	0.5464

d_o/D \ k \ γ_c	$k=\frac{C_P}{C_V}$									
	1.55	1.60	1.65	1.70	1.75	1.80	1.85	1.90	1.95	2.00
0.05	0.5043	0.4968	0.4895	0.4825	0.4757	0.4690	0.4626	0.4564	0.4503	0.4444
0.10	0.5043	0.4968	0.4895	0.4825	0.4757	0.4691	0.4626	0.4564	0.4503	0.4445
0.15	0.5043	0.4968	0.4896	0.4825	0.4757	0.4691	0.4627	0.4565	0.4504	0.4445
0.20	0.5045	0.4970	0.4897	0.4827	0.4759	0.4693	0.4628	0.4566	0.4505	0.4447
0.25	0.5048	0.4973	0.4900	0.4830	0.4762	0.4696	0.4631	0.4569	0.4508	0.4450
0.30	0.5053	0.4978	0.4906	0.4835	0.4767	0.4701	0.4637	0.4575	0.4514	0.4455
0.35	0.5062	0.4987	0.4914	0.4844	0.4776	0.4710	0.4646	0.4584	0.4523	0.4464
0.40	0.5075	0.5001	0.4928	0.4858	0.4790	0.4724	0.4660	0.4598	0.4537	0.4479
0.45	0.5096	0.5021	0.4949	0.4879	0.4811	0.4745	0.4681	0.4619	0.4558	0.4500
0.50	0.5124	0.5050	0.4978	0.4908	0.4840	0.4774	0.4711	0.4648	0.4588	0.4530
0.55	0.5164	0.5090	0.5018	0.4948	0.4881	0.4815	0.4752	0.4690	0.4630	0.4571
0.60	0.5218	0.5144	0.5073	0.5004	0.4936	0.4871	0.4808	0.4746	0.4686	0.4628
0.65	0.5291	0.5218	0.5147	0.5078	0.5011	0.4946	0.4883	0.4822	0.4762	0.4704
0.70	0.5389	0.5317	0.5247	0.5178	0.5112	0.5048	0.4985	0.4924	0.4865	0.4807

注：$p_2/p_1 \leqslant 0.63$ 管道大小不限，$0.2 \leqslant d_o/D \leqslant 0.7$ 管道流体雷诺数不限。

p_2—孔板前压力，Pa；p_1—孔板后压力，Pa；d_o—孔板孔径，m；D—管道内径，m。

7.23.6 催化裂化限流孔板简化计算[27]

在催化裂化的反应器、再生器及催化剂输送管中，常需通入各种蒸汽，如汽提蒸汽、提升蒸汽、事故蒸汽、吹扫蒸汽等。为了避免测压点堵塞，还需要吹入反吹风，都需要使用限流孔板。一般采用以下简化公式计算：

对于水蒸气 $$W=63.7\,d_r^2\frac{p_1}{\sqrt{T_1}}$$

对于空气 $$W=83\,d_r^2\frac{p_1}{\sqrt{T_1}}$$

对于20℃空气 $$W=4.85\,d_r^2 p_1$$

式中 W——经过限流孔板的气体流量，kg/h；

d_r——限流孔板直径，mm；

p_1——限流孔板上游气体压力，MPa(绝压)；

T_1——限流孔板上游气体温度，K。

7.24 压力容器封头的容积与表面积(GB/T 25198—2010)

7.24.1 半球形封头

类型代号	断面形状	型式参数关系
HHA		$D_i = 2R_i$ $DN = D_i$ $H = \frac{D_i}{2}$

容积(mm^3) $V = \frac{1}{12}\pi D_i^3$

内表面积(mm^2) $A = \frac{1}{2}\pi D_i^2$

7.24.2 椭圆形封头

类型代号	断面形状	型式参数关系
EHA		$\frac{D_i}{2(H-h)} = 2$ $DN = D_i$ $H = \frac{D_i}{4} + h$

容积(mm^3) $V = \frac{\pi}{24} D_i^3 + \frac{\pi}{4} D_i^2 h$

内表面积(mm^2) $A = 0.345\pi D_i^2 + \pi D_i h$

EHA 椭圆形封头总深度、内表面积、容积:

序号	公称直径 DN/mm	总深度 H/mm	内表面积 A/m^2	容积 V/m^3	序号	公称直径 DN/mm	总深度 H/mm	内表面积 A/m^2	容积 V/m^3
1	300	100	0.1211	0.0053	11	800	225	0.7566	0.0796
2	350	113	0.1603	0.0080	12	850	238	0.8499	0.0946
3	400	125	0.2049	0.0115	13	900	250	0.9487	0.1113
4	450	138	0.2548	0.0159	14	950	263	1.0529	0.1300
5	500	150	0.3103	0.0213	15	1000	275	1.1625	0.1505
6	550	163	0.3711	0.0277	16	1100	300	1.3980	0.1980
7	600	175	0.4374	0.0353	17	1200	325	1.6552	0.2545
8	650	188	0.5090	0.0442	18	1300	350	1.9340	0.3208
9	700	200	0.5861	0.0545	19	1400	375	2.2346	0.3977
10	750	213	0.6686	0.0663	20	1500	400	2.5568	0.4860

续表

序号	公称直径 DN/mm	总深度 H/mm	内表面积 A/m²	容积 V/m³	序号	公称直径 DN/mm	总深度 H/mm	内表面积 A/m²	容积 V/m³
21	1600	425	2.9007	0.5864	44	3900	1015	16.9775	8.2427
22	1700	450	3.2662	0.6999	45	4000	1040	17.8464	8.8802
23	1800	475	3.6535	0.8270	46	4100	1065	18.7370	9.5498
24	1900	500	4.0624	0.9687	47	4200	1090	19.6493	10.2523
25	2000	525	4.4930	1.1257	48	4300	1115	20.5832	10.9883
26	2100	565	5.0443	1.3508	49	4400	1140	21.5389	11.7588
27	2200	590	5.5229	1.5459	50	4500	1165	22.5162	12.5644
28	2300	615	6.0233	1.7588	51	4600	1190	23.5152	13.4060
29	2400	640	6.5453	1.9905	52	4700	1215	24.5359	14.2844
30	2500	665	7.0891	2.2417	53	4800	1240	25.5782	15.2003
31	2600	690	7.6545	2.5131	54	4900	1265	26.6422	16.1545
32	2700	715	8.2415	2.8055	55	5000	1290	27.7280	17.1479
33	2800	740	8.8503	3.1198	56	5100	1315	28.8353	18.1811
34	2900	765	9.4807	3.4567	57	5200	1340	29.9644	19.2550
35	3000	790	10.1329	3.8170	58	5300	1365	31.1152	20.3704
36	3100	815	10.8067	4.2015	59	5400	1390	32.2876	21.5281
37	3200	840	11.5021	4.6110	60	5500	1415	33.4817	22.7288
38	3300	865	12.2193	5.0463	61	5600	1440	34.6975	23.9733
39	3400	890	12.9581	5.5080	62	5700	1465	35.9350	25.2624
40	3500	915	13.7186	5.9972	63	5800	1490	37.1941	26.5969
41	3600	940	14.5008	6.5144	64	5900	1515	38.4749	27.9776
42	3700	965	15.3047	7.0605	65	6000	1540	39.7775	29.4053
43	3800	990	16.1303	7.6364	—	—	—	—	—

7.24.3 碟形封头

类型代号	断面形状 2	型式参数关系
THA	δ_n, R_i, r_i, H, h, D_i	$R_i=1.0D_i$ $r_i=0.10D_i$ $DN=D_i$

设：弧度 $\theta=\arccos\dfrac{\dfrac{D_i}{2}-r_i}{R_i-r_i}$

$C_1=\dfrac{\sin\theta}{4}$ $C_3=2\sin\theta-\dfrac{\sin^3\theta}{3}-\sin\theta\cos\theta-\theta$

$C_2=\dfrac{\sin\theta\cos\theta+\theta}{2}-\sin\theta$ $C_4=\dfrac{(2+\sin\theta)(1-\sin\theta)^2}{3}$

总深度(mm) $H=(1-\sin\theta)R_i+r_i\sin\theta+h$

容积(mm^3) $$V=\pi\left(C_1D_i^2r_i+C_2D_ir_i^2+C_3r_i^3+C_4R_i^3+\frac{D_i^2}{4}\times h\right)$$

内表面积(mm^2) $$A=2\pi\left[D_ir_i\times\frac{\theta}{2}+r_i^2(\sin\theta-\theta)+R_i^2(1-\sin\theta)+\frac{D_i}{2}h\right]$$

THA 碟形封头总深度、内表面积、容积：

序号	公称直径 DN/mm	总深度 H/mm	内表面积 A/m^2	容积 V/m^3	序号	公称直径 DN/mm	总深度 H/mm	内表面积 A/m^2	容积 V/m^3
1	300	83	0. 1127	0. 0044	34	2900	602	8. 6902	2. 6779
2	350	93	0. 1488	0. 0066	35	3000	621	9. 2869	2. 9548
3	400	103	0. 1898	0. 0095	36	3100	641	9. 9033	3. 2502
4	450	112	0. 2358	0. 0130	37	3200	660	10. 5396	3. 5646
5	500	122	0. 2868	0. 0173	38	3300	679	11. 1956	3. 8987
6	550	132	0. 3427	0. 0224	39	3400	699	11. 8715	4. 2529
7	600	141	0. 4035	0. 0284	40	3500	718	12. 5672	4. 6280
8	650	151	0. 4693	0. 0355	41	3600	738	13. 2826	5. 0245
9	700	161	0. 5401	0. 0436	42	3700	757	14. 0179	5. 4430
10	750	170	0. 6158	0. 0528	43	3800	776	14. 7729	5. 8841
11	800	180	0. 6964	0. 0632	44	3900	796	15. 5478	6. 3484
12	850	190	0. 7820	0. 0750	45	4000	815	16. 3424	6. 8365
13	900	199	0. 8726	0. 0881	46	4100	834	17. 1569	7. 3489
14	950	209	0. 9681	0. 1026	47	4200	854	17. 9912	7. 8864
15	1000	219	1. 0685	0. 1186	48	4300	873	18. 8452	8. 4494
16	1100	238	1. 2843	0. 1555	49	4400	893	19. 7191	9. 0385
17	1200	258	1. 5198	0. 1993	50	4500	912	20. 6127	9. 6544
18	1300	277	1. 7752	0. 2506	51	4600	931	21. 5262	10. 2977
19	1400	296	2. 0503	0. 3100	52	4700	951	22. 4594	10. 9689
20	1500	316	2. 3453	0. 3782	53	4800	970	23. 4125	11. 6687
21	1600	335	2. 6600	0. 4556	54	4900	989	24. 3853	12. 3975
22	1700	354	2. 9946	0. 5430	55	5000	1009	25. 3780	13. 1561
23	1800	374	3. 3489	0. 6408	56	5100	1028	26. 3904	13. 9451
24	1900	393	3. 7231	0. 7497	57	5200	1048	27. 4227	14. 7649
25	2000	413	4. 1170	0. 8703	58	5300	1067	28. 4748	15. 6162
26	2100	447	4. 6297	1. 0551	59	5400	1086	29. 5466	16. 4997
27	2200	466	5. 0680	1. 2058	60	5500	1106	30. 6383	17. 4158
28	2300	486	5. 5261	1. 3703	61	5600	1125	31. 7497	18. 3652
29	2400	505	6. 0039	1. 5491	62	5700	1145	32. 8810	19. 3485
30	2500	524	6. 5016	1. 7427	63	5800	1164	34. 0320	20. 3663
31	2600	544	7. 0190	1. 9518	64	5900	1183	35. 2029	21. 4191
32	2700	563	7. 5563	2. 1770	65	6000	1203	36. 3935	22. 5076
33	2800	583	8. 1134	2. 4188	—	—	—	—	—

7.25 常用几何图形计算公式[2]

名称及图形	符　号	计算公式 (面积 F，侧面积 M，总面积 Q，体积 V)
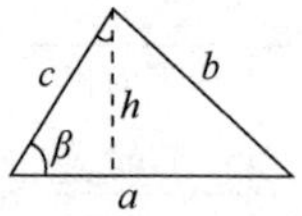 三角形	a—底边 h—高 b，c—斜边 $p=\frac{a+b+c}{2}$	$F=\frac{1}{2}ah=\frac{1}{2}ac\sin\beta$ $=\sqrt{p(p-a)(p-b)(p-c)}$
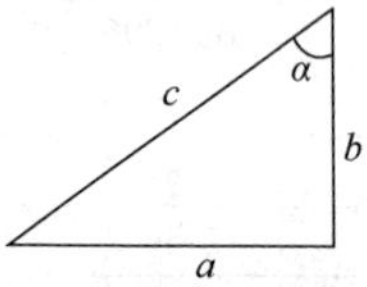 直角三角形	a，b—直角边 c—斜边	$c^2=a+b^2$ $F=\frac{1}{2}ab=\frac{1}{4}c^2\sin2\alpha$
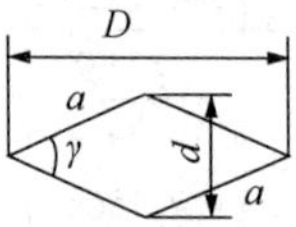 菱形	a—边 γ—角 D—长对角线 d—短对角线	$F=a^2\sin\gamma=\frac{Dd}{2}$ $D=2a\cos\frac{\gamma}{2}$ $d=2a\sin\frac{\gamma}{2}$
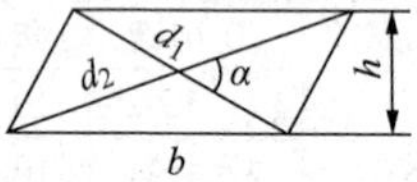 平行四边形	b—底边 h—高 d_1 和 d_2—对角线 α—对角线夹角(锐角)	$F=bh=\frac{1}{2}d_1d_2\sin\alpha$
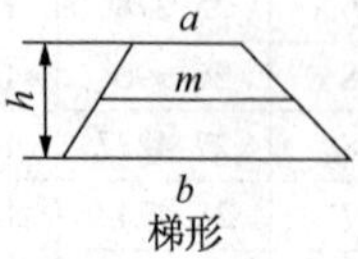 梯形	a，b—二平行底边 h—高 m—中线(联结不平行两边的中点)	$F=\frac{1}{2}(a+b)h=mh$
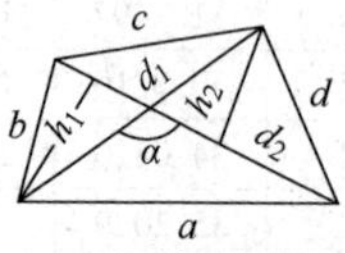 不规则四边形	a，b，c，d—边 d_1 和 d_2—对角线 α—对角线夹角(d 边的对角) h_1 和 h_2—对角线 d_2 上的高	$F=\frac{1}{2}d_1d_2\sin\alpha=\frac{d_2}{2}(h_1+h_2)$

续表

名称及图形	符　　号	计算公式 （面积 F，侧面积 M，总面积 Q，体积 V）
圆	r—半径 d—直径	$F=\pi r^2=\frac{\pi d^2}{4}=0.785d^2$
扇形	b—弧长 r—半径 α—中心角	$F=\frac{1}{2}br=\frac{\alpha}{360}\pi r^2$ $b=\frac{\alpha}{180}\pi r$
椭圆形	D—长轴 d—短轴	$F=\frac{\pi dD}{4}$
圆柱体	r—底圆半径 h—高	$M=2\pi rh$ $Q=2\pi r(r+h)$ $V=\pi r^2h$
锥体	r—底半径 h—高 c—斜边	$M=\pi r\sqrt{r^2+h^2}$ $V=\frac{1}{3}\pi r^2h$ $c=\sqrt{r^2+h^2}$ $Q=M+\pi r^2$

续表

名称及图形	符　号	计算公式 (面积 F，侧面积 M，总面积 Q，体积 V)
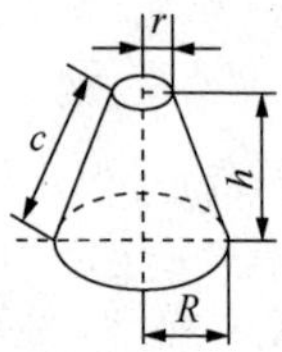 圆台	R 和 r—底面半径 h—高 c—母线 $c=\sqrt{(R-r)^2+h^2}$	$M=\pi c(R+r)$ $Q=M+\pi(R^2+r^2)$ $V=\frac{\pi h}{3}(R^2+r^2+Rr)$
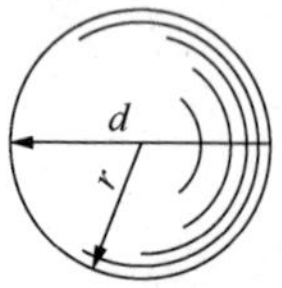 球体	r—半径 d—直径	$V=\frac{4}{3}\pi r^3=\frac{1}{6}\pi d^3=0.5236d^3$ $Q=4\pi r^2=\pi d^2$
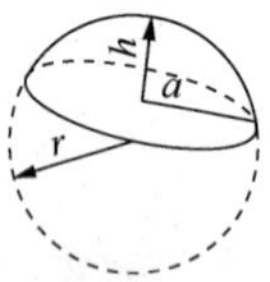 部分球形	h—高 r—球半径 a—底半径	$M=2\pi rh=\pi(a^2+h^2)$ $V=\pi h^2\left(r-\frac{1}{3}h\right)$
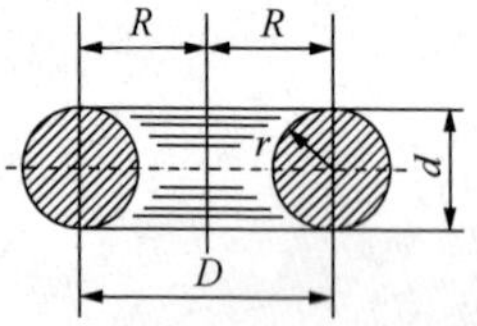 圆柱体的环	R—半径 D—直径 r—断面半径 $d=2r$	$Q=4\pi^2 rR\approx39.478Rr$ $Q=\pi^2 Dd=9.870Dd$ $V=2\pi^2 Rr^2\approx19.74Rr^2$ $V=\frac{\pi^2}{4}Dd^2\approx2.467Dd^2$
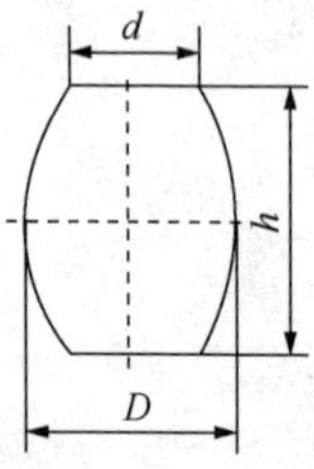 桶体（圆鼓）	D—中部断面直径 d—底内径 h—高	对圆形桶板： $V\approx\frac{1}{12}\pi h(2D^2+d^2)$ 对于抛物线桶板： $V\approx\frac{1}{15}\pi h\left(2D^2+Dd+\frac{3}{4}d^2\right)$

7.26 圆的弓形面积与拱高的关系图[2]

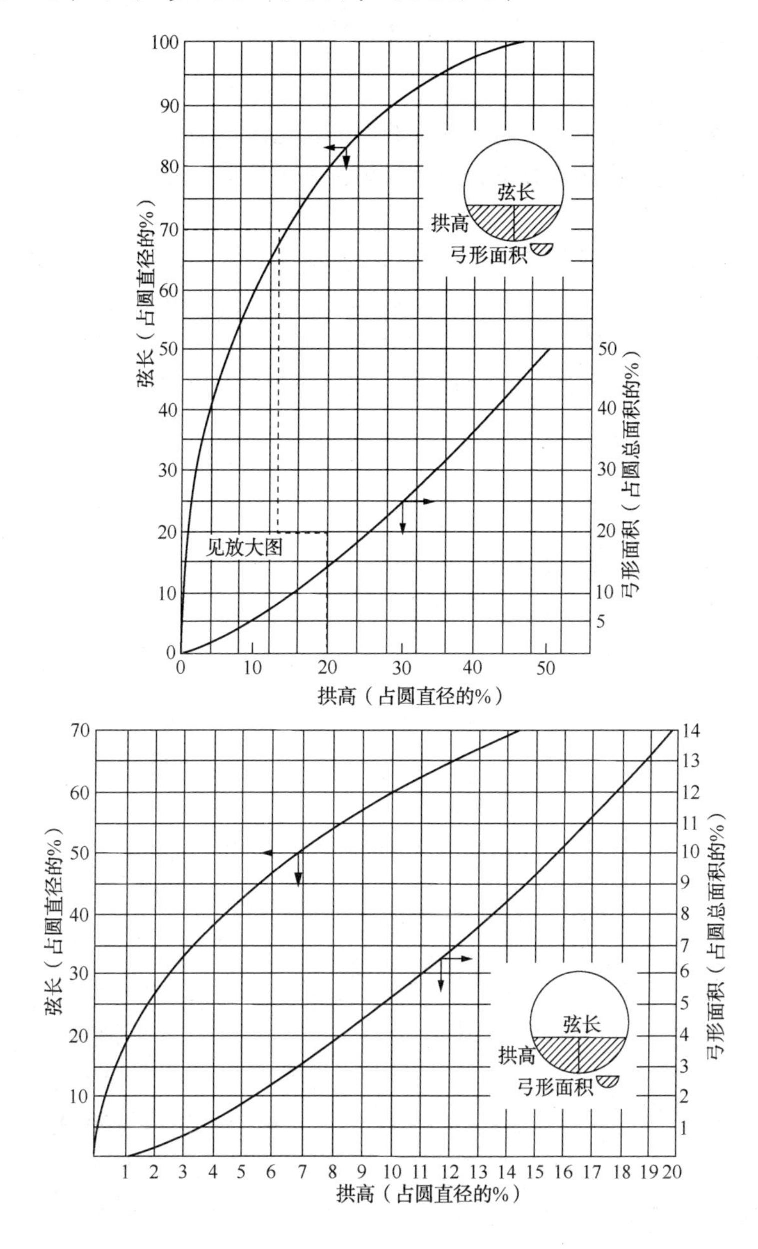

8 单位换算

单位换算是技术工作中经常需要查阅的数据，也是本书的一项重要内容。以下列出的是炼油行业常用单位的换算系数及换算表，其中黑体字标出的是法定计量单位及其换算系数。

根据炼油行业中目前实际使用单位的状况和对外技术交流的需要，本书改编或新编了一些更实用的单位换算表。我们现在常用的计量单位如压力 MPa、热负荷 MW 等可以直接从换算表中查到，无需再次换算；对于 psi、MMBtu/h、ppm、kMTA、BPSD 等在与国外公司联系中经常碰到的非标准计量单位，本书根据实际需要，在相关部分对其含义作了解释和换算说明。

8.1 长度

8.1.1 长度单位换算系数[2,28]

米(m)	厘米(cm)	毫米(mm)	英寸(in)	英尺(ft)	市尺	市寸
1	10^2	10^3	39.3701	3.28084	3	30
10^{-2}	1	10	0.393701	3.28084×10^{-2}	3×10^{-2}	0.3
10^{-3}	0.1	1	3.93701×10^{-2}	3.28084×10^{-3}	3×10^{-3}	0.03
0.0254	2.54	25.4	1	0.0833333	7.62×10^{-2}	0.762
0.3048	30.48	304.8	12	1	0.9144	9.144
0.3333	33.333	333.33	13.123	1.0936	1	10
0.03333	3.3333	33.333	1.3123	0.10936	0.1	1

米(m)	英尺(ft)	码(yd)	公里(km)	英里(mile)	**海里(n mile)**	市里
1	3.28084	1.09361	10^{-3}	6.21371×10^{-4}	**5.3996×10^{-4}**	2×10^{-3}
0.3048	1	0.3333	3.048×10^{-4}	1.8939×10^{-4}	**1.6458×10^{-4}**	6.096×10^{-4}
0.9144	3	1	9.144×10^{-4}	5.6818×10^{-4}	**4.9374×10^{-4}**	1.829×10^{-3}
10^3	3280.84	1093.6	1	0.6214	**0.53996**	2
1609.344	5280	1760	1.609344	1	**0.868976**	3.219
1852	6076.12	2025.37	1.852	1.1508	**1**	3.704
500	1640.4	546.8	0.5	0.3107	**0.26998**	1

1 市里 = 150 市丈 = 1500 市尺 = 500m　　1 埃(Å) = 10^{-10}m = 10^{-7}mm = 10^{-4}微米(μm)

1 毫米(mm) = 10 丝 = 100 道(俗称)　　1 密耳(mil) = 10^{-3}in = 2.54×10^{-5}m

8.1.2 英寸与毫米换算表[29]

英寸(in)	毫米(mm)	英寸(in)	毫米(mm)	英寸(in)	毫米(mm)	英寸(in)	毫米(mm)
1/64	0.3969	7	177.8	34	863.6	64	1626
1/32	0.7938	8	203.2	36	914.4	68	1727
1/16	1.5875	9	228.6	38	965.2	70	1778
1/8	3.1750	10	254.0	40	1016	72	1829
1/4	6.350	12	304.8	42	1067	74	1880
3/8	9.525	14	355.6	44	1118	76	1930
1/2	12.70	16	406.4	46	1168	78	1981
3/4	19.05	18	457.2	48	1219	80	2032
1	25.40	20	508.0	50	1270	82	2083
1½	38.10	22	558.8	52	1321	84	2134
2	50.8	24	609.6	54	1372	86	2184
3	76.2	26	660.4	56	1422	88	2235
4	101.6	28	711.2	58	1473	90	2286
5	127.0	30	762.0	60	1524	95	2413
6	152.4	32	812.8	62	1575	100	2540

1 英寸(in)= 25.40 毫米(mm)。

8.2 面积[2,28]

毫米^2(mm^2)	厘米^2(cm^2)	**米^2(m^2)**	英寸^2(in^2)	英尺^2(ft^2)	市尺^2
1	10^{-2}	$\mathbf{10^{-6}}$	1.550×10^{-3}	1.0763×10^{-5}	9×10^{-6}
10^2	1	$\mathbf{10^{-4}}$	0.1550	1.0764×10^{-3}	9×10^{-4}
10^6	10^4	**1**	1550.00	10.7639	9.000
6.4516×10^2	6.4516	$\mathbf{6.4516\times10^{-4}}$	1	6.94444×10^{-3}	5.8064×10^{-3}
9.29030×10^4	9.29030×10^2	**0.0929030**	144	1	0.8361
1.111×10^5	1.111×10^3	**0.1111**	172.22	1.196	1

米^2(m^2)	公里^2(km^2)	英里^2(mile^2)	**公顷(hm^2，ha)**	公亩(are)	英亩(acre)	市亩
1	10^{-6}	3.861×10^{-7}	$\mathbf{10^{-4}}$	10^{-2}	2.47105×10^{-4}	1.5×10^{-3}
$\mathbf{10^6}$	1	0.3861	**100**	10^4	2.471×10^2	1.5×10^3
$\mathbf{2.58999\times10^6}$	2.58999	1	**258.999**	2.58999×10^4	640	3.89×10^3
10000	10^{-2}	3.86102×10^{-3}	**1**	100	2.47105	15
100	10^{-4}	3.861×10^{-5}	$\mathbf{10^{-2}}$	1	2.471×10^{-2}	0.15
4046.86	4.04686×10^{-3}	1.5625×10^{-3}	**0.404686**	40.4686	1	6.0716
$\mathbf{6.6667\times10^2}$	6.6667×10^{-4}	2.574×10^{-4}	$\mathbf{6.6667\times10^{-2}}$	6.6667	0.1647	1

1 公顷 = 1 垧　　1 码^2 = 9 英尺^2 = 0.836127 米^2　　1 市亩 = 10 市分 = 60 丈^2

1 坪 = 3.305 米^2　　1 町 = 2.45 英亩 = 0.9915 公顷　　1 市里^2 = 0.250 公里^2

8.3 体积[2,28]

毫升(mL, cc)	**升(L, dm^3)**	**米^3(m^3, kL)**	英寸^3(in^3)	英尺^3(ft^3)	美加仑(US gal)	美桶(US bbl)
1	**10^{-3}**	**10^{-6}**	0.0610237	3.5315×10^{-5}	2.6418×10^{-4}	6.2898×10^{-6}
10^3	**1**	**0.001**	61.0237	0.0353147	0.264172	6.2898×10^{-3}
10^6	**1000**	**1**	61023.7	35.3147	264.172	6.2898
16.3871	**0.0163871**	**1.63871×10^{-5}**	1	5.78704×10^{-4}	4.32900×10^{-3}	1.0307×10^{-4}
2.83168×10^4	**28.3168**	**2.83168×10^{-2}**	1728	1	7.48052	0.1781
3.78541×10^3	**3.78541**	**3.78541×10^{-3}**	231	0.133681	1	2.3809×10^{-2}
1.58987×10^5	**158.987**	**0.158987**	9.702×10^3	5.6145	42	1

1 市石 = 10 市斗 = 100 市升　　1 英加仑(UK gal) = 1.20095 美加仑(US gal) = 4.54609 dm^3

1 升 = 1 市升 = 10 市合　　1 码^3 = 0.76455 米^3　　1 英桶(UK bbl) = 1.0008 美桶(US bbl)

8.4 速度[2,28]

米/秒(m/s)	米/分(m/min)	**公里/时(km/h)**	英尺/秒(ft/s)	英里/时(mile/h)	海里/时(n mile/h)
1	60	**3.6**	3.28084	2.23694	1.9439
0.0166667	1	**6×10^{-2}**	5.468×10^{-2}	3.728×10^{-2}	3.240×10^{-2}
0.277778	16.6667	**1**	0.911344	0.621371	0.539957
0.3048	18.2880	**1.09728**	1	0.681818	0.59249
0.44704	26.8224	**1.609344**	1.46667	1	0.868976
0.51444	30.8667	**1.852**	1.68780	1.15078	1

8.5 重量(质量)

8.5.1 重量(质量)单位换算系数[2,28]

毫克(mg)	克(g)	**千克(公斤)(kg)**	格令(grain)	盎司(oz)	市斤	市两
1	10^{-3}	**10^{-6}**	1.5432×10^{-2}	3.52740×10^{-5}	2×10^{-5}	2×10^{-4}
10^3	1	**10^{-3}**	15.4324	0.0352740	2×10^{-3}	2×10^{-2}
10^6	10^3	**1**	1.5432×10^4	35.2740	2	20
64.79891	0.06479891	**6.479891×10^{-5}**	1	2.28571×10^{-3}	1.296×10^{-4}	1.296×10^{-3}
28349.52	28.34952	**0.02834952**	437.5	1	5.670×10^{-2}	0.567
5×10^5	500	**0.5**	7716	17.637	1	10
5×10^4	50	**0.05**	771.6	1.7637	0.1	1

1 磅(lb) = 16 盎司(oz) = 0.453592 公斤(kg)　　1 英夸特(qr) = 28 磅(lb) = 12.7006 公斤(kg)

续表

千克(公斤)(kg)	吨(t)	磅(lb)	英吨(长吨)(long ton)	美吨(短吨)(short ton)	英担(cwt)
1	**10^{-3}**	2. 20462	9.842×10^{-4}	0. 00110231	1.968×10^{-2}
1000	**1**	2204. 62	0. 984207	1. 10231	19. 6841
0. 45359237	**4.5359237×10^{-4}**	1	0. 000446429	0. 0005	0. 00892857
1016. 05	**1. 01605**	2240	1	1. 12	20
907. 185	**0. 907185**	2000	0. 892857	1	17. 8571
50. 8023	**0. 0508023**	112	0. 05	0. 056	1

1 短担 = 100 磅 = 45. 3592 千克　　　　1 公担 = 0. 1 吨

8. 5. 2　磅与公斤换算表[29]

磅(lb)	公斤(kg)	磅(lb)	公斤(kg)	磅(lb)	公斤(kg)	磅(lb)	公斤(kg)	磅(lb)	公斤(kg)
1	0. 454	21	9. 525	41	18. 591	61	27. 669	81	36. 741
2	0. 907	22	9. 979	42	19. 051	62	28. 123	82	37. 195
3	1. 361	23	10. 433	43	19. 504	63	28. 576	83	37. 648
4	1. 814	24	10. 886	44	19. 958	64	29. 030	84	38. 102
5	2. 268	25	11. 340	45	20. 412	65	29. 483	85	38. 555
6	2. 722	26	11. 793	46	20. 865	66	29. 937	86	39. 009
7	3. 175	27	12. 247	47	21. 319	67	30. 391	87	39. 463
8	3. 629	28	12. 701	48	21. 772	68	30. 844	88	39. 916
9	4. 082	29	13. 154	49	22. 236	69	31. 298	89	40. 370
10	4. 536	30	13. 608	50	22. 680	70	31. 751	90	40. 823
11	4. 990	31	34. 061	51	23. 133	71	32. 205	91	41. 277
12	5. 443	32	14. 515	52	23. 587	72	32. 659	92	41. 730
13	5. 897	33	14. 969	53	24. 040	73	33. 112	93	42. 184
14	6. 350	34	15. 442	54	24. 494	74	33. 566	94	42. 638
15	6. 804	35	15. 876	55	24. 948	75	34. 019	95	43. 091
16	7. 257	36	16. 329	56	25. 401	76	34. 473	96	43. 545
17	7. 711	37	16. 783	57	25. 855	77	34. 927	97	43. 998
18	8. 165	38	17. 236	58	26. 308	78	35. 380	98	44. 452
19	8. 618	39	17. 690	59	26. 762	79	35. 834	99	44. 905
20	9. 072	40	18. 144	60	27. 216	80	36. 287	100	45. 359

1 磅(lb)= 0. 45359 公斤(kg)

8.6　密度[2,28]

克/毫升 (g/mL，g/cm^3)	公斤/米^3 (kg/m^3)	吨/米^3 (t/m^3)	磅/英寸^3 (lb/in^3)	磅/英尺^3 (lb/ft^3)	磅/美加仑 (lb/US gal)
1	**1000**	**1**	3.61273×10^{-2}	62.4280	8.34540
0.001	**1**	$\mathbf{10^{-3}}$	3.61273×10^{-5}	6.24280×10^{-2}	8.34540×10^{-3}
27.6799	**27679.9**	**27.6799**	1	1728	231
0.0160185	**16.0185**	$\mathbf{1.60185\times10^{-2}}$	5.78704×10^{-4}	1	0.133681
0.119826	**119.826**	**0.119826**	4.32900×10^{-3}	7.48052	1

1 磅/英加仑＝0.83267 磅/美加仑＝99.7763 公斤/米^3　　1 磅/美桶＝2.85301 公斤/米^3

1 盎司/美加仑＝7.48915 公斤/米^3　　1 磅/码^3＝0.593276 公斤/米^3

8.7　相对密度(比重)

8.7.1　相对密度(比重) $d_{15.6}^{15.6}$ 与 d_4^{20} 的换算[2]

$d_{15.6}^{15.6}=d_4^{20}+$ 校正值；　　$d_4^{20}=d_{15.6}^{15.6}-$ 校正值；　　$d_4^t=0.9990d_{15.6}^t$

$d_{15.6}^{15.6}$ 或 d_4^{20}	校正值	$d_{15.6}^{15.6}$ 或 d_4^{20}	校正值
0.700~0.710	0.0051	0.830~0.840	0.0044
0.710~0.720	0.0050	0.840~0.850	0.0043
0.720~0.730	0.0050	0.850~0.860	0.0042
0.730~0.740	0.0049	0.860~0.870	0.0042
0.740~0.750	0.0049	0.870~0.880	0.0041
0.750~0.760	0.0048	0.880~0.890	0.0041
0.760~0.770	0.0048	0.890~0.900	0.0040
0.770~0.780	0.0047	0.900~0.910	0.0040
0.780-0.790	0.0046	0.910~0.920	0.0039
0.790~0.800	0.0046	0.920~0.930	0.0038
0.800~0.810	0.0045	0.930~0.940	0.0038
0.810~0.820	0.0045	0.940~0.950	0.0037
0.820~0.830	0.0044		

8.7.2　波美度、API 度与相对密度($d_{15.6}^{15.6}$)的换算公式[2]

$$\text{波美度}(°\text{Be})=\frac{140}{\text{相对密度 } d_{15.6}^{15.6}}-130\text{(比水轻时)}$$

$$\text{波美度}(°\text{Be})=145-\frac{145}{\text{相对密度 } d_{15.6}^{15.6}}\text{(比水重时)}$$

$$API度=\frac{141.5}{相对密度\ d_{15.6}^{15.6}}-131.5$$

8.7.3 比重指数(API度)与相对密度($d_{15.6}^{15.6}$)换算表[2]

比重指数(API度)	$\frac{1}{10}$比重指数									
	0	1	2	3	4	5	6	7	8	9
0	1.0760	1.0752	1.0744	1.0736	1.0728	1.0720	1.0712	1.0703	1.0695	1.0687
1	1.0679	1.0671	1.0663	1.0655	1.0647	1.0639	1.0631	1.0623	1.0615	1.0607
2	1.0599	1.0591	1.0583	1.0575	1.0568	1.0560	1.0552	1.0544	1.0536	1.0528
3	1.0520	1.0513	1.0505	1.0497	1.0489	1.0481	1.0474	1.0466	1.0458	1.0451
4	1.0443	1.0435	1.0427	1.0420	1.0412	1.0404	1.0397	1.0389	1.0382	1.0374
5	1.0366	1.0359	1.0351	1.0344	1.0336	1.0328	1.0321	1.0313	1.0306	1.0298
6	1.0291	1.0283	1.0276	1.0269	1.0261	1.0254	1.0246	1.0239	1.0231	1.0224
7	1.0217	1.0209	1.0202	1.0195	1.0187	1.0180	1.0173	1.0165	1.0158	1.0151
8	1.0143	1.0136	1.0129	1.0122	1.0114	1.0107	1.0100	1.0093	1.0086	1.0078
9	1.0071	1.0064	1.0057	1.0050	1.0043	1.0035	1.0028	1.0021	1.0014	1.0007
10	1.0000	0.9993	0.9986	0.9979	0.9972	0.9965	0.9958	0.9951	0.9944	0.9937
11	0.9930	0.9923	0.9916	0.9909	0.9902	0.9895	0.9888	0.9881	0.9874	0.9868
12	0.9861	0.9854	0.9847	0.9840	0.9833	0.9826	0.9820	0.9813	0.9806	0.9799
13	0.9792	0.9786	0.9779	0.9772	0.9765	0.9759	0.9752	0.9745	0.9738	0.9732
14	0.9725	0.9718	0.9712	0.9705	0.9698	0.9692	0.9685	0.9679	0.9672	0.9665
15	0.9659	0.9652	0.9646	0.9639	0.9632	0.9626	0.9619	0.9613	0.9606	0.9600
16	0.9593	0.9587	0.9580	0.9574	0.9567	0.9561	0.9554	0.9548	0.9541	0.9535
17	0.9529	0.9522	0.9516	0.9509	0.9503	0.9497	0.9490	0.9484	0.9478	0.9471
18	0.9465	0.9459	0.9452	0.9446	0.9440	0.9433	0.9427	0.9421	0.9415	0.9408
19	0.9402	0.9396	0.9390	0.9383	0.9377	0.9371	0.9365	0.9358	0.9352	0.9346
20	0.9340	0.9334	0.9328	0.9321	0.9315	0.9309	0.9303	0.9297	0.9291	0.9285
21	0.9279	0.9273	0.9267	0.9260	0.9254	0.9248	0.9242	0.9236	0.9230	0.9224
22	0.9218	0.9212	0.9206	0.9200	0.9194	0.9188	0.9182	0.9176	0.9170	0.9165
23	0.9159	0.9153	0.9147	0.9141	0.9135	0.9129	0.9123	0.9117	0.9111	0.9106
24	0.9100	0.9094	0.9088	0.9082	0.9076	0.9071	0.9065	0.9059	0.9053	0.9047
25	0.9042	0.9036	0.9030	0.9024	0.9018	0.9013	0.9007	0.9001	0.8996	0.8990
26	0.8984	0.8978	0.8973	0.8967	0.8961	0.8956	0.8950	0.8944	0.8939	0.8933
27	0.8927	0.8922	0.8916	0.8911	0.8905	0.8899	0.8894	0.8888	0.8883	0.8877
28	0.8871	0.8866	0.8860	0.8855	0.8849	0.8844	0.8838	0.8833	0.8827	0.8822
29	0.8816	0.8811	0.8805	0.8800	0.8794	0.8789	0.8783	0.8778	0.8772	0.8767
30	0.8762	0.8756	0.8751	0.8745	0.8740	0.8735	0.8729	0.8724	0.8718	0.8713

续表

比重指数（API度）	$\frac{1}{10}$比重指数									
	0	1	2	3	4	5	6	7	8	9
31	0. 8708	0. 8702	0. 8697	0. 8692	0. 8686	0. 8681	0. 8676	0. 8670	0. 8665	0. 8660
32	0. 8654	0. 8649	0. 8644	0. 8639	0. 8633	0. 8628	0. 8623	0. 8618	0. 8612	0. 8607
33	0. 8602	0. 8597	0. 8591	0. 8586	0. 8581	0. 8576	0. 8571	0. 8565	0. 8560	0. 8555
34	0. 8550	0. 8545	0. 8540	0. 8534	0. 8529	0. 8524	0. 8519	0. 8514	0. 8509	0. 8504
35	0. 8498	0. 8493	0. 8488	0. 8483	0. 8478	0. 8473	0. 8468	0. 8463	0. 8458	0. 8453
36	0. 8448	0. 8443	0. 8438	0. 8433	0. 8428	0. 8423	0. 8418	0. 8413	0. 8408	0. 8403
37	0. 8398	0. 8393	0. 8388	0. 8383	0. 8378	0. 8473	0. 8368	0. 8363	0. 8358	0. 8353
38	0. 8348	0. 8343	0. 8338	0. 8333	0. 8328	0. 8324	0. 8319	0. 8314	0. 8309	0. 8304
39	0. 8299	0. 8294	0. 8289	0. 8285	0. 8280	0. 8275	0. 8270	0. 8265	0. 8260	0. 8256
40	0. 8251	0. 8246	0. 8241	0. 8236	0. 8232	0. 8227	0. 8222	0. 8217	0. 8212	0. 8208
41	0. 8203	0. 8198	0. 8193	0. 8189	0. 8184	0. 8179	0. 8174	0. 8170	0. 8165	0. 8160
42	0. 8155	0. 8151	0. 8146	0. 8142	0. 8137	0. 8132	0. 8128	0. 8123	0. 8118	0. 8114
43	0. 8109	0. 8104	0. 8100	0. 8059	0. 8090	0. 8086	0. 8081	0. 8076	0. 8072	0. 8067
44	0. 8063	0. 8058	0. 8054	0. 8049	0. 8044	0. 8040	0. 8035	0. 8031	0. 8026	0. 8022
45	0. 8017	0. 8012	0. 8008	0. 8003	0. 7999	0. 7994	0. 7990	0. 7985	0. 7981	0. 7976
46	0. 7972	0. 7967	0. 7963	0. 7958	0. 7954	0. 7949	0. 7945	0. 7941	0. 7936	0. 7932
47	0. 7927	0. 7923	0. 7918	0. 7914	0. 7909	0. 7905	0. 7901	0. 7896	0. 7892	0. 7887
48	0. 7883	0. 7879	0. 7874	0. 7870	0. 7865	0. 7861	0. 7857	0. 7852	0. 7848	0. 7844
49	0. 7839	0. 7835	0. 7831	0. 7826	0. 7822	0. 7818	0. 7813	0. 7809	0. 7805	0. 7800
50	0. 7796	0. 7792	0. 7788	0. 7783	0. 7779	0. 7775	0. 7770	0. 7766	0. 7762	0. 7758
51	0. 7753	0. 7749	0. 7745	0. 7741	0. 7736	0. 7732	0. 7728	0. 7724	0. 7720	0. 7715
52	0. 7711	0. 7707	0. 7703	0. 7699	0. 7694	0. 7690	0. 7686	0. 7682	0. 7678	0. 7674
53	0. 7669	0. 7665	0. 7661	0. 7657	0. 7653	0. 7649	0. 7645	0. 7640	0. 7636	0. 7632
54	0. 7628	0. 7624	0. 7620	0. 7616	0. 7612	0. 7608	0. 7603	0. 7599	0. 7595	0. 7591
55	0. 7587	0. 7583	0. 7579	0. 7575	0. 7571	0. 7567	0. 7563	0. 7559	0. 7555	0. 7551
56	0. 7547	0. 7543	0. 7539	0. 7535	0. 7531	0. 7527	0. 7523	0. 7519	0. 7515	0. 7511
57	0. 7507	0. 7503	0. 7499	0. 7495	0. 7491	0. 7487	0. 7483	0. 7479	0. 7475	0. 7471
58	0. 7467	0. 7463	0. 7459	0. 7455	0. 7451	0. 7447	0. 7443	0. 7440	0. 7436	0. 7432
59	0. 7428	0. 7424	0. 7420	0. 7416	0. 7412	0. 7408	0. 7405	0. 7401	0. 7397	0. 7393
60	0. 7389	0. 7385	0. 7381	0. 7377	0. 7374	0. 7370	0. 7366	0. 7362	0. 7358	0. 7354

续表

比重指数（API度）	$\frac{1}{10}$比重指数									
	0	1	2	3	4	5	6	7	8	9
61	0. 7351	0. 7347	0. 7343	0. 7339	0. 7335	0. 7332	0. 7328	0. 7324	0. 7320	0. 7316
62	0. 7313	0. 7309	0. 7305	0. 7301	0. 7298	0. 7294	0. 7290	0. 7286	0. 7283	0. 7279
63	0. 7275	0. 7271	0. 7268	0. 7264	0. 7260	0. 7256	0. 7253	0. 7249	0. 7245	0. 7242
64	0. 7238	0. 7234	0. 7230	0. 7227	0. 7223	0. 7219	0. 7216	0. 7212	0. 7208	0. 7205
65	0. 7201	0. 7197	0. 7194	0. 7190	0. 7186	0. 7183	0. 7179	0. 7175	0. 7172	0. 7168
66	0. 7165	0. 7161	0. 7157	0. 7154	0. 7150	0. 7146	0. 7143	0. 7139	0. 7136	0. 7132
67	0. 7128	0. 7125	0. 7121	0. 7118	0. 7114	0. 7111	0. 7107	0. 7103	0. 7100	0. 7096
68	0. 7093	0. 7089	0. 7086	0. 7082	0. 7079	0. 7075	0. 7071	0. 7068	0. 7064	0. 7061
69	0. 7057	0. 7054	0. 7050	0. 7047	0. 7043	0. 7040	0. 7036	0. 7033	0. 7029	0. 7026
70	0. 7022	0. 7019	0. 7015	0. 7012	0. 7008	0. 7005	0. 7001	0. 6998	0. 6995	0. 6991
71	0. 6988	0. 6984	0. 6981	0. 6977	0. 6974	0. 6970	0. 6967	0. 6964	0. 6960	0. 6957
72	0. 6953	0. 6950	0. 6946	0. 6943	0. 6940	0. 6936	0. 6933	0. 6929	0. 6926	0. 6923
73	0. 6919	0. 6916	0. 6913	0. 6909	0. 6906	0. 6902	0. 6899	0. 6895	0. 6892	0. 6889
74	0. 6886	0. 6882	0. 6879	0. 6876	0. 6872	0. 6869	0. 6866	0. 6862	0. 6859	0. 6856
75	0. 6852	0. 6849	0. 6846	0. 6842	0. 6839	0. 6836	0. 6832	0. 6829	0. 6826	0. 6823
76	0. 6819	0. 6816	0. 6813	0. 6809	0. 6806	0. 6803	0. 6800	0. 6796	0. 6793	0. 6790
77	0. 6787	0. 6783	0. 6780	0. 6777	0. 6774	0. 6770	0. 6767	0. 6764	0. 6761	0. 6757
78	0. 6754	0. 6751	0. 6748	0. 6745	0. 6741	0. 6738	0. 6735	0. 6732	0. 6728	0. 6725
79	0. 6722	0. 6719	0. 6716	0. 6713	0. 6709	0. 6706	0. 6703	0. 6700	0. 6697	0. 6693
80	0. 6690	0. 6687	0. 6684	0. 6681	0. 6678	0. 6675	0. 6671	0. 6668	0. 6665	0. 6662
81	0. 6659	0. 6656	0. 6653	0. 6649	0. 6646	0. 6643	0. 6640	0. 6637	0. 6634	0. 6631
82	0. 6628	0. 6625	0. 6621	0. 6618	0. 6615	0. 6612	0. 6609	0. 6606	0. 6603	0. 6600
83	0. 6597	0. 6594	0. 6591	0. 6588	0. 6584	0. 6581	0. 6578	0. 6575	0. 6572	0. 6569
84	0. 6566	0. 6563	0. 6560	0. 6557	0. 6554	0. 6551	0. 6548	0. 6545	0. 6542	0. 6539
85	0. 6536	0. 6533	0. 6530	0. 6527	0. 6524	0. 6521	0. 6518	0. 6515	0. 6512	0. 6509
86	0. 6506	0. 6503	0. 6500	0. 6497	0. 6494	0. 6491	0. 6488	0. 6485	0. 6482	0. 6479
87	0. 6476	0. 6473	0. 6470	0. 6467	0. 6464	0. 6461	0. 6458	0. 6455	0. 6452	0. 6449
88	0. 6446	0. 6444	0. 6441	0. 6438	0. 6435	0. 6432	0. 6429	0. 6426	0. 6423	0. 6420
89	0. 6417	0. 6414	0. 6411	0. 6409	0. 6406	0. 6403	0. 6400	0. 6397	0. 6394	0. 6391
90	0. 6388	0. 6385	0. 6382	0. 6380	0. 6377	0. 6374	0. 6371	0. 6368	0. 6365	0. 6362

续表

比重指数(API度)	$\frac{1}{10}$比重指数									
	0	1	2	3	4	5	6	7	8	9
91	0.6360	0.6357	0.6354	0.6351	0.6348	0.6345	0.6342	0.6340	0.6337	0.6334
92	0.6331	0.6328	0.6325	0.6323	0.6320	0.6317	0.6314	0.6311	0.6309	0.6306
93	0.6303	0.6300	0.6297	0.6294	0.6292	0.6289	0.6286	0.6283	0.6281	0.6278
94	0.6275	0.6272	0.6269	0.6267	0.6264	0.6261	0.6258	0.6256	0.6253	0.6250
95	0.6247	0.6244	0.6242	0.6239	0.6236	0.6233	0.6231	0.6228	0.6225	0.6223
96	0.6220	0.6217	0.6214	0.6212	0.6209	0.6206	0.6203	0.6201	0.6198	0.6195
97	0.6193	0.6190	0.6187	0.6184	0.6182	0.6179	0.6176	0.6174	0.6171	0.6168
98	0.6166	0.6163	0.6160	0.6158	0.6155	0.6152	0.6150	0.6147	0.6144	0.6141
99	0.6139	0.6136	0.6134	0.6131	0.6128	0.6126	0.6123	0.6120	0.6118	0.6115
100	0.6112	0.6110	0.6107	0.6104	0.6102	0.6099	0.6097	0.6094	0.6091	0.6089
101	0.6086	0.6083	0.6081	0.6078	0.6076	0.6073	0.6070	0.6068	0.6065	0.6063
102	0.6060	0.6057	0.6055	0.6052	0.6050	0.6047	0.6044	0.6042	0.6039	0.6037
103	0.6034	0.6032	0.6029	0.6026	0.6024	0.6021	0.6019	0.6016	0.6014	0.6011
104	0.6008	0.6006	0.6003	0.6001	0.5998	0.5996	0.5993	0.5991	0.5988	0.5986
105	0.5983	0.5981	0.5978	0.5976	0.5973	0.5970	0.5968	0.5965	0.5963	0.5960
106	0.5958	0.5955	0.5953	0.5950	0.5948	0.5945	0.5943	0.5940	0.5938	0.5935
107	0.5933	0.5930	0.5928	0.5925	0.5923	0.5921	0.5918	0.5916	0.5913	0.5911
108	0.5908	0.5906	0.5903	0.5901	0.5898	0.5896	0.5893	0.5891	0.5888	0.5886
109	0.5884	0.5881	0.5879	0.5876	0.5874	0.5871	0.5869	0.5867	0.5864	0.5862
110	0.5859	0.5857	0.5854	0.5852	0.5850	0.5847	0.5845	0.5842	0.5840	0.5837

8.8 比体积(比容)[2,28]

米³/公斤(m^3/kg)	升/公斤(L/kg)	英尺³/磅(ft^3/lb)	英加仑/磅(UKgal/lb)	美加仑/磅(USgal/lb)
1	1000	16.0185	99.7763	119.826
0.001	1	0.0160185	0.0997763	0.119826
0.0624280	62.4280	1	6.22883	7.4805
0.0100224	10.0224	0.160544	1	1.20095
8.3454×10^{-3}	8.3454	0.1337	0.83267	1

8.9 力[2,28]

达因(dyn)	**牛顿(N)**	公斤(kg)	磅达(pdl)	磅(lb)
1	**10^{-5}**	1.0197×10^{-6}	7.2327×10^{-5}	2.2481×10^{-6}
10^{5}	**1**	0.101972	7.23301	0.224809
9.80665×10^{5}	**9.80665**	1	70.9316	2.20462
1.38255×10^{4}	**0.138255**	0.0140981	1	0.0310810
4.44822×10^{5}	**4.44822**	0.453592	32.1740	1

8.10 压力

8.10.1 压力单位换算系数[2,9,28]

兆帕(MPa)	**千帕(kPa)**	巴(bar)	公斤/厘米^2(kg/cm^2)(工程大气压，at)	大气压(atm)(标准大气压)	毫米汞柱(mmHg)	磅/英寸^2(lb/in^2 或 psi)
1	**1000**	10	10.1972	9.86923	7501	145
0.001	**1**	0.01	1.01972×10^{-2}	9.869×10^{-3}	7.501	0.145038
0.1	**100**	1	1.01972	0.986923	750.1	14.5038
0.0980665	**98.0665**	0.980665	1	0.967841	735.56	14.2233
0.101325	**101.325**	1.013	1.0332	1	760.0	14.696
1.33322×10^{-4}	**0.133322**	0.00133322	1.3595×10^{-3}	1.3158×10^{-3}	1	1.9337×10^{-2}
6.89476×10^{-3}	**6.89476**	0.0689476	0.0703070	6.80460×10^{-2}	51.715	1

1 巴(bar)= 10^6 达因/厘米^2 = 10^5 帕斯卡(Pa)

1 毫巴(mbar)= 0.001 巴(bar)

1 托(Torr)= 1.33322×10^{-3} 巴(bar)

1 帕(Pa)= 1 牛顿/米^2(N/m^2)

1 公斤/厘米^2(kg/cm^2)= 10.00003 米水柱

1 短吨/英寸^2 = 2000 磅/英寸^2

1 英寸汞柱 = 3.38639kPa

1 英寸水柱 = 0.249082kPa

8.10.2 磅/英寸^{2}与兆帕压力换算表

磅/英寸^2(psi)	兆帕(MPa)	磅/英寸^2(psi)	兆帕(MPa)	磅/英寸^2(psi)	兆帕(MPa)	磅/英寸^2(psi)	兆帕(MPa)
1	0.0069	6	0.0414	11	0.0758	16	0.1103
2	0.0138	7	0.0483	12	0.0827	17	0.1172
3	0.0207	8	0.0552	13	0.0896	18	0.1241
4	0.0276	9	0.0621	14	0.0965	19	0.1310
5	0.0345	10	0.0690	15	0.1034	20	0.1379

续表

磅/英寸^2 (psi)	兆帕(MPa)	磅/英寸^2 (psi)	兆帕(MPa)	磅/英寸^2 (psi)	兆帕(MPa)	磅/英寸^2 (psi)	兆帕(MPa)
21	0.1448	51	0.3516	81	0.5585	210	1.448
22	0.1517	52	0.3585	82	0.5654	220	1.517
23	0.1586	53	0.3654	83	0.5723	230	1.586
24	0.1655	54	0.3723	84	0.5792	240	1.655
25	0.1724	55	0.3792	85	0.5861	250	1.724
26	0.1793	56	0.3861	86	0.5930	260	1.793
27	0.1862	57	0.3930	87	0.5998	270	1.862
28	0.1931	58	0.3999	88	0.6067	280	1.931
29	0.1999	59	0.4068	89	0.6136	290	1.999
30	0.2068	60	0.4137	90	0.6205	300	2.068
31	0.2137	61	0.4206	91	0.6274	310	2.137
32	0.2206	62	0.4275	92	0.6343	320	2.206
33	0.2275	63	0.4344	93	0.6412	330	2.275
34	0.2344	64	0.4413	94	0.6481	340	2.344
35	0.2413	65	0.4482	95	0.6550	350	2.413
36	0.2482	66	0.4551	96	0.6619	360	2.482
37	0.2551	67	0.4620	97	0.6688	370	2.551
38	0.2620	68	0.4688	98	0.6757	380	2.620
39	0.2689	69	0.4757	99	0.6826	390	2.689
40	0.2758	70	0.4826	100	0.6895	400	2.758
41	0.2827	71	0.4895	110	0.758	410	2.827
42	0.2896	72	0.4964	120	0.827	420	2.896
43	0.2965	73	0.5033	130	0.896	430	2.965
44	0.3034	74	0.5102	140	0.965	440	3.034
45	0.3103	75	0.5171	150	1.034	450	3.103
46	0.3172	76	0.5240	160	1.103	460	3.172
47	0.3241	77	0.5309	170	1.172	470	3.241
48	0.3309	78	0.5378	180	1.241	480	3.309
49	0.3378	79	0.5447	190	1.310	490	3.378
50	0.3447	80	0.5516	200	1.379	500	3.447

续表

磅/英寸^2(psi)	兆帕(MPa)	磅/英寸^2(psi)	兆帕(MPa)	磅/英寸^2(psi)	兆帕(MPa)	磅/英寸^2(psi)	兆帕(MPa)
510	3.516	810	5.585	1110	7.65	1410	9.72
520	3.585	820	5.654	1120	7.72	1420	9.79
530	3.654	830	5.723	1130	7.79	1430	9.86
540	3.723	840	5.792	1140	7.86	1440	9.93
550	3.792	850	5.861	1150	7.93	1450	10.00
560	3.861	860	5.930	1160	8.00	1460	10.07
570	3.930	870	5.998	1170	8.07	1470	10.14
580	3.999	880	6.067	1180	8.14	1480	10.20
590	4.068	890	6.136	1190	8.21	1490	10.27
600	4.137	900	6.205	1200	8.27	1500	10.34
610	4.206	910	6.274	1210	8.34	1510	10.41
620	4.275	920	6.343	1220	8.41	1520	10.48
630	4.344	930	6.412	1230	8.48	1530	10.55
640	4.413	940	6.481	1240	8.55	1540	10.62
650	4.482	950	6.550	1250	8.62	1550	10.69
660	4.551	960	6.619	1260	8.69	1560	10.76
670	4.620	970	6.688	1270	8.76	1570	10.82
680	4.688	980	6.757	1280	8.83	1580	10.89
690	4.757	990	6.826	1290	8.89	1590	10.96
700	4.826	1000	6.895	1300	8.96	1600	11.03
710	4.895	1010	6.964	1310	9.03	1610	11.10
720	4.964	1020	7.033	1320	9.10	1620	11.17
730	5.033	1030	7.102	1330	9.17	1630	11.24
740	5.102	1040	7.171	1340	9.24	1640	11.31
750	5.171	1050	7.240	1350	9.31	1650	11.38
760	5.240	1060	7.308	1360	9.38	1660	11.45
770	5.309	1070	7.377	1370	9.45	1670	11.51
780	5.378	1080	7.446	1380	9.51	1680	11.58
790	5.447	1090	7.515	1390	9.58	1690	11.65
800	5.516	1100	7.584	1400	9.65	1700	11.72

续表

磅/英寸^2 (psi)	兆帕(MPa)	磅/英寸^2 (psi)	兆帕(MPa)	磅/英寸^2 (psi)	兆帕(MPa)	磅/英寸^2 (psi)	兆帕(MPa)
1710	11.79	1810	12.48	1910	13.17	2100	14.48
1720	11.86	1820	12.55	1920	13.24	2200	15.17
1730	11.93	1830	12.62	1930	13.31	2300	15.86
1740	12.00	1840	12.69	1940	13.38	2400	16.55
1750	12.07	1850	12.76	1950	13.44	2500	17.24
1760	12.13	1860	12.82	1960	13.51	2600	17.93
1770	12.20	1870	12.89	1970	13.58	2700	18.62
1780	12.27	1880	12.96	1980	13.65	2800	19.31
1790	12.34	1890	13.03	1990	13.72	2900	19.99
1800	12.41	1900	13.10	2000	13.79	3000	20.69

换算基础：1psi=0.00689476MPa

8.11 体积流率[2,28]

米^3/时(m^3/h)	升/分(L/min)	**米^3/秒(m^3/s)**	英尺^3/秒(ft^3/s)	美加仑/分(USgpm)	美桶/天(BPSD)
1	16.6667	**2.77778×10^{-4}**	9.80963×10^{-3}	4.40296	150.956
0.06	1	**1.66667×10^{-5}**	5.88578×10^{-4}	0.26418	9.05736
3600	60000	**1**	35.31467	15850.66	5.43442×10^{5}
101.940	1699.01	**0.0283168**	1	448.840	1.53885×10^{4}
0.227125	3.785418	**6.30902×10^{-5}**	2.227965×10^{-3}	1	34.28496
6.62446×10^{-3}	0.1104076	**1.840128×10^{-6}**	6.498354×10^{-5}	0.029167	1

1升/秒=0.001米^3/秒　　100×10^4英尺^3/天=2.8317×10^4米^3/天=1179.9米^3/时

8.12 质量流率[2,28]

公斤/秒 (kg/s)	公斤/时 (kg/h)	磅/时 (lb/h)	吨/时 (t/h)	吨/日 (t/d)	万吨/年(10KMTA①) (8000小时/年)	(8400小时/年)
1	3600	7936.64	3.6	86.4	2.880	3.024
2.77778×10^{-4}	1	2.20462	10^{-3}	2.4×10^{-2}	8.0×10^{-4}	8.4×10^{-4}
1.25998×10^{-4}	0.453592	1	4.53592×10^{-4}	0.0108862	3.6287×10^{-4}	3.8102×10^{-4}
0.277778	1000	2204.62	1	24	0.80	0.84
0.011574	41.667	9.186×10^{2}	0.041667	1	0.03333	0.03500
3.47222×10^{-5}	0.12500	0.2756	1.2500×10^{-4}	3×10^{-3}	1	1.05
3.30689×10^{-5}	0.119048	0.2625	1.1905×10^{-4}	2.857×10^{-3}	0.9524	1

① 外国公司习惯上用MT表示(公)吨，用KMTA或1000MTY表示1000吨/年(t/a)

8.13 动力黏度[2,28]

泊 [P(dyn·s/cm^2)]	厘泊(毫帕·秒) [cP(mPa·s)]	**帕斯卡·秒** **(Pa·s)**	公斤·秒/米^2 (kg·s/m^2)	磅·秒/英尺^2 (lb·s/ft^2)
1	100	**0.1**	1.01972×10^{-2}	2.08854×10^{-3}
0.01	1	**0.001**	1.01972×10^{-4}	2.08854×10^{-5}
10	1000	**1**	0.101972	2.08854×10^{-2}
98.0665	9806.65	**9.80665**	1	0.204816
478.803	47880.3	**47.8803**	4.88243	1

1kg/(m·s)=1Pa·s=10P=1000cP=3600kg/(m·h)

8.14 运动黏度

8.14.1 运动黏度单位换算系数[2,28]

沲(厘米^2/秒) [St(cm^2/s)]	厘沲(毫米^2/秒) [cSt(mm^2/s)]	**米^2/秒(m^2/s)**	米^2/时(m^2/h)	英尺^2/秒(ft^2/s)	英尺^2/时(ft^2/h)
1	10^2	$\mathbf{10^{-4}}$	0.3600	1.07639×10^{-3}	3.87501
10^{-2}	1	$\mathbf{10^{-6}}$	0.0036	1.07639×10^{-5}	3.87501×10^{-2}
10^4	10^6	**1**	3600	10.7639	3.87501×10^4
2.77778	277.778	$\mathbf{2.77778\times10^{-4}}$	1	2.98998×10^{-3}	10.7639
929.030	92903.0	$\mathbf{9.29030\times10^{-2}}$	334.451	1	3600
0.258064	25.8064	$\mathbf{2.58064\times10^{-5}}$	0.0929030	2.77778×10^{-4}	1

$$\text{运动黏度，厘沲}=\frac{\text{动力黏度(厘泊)}}{\text{密度(克/厘米}^3\text{)}}$$

8.14.2 厘沲(cSt)与恩氏黏度(°E)换算表[4]

运动黏度(cSt)	恩氏黏度(°E)	运动黏度(cSt)	恩氏黏度(°E)	运动黏度(cSt)	恩氏黏度(°E)	运动黏度(cSt)	恩氏黏度(°E)
1.00	1.00	1.90	1.09	2.80	1.18	3.70	1.26
1.10	1.01	2.00	1.10	2.90	1.19	3.80	1.27
1.20	1.02	2.10	1.11	3.00	1.20	3.90	1.28
1.30	1.03	2.20	1.12	3.10	1.21	4.00	1.29
1.40	1.04	2.30	1.13	3.20	1.21	4.10	1.30
1.50	1.05	2.40	1.14	3.30	1.22	4.20	1.31
1.60	1.06	2.50	1.15	3.40	1.23	4.30	1.32
1.70	1.07	2.60	1.16	3.50	1.24	4.40	1.33
1.80	1.08	2.70	1.17	3.60	1.25	4.50	1.34

续表

运动黏度(cSt)	恩氏黏度(°E)	运动黏度(cSt)	恩氏黏度(°E)	运动黏度(cSt)	恩氏黏度(°E)	运动黏度(cSt)	恩氏黏度(°E)
4.60	1.35	7.80	1.65	11.0	1.96	17.4	2.65
4.70	1.36	7.90	1.66	11.2	1.98	17.6	2.67
4.80	1.37	8.00	1.67	11.4	2.00	17.8	2.69
4.90	1.38	8.10	1.68	11.6	2.01	18.0	2.72
5.00	1.39	8.20	1.69	11.8	2.03	18.2	2.74
5.10	1.40	8.30	1.70	12.0	2.05	18.4	2.76
5.20	1.41	8.40	1.71	12.2	2.07	18.6	2.79
5.30	1.42	8.50	1.72	12.4	2.09	18.8	2.81
5.40	1.42	8.60	1.73	12.6	2.11	19.0	2.83
5.50	1.43	8.70	1.73	12.8	2.13	19.2	2.86
5.60	1.44	8.80	1.74	13.0	2.15	19.4	2.88
5.70	1.45	8.90	1.75	13.2	2.17	19.6	2.90
5.80	1.46	9.00	1.76	13.4	2.19	19.8	2.92
5.90	1.47	9.10	1.77	13.6	2.21	20.0	2.95
6.00	1.48	9.20	1.78	13.8	2.24	20.2	2.97
6.10	1.49	9.30	1.79	14.0	2.26	20.4	2.99
6.20	1.50	9.40	1.80	14.2	2.28	20.6	3.02
6.30	1.51	9.50	1.81	14.4	2.30	20.8	3.04
6.40	1.52	9.60	1.82	14.6	2.33	21.0	3.07
6.50	1.53	9.70	1.83	14.8	2.35	21.2	3.09
6.60	1.54	9.80	1.84	15.0	2.37	21.4	3.12
6.70	1.55	9.90	1.85	15.2	2.39	21.6	3.14
6.80	1.56	10.0	1.86	15.4	2.42	21.8	3.17
6.90	1.56	10.1	1.87	15.6	2.44	22.0	3.19
7.00	1.57	10.2	1.88	15.8	2.46	22.2	3.22
7.10	1.58	10.3	1.89	16.0	2.48	22.4	3.24
7.20	1.59	10.4	1.90	16.2	2.51	22.6	3.27
7.30	1.60	10.5	1.91	16.4	2.53	22.8	3.29
7.40	1.61	10.6	1.92	16.6	2.55	23.0	3.31
7.50	1.62	10.7	1.93	16.8	2.58	23.2	3.34
7.60	1.63	10.8	1.94	17.0	2.60	23.4	3.36
7.70	1.64	10.9	1.95	17.2	2.62	23.6	3.39

续表

运动黏度(cSt)	恩氏黏度(°E)	运动黏度(cSt)	恩氏黏度(°E)	运动黏度(cSt)	恩氏黏度(°E)	运动黏度(cSt)	恩氏黏度(°E)
23.8	3.34	30.2	4.22	36.6	5.05	43.0	5.89
24.0	3.43	30.4	4.25	36.8	5.08	43.2	5.92
24.2	3.46	30.6	4.27	37.0	5.11	43.4	5.95
24.4	3.48	30.8	4.30	37.2	5.13	43.6	5.97
24.6	3.51	31.0	4.33	37.4	5.16	43.8	6.00
24.8	3.53	31.2	4.35	37.6	5.18	44.0	6.02
25.0	3.56	31.4	4.38	37.8	5.21	44.2	6.05
25.2	3.58	31.6	4.41	38.0	5.24	44.4	6.08
25.4	3.61	31.8	4.43	38.2	5.26	44.6	6.10
25.6	3.63	32.0	4.46	38.4	5.29	44.8	6.13
25.8	3.65	32.2	4.48	38.6	5.31	45.0	6.16
26.0	3.68	32.4	4.51	38.8	5.34	45.2	6.18
26.2	3.70	32.6	4.54	39.0	5.37	45.4	6.21
26.4	3.73	32.8	4.56	39.2	5.39	45.6	6.23
26.6	3.76	33.0	4.59	39.4	5.42	45.8	6.26
26.8	3.78	33.2	4.61	39.6	5.44	46.0	6.28
27.0	3.81	33.4	4.64	39.8	5.47	46.2	6.31
27.2	3.83	33.6	4.66	40.0	5.50	46.4	6.34
27.4	3.86	33.8	4.69	40.2	5.52	46.6	6.36
27.6	3.89	34.0	4.72	40.4	5.54	46.8	6.39
27.8	3.92	34.2	4.74	40.6	5.57	47.0	6.42
28.0	3.95	34.4	4.77	40.8	5.60	47.2	6.44
28.2	3.97	34.6	4.79	41.0	5.63	47.4	6.47
28.4	4.00	34.8	4.82	41.2	5.65	47.6	6.49
28.6	4.02	35.0	4.85	41.4	5.68	47.8	6.52
28.8	4.05	35.2	4.87	41.6	5.70	48.0	6.55
29.0	4.07	35.4	4.90	41.8	5.73	48.2	6.57
29.2	4.10	35.6	4.92	42.0	5.76	48.4	6.60
29.4	4.12	35.8	4.95	42.2	5.78	48.6	6.62
29.6	4.15	36.0	4.98	42.4	5.81	48.8	6.65
29.8	4.17	36.2	5.00	42.6	5.84	49.0	6.68
30.0	4.20	36.4	5.03	42.8	5.86	49.2	6.70

续表

运动黏度 (cSt)	恩氏黏度 (°E)	运动黏度 (cSt)	恩氏黏度 (°E)	运动黏度 (cSt)	恩氏黏度 (°E)	运动黏度 (cSt)	恩氏黏度 (°E)
49.4	6.73	55.8	7.57	62.2	8.42	68.6	9.28
49.6	6.76	56.0	7.60	62.4	8.45	68.8	9.31
49.8	6.78	56.2	7.62	62.6	8.48	69.0	9.34
50.0	6.81	56.4	7.65	62.8	8.50	69.2	9.36
50.2	6.83	56.6	7.68	63.0	8.53	69.4	9.39
50.4	6.86	56.8	7.70	63.2	8.55	69.6	9.42
50.6	6.89	57.0	7.73	63.4	8.58	69.8	9.45
50.8	6.91	57.2	7.75	63.6	8.60	70.0	9.48
51.0	6.94	57.4	7.78	63.8	8.63	70.2	9.50
51.2	6.96	57.6	7.81	64.0	8.66	70.4	9.53
51.4	6.99	57.8	7.83	64.2	8.68	70.6	9.55
51.6	7.02	58.0	7.86	64.4	8.71	70.8	9.58
51.8	7.04	58.2	7.88	64.6	8.74	71.0	9.61
52.0	7.07	58.4	7.91	64.8	8.77	71.2	9.63
52.2	7.09	58.6	7.94	65.0	8.80	71.4	9.66
52.4	7.12	58.8	7.97	65.2	8.82	71.6	9.69
52.6	7.15	59.0	8.00	65.4	8.85	71.8	9.72
52.8	7.17	59.2	8.02	65.6	8.87	72.0	9.75
53.0	7.20	59.4	8.05	65.8	8.90	72.2	9.77
53.2	7.22	59.6	8.08	66.0	8.93	72.4	9.80
53.4	7.25	59.8	8.10	66.2	8.95	72.6	9.82
53.6	7.28	60.0	8.13	66.4	8.98	72.8	9.85
53.8	7.30	60.2	8.15	66.6	9.00	73.0	9.88
54.0	7.33	60.4	8.18	66.8	9.03	73.2	9.90
54.2	7.35	60.6	8.21	67.0	9.06	73.4	9.93
54.4	7.38	60.8	8.23	67.2	9.08	73.6	9.95
54.6	7.41	61.0	8.26	67.4	9.11	73.8	9.98
54.8	7.44	61.2	8.28	67.6	9.14	74.0	10.0
55.0	7.47	61.4	8.31	67.8	9.17	74.2	10.0
55.2	7.49	61.6	8.34	68.0	9.20	74.4	10.1
55.4	7.52	61.8	8.37	68.2	9.22	74.6	10.1
55.6	7.55	62.0	8.40	68.4	9.25	74.8	10.1

续表

运动黏度 (cSt)	恩氏黏度 (°E)	运动黏度 (cSt)	恩氏黏度 (°E)	运动黏度 (cSt)	恩氏黏度 (°E)	运动黏度 (cSt)	恩氏黏度 (°E)
75.0	10.2	87.0	11.8	99.0	13.4	111	15.0
76.0	10.3	88.0	11.9	100	13.5	112	15.1
77.0	10.4	89.0	12.0	101	13.6	113	15.3
78.0	10.5	90.0	12.2	102	13.8	114	15.4
79.0	10.7	91.0	12.3	103	13.9	115	15.6
80.0	10.8	92.0	12.4	104	14.1	116	15.7
81.0	10.9	93.0	12.6	105	14.2	117	15.8
82.0	11.1	94.0	12.7	106	14.3	118	16.0
83.0	11.2	95.0	12.8	107	14.5	119	16.1
84.0	11.4	96.0	13.0	108	14.6	120	16.2
85.0	11.5	97.0	13.1	109	14.7		
86.0	11.6	98.0	13.2	110	14.9		

8.15 温度

8.15.1 温度换算公式[9]

华氏度℉ $= \left(℃ \times \frac{9}{5}\right) + 32$；　　摄氏度℃ $= (℉ - 32) \times \frac{5}{9}$；

兰氏度°R = ℉ +459.67；　　开尔文 K = ℃ +273.15

8.15.2 华氏与摄氏温度换算表[2]

℉	℃	℉	℃	℉	℃	℉	℃	℉	℃	℉	℃
-110	-78.89	-40	-40.00	-10	-23.33	6	-14.44	21	-6.11	36	2.22
-100	-73.33	-38	-38.89	-8	-22.22	7	-13.89	22	-5.56	37	2.78
-90	-67.78	-36	-37.78	-7	-21.67	8	-13.33	23	-5.00	38	3.33
-80	-62.22	-34	-36.67	-6	-21.11	9	-12.78	24	-4.44	39	3.89
-70	-56.67	-32	-35.56	-5	-20.56	10	-12.22	25	-3.89	40	4.44
-60	-51.11	-30	-34.44	-4	-20.00	11	-11.67	26	-3.33	41	5.00
-58	-50.00	-28	-33.33	-3	-19.44	12	-11.11	27	-2.78	42	5.56
-56	-48.89	-26	-32.22	-2	-18.89	13	-10.56	28	-2.22	43	6.11
-54	-47.78	-24	-31.11	-1	-18.33	14	-10.00	29	-1.67	44	6.67
-52	-46.67	-22	-30.00	0	-17.78	15	-9.44	30	-1.11	45	7.22
-50	-45.56	-20	-28.89	1	-17.22	16	-8.89	31	-0.56	46	7.78
-48	-44.44	-18	-27.78	2	-16.67	17	-8.33	32	0	47	8.33
-46	-43.33	-16	-26.67	3	-16.11	18	-7.78	33	0.56	48	8.89
-44	-42.22	-14	-25.56	4	-15.56	19	-7.22	34	1.11	49	9.44
-42	-41.11	-12	-24.44	5	-15.00	20	-6.67	35	1.67	50	10.00

续表

℉	℃	℉	℃	℉	℃	℉	℃	℉	℃	℉	℃
51	10.56	86	30.00	121	49.44	156	68.89	191	88.33	232	111.11
52	11.11	87	30.56	122	50.00	157	69.44	192	88.89	234	112.22
53	11.67	88	31.11	123	50.56	158	70.00	193	89.44	236	113.33
54	12.22	89	31.67	124	51.11	159	70.56	194	90.00	238	114.44
55	12.78	90	32.22	125	51.67	160	71.11	195	90.56	240	115.56
56	13.33	91	32.78	126	52.22	161	71.67	196	91.11	242	116.67
57	13.89	92	33.33	127	52.78	162	72.22	197	91.67	244	117.78
58	14.44	93	33.89	128	53.33	163	72.78	198	92.22	246	118.89
59	15.00	94	34.44	129	53.89	164	73.33	199	92.78	248	120.00
60	15.56	95	35.00	130	54.44	165	73.89	200	93.33	250	121.11
61	16.11	96	35.56	131	55.00	166	74.44	201	93.89	252	122.22
62	16.67	97	36.11	132	55.56	167	75.00	202	94.44	254	123.33
63	17.22	98	36.67	133	56.11	168	75.56	203	95.00	256	124.44
64	17.78	99	37.22	134	56.67	169	76.11	204	95.56	258	125.56
65	18.33	100	37.78	135	57.22	170	76.67	205	96.11	260	126.67
66	18.89	101	38.33	136	57.78	171	77.22	206	96.67	262	127.78
67	19.44	102	38.89	137	58.33	172	77.78	207	97.22	264	128.89
68	20.00	103	39.44	138	58.89	173	78.33	208	97.78	266	130.00
69	20.56	104	40.00	139	59.44	174	78.89	209	98.33	268	131.11
70	21.11	105	40.56	140	60.00	175	79.44	210	98.89	270	132.22
71	21.67	106	41.11	141	60.56	176	80.00	211	99.44	272	133.33
72	22.22	107	41.67	142	61.11	177	80.56	212	100.00	274	134.44
73	22.78	108	42.22	143	61.67	178	81.11	213	100.56	276	135.56
74	23.33	109	42.78	144	62.22	179	81.67	214	101.11	278	136.67
75	23.89	110	43.33	145	62.78	180	82.22	215	101.67	280	137.78
76	24.44	111	43.89	146	63.33	181	82.78	216	102.22	282	138.89
77	25.00	112	44.44	147	63.89	182	83.33	217	102.78	284	140.00
78	25.56	113	45.00	148	64.44	183	83.89	218	103.33	286	141.11
79	26.11	114	45.56	149	65.00	184	84.44	219	103.89	288	142.22
80	26.67	115	46.11	150	65.56	185	85.00	220	104.44	290	143.33
81	27.22	116	46.67	151	66.11	186	85.56	222	105.56	292	144.44
82	27.78	117	47.22	152	66.67	187	86.11	224	106.67	294	145.56
83	28.33	118	47.78	153	67.22	188	86.67	226	107.78	296	146.67
84	28.89	119	48.33	154	67.78	189	87.22	228	108.89	298	147.78
85	29.44	120	48.89	155	68.33	190	87.78	230	110.00	300	148.89

续表

℉	℃	℉	℃	℉	℃	℉	℃	℉	℃	℉	℃
302	150.00	372	188.89	484	251.11	624	328.89	764	406.67	904	484.44
304	151.11	374	190.00	488	253.33	628	331.11	768	408.89	908	486.67
306	152.22	376	191.11	492	255.56	632	333.33	772	411.11	912	488.89
308	153.33	378	192.22	496	257.78	636	335.56	776	413.33	916	491.11
310	154.44	380	193.33	500	260.00	640	337.78	780	415.56	920	493.33
312	155.56	382	194.44	504	262.22	644	340.00	784	417.78	924	495.56
314	156.67	384	195.56	508	264.44	648	342.22	788	420.00	928	497.78
316	157.78	386	196.67	512	266.67	652	344.44	792	422.22	932	500.00
318	158.89	388	197.78	516	268.89	656	346.67	796	424.44	936	502.22
320	160.00	390	198.89	520	271.11	660	348.89	800	426.67	940	504.44
322	161.11	392	200.00	524	273.33	664	351.11	804	428.89	944	506.67
324	162.22	394	201.11	528	275.56	668	353.33	808	431.11	948	508.89
326	163.33	396	202.22	532	277.78	672	355.56	812	433.33	952	511.11
328	164.44	398	203.33	536	280.00	676	357.78	816	435.56	956	513.33
330	165.56	400	204.44	540	282.22	680	360.00	820	437.78	960	515.56
332	166.67	404	206.67	544	284.44	684	362.22	824	440.00	964	517.78
334	167.78	408	208.89	548	286.67	688	364.44	828	442.22	968	520.00
336	168.89	412	211.11	552	288.89	692	366.67	832	444.44	972	522.22
338	170.00	416	213.33	556	291.11	696	368.89	836	446.67	976	524.44
340	171.11	420	215.56	560	293.33	700	371.11	840	448.89	980	526.67
342	172.22	424	217.78	564	295.56	704	373.33	844	451.11	984	528.89
344	173.33	428	220.00	568	297.78	708	375.56	848	453.33	988	531.11
346	174.44	432	222.22	572	300.00	712	377.78	852	455.56	992	533.33
348	175.56	436	224.44	576	302.22	716	380.00	856	457.78	996	535.56
350	176.67	440	226.67	580	304.44	720	382.22	860	460.00	1000	537.78
352	177.78	444	228.89	584	306.67	724	384.44	864	462.22	1010	543.33
354	178.89	448	231.11	588	308.89	728	386.67	868	464.44	1020	548.89
356	180.00	452	233.33	592	311.11	732	388.89	872	466.67	1030	554.44
358	181.11	456	235.56	596	313.33	736	391.11	876	468.89	1040	560.00
360	182.22	460	237.78	600	315.56	740	393.33	880	471.11	1050	565.56
362	183.33	464	240.00	604	317.78	744	395.56	884	473.33	1060	571.11
364	184.44	468	242.22	608	320.00	748	397.78	888	475.56	1070	576.67
366	185.56	472	244.44	612	322.22	752	400.00	892	477.78	1080	582.22
368	186.67	476	246.67	616	324.44	756	402.22	896	480.00	1090	587.78
370	187.78	480	248.89	620	326.67	760	404.44	900	482.22	1100	593.33

续表

℉	℃	℉	℃	℉	℃	℉	℃	℉	℃	℉	℃
1110	598.89	1210	654.44	1320	715.56	1420	771.11	1540	837.78	1740	948.89
1120	604.44	1220	660.00	1330	721.11	1430	776.67	1560	848.89	1760	960.00
1130	610.00	1230	665.56	1340	726.67	1440	782.22	1580	860.00	1800	982.22
1140	615.56	1240	671.11	1350	732.22	1450	787.78	1600	871.11	1850	1010.0
1150	621.11	1250	676.67	1360	737.78	1460	793.33	1620	882.22	1900	1037.8
1160	626.67	1260	682.22	1370	743.33	1470	798.89	1640	893.33	1950	1065.6
1170	632.22	1270	687.78	1380	748.89	1480	804.44	1660	904.44	2000	1093.3
1180	637.78	1280	693.33	1390	754.44	1490	810.00	1680	915.56	2050	1121.1
1190	643.33	1290	698.89	1400	760.00	1500	815.56	1700	926.67	2100	1148.9
1200	648.89	1300	704.44	1410	765.56	1520	826.67	1720	937.78	2150	1176.7

8.15.3 华氏和摄氏温差、温度梯度及温度范围换算表

Δ℉	Δ℃	Δ℉	Δ℃	Δ℉	Δ℃	Δ℉	Δ℃
1	0.56	22	12.22	43	23.89	64	35.56
2	1.11	23	12.78	44	24.44	65	36.11
3	1.67	24	13.33	45	25.00	66	36.67
4	2.22	25	13.89	46	25.56	67	37.22
5	2.78	26	14.44	47	26.11	68	37.78
6	3.33	27	15.00	48	26.67	69	38.33
7	3.89	28	15.56	49	27.22	70	38.89
8	4.44	29	16.11	50	27.78	71	39.44
9	5.00	30	16.67	51	28.33	72	40.00
10	5.56	31	17.22	52	28.89	73	40.56
11	6.11	32	17.78	53	29.44	74	41.11
12	6.67	33	18.33	54	30.00	75	41.67
13	7.22	34	18.89	55	30.56	76	42.22
14	7.78	35	19.44	56	31.11	77	42.78
15	8.33	36	20.00	57	31.67	78	43.33
16	8.89	37	20.56	58	32.22	79	43.89
17	9.44	38	21.11	59	32.78	80	44.44
18	10.00	39	21.67	60	33.33	81	45.00
19	10.56	40	22.22	61	33.89	82	45.56
20	11.11	41	22.78	62	34.44	83	46.11
21	11.67	42	23.33	63	35.00	84	46.67

续表

Δ℉	Δ℃	Δ℉	Δ℃	Δ℉	Δ℃	Δ℉	Δ℃
85	47.22	89	49.44	93	51.67	97	53.89
86	47.78	90	50.00	94	52.22	98	54.44
87	48.33	91	50.56	95	52.78	99	55.00
88	48.89	92	51.11	96	53.33	100	55.56

8.16 功、热量、能量[2,28]

焦(J)	千焦(kJ)	千卡①(kcal)	英热单位(Btu)	千瓦·时(kW·h)	公斤·米(kg·m)	英尺·磅(ft·lb)
1	10^{-3}	2.38846×10^{-4}	9.47817×10^{-4}	2.77778×10^{-7}	0.101972	0.737562
1000	1	0.238846	0.947817	2.77778×10^{-4}	101.972	737.562
4186.8	4.1868	1	3.96832	1.163×10^{-3}	426.935	3.08803×10^{3}
1055.06	1.05506	0.251996	1	2.93071×10^{-4}	107.5866	778.169
3.6×10^{6}	3600	859.845	3412.14	1	3.67098×10^{5}	2.65522×10^{6}
9.80665	9.80665×10^{-3}	2.34228×10^{-3}	9.29491×10^{-3}	2.72407×10^{-6}	1	7.23301
1.35582	1.35582×10^{-3}	3.23832×10^{-4}	1.28507×10^{-3}	3.76616×10^{-7}	0.138255	1

① 表中千卡(kcal)中的卡表示国际蒸汽表卡(cal_{IT})

1 英马力·时(hp·h)= 2.68452×10^{6} 焦(J)；

1 尔格(erg)= 1dyn·cm = 10^{-7}J；

1 升·大气压(L·atm)= 101.325 焦(J)；

1 焦(J)= 1 牛顿·米(N·m)。

8.17 功率、热负荷、能耗

8.17.1 功率单位换算系数[2,28]

瓦(W)	千卡/时(kcal/h)	公斤力·米/秒(kgf·m/s)	英尺·磅/秒(ft·lb/s)	英马力(hp)	英热单位/时(Btu/h)	千焦/时(KJ/h)
1	0.859845	0.101972	0.737562	1.34102×10^{-3}	3.41214	3.600
1.163	1	0.118593	0.857785	1.55961×10^{-3}	3.96832	4.1868
9.80665	8.43220	1	7.23301	1.31509×10^{-2}	33.4617	35.30394
1.35582	1.16579	0.138255	1	1.81818×10^{-3}	4.62624	4.88095
745.700	641.187	76.0402	550	1	2544.43	2684.52
0.293071	0.251996	0.0298849	0.216158	3.93015×10^{-4}	1	1.05506
0.277778	0.238846	0.0283255	0.204878	3.72506×10^{-4}	0.947817	1

注：1 瓦(W)= 1 焦/秒(J/s)；1 米制马力 = 0.986320 英马力(hp)= 75 公斤·米/秒(kg·m/s)。

瓦(W)	千瓦(kW)	兆瓦(MW)	百万千卡/时 [10^6kcal/h(Gcal/h)]	百万英热单位/时 (10^6Btu/h)	兆焦/时(MJ/h)
1	10^{-3}	10^{-6}	8.59845×10^{-7}	3.41214×10^{-6}	3.600×10^{-3}
10^3	1	10^{-3}	8.59845×10^{-4}	3.41214×10^{-3}	3.600
10^6	10^3	1	0.859845.	3.41214	3600
1.163×10^6	1.163×10^3	1.163	1	3.96832	4186.8
2.93071×10^5	293.071	0.293071	0.251996	1	1055.06
277.778	0.277778	2.77778×10^{-4}	2.38846×10^{-4}	9.47817×10^{-4}	1

8.17.2　热负荷换算表

百万英热单位/时 (MMBtu/h)①	百万千卡/时 (Gcal/h)	兆瓦(MW)	百万英热单位/时 (MMBtu/h)①	百万千卡/时 (Gcal/h)	兆瓦(MW)
1	0.252	0.029	27	6.804	0.791
2	0.504	0.059	28	7.056	0.821
3	0.756	0.088	29	7.308	0.850
4	1.008	0.117	30	7.560	0.879
5	1.260	0.147	31	7.812	0.909
6	1.512	0.176	32	8.064	0.938
7	1.764	0.205	33	8.316	0.967
8	2.016	0.234	34	8.568	0.996
9	2.268	0.264	35	8.820	1.026
10	2.520	0.293	36	9.072	1.055
11	2.772	0.322	37	9.324	1.084
12	3.024	0.352	38	9.576	1.114
13	3.276	0.381	39	9.828	1.143
14	3.528	0.410	40	10.080	1.172
15	3.780	0.440	41	10.332	1.202
16	4.032	0.469	42	10.584	1.231
17	4.284	0.498	43	10.836	1.260
18	4.536	0.528	44	11.088	1.290
19	4.788	0.557	45	11.340	1.319
20	5.040	0.586	46	11.592	1.348
21	5.292	0.615	47	11.844	1.377
22	5.544	0.645	48	12.096	1.407
23	5.796	0.674	49	12.348	1.436
24	6.048	0.703	50	12.600	1.465
25	6.300	0.733	51	12.852	1.495
26	6.552	0.762	52	13.104	1.524

续表

百万英热单位/时 (MMBtu/h)①	百万千卡/时 (Gcal/h)	兆瓦(MW)	百万英热单位/时 (MMBtu/h)①	百万千卡/时 (Gcal/h)	兆瓦(MW)
53	13. 356	1. 553	77	19. 404	2. 257
54	13. 608	1. 583	78	19. 656	2. 286
55	13. 860	1. 612	79	19. 908	2. 315
56	14. 112	1. 641	80	20. 160	2. 345
57	14. 364	1. 671	81	20. 412	2. 374
58	14. 616	1. 700	82	20. 664	2. 403
59	14. 868	1. 729	83	20. 916	2. 432
60	15. 120	1. 758	84	21. 168	2. 462
61	15. 372	1. 788	85	21. 420	2. 491
62	15. 624	1. 817	86	21. 672	2. 520
63	15. 876	1. 846	87	21. 924	2. 550
64	16. 128	1. 876	88	22. 176	2. 579
65	16. 380	1. 905	89	22. 428	2. 608
66	16. 632	1. 934	90	22. 680	2. 638
67	16. 884	1. 964	91	22. 932	2. 667
68	17. 136	1. 993	92	23. 184	2. 696
69	17. 388	2. 022	93	23. 436	2. 726
70	17. 640	2. 051	94	23. 688	2. 755
71	17. 892	2. 081	95	23. 940	2. 784
72	18. 144	2. 110	96	24. 192	2. 813
73	18. 396	2. 139	97	24. 444	2. 843
74	18. 648	2. 169	98	24. 696	2. 872
75	18. 900	2. 198	99	24. 948	2. 901
76	19. 152	2. 227	100	25. 200	2. 931

换算基础：1MMBtu/h = 0. 251996Gcal/h = 0. 293071MW。

① 英美公司在英制单位中常用 MM 代表 1 百万，即 1MMBtu/h = 10^6 Btu/h[30]。

8. 18 热焓[2,28]

焦/公斤 (J/kg)	千焦/公斤 (kJ/kg)	千卡/公斤 (kcal/kg)	英热单位/磅 (Btu/lb)	英尺・磅/磅 (ft・lb/lb)	公斤・米/公斤 (kg・m/kg)
1	10^{-3}	$2. 38846\times10^{-4}$	$4. 29923\times10^{-4}$	0. 334553	0. 101972
1000	1	0. 238846	0. 429923	334. 553	101. 972
4186. 8	4. 1868	1	1. 8	1400. 70	426. 935
2326	2. 326	0. 555556	1	778. 169	237. 186
2. 98907	$2. 98907\times10^{-3}$	$7. 13926\times10^{-4}$	$1. 28507\times10^{-3}$	1	0. 3048
9. 80665	$9. 80665\times10^{-3}$	$2. 34228\times10^{-3}$	$4. 21610\times10^{-3}$	3. 28084	1

8.19 比热容(比热)[2,28]

千焦/(公斤·℃) [kJ/(kg·℃)]	千卡/(公斤·℃) [kcal/(kg·℃)]	英热单位/(磅·°F) [Btu/(lb·℉)]	英尺·磅/(磅·℉) [ft·lb/(lb·℉)]	公斤·米/(公斤·℃) [kg·m/(kg·℃)]
1	0.238846	0.238846	185.863	101.972
4.1868	1	1	778.169	426.935
5.38032×10^{-3}	1.28507×10^{-3}	1.28507×10^{-3}	1	0.54864
9.80665×10^{-3}	2.34228×10^{-3}	2.34228×10^{-3}	1.82269	1

8.20 热流密度[28]

瓦/米²(W/m²)	千瓦/米²(kW/m²)	千卡/(米²·时) [kcal/(m²·h)]	英热单位/(英尺²·时) [Btu/(ft²·h)]
1	10^{-3}	0.859845	0.316998
1.163	1.163×10^{-3}	1	0.368669
3.15459	3.15459×10^{-3}	2.71246	1

8.21 传热系数[2,28]

瓦/(米²·℃) [W/(m²·℃)]	千瓦/(米²·℃) [kW/(m²·℃)]	千卡/(米²·时·℃) [kcal/(m²·h·℃)]	英热单位/(英尺²·时·℉) [Btu/(ft²·h·℉)]
1	10^{-3}	0.859845	0.176110
1000	1	859.845	176.110
1.163	1.163×10^{-3}	1	0.204816
5.67826	5.67826×10^{-3}	4.88243	1

8.22 导热系数[28]

瓦/(米·℃) [W/(m·℃)]	千瓦/(米·℃) [kW/(m·℃)]	千卡/(米·时·℃) [kcal/(m·h·℃)]	英热单位/(英尺·时·℉) [BTU/(ft·h·℉)]
1	10^{-3}	0.859845	0.577789
10^3	1	859.845	577.789
1.163	1.163×10^{-3}	1	0.671969
1.73073	1.731×10^{-3}	1.48816	1

8.23 表面张力[2,28]

毫牛顿/米(mN/m)	达因/厘米(dyn/cm)	公斤/米(kg/m)	磅/英尺(lb/ft)
1	1	1.01972×10^{-4}	6.85207×10^{-5}
9806.65	9806.65	1	0.671969
14593.9	14593.9	1.488164	1

8.24 单位词头

SI 词头单位(GB 3100—93):

因 数	词头名称		符 号
	英 文	中 文	
10^{24}	yotta	尧[它]	Y
10^{21}	zetta	泽[它]	Z
10^{18}	exa	艾[可萨]	E
10^{15}	peta	拍[它]	P
10^{12}	tera	太[拉]	T
10^{9}	giga	吉[咖]	G
10^{6}	mega	兆	M
10^{3}	kilo	千	k
10^{2}	hecto	百	h
10^{1}	deca	十	da
10^{-1}	deci	分	d
10^{-2}	centi	厘	c
10^{-3}	milli	毫	m
10^{-6}	micro	微	μ
10^{-9}	nano	纳[诺]	n
10^{-12}	pico	皮[可]	p
10^{-15}	femto	飞[母托]	f
10^{-18}	atto	阿[托]	a
10^{-21}	zepto	仄[普托]	z
10^{-24}	yocto	幺[科托]	y

在实际工作中,单位词头常有不同的习惯用法:

(1) 用 10^4 表示万,即 10000,如 2×10^4 表示 2 万。

(2) 用 ppm 表示百万分之一,即 10^{-6}(μ);用 ppb 表示十亿分之一,即 10^{-9}(n)。

(3) 在采用英制单位国家的技术文件中[30],常用 M 或 m 表示 10^3,用 MM 或 mm 表示 10^6,如 MMBtu/h 表示百万英热单位/时。

附录A　国外原油重量与体积换算

原 油 名 称	密度 $d/(g/cm^3)$	每桶吨数	每吨桶数
中东			
科威特	0.870	0.1383	7.230
沙特超轻	0.828	0.1316	7.596
沙特轻质	0.854	0.1358	7.365
沙特中质	0.869	0.1382	7.238
沙特重质	0.886	0.1409	7.099
伊朗轻质	0.857	0.1363	7.339
伊朗重质	0.876	0.1393	7.180
伊拉克(巴士拉轻质)	0.870	0.1383	7.230
伊拉克(巴士拉中质)	0.876	0.1393	7.180
阿联酋(迪拜)	0.867	0.1378	7.255
阿曼	0.862	0.1370	7.297
非洲			
安哥拉(奎都)	0.928	0.1475	6.778
安哥拉(吉拉索)	0.868	0.1380	7.246
安哥拉(罕戈)	0.876	0.1393	7.180
尼日利亚(博尼中质)	0.898	0.1428	7.004
尼日利亚(博尼轻质)	0.854	0.1358	7.365
刚果(杰诺)	0.879	0.1397	7.156
赤道几内亚(扎菲洛)	0.876	0.1393	7.180
埃及(沙辛)	0.872	0.1386	7.213
苏丹(尼罗)	0.848	0.1348	7.417
亚洲			
蒙古(高比)	0.880	0.1399	7.148
印度尼西亚(杜里)	0.929	0.1477	6.771
印度尼西亚(米纳斯)	0.859	0.1366	7.322
马来西亚(塔皮斯)	0.796	0.1266	7.902
越南(白虎)	0.829	0.1318	7.587
文莱轻油	0.822	0.1307	7.652
哈萨克斯坦(坦齐兹)	0.790	0.1256	7.962

续表

原油名称	密度 d/(g/cm^3)	每桶吨数	每吨桶数
俄罗斯(西伯利亚轻油)	0.838	0.1332	7.506
澳大利亚(文森特)	0.949	0.1509	6.628
欧洲			
挪威(卓根)	0.822	0.1307	7.652
英国(布伦特)	0.831	0.1321	7.569
南美			
阿根廷(埃斯克兰特)	0.906	0.1440	6.942
巴西(马林)	0.933	0.1483	6.742
厄瓜多尔(奥瑞特)	0.914	0.1453	6.882
委内瑞拉(merey16)	0.959	0.1525	6.559
墨西哥(玛雅)	0.924	0.1469	6.807
北美			
美国(WTEX)	0.824	0.1310	7.633
加拿大(艾尔滨)	0.933	0.1483	6.742

注：换算基础：1 桶=0.158987 米^3=0.158987d 吨

附录B 炼油规模的单位换算

我国炼油厂及炼油装置规模一般均以进料重量流率(万吨/年)计算。外国公司常用体积流率(桶/天)作为炼油厂及炼油装置规模的计量单位，用 BPSD 表示每 1 开工天的桶数；在以重量流率计量规模时，用 KMTA 表示千吨/年，即每年千公吨的英文缩写，10 KMTA 为 1 万吨/年。

以下是常见炼油规模体积与重量计量的粗略换算表，年开工按 8400h 计，d 为油品密度，换算式：10000 桶/天=66.2417d 吨/时=55.643d 万吨/年。

(1) 重质油加工

加工装置	焦化、减黏、丙烷脱沥青				减压蒸馏、润滑油加工	
油品	渣油				蜡油	
油品密度	1.00		0.95		0.92	
桶/天(BPSD)	吨/时(t/h)	万吨/年(10KMTA)	吨/时(t/h)	万吨/年(10KMTA)	吨/时(t/h)	万吨/年(10KMTA)
1000	6.62	5.56	6.29	5.29	6.09	5.12
1500	9.94	8.35	9.44	7.93	9.14	7.68
2000	13.25	11.13	12.59	10.57	12.19	10.24
2500	16.56	13.92	15.73	13.22	15.23	12.80
3000	19.87	16.69	18.88	15.86	18.28	15.36
3500	23.19	19.48	22.03	18.50	21.33	17.92
4000	26.50	22.26	25.17	21.14	24.38	20.48
4500	29.81	25.04	28.32	23.79	27.42	23.04
5000	33.12	27.82	31.47	26.43	30.47	25.60
5500	36.43	30.60	34.61	29.07	33.52	28.16
6000	39.75	33.39	37.76	31.72	36.57	30.72
6500	43.06	36.17	40.91	34.36	39.61	33.28
7000	46.37	38.95	44.05	37.00	42.66	35.83
7500	49.68	41.73	47.20	39.65	45.71	38.39
8000	52.99	44.51	50.34	42.29	48.75	40.95
8500	56.31	47.30	53.49	44.93	51.80	43.51
9000	59.62	50.08	56.64	47.58	54.85	46.07
9500	62.93	52.86	59.78	50.22	57.90	48.63
10000	66.24	55.64	62.93	52.86	60.94	51.19
11000	72.87	61.21	69.22	58.15	67.04	56.31

续表

加工装置	焦化、减黏、丙烷脱沥青				减压蒸馏、润滑油加工	
油品	渣油				蜡油	
油品密度	1.00		0.95		0.92	
桶/天(BPSD)	吨/时(t/h)	万吨/年(10KMTA)	吨/时(t/h)	万吨/年(10KMTA)	吨/时(t/h)	万吨/年(10KMTA)
12000	79.49	66.77	75.52	63.43	73.13	61.43
13000	86.11	72.34	81.81	68.72	79.23	66.55
14000	92.74	77.90	88.10	74.01	85.32	71.67
15000	99.36	83.47	94.39	79.29	91.41	76.79
16000	105.99	89.03	100.69	84.58	97.51	81.91
17000	112.61	94.95	106.98	89.86	103.60	87.03
18000	119.24	100.16	113.27	95.15	109.70	92.15
19000	125.86	105.72	119.57	100.44	115.79	97.26
20000	132.48	111.29	125.86	105.72	121.88	102.38
22000	145.73	122.41	138.45	116.29	134.07	112.62
24000	158.98	133.54	151.03	126.87	146.26	122.86
26000	172.23	144.67	163.62	137.44	158.45	133.10
28000	185.48	155.80	176.20	148.01	170.64	143.34
30000	198.73	166.93	188.79	158.58	182.83	153.57
32000	211.97	178.06	201.38	169.15	195.02	163.81
34000	225.22	189.19	213.96	179.73	207.20	174.05
36000	238.47	200.31	226.55	190.30	219.39	184.29
38000	251.72	211.44	239.13	200.87	231.58	194.53
40000	264.97	222.57	251.72	211.44	243.77	204.77
42000	278.22	233.70	264.30	222.02	255.96	215.00
44000	291.46	244.83	276.89	232.59	268.15	225.24
46000	304.71	255.96	289.48	243.16	280.34	235.48
48000	317.96	267.09	302.06	253.73	292.52	245.72
50000	331.21	278.22	314.65	264.30	304.71	255.96
55000	364.33	306.04	346.12	290.74	335.18	281.55
60000	397.45	333.86	377.58	317.17	365.65	307.15
65000	430.57	361.68	409.05	343.60	396.13	332.75
70000	463.69	389.50	440.51	370.03	426.60	358.34
75000	496.81	417.32	471.98	396.46	457.07	383.94
80000	529.93	445.14	503.44	422.89	487.54	409.53

续表

加工装置	焦化、减黏、丙烷脱沥青				减压蒸馏、润滑油加工	
油品	渣油				蜡油	
油品密度	1.00		0.95		0.92	
桶/天(BPSD)	吨/时(t/h)	万吨/年(10KMTA)	吨/时(t/h)	万吨/年(10KMTA)	吨/时(t/h)	万吨/年(10KMTA)
85000	563.05	472.97	534.91	449.32	518.01	435.13
90000	596.18	500.79	566.37	475.75	548.48	460.72
95000	629.30	528.61	597.84	502.18	578.95	486.32
100000	662.42	556.43	629.30	528.61	609.42	511.92
150000	993.63	834.65	943.95	792.92	914.14	767.87
200000	1324.8	1112.9	1258.6	1057.2	1218.8	1023.8
250000	1656.0	1391.1	1573.3	1321.5	1523.6	1279.8
300000	1987.3	1669.3	1887.9	1585.8	1828.3	1535.7
350000	2318.5	1947.5	2202.6	1850.1	2133.0	1791.7
400000	2649.7	2225.7	2517.2	2114.4	2437.7	2047.7
450000	2980.9	2503.9	2831.9	2378.7	2742.4	2303.6
500000	3312.1	2782.2	3146.5	2643.1	3047.1	2559.6
550000	3643.3	3060.4	3461.2	2907.4	3351.8	2815.5
600000	3974.5	3338.6	3775.8	3171.7	3656.5	3071.5
650000	4305.7	3616.8	4090.5	3436.0	3961.2	3327.5

(2) 轻质油加工

加工装置	常压蒸馏、催化裂化		催化重整		烷基化、气体分馏	
油品	原油、柴油		石脑油、汽油		液化气	
油品密度	0.87		0.74		0.54	
桶/天(BPSD)	吨/时(t/h)	万吨/年(10KMTA)	吨/时(t/h)	万吨/年(10KMTA)	吨/时(t/h)	万吨/年(10KMTA)
1000	5.76	4.84	4.90	4.12	3.58	3.00
1500	8.64	7.26	7.35	6.18	5.37	4.51
2000	11.53	9.68	9.80	8.24	7.15	6.01
2500	14.41	12.10	12.26	10.29	8.94	7.51
3000	17.29	14.52	14.71	12.35	10.73	9.01
3500	20.17	16.94	17.16	14.41	12.52	10.52
4000	23.05	19.36	19.61	16.47	14.31	12.02
4500	25.93	21.78	22.06	18.53	16.10	13.52
5000	28.82	24.21	24.51	20.59	17.89	15.02
5500	31.70	26.63	26.96	22.65	19.67	16.53

续表

加工装置	常压蒸馏、催化裂化		催化重整		烷基化、气体分馏	
油品	原油、柴油		石脑油、汽油		液化气	
油品密度	0.87		0.74		0.54	
桶/天(BPSD)	吨/时(t/h)	万吨/年(10KMTA)	吨/时(t/h)	万吨/年(10KMTA)	吨/时(t/h)	万吨/年(10KMTA)
6000	34.58	29.05	29.41	24.71	21.46	18.03
6500	37.46	31.47	31.86	26.76	23.25	19.53
7000	40.34	33.89	34.31	28.82	25.04	21.03
7500	43.22	36.31	36.76	30.88	26.83	22.54
8000	46.10	38.73	39.22	32.94	28.62	24.04
8500	48.99	41.15	41.67	35.00	30.41	25.54
9000	51.87	43.57	44.12	37.06	32.19	27.04
9500	54.75	45.99	46.57	39.12	33.98	28.55
10000	57.63	48.41	44.02	41.18	35.77	30.05
11000	63.39	53.25	53.92	45.29	39.35	33.05
12000	69.16	58.09	58.82	49.41	42.93	36.06
13000	74.92	62.93	63.73	53.53	46.50	39.06
14000	80.68	67.77	68.63	57.65	50.08	42.07
15000	86.45	72.61	73.53	61.76	53.66	45.07
16000	92.21	77.46	78.43	65.88	57.23	48.08
17000	97.97	82.30	83.33	70.00	60.81	51.08
18000	103.73	87.14	88.23	74.12	64.39	54.09
19000	109.50	91.98	93.14	78.23	67.96	57.09
20000	115.26	96.82	98.04	82.35	71.54	60.09
22000	126.79	106.50	107.84	90.59	78.70	66.10
24000	138.31	116.18	117.64	98.82	85.85	72.11
26000	149.84	125.86	127.45	107.06	93.00	78.12
28000	161.36	135.55	137.25	115.29	100.16	84.13
30000	172.89	145.23	147.06	123.53	107.31	90.14
32000	184.42	154.91	156.86	131.76	114.47	96.15
34000	195.94	164.59	166.66	140.00	121.62	102.16
36000	207.47	174.27	176.47	148.23	128.77	108.17
38000	218.99	183.96	186.27	156.47	135.93	114.18
40000	230.52	193.64	196.08	164.70	143.02	120.19
42000	242.05	203.32	205.88	172.94	150.24	126.20
44000	253.57	213.00	215.68	181.17	157.39	132.21
46000	265.10	222.68	225.49	189.41	164.54	138.22
48000	276.62	232.36	235.29	197.64	171.70	144.23
50000	288.15	242.05	245.09	205.88	178.85	150.24
55000	316.97	266.25	269.60	226.47	196.74	165.26

续表

加工装置	常压蒸馏、催化裂化		催化重整		烷基化、气体分馏	
油品	原油、柴油		石脑油、汽油		液化气	
油品密度	0.87		0.74		0.54	
桶/天(BPSD)	吨/时(t/h)	万吨/年(10KMTA)	吨/时(t/h)	万吨/年(10KMTA)	吨/时(t/h)	万吨/年(10KMTA)
60000	345.78	290.46	294.11	247.06	214.62	180.28
65000	374.60	314.66	318.62	267.64	232.51	195.31
70000	403.41	338.86	343.13	288.23	250.39	210.33
75000	432.23	363.07	367.64	308.82	268.28	225.35
80000	461.04	387.27	392.15	329.41	286.16	240.38
85000	489.86	411.48	416.66	350.00	304.05	255.40
90000	518.67	435.68	441.17	370.58	321.93	270.43
95000	547.49	459.89	465.68	391.17	339.82	285.45
100000	576.30	484.09	490.19	411.76	357.71	300.47
150000	864.45	726.14	735.28	617.64	536.56	450.71
200000	1152.6	968.18	980.38	823.52	715.41	600.94
250000	1440.8	1210.2	1225.5	1029.4	894.26	751.18
300000	1728.9	1452.3	1470.6	1235.3	1073.1	901.42
350000	2017.1	1694.3	1715.7	1441.2	1252.0	1051.7
400000	2305.2	1936.4	1960.8	1647.0	1430.8	1201.9
450000	2593.4	2178.4	2205.9	1852.9	1609.7	1352.1
500000	2881.5	2420.5	2450.9	2058..8	1788.5	1502.4
550000	3169.7	2662.5	2696.0	2264.7	1967.4	1652.6
600000	3457.8	2904.6	2941.1	2470.6	2146.2	1802.8
650000	3746.0	3146.6	3186.2	2676.4	2325.1	1953.1

附录C 各地室外气象资料[15]

省（区、直辖市）	站名	室外计算温度/℃			大气压力/hPa		气温/℃							夏季每年不保证5天的日平均干球温度/℃	夏季每年不保证50小时的平均湿球温度/℃	最热月平均相对湿度/%
		冬季采暖	冬季通风	夏季通风	冬季	夏季	极端最高	极端最低	最热月月平均	最热月月平均最高	最冷月月平均	最冷月月平均最低	年平均			
黑龙江	嫩江	-29.6	-24.1	25.4	991.5	977.0	37.6	-43.7	21.0	23.4	-24.3	-29.9	4.0	24.0	18.5	78
	齐齐哈尔	-22.9	-18.6	26.7	1005.0	987.9	40.1	-36.4	23.3	25.2	-18.8	-24.0	3.9	26.4	20.1	73
	安达	-23.7	-19.2	27.0	1004.3	987.4	38.3	-39.3	23.1	25.1	-19.4	-25.6	3.7	26.0	20.0	74
	哈尔滨	-23.2	-18.3	26.8	1005.1	988.5	36.7	-37.7	23.1	25.2	-18.4	-24.7	4.2	25.8	20.2	77
	牡丹江	-21.5	-17.3	26.9	992.2	978.9	38.4	-35.1	22.5	25.3	-17.4	-23.6	4.3	25.3	19.6	75
吉林	吉林	-23.4	-17.3	26.6	1001.7	984.8	35.7	-40.3	22.9	24.8	-17.5	-22.4	4.7	25.6	20.6	79
	长春	-20.5	-15.1	26.6	994.4	978.3	35.7	-33.0	23.2	25.3	-15.1	-20.2	5.6	25.9	20.2	78
	四平	-19.0	-13.5	27.2	1004.3	986.6	37.3	-32.3	23.8	26.0	-13.5	-18.2	6.7	26.2	21.1	78
辽宁	章党	-19.2	-13.4	27.8	1011.0	992.3	37.7	-35.9	23.7	25.8	-13.5	-18.2	6.8	26.1	21.4	81
	沈阳	-16.1	-11.0	28.2	1019.9	1000.1	36.1	-29.4	24.7	26.7	-11.0	-15.7	8.4	26.9	22.0	78
	丹东	-12.4	-7.4	26.8	1023.9	1005.6	35.3	-25.8	23.6	25.2	-7.5	-12.4	8.9	25.5	22.3	86
	大连	-9.2	-3.9	26.3	1013.7	995.0	35.3	-18.8	24.2	26.0	-4.0	-8.0	10.9	26.1	22.1	81
	营口	-13.3	-8.5	27.7	1026.1	1005.5	34.7	-28.4	25.1	27.1	-8.5	-13.5	9.5	27.1	22.7	78
内蒙古	呼和浩特	-16.2	-11.6	26.6	901.2	889.6	38.5	-30.5	22.6	25.0	-11.7	-16.2	6.7	25.5	17.6	61
	通辽	-17.9	-13.5	28.2	1002.6	984.4	38.9	-31.6	24.2	26.7	-13.6	-18.4	6.6	26.8	20.7	73
	赤峰	-15.5	-10.7	28.0	955.3	941.3	40.4	-28.8	23.7	27.2	-10.8	-15.4	7.5	26.8	19.1	65
	东胜	-15.9	-10.5	24.8	856.7	849.5	35.3	-28.4	21.0	23.2	-10.7	-15.9	6.1	24.1	15.4	57
新疆	乌鲁木齐	-18.7	-12.6	27.5	917.1	904.8	40.5	-32.8	24.2	28.2	-13.5	-19.2	6.9	27.8	15.8	43
	克拉玛依	-21.4	-15.4	30.6	976.6	955.6	42.7	-34.3	28.2	30.3	-16.2	-22.7	8.6	31.8	17.3	30
甘肃	酒泉	-14.0	-8.9	26.3	856.2	847.2	36.6	-29.8	21.7	23.9	-9.4	-12.9	7.5	24.4	15.1	53
	兰州	-8.4	-5.3	26.5	851.5	843.2	39.8	-19.7	22.5	26.0	-5.5	-8.6	9.8	25.8	17.0	59
	天水	-5.3	-2.0	26.9	892.0	880.9	38.2	-17.4	22.9	26.2	-2.2	-4.7	11.0	25.6	19.1	70
	玉门	-14.8	-9.8	26.3	850.5	841.9	36.0	-35.1	21.7	24.0	-10.3	-13.6	7.1	24.5	14.5	47
宁夏	银川	-12.2	-7.9	27.6	896.1	883.9	38.7	-27.7	23.5	25.7	-8.0	-11.9	9.0	26.0	18.2	63
	中宁	-11.1	-6.8	27.9	888.0	876.1	37.7	-26.9	23.5	26.1	-7.0	-11.1	9.5	26.8	18.0	61
青海	西宁	-10.9	-7.4	21.9	771.7	770.4	36.5	-24.9	17.4	19.7	-7.7	-10.1	6.1	20.5	13.3	65
	格尔木	-12.5	-9.1	21.6	723.5	724.0	35.5	-26.9	18.1	20.6	-9.3	-12.3	5.3	21.1	9.5	37
陕西	西安	-3.1	-1.0	30.7	979.1	959.8	41.8	-16.0	26.8	29.1	-2.0	-4.0	13.7	30.1	22.1	71
	延安	-9.6	-5.5	28.1	913.8	900.7	38.3	-23.0	23.1	25.2	-5.7	-8.5	9.9	25.8	19.5	70
	汉中	-1.0	2.4	28.5	964.3	947.9	38.3	-10.0	25.6	27.4	2.3	-7.0	14.3	28.2	22.6	81
	宝鸡	-3.2	1.0	29.5	953.6	936.8	41.6	-16.1	25.7	27.7	0	-3.8	13.2	28.7	21.4	69

续表

省（区、直辖市）	站名	室外计算温度/℃			大气压力/hPa		气温/℃							夏季每年不保证5天的日平均干球温度/℃	夏季每年不保证50小时的平均湿球温度/℃	最热月平均相对湿度/%
		冬季采暖	冬季通风	夏季通风	冬季	夏季	极端最高	极端最低	最热月月平均	最热月月平均最高	最冷月月平均	最冷月月平均最低	年平均			
北京	北京	-6.8	-3.7	29.7	1023.3	1001.5	41.9	-18.3	26.3	29.6	-3.7	-7.6	12.3	28.7	23.1	75
河北	石家庄	-5.6	-2.2	30.8	1017.2	995.8	41.5	-19.3	26.9	29.6	-2.3	-6.0	13.4	29.6	23.7	74
	沧州	-6.5	-3.0	30.1	1026.3	1004.0	40.5	-19.5	26.6	28.5	-3.0	-6.3	12.9	29.5	23.6	77
天津	天津	-6.5	-3.5	29.9	1027.1	1005.2	40.5	-17.8	26.6	28.8	-3.5	-6.5	12.6	29.1	23.6	76
	塘沽	-6.4	-3.2	28.8	1025.9	1004.2	40.9	-15.4	26.7	29.1	-3.3	-6.4	12.6	29.1	24.0	77
山西	太原	-9.4	-5.5	27.8	933.5	919.7	37.4	-22.7	23.5	25.1	-5.6	-8.8	10.0	25.8	19.7	23
	大同	-15.6	-10.6	26.4	899.9	889.1	37.2	-27.2	22.0	24.2	-10.8	-15.4	7.0	24.9	17.1	64
	阳泉	-7.6	-3.4	28.2	937.1	923.7	40.2	-16.2	24.1	26.1	-3.5	-8.1	11.2	27.1	20.4	70
山东	济南	-4.7	-4.0	30.9	1020.0	998.6	40.5	-14.9	27.7	30.4	-4.0	-3.6	14.7	30.8	24.0	72
	青岛	-4.5	-5.0	27.3	1017.6	1000.5	37.4	-14.3	25.4	26.7	-5.0	-3.7	12.6	26.9	23.7	82
	淄博	-6.7	-2.3	30.9	1023.3	1001.4	40.7	-23.0	26.9	29.3	-2.4	-6.0	13.2	29.7	23.5	76
	德州	-5.9	-2.4	30.5	1024.9	1002.8	39.4	-20.1	26.8	28.7	-2.4	-5.6	13.2	29.4	23.8	77
江苏	徐州	-3.3	4.0	30.5	1022.1	1000.8	40.6	-15.8	27.3	29.4	4.0	-2.4	14.5	30.2	24.9	80
	南通	-6.0	3.1	30.5	1025.5	1005.0	38.5	-9.6	27.6	30.0	3.0	2.0	15.3	29.9	25.8	85
	常州	-7.0	3.1	31.3	1026.0	1005.2	39.4	-12.8	28.4	31.2	3.0	-4.0	15.8	31.1	26.0	81
	南京	-1.2	2.4	31.2	1026.1	1004.8	39.7	-13.1	28.1	30.5	2.3	-1.1	15.4	30.8	25.8	81
上海	上海	3.0	4.2	31.2	1025.3	1005.4	39.4	-10.1	28.3	30.4	4.0	1.3	16.1	30.5	26.2	81
安徽	安庆	2.0	4.0	31.8	1023.9	1002.9	39.5	-9.0	29.0	31.1	3.9	-1.0	16.7	31.7	26.1	78
	蚌埠	-2.0	1.8	31.4	1023.5	1002.1	40.3	-13.0	28.1	30.7	1.7	-1.20	15.4	31.2	25.7	79
	合肥	-1.1	2.6	31.4	1022.2	1001.0	39.1	-13.5	28.4	30.5	2.5	-9.0	15.8	31.4	25.9	80
浙江	杭州	5.0	4.3	32.3	1021.1	1000.9	39.9	-8.6	28.6	31.0	4.1	0	16.5	31.2	25.3	78
	杭州	4.0	8.0	31.5	1021.4	1005.0	39.6	-3.9	28.3	29.6	7.6	4.9	18.1	29.6	26.2	84
	宁波	1.0	4.9	31.9	1025.6	1005.9	39.5	-8.5	28.4	30.4	4.7	1.7	16.5	30.3	25.9	81

参 考 文 献

[1] 刘家明主编. 石油炼制工程师手册(第1卷)炼油厂设计与工程[M]. 北京：中国石化出版社，2014

[2] 北京石油设计院. 石油化工工艺计算图表[M]. 北京：烃加工出版社，1985

[3] API Technical Data Book(8th Edition), The American Petroleum Institute and EPCON International. 2006

[4] 王宝仁，孙乃有. 石油产品分析(第二版)[M]. 北京：化学工业出版社，2009

[5] James G. Speight. Perry's Standard Tables and Formulas for Chemical Engineers. The McGraw-Hill Companies, Inc, 2003

[6] 水天德主编. 现代润滑油生产工艺[M]. 北京：中国石化出版社，1997

[7] 徐承恩主编. 催化重整工艺与工程(第二版)[M]. 北京：中国石化出版社，2014

[8] George J. Antos, Abdullah M. Aitani. Catalytic Naphtha Reforming(Second Edition), Marcel Dekker, Inc, 2004

[9] 王松汉主编. 石油化工设计手册[M]. 北京：化学工业出版社，2002

[10] 李志强主编. 原油蒸馏工艺与工程[M]. 北京：中国石化出版社，2010

[11] 刘家明主编. 石油炼制工程师手册(第Ⅲ卷)石油炼制工艺基础数据和图表[M]. 北京：中国石化出版社，2016

[12] 徐春明，杨朝合主编. 石油炼制工程(第四版)[M], 北京：石油工业出版社，2009

[13] TEMA, INC, Standards Of The Tubular Exchanger Manufacturers Association, (Eighth Edition), New York, 1999

[14] 刘巍等著. 冷换设备工艺计算手册[M]. 北京：中国石化出版社，2013

[15] 刘家明主编. 石油化工设备设计手册(上册)[M]. 北京：中国石化出版社，2013

[16] 张德姜等主编. 石油化工装置工艺管道安装设计手册(第一篇，设计与计算)[M]. 北京：中国石化出版社，2014

[17] 夏清，陈常贵主编. 化工原理(上册)[M]. 天津：天津大学出版社，2005

[18] 刘绍叶等编. 泵、轴封及原动机选用手册[M]. 北京：石油工业出版社，1999

[19] 陆德民主编. 石油化工自动控制设计手册(第三版)[M]. 北京：化学工业出版社，2000

[20] 吴辉译. 石油炼制工艺与经济(第二版), 北京：中国石化出版社，2002

[21] 李大东主编. 加氢处理工艺与工程[M]. 北京：中国石化出版社，2004

[22] 瞿国华主编. 延迟焦化工艺与工程[M]. 北京：中国石化出版社，2008

[23] 石油化工规划设计院组织编写. 塔的工艺计算[M]. 北京：石油化学工业出版社，1977

[24] 石油化工规划设计院组织编写. 容器和液液混合器的工艺设计[M]. 北京：石油工业出版社，1979

[25] 钱家麟主编. 管式加热炉(第二版)[M]. 北京：中国石化出版社，2003

[26] 侯芙生主编. 炼油工程师手册[M]. 北京：石油工业出版社，1994

[27] 石油工业部第二炼油设计研究院编. 催化裂化工艺设计[M]. 北京：石油工业出版社，1983

[28] 杜荷聪，陈维新，张振威. 计量单位及其换算[M]. 北京：计量出版社，1982

[29] 北京石油化工总厂设计院情报组. 石油工业常用度量单位换算手册. 北京：燃料化学工业出版社，1974

[30] British thermal unit，Wilkipedia，the free encyclopedia，2009

有关标准规范

1. 产品质量指标

GB 17930—2013　车用汽油

GB/T 23799—2009　车用甲醇汽油(M85)

GB 18351—2015　车用乙醇汽油(E10)

GB 1787—2008　航空活塞式发动机燃料

GB 253—2008　煤油

GB 438—77　1 号喷气燃料

GB 1788—79　2 号喷气燃料

GB 6537—2006　3 号喷气燃料

GB 19147—2013　车用柴油(V)

GB 252—2015　普通柴油

GB/T 17411—2012　船用燃料油

GB 25989—2010　炉用燃料油

GB 16629—2008　植物油抽提溶剂

SH 0004—90(1998 确认)　橡胶工业用溶剂油

SH 0005—90(1998 确认)　油漆工业用溶剂油

GB 11174—2011　液化石油气

GB 19159—2012　车用液化石油气

GB/T 7716—2014　聚合级丙烯

Q/SH 0565—2013　乙烯装置专用石脑油

GB/T 3405—2011　石油苯

GB/T 3406—2010　石油甲苯

GB/T 3407—2010　石油混合二甲苯

Q/SH PRD0404—2011　PX 装置用混合二甲苯

SH/T 1486.1—2008　石油对二甲苯

SH/T 1613.1—95　石油邻二甲苯

SH/T 1766.1—2008　石油间二甲苯

SH/T 1140—2001　工业用乙苯

GB/T 494—2010　建筑石油沥青

GB/T 15180—2010　重交通道路石油沥青
SH 0527—92　延迟石油焦(生焦)
GB 7189—2010　食品级石蜡
GB/T 2449—2014　工业硫黄(固体产品)
GB 338—2011　工业用甲醇

2. 安全与环保卫生

GB 5049—2009　石油化工可燃气体和有毒气体检测报警设计规范
GB 50160—2008　石油化工企业设计防火规范
GB 50016—2014　建筑设计防火规范
GB/T 536.1—2013　易燃易爆危险品火灾危险性分级及试验方法(1)
GB 50058—2014　爆炸危险环境电力装置设计规范
GB 3836.1—2010　爆炸性环境(1)设备通用要求
GB 6944—2012　危险货物分类和品名编号
GB 18218—2009　危险化学品重大危险源辨识
SH/T 3059—2012　石油化工管道设计器材选用规范
GBZ 1—2010　工业企业设计卫生标准
GBZ2.1—2007　工作场所有害因素职业接触限值(1)化学有害因素
GB/T 50087—2013　工业企业噪声控制设计规范
GB 3096—2008　声环境质量标准
GB 13271—2014　锅炉大气污染物排放标准
GB 13223—2011　火电厂大气污染物排放标准
GB 31570—2015　石油炼制工业污染物排放标准
SH 3097—2000　石油化工静电接地设计规范

3. 设备和配管材料

GB/T 151—2014　热交换器
GB/T 28712.1—2012　热交换器型式与基本参数(1)
GB/T 28712.3—2012　热交换器型式与基本参数(3)
GB/T 28712.4—2012　热交换器型式与基本参数(4)
NB/T 47007—2010(JB/T 4758)　空冷式热交换器
SH/T 3074—2007　石油化工钢制压力容器
GB 713—2014　锅炉和压力容器用钢板
JB/T 4756—2006　镍及镍合金制压力容器
SH/T 3059—2012　石油化工管道设计器材选用规范
SH/T 3405—2012　石油化工钢管尺寸系列
SH/T 3406—2013　石油化工钢制管法兰

HG/T 20592—2009　钢制管法兰(PN 系列)
HG/T 20615—2009　钢制管法兰(Class 系列)
HG/T 20623—2009　大直径钢管管法兰(Class 系列)
SH/T 3411—1999　石油化工泵用过滤器选用、检验及验收
GB 50517—2010　石油化工金属管道工程施工质量验收规范
SH/T 3010—2013　石油化工设备和管道绝热工程设计规范
SH 3043—2014　石油化工设备管道钢结构表面色和标志规定

4. 工艺数据与计算

GB 30251—2013　炼油单位产品能源消耗限额
SY/T 0538—2012　管式加热炉规范
SH/T 3045—2003　石油化工管式炉热效率设计计算
SHF 0001—90　石油化工工艺管式炉效率测定法
HG/T 20570. 2—95　安全阀的设置和选用
HG/T 20570. 15—95　管路限流孔板的设置
GB/T 25198—2010　压力容器封头
GB 3100—93　国际单位制及其应用